FESTKÖRPERPROBLEME
BAND III

Festkörperprobleme

BAND III

zugleich Halbleiterprobleme Band IX

in Referaten des Halbleiterausschusses
des Verbandes Deutscher Physikalischer Gesellschaften
Bad Pyrmont 1963

Herausgegeben von

Prof. Dr. Fritz Sauter, Köln

Mit 201 Abbildungen

AKADEMIE-VERLAG · BERLIN 1964

Lizenzausgabe des Verlages
Friedr. Vieweg & Sohn, Braunschweig

Satz und Druck: D. R. P., Warszawa, Polnischer Verlag der Wissenschaften
Druckgenehmigungsnummer 202 · 100/594/64

Vorwort

Der vorliegende Band der von Herrn Schottky begründeten Reihe „Halbleiterprobleme", die nunmehr den Titel „Festkörperprobleme" trägt, enthält die zusammenfassenden Vorträge, welche auf der gemeinsamen Tagung der Nordwestdeutschen Physikalischen Gesellschaft und des Fachausschusses Halbleiter des Verbandes Deutscher Physikalischer Gesellschaften im April 1963 in Bad Pyrmont gehalten wurden.

Entsprechend der Ankündigung im Band „Festkörperprobleme II" wurde diesmal darauf geachtet, daß bei der Tagung nicht nur zusammenfassende Referate aus dem eigentlichen Problemkreis der Halbleiterphysik gehalten wurden, sondern daß auch andere Probleme der Festkörperphysik zur Sprache kamen.

Im Zuge der Drucklegung dieses Bandes wurden einige Beiträge durch die Verfasser überarbeitet und auf den neuesten Stand gebracht.

Köln, im Sommer 1964

F. Sauter

Inhaltsverzeichnis

H. W. STREITWOLF*)

Methoden zur Berechnung des Energiespektrums von Elektronen in Halbleitern

Mit 3 Abbildungen

(Ergänzt und vorgetragen von *Wolfgang Klose*, Siemens Forschungslaboratorium Erlangen)

1. Einleitung

Das Energiespektrum von Elektronen in Festkörpern besteht in der einfachsten Betrachtungsweise aus einzelnen Energiebereichen, Energiebändern, die durch sog. verbotene Zonen, Bereiche, in denen keine Energieeigenwerte liegen, getrennt sind. Für viele Betrachtungen, etwa in der einfachen Reaktionskinetik, reicht dieses primitive „Bändermodell" aus (Abb. 1). Es zeigte sich aber immer wieder, daß viele elektronische Effekte an Festkörpern deutlich aniso-

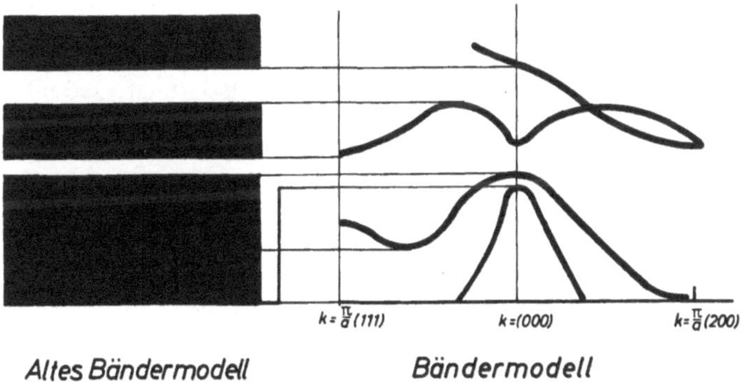

Abb. 1
Das Bändermodell
$E_n(k)$

trop sind und die Annahme der einfachen Bandkanten vor allem die optischen Effekte nicht wiedergeben kann. Nur eine genaue Analyse des Energiespektrums der Elektronen führt zum Verständnis der Einzelheiten. Es ist also nötig, die Energie in den Bändern genauer durch Angabe eines kompletten Satzes von Quantenzahlen zu charakterisieren. Das Problem der Abhängigkeit der Energie und Wellenfunktion von den Quantenzahlen: reduzierter Ausbreitungsvektor und Bandindex wird bereits seit Beginn der Festkörpertheorie untersucht. Dabei wurden allerdings vorwiegend Metalle betrachtet. Quantitative Untersuchungen an Halbleitern beginnen mit den Arbeiten von *Herman* [1] Anfang der 50er Jahre, der erste Rechnungen zum Energiespektrum von Diamant und Germanium mit der sog. OPW-Methode durchführte. Dabei

*) Physikalisch-Technisches Institut der DAW, Berlin.

wurde von vornherein die volle Symmetrie des Problems mit gruppentheoretischen Methoden berücksichtigt, wodurch die Rechnungen wesentlich einfacher und übersichtlicher wurden. Eine weitere Vereinfachung der Rechnungen erfolgte durch *Phillips* und *Kleinman* [2], die anstelle der Orthogonalisierung der OPW-Methode ein sog. Repulsionspotential einführten. Das Wesen dieser Methode werden wir in diesem Vortrag noch erörtern.

Der Ausgangspunkt der Rechnungen soll ein idealer Halbleiter sein (also ohne Störstellen), der unendlich ausgedehnt ist, allerdings periodischen Born-v. Karmanschen Randbedingungen unterworfen sei, und auf den keine äußeren Felder wirken. Ein Elektron möge durch einen Einelektronen-Hamiltonoperator

$$H_0 = \frac{p^2}{2m} + V_0(\boldsymbol{r})$$

beschreibbar sein. Man kann sich unter H_0 etwa den Hartree-Fockschen Hamiltonoperator vorstellen. Das Kristallpotential V_0 enthält dann auch Austauschwechselwirkungen. *Roothaan* [3] konnte zeigen, daß unter allgemeinen Voraussetzungen $V_0(\boldsymbol{r})$ dieselbe Symmetrie hat wie der Kristall. Die Symmetrieoperationen, die einen Kristall invariant lassen, bilden die sog. Raumgruppe. Diese Operationen $\{\alpha|\boldsymbol{a}\}$ bestehen aus Drehungen oder Drehspiegelungen α um bestimmte Winkel und bestimmte Achsen und aus bestimmten Translationen $\boldsymbol{a}$.

Der Hamiltonoperator der Kristallelektronen H_0 ist mit allen den Raumgruppenelementen zugeordneten Symmetrieoperatoren vertauschbar. Um quantitative Rechnungen durchführen zu können, muß man das Kristallpotential V_0 kennen. Seine Bestimmung ist sehr schwierig. Man sollte bedenken, daß schon die Bestimmung von Atompotentialen sehr kompliziert ist. Jedenfalls muß man ein selbstkonsistentes Verfahren durchführen. Approximative, selbstkonsistente Kristallpotentiale konnten z.B. von *Heine* [4] für Al und von *Kleinman* und *Phillips* [5] für Si abgeleitet werden.

2. Allgemeine Eigenschaften der Lösungen

Wir stellen zunächst kurz zusammen, was man allein aus der Invarianz des Hamiltonoperators gegenüber den Operatoren der Raumgruppe des betrachteten Kristalls für Aussagen über die Energieeigenwerte und die zugehörigen Eigenfunktionen gewinnen kann, ohne daß man also $V_0(\boldsymbol{r})$ numerisch zu kennen braucht. Ausgangspunkt der Betrachtungen ist das Wignersche Theorem. Danach ist jeder zu einem Eigenwert des Hamiltonoperators H_0 gehörige Eigenfunktionenraum Darstellungsraum einer i. a. irreduziblen Darstellung der Gruppe von Symmetrieoperatoren, die mit H_0 vertauschbar sind. Diese Darstellung ist eindeutig bis auf Äquivalenztransformationen in äquivalente Darstellungen. Wählt man eine Darstellung aus, so legt man damit eine orthonormierte Basis fest; diese Basisfunktionen transformieren sich bei Anwendung von Symmetrieoperationen gemäß der Darstellung untereinander. Wahl einer anderen Darstellung liefert eine andere hierzu äquivalente Basis. Umgekehrt ist die Darstellung durch die Wahl der Basis bestimmt. Zu jedem Eigenwert gehört bis auf Äquivalenz genau eine Darstellung, eine Darstellung kann jedoch zu mehrenen Eigenwerten gehören. Man kann die Darstellung zur natürlichen Charakterisierung der Eigenwerte verwenden.

Im Fall eines Kristallpotentials kann man durch eine spezielle Wahl der irreduziblen Darstellungen der Raumgruppe, nämlich der sog. Standardform, spezielle Basisfunktionen in den Eigenräumen bestimmen, die eine sehr nützliche Eigenschaft haben. Gemeint sind die sog. Blochwellen. Man geht dazu wie folgt vor:

Die Raumgruppe enthält als Abelsche Untergruppe die primitiven Translationen $\{\varepsilon|\boldsymbol{R}\}$, wobei ε die Einheitsdrehung ist und $\boldsymbol{R}$ sich ganzzahlig aus primitiven Basistranslationen $\boldsymbol{t}_1, \boldsymbol{t}_2, \boldsymbol{t}_3$ linear kombinieren läßt. Die irreduziblen Darstellungen dieser Translationsgruppen sind eindimensional und lassen sich durch einen Vektor $\boldsymbol{k}$ aus der 1. Brillouin-Zone, die ja allein durch Angabe der $\boldsymbol{R}$ bzw. des dazu reziproken Gitters $\boldsymbol{K}$ definiert ist, charakterisieren: $D(\{\varepsilon|\boldsymbol{R}\}) = \mathrm{e}^{-i\boldsymbol{k}\boldsymbol{R}}$. $\boldsymbol{k}$ heißt reduzierter Ausbreitungsvektor.

Wir wählen die Standardform der irreduziblen Darstellung der Raumgruppe jetzt so, daß die den Translationen zugeordneten Matrizen diagonal sind. Jedes Diagonalglied wird durch ein reduziertes $\boldsymbol{k}$ bestimmt. Mit $\boldsymbol{k}$ kommen alle $\alpha\boldsymbol{k}$ in der Diagonale vor, und zwar ebenso häufig wie $\boldsymbol{k}$; dabei durchläuft α alle in Raumgruppenelementen $\{\alpha|\boldsymbol{a}\}$ vorkommenden Drehanteile α. Zu jeder Standardform existiert also eine Menge $\{\alpha\boldsymbol{k}\}$ von reduzierten Ausbreitungsvektoren, der sog. Stern $\boldsymbol{k}$. Die zu der Standardform gehörigen Eigenfunktionen, die wir jetzt mit dem Index $\boldsymbol{k}$ charakterisieren können, transformieren sich bei Translationen folgendermaßen

$$\psi_{\boldsymbol{k}}(\boldsymbol{r}+\boldsymbol{R}) = \mathrm{e}^{i\boldsymbol{k}\boldsymbol{R}}\psi_{\boldsymbol{k}}(\boldsymbol{r}) \qquad \text{für alle } \boldsymbol{R}$$

d.h. sie haben die Blochsche Form

$$\psi_{\boldsymbol{k}}(\boldsymbol{r}) = \mathrm{e}^{i\boldsymbol{k}\boldsymbol{r}}u_{\boldsymbol{k}}(\boldsymbol{r})$$

mit $u_{\boldsymbol{k}}(\boldsymbol{r}+\boldsymbol{R}) = u_{\boldsymbol{k}}(\boldsymbol{r})$ für alle $\boldsymbol{R}$.

Wir können jetzt auch die Eigenwerte durch $\boldsymbol{k}$ charakterisieren. Da der Stern $\boldsymbol{k}$ von der Darstellung bestimmt ist und die Darstellung zu einem bestimmten Energieeigenwert gehört, sind offenbar die Energien an allen Zacken desselben Sterns gleich. $E_{\boldsymbol{k}}$ ist eine stetige Funktion von $\boldsymbol{k}$, so daß über der 1. Brillouin-Zone zusammenhängende $E_{\boldsymbol{k}}$-Flächen („Energiebänder") liegen. Diese Flächen (nicht zu verwechseln mit Flächen $E = \mathrm{const}$!) kann man an jeder Stelle $\boldsymbol{k}$ von unten beginnend mit einem Bandindex ν durchnumerieren. Dadurch erhält man eine vollständige Charakterisierung der Eigenwerte $E_{\boldsymbol{k}\nu}$ und der zugehörigen Eigenfunktionen $\psi_{\boldsymbol{k}\nu}$. Die Eigenfunktionen werden eineindeutig auf $\boldsymbol{k}\nu$ abgebildet. Die Energien können in dreifacher Hinsicht entartet sein: Einmal ist $E_{\alpha\boldsymbol{k}} = E_{\boldsymbol{k}}$; außerdem können an jeder Sternzacke mehrere Energiebänder zusammenlaufen (Bandentartung), und schließlich können in zufälliger Entartung zu einer Energie verschiedene Sterne gehören (reduzible Darstellungen).

Wenn an den Sternzacken Energiebänder zusammenlaufen, dann sind die zu einer Zacke $\boldsymbol{k}$ gehörigen miteinander entarteten Eigenfunktionen Darstellungsfunktionen einer irreduziblen Darstellung der sog. Gruppe von $\boldsymbol{k}$. Die Gruppe $G(\boldsymbol{k})$ von $\boldsymbol{k}$ enthält dabei alle Raumgruppenelemente, deren Drehanteile $\alpha\boldsymbol{k}$ invariant lassen. Eine Standardform und damit ihr zugehöriger Eigenwert lassen sich also durch einen Stern von $\boldsymbol{k}$ und eine irreduzible Darstellung der Gruppe von $\boldsymbol{k}$ charakterisieren. Geht man zu einem benachbarten Wert $\boldsymbol{k}+\boldsymbol{\varkappa}$ in der 1. Brillouin-Zone über, so hängt die in demselben Band gelegene irreduzible Darstellung von $G(\boldsymbol{k}+\boldsymbol{\varkappa})$ in definierter Weise mit der von $G(\boldsymbol{k})$

zusammen (Kompatibilität). Diese Kompatibilitätsbedingungen sind das Ergebnis reiner Symmetriebetrachtungen. Ebenso liegt auf Grund der möglichen Symmetrien fest, daß die irreduziblen Darstellungen von $G_0(\boldsymbol{k})$ höchstens 3-dimensional sind, daß also höchstens 3 Bänder an einer Stelle im $\boldsymbol{k}$-Raum zusammenlaufen können.
In Abb. 2 ist die seit *Bouckaert*, *Smoluchowski* und *Wigner* [6] übliche Nomenklatur gezeigt.

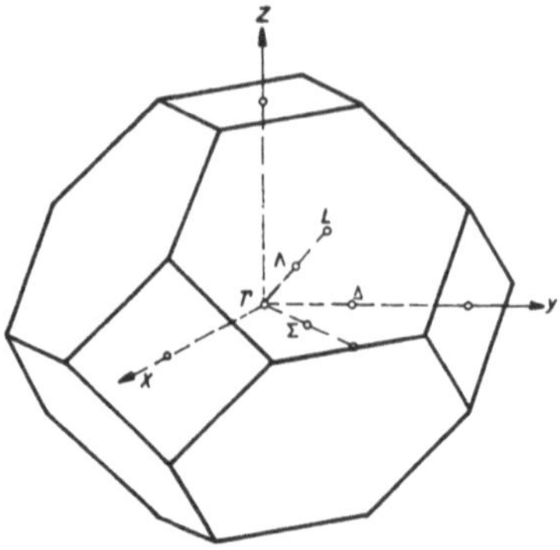

Brillouin-Zone des kubisch flächen-zentrierten Gitters Abb. 2

Für kubisch flächenzentrierte Gitter, wie sie in Diamant, Ge, Si und vielen III-V-Verbindungen vorliegen, ist die 1. Brillouin-Zone ein Oktaeder mit abgeschnittenen Ecken. Die einzelnen Punkte sind bezeichnet worden. Die zu den Punkten gehörigen irreduziblen Darstellungen der Punktgruppen von $\boldsymbol{k}$ tragen dieselben Bezeichnungen. So bedeutet Γ_1 z.B. die Einsdarstellung im Punkt $\boldsymbol{k} = (0, 0, 0)$ und entspricht der s-Symmetrie. Γ'_{15} ist eine dreidimensionale Darstellung, sie entspricht der p-Symmetrie.
Wir wenden uns jetzt einigen Methoden zur Lösung des Eigenwertproblems

$$H_0\psi_{k\nu} = E_{k\nu}\psi_{k\nu} \tag{1}$$

zu, die besonders für das Spektrum von Elektronen in Halbleitern wichtig geworden sind.

3. Methode ebener Wellen

Da die Blochwellen $\psi_{k\nu}$ die Form

$$\psi_{k\nu} = e^{i\boldsymbol{k}\boldsymbol{r}}u_{k\nu}(\boldsymbol{r})$$

mit gitterperiodischem Blochfaktor haben, kann man sie in der Form

$$\psi_{k\nu} = \sum_{\boldsymbol{K}} a_{k\nu}(\boldsymbol{K})e^{i(\boldsymbol{k}+\boldsymbol{K})\boldsymbol{r}} \tag{2}$$

nach ebenen Wellen entwickeln. Geht man damit in die Schrödingergleichung (1) ein, so erhält man ein homogenes lineares Gleichungssystem, aus dessen Säkulardeterminante die Eigenwerte berechnet werden können:

$$|<\boldsymbol{k}+\boldsymbol{K}'|H_0|\boldsymbol{k}+\boldsymbol{K}> - E\delta_{KK'}| = 0$$

Meist bricht man die Entwicklung (2) bei nicht zu großem $\boldsymbol{K}$ ab. Wesentlich verbessern kann man das Verfahren, indem man nach sog. symmetrisierten ebenen Wellen entwickelt, indem man in der Entwicklung (2) geeignete ebene Wellen so zusammenfaßt, daß ihre Linearkombination ein definiertes Transformationsverhalten bezgl. Anwendung von Operationen der Raumgruppe hat. Sucht man dann eine Wellenfunktion $\psi_{k\nu}$ mit einem bestimmten Transformationsverhalten, so braucht man nur die Kombinationen von ebenen Wellen in der Entwicklung zu berücksichtigen, die gerade dieses Transformationsverhalten zeigen. Dadurch spart man viele Koeffizienten in der Entwicklung (2) und die Säkulardeterminante bekommt eine geringere Dimension („Faktorisierung"), wodurch sie leichter lösbar ist.
Da das Kristallpotential $V_0(\boldsymbol{r})$ wenigstens in der Nähe der Atomkerne stark variiert, sind die höheren Fourierkomponenten $<\boldsymbol{K}'|V_0|\boldsymbol{K}>$ ungleich Null. Da man sie bei der Rechnung wegläßt, erwartet man mit dieser Methode keine besonders guten Ergebnisse. Das ist auch tatsächlich nicht der Fall. Die Methode kommt erst im Zusammenhang mit der Repulsionspotentialmethode recht zum Zuge, bei der ein Ersatz-Hamiltonoperator $H_{\mathrm{R}} = H + V_{\mathrm{R}} = T + V_{\mathrm{P}}$ betrachtet wird, in den ein überall schwach variables Pseudopotential V_{P} eingeht.
Man kann die Schrödingergleichung aber auch mit Hilfe der Schrödingerschen Störungsrechnung (iterativ) lösen, indem man V_0 (besser V_{P}) als Störoperator auffaßt.
Das ungestörte Problem hat die Eigenfunktionen

$$e^{i(\boldsymbol{k}+\boldsymbol{K}_0)\boldsymbol{r}}$$

($\boldsymbol{k}$, reduzierter Ausbreitungsvektor, $\boldsymbol{K}_0$, beliebiger reziproker Gittervektor) zu den Eigenwerten

$$E^{(0)}_{kK_0} = \frac{\hbar^2}{2m}(\boldsymbol{k}+\boldsymbol{K}_0)^2$$

Die ungestörten Eigenwerte liefern die „empty-lattice" Bänder. An jedem reziproken Gitterpunkt $-\boldsymbol{K}_0$ hat man sich eine Energieparabel vorzustellen. Die von diesen Parabeln in der 1. Brillouin-Zone gelegenen Teile bilden dort Energieflächen (nicht Flächen $E = \text{const}!$), die wieder von unten beginnend mit einem Bandindex gekennzeichnet werden. Die Eigenfunktionen können durch $\boldsymbol{k}$, $\boldsymbol{K}_0$ oder $\boldsymbol{k}\nu$ eineindeutig charakterisiert werden.
Da die „empty-lattice"-Bänder durch die reziproken Gittervektoren bestimmt werden, sind sie nur von der Bravais-Klasse abhängig und für alle Kristalle dieser Klasse gleich (Abb. 3).
Bei nahezu konstantem Potential kann man diese Bänder als die richtigen Energiebänder der Kristalle ansehen. Durch Besetzung der Bänder mit den vorhandenen Elektronen kommt man zu Aussagen über die Fermifläche in Metallen. *Harrison* [7] untersuchte polyvalente Metalle mit gutem Erfolg.
Ist $E^{(0)}_{kK}$ für festes $\boldsymbol{k}$ nicht entartet, d.h. gibt es kein $\boldsymbol{K}_1 \neq \boldsymbol{K}_0$ mit $(\boldsymbol{k}+\boldsymbol{K}_0)^2 = (\boldsymbol{k}+\boldsymbol{K}_1)^2$, so kann man die Schrödingersche Störungsrechnung für den nichtentarteten Fall verwenden und erhält die Peierlssche Näherung quasifreier Elektronen.
Ist $E^{(0)}_{kK_0}$ dagegen entartet, gibt es also ein $\boldsymbol{K}_1$, so daß

$$(\boldsymbol{k}+\boldsymbol{K}_0)^2 = (\boldsymbol{k}+\boldsymbol{K}_1)^2,$$

so muß man nach der Schrödingerschen Störungstheorie eine Säkulardeterminante lösen. Die Energiewerte spalten dann bei zweifacher Entartung um den Betrag $2|V_{K_1-K_0}|$ auseinander. Verschwindet der Fourierkoeffizient

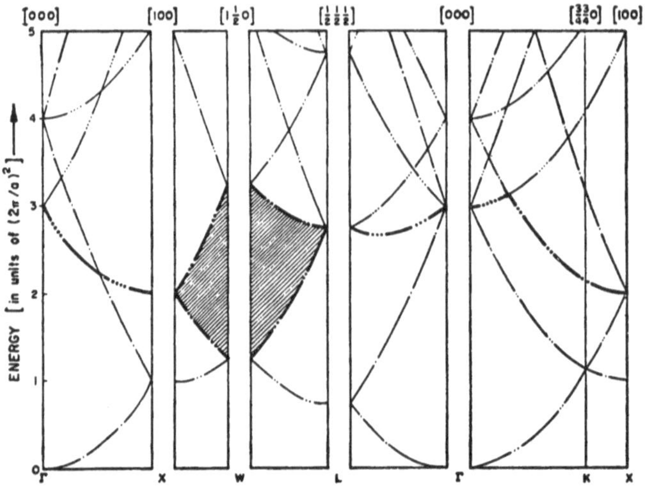

Abb. 3
„Empty lattice" Bänder für kub. fl. z. Strukturen

$V_{K_1-K_0}$ (z.B. aus Symmetriegründen $V_{\alpha K} = V_K \exp\{-i(\alpha K, \boldsymbol{\nu}(\alpha'))\}$, oder weil der Strukturfaktor verschwindet), so bleibt die Entartung in 1. Näherung erhalten.

4. OPW-Methode [8]

Interessiert man sich besonders für die höchsten besetzten Zustände, die Valenzzustände, wie es ja meist der Fall ist, so kann man die gesuchte Wellenfunktion $\psi_{K\nu}$ nach Funktionen entwickeln, die durch Orthogonalisierung ebener Wellen (nach dem Verfahren von *E. Schmidt*) auf die dann als bekannt vorausgesetzten tieferen (Rumpf-) Zustände ψ_{Ki} entstehen. Diese Funktionen nennt man orthogonalisierte ebene Wellen (OPW). Sie haben die Form

$$\chi_{kK} = e^{i(k+K)r} - \sum_i b^{ikK} \psi_{ki}(\boldsymbol{r})$$

Die Summe läuft über alle Rumpfbänder. Die Koeffizienten b_{ikK} sind so zu bestimmen, daß χ_{kK} orthogonal zu allen ψ_{ki} ist. Eine OPW ist also eine auf die Valenzzustände projizierte ebene Welle. Ist nämlich

$$P = \sum_i |\psi_{ki} > < \psi_{ki}|$$

der Projektionsoperator auf die Rumpfzustände und $Q = 1 - P$ der Projektionsoperator auf die Valenzzustände, so ist

$$|\chi_{kK} = Q|\, e^{i(k+K)r} >$$

Bei Verwendung der OPW als Entwicklungsfunktionen erhält man also den tiefsten Valenzwert (oder dessen Approximation) als tiefste Lösung der Säkulardeterminante.

Die OPW χ_{kK} transformiert sich bei Anwendung von Operationen der Raumgruppe genau so wie die zugehörige ebene Welle $e^{i(k+K)r}$. Man entwickelt zweckmäßigerweise auch hier nach symmetrisierten OPW, d.h. also geeigneten Linearkombinationen von OPW, die dieselben Transformationseigenschaften haben wie die zu berechnende Wellenfunktion. Die Koeffizienten für diese Linearkombinationen sind dieselben wie die der entsprechenden Linearkombinationen von ebenen Wellen.

Zur Konstruktion der OPW mußte man die Rumpfwellenfunktionen ψ_{ki} kennen. Man kann allerdings höchstens Approximationen angeben, die man meist aus einer „tight-binding'' oder LCAO-Rechnung erhalten hat. Meist verwendet man sog. Blochsummen zur Approximation. Diese setzen sich aus atomaren Wellenfunktionen um jedes Ion zusammen, noch versehen mit einem Phasenfaktor, um der ganzen Summe die Blocheigenschaft zu geben. Die ersten OPW-Rechnungen an Halbleitern wurden 1952 von *Herman* [1] an Germanium durchgeführt. Später, 1955 – 1959, wurden Silicium-Terme von *Woodruff* [9] und *Bassani* [10] berechnet. Die OPW-Rechnungen sind sehr umfangreich und werden meist mit elektronischen Rechenmaschinen vollzogen. Aber auch dann lassen sie sich nur an Punkten hoher Symmetrie in der 1. Brillouin-Zone erfolgreich ausführen, da nur dort sich die durch Symmetriebetrachtungen bedingten Vereinfachungen voll auswirken. Auch die von *Herman* [11] auf der Halbleiterkonferenz in Prag 1960 angekündigten Bandberechnungen mit der IBM 7090-Stretch stehen noch aus.

Mit der Erfahrung übereinstimmende Energiebänder in der ganzen 1. Brillouin-Zone wurden eigentlich erst mit der Repulsionspotentialmethode erhalten.

5. Repulsionspotentialmethode

Das Problem ist dasselbe wie bei der OPW-Methode. Man will bei wenigstens approximativer Kenntnis der Rumpfwellenfunktionen ψ_{ki} die Valenzeigenwerte $E_{k\nu}$ und die zugehörigen Valenzwellenfunktionen bestimmen. Zur Lösung des Variationsproblems werden hier aber nicht die Vergleichsfunktionen durch Orthogonalisierung eingeschränkt, sondern ein (einfacheres) Ersatzproblem betrachtet:

$$(H_0+V_R)\Phi_{k\nu} = \tilde{E}_{k\nu}\Phi_{k\nu}$$

Der Hamiltonoperator H_0 wird durch Addition eines sog. Repulsionsoperators[1]) V_R so modifiziert, daß der tiefste Eigenwert von (H_0+V_R) gleich dem tiefsten Valenzeigenwert wird. Die eigentlichen Valenzwellenfunktionen sollen sich leicht aus den $\Phi_{k\nu}$ berechnen lassen. V_R soll die gleiche Translationsgruppe haben wie H_0, so daß $\Phi_{k\nu}$ auch Blochfunktionen sind.

V_R ist noch weitgehend willkürlich. Wir können es durch folgende naheliegende Forderungen einschränken und dann in expliziter Form angeben:

1. Es gebe eine eineindeutige Korrespondenz zwischen den $\Phi_{k\nu}$ und den $\psi_{k\nu}$ und es sei

$$\tilde{E}_{k\nu} = E_{k\nu} \tag{1}$$

für Valenzbänder. Für Rumpfbänder fordern wir keine analoge Relation, da der tiefste Eigenwert von H_0+V_R gleich der tiefsten Valenzenergie sein sollte.

---

[1]) Meist spricht man vom Repulsionspotential, obwohl es sich i. a. nicht um ein lokales Potential handelt.

2. Bei der Entwicklung von $\Phi_{k\nu}$ nach den $\psi_{k\nu}$, die ja immer möglich ist, sollen nur die zugehörigen Valenzwellenfunktionen $\psi_{k\nu}$ und die Rumpfwellenfunktion ψ_{ki} vorkommen. $\Phi_{k\nu} = a_{k\nu}\psi_{k\nu}+\sum_i a_{ki}\,\psi_{ki}$. Dadurch ist gewährleistet, daß $\psi_{k\nu}$ aus $\Phi_{k\nu}$ berechenbar ist, da die ψ_{ki} als bekannt vorausgesetzt werden. Außerdem besteht die Aussicht, daß $\Phi_{k\nu}$ sich nur aus langwelligen Fourierkomponenten zusammensetzt, da man V_R so bestimmen kann, daß die kurzwelligen Komponenten von ψ_{ki} möglichst weitgehend kompensiert werden. Denn außerhalb des stark veränderlichen Ionenpotentials ist $\psi_i \approx 0$ und $\Phi_{k\nu} \approx \psi_{k\nu}$ gleich dem „glatten" Teil der Valenzelektronenwellenfunktion. Besteht aber $\Phi_{k\nu}$ vorwiegend aus langwelligen Fourierkomponenten, so kann man zur Lösung des Eigenwertproblems von H_0+V_R mit Erfolg die Methode der ebenen Wellen anwenden.
Die 2. Bedingung lautet in Operatorschreibweise

$$Q|\Phi_{k\nu}> = a_{k\nu}|\psi_{k\nu}> \tag{2}$$

Der Proportionalitätsfaktor $a_{k\nu}$ tritt auf, da wir $|\Phi_{k\nu}>$ und $|\psi_{k\nu}>$ normiert annehmen wollen. Läßt sich $\psi_{k\nu}$ nach wenigen OPW's entwickeln, so läßt sich $\Phi_{k\nu}$ nach wenigen ebenen Wellen entwickeln.
3. Schließlich wollen wir fordern, daß die $\Phi_{k\nu}$ sich nur aus Rumpfzuständen $\psi_{k\nu}$ linear kombinieren lassen:

$$Q|\,\Phi_{ki}> = 0 \tag{3}$$

Man kann nun eine explizite Form für V_R angeben:
Da Q mit H_0 vertauschbar ist, ist

$$QV_R|\Phi_{k\nu}> = (\tilde{E}_{k\nu}-H_0)Q|\Phi_{k\nu}>$$

Die rechte Seite verschwindet wegen (1), (2) und (3) für alle ν.
Dann ist

$$Q\,V_R = 0$$

d. h.

$$V_R = PA$$

mit beliebigem Operator A.
Das ist eine hinreichend allgemeine Form für den Repulsionsoperator. Sie wurde von *Bassani* und *Celli* [12] und *Austin*, *Heine* und *Sham* [13] angegeben. Da der Projektionsoperator P auf die Rumpfzustände in V_R eingeht, hat man es streng mit einem nichtlokalen Potential zu tun. Obwohl V_R i.a. nicht hermitesch ist, sind die „Valenzeigenwerte" $\tilde{E}_{k\nu}$ von H_0+V_R wegen (1) reell. Natürlich sind dann einige der $\tilde{E}_{ki}$ komplex. Man kann zeigen, daß die reellen $\tilde{E}_{ki}$ weit über den Valenzzuständen im Kontinuum liegen.
Um Symmetriebetrachtungen an H_0+V_R durchführen zu können, fordern wir, daß V_R mit Operationen der Raumgruppe vertauschbar ist, d.n. wir fordern die Vertauschbarkeit von A mit Operationen der Raumgruppe. Der Operator A ist völlig willkürlich, aber nicht alle A sind gleich gut brauchbar. Um A weiter festzulegen, können wir z.B. verlangen, daß Φ_{kv} möglichst glatt ist, d.h. durch eine rasch konvergente Reihe nach ebenen Wellen approximierbar ist. Man fordert nach *Cohen* und *Heine* [14]

$$\delta(\Phi_{kv}, T\Phi_{kv}) = 0$$

oder, was auf dasselbe hinausläuft,

$$\delta|(\Phi_{kv}, (V_0+V_R)\Phi_{kv})| = 0 \tag{4}$$

(möglichst gute Kompensation von V_0 und V_R). Dadurch werden die Faktoren a_{kv} in (2) festgelegt. Damit schränkt man den noch unbestimmten Operator A ein.

Die Forderung (4) liefert als zusätzliche Bedingung:

$$(\psi_{ki}, (V_0+V)\Phi_{kv}) = (\Phi_{kv}, (V_0+V_R)\Phi_{kv})\,(\psi_{ki}, \Phi_{kv})$$
$$= \underset{\text{def}}{\overline{V}_P(\psi_{ki}, \Phi_{kv})}$$

für alle Rumpfzustände i.

Durch Multiplikation mit ψ_{ki} und Summation über i erhält man

$$P(V_0+V_R)\Phi_{kv} = \overline{V}_P P\Phi_{kv}$$

und da $PV_R = P^2A = V_R$

$$V_R\Phi_{kv} = -PV_0\Phi_{kv}+\overline{V}_P P\Phi_{kv} \tag{5}$$

Wie schon gesagt, sollen durch dieses Verfahren die Valenzwellenfunktionen durch geglättete Funktionen ersetzt werden. Man kann also annehmen, daß der Erwartungswert $\overline{V}_P$ des Pseudopotentials klein ist. Dann kann man das Repulsionspotential (5), welches das glatteste Φ_{kv} liefert, durch

$$V_R = -PV_0$$

approximieren. ($V_R = -P\,V_0$ ist natürlich ebenfalls ein strenges Repulsionspotential, nur liefert es nicht die glattesten, sondern nur fast die glattesten Φ_{kv}).

Mit diesem Repulsionspotential rechneten z.B. *Bassani* und *Celli* [12]. *Phillips* und *Kleinman* [2] benutzten V_R in einer etwas anderen Form. Offenbar ist für „Valenzzustände" Φ_{kv} (mit $V_R = PA$)

$$V_R\Phi_{kv} = PV_R\Phi_{kv} = P(E_{kv}-H_0)\Phi_{kv}$$

und das ist der Repulsionsoperator von *Phillips* und *Kleinman* ($A = E_{kv}-H_0$), den man durch ein lokales Potential approximieren kann.

Dazu entwickelt man Φ_{kv} nach Kugelfunktionen

$$\Phi_{kv} = \sum_l L_l\Phi_{kv}$$

(L_1 projiziert auf die l-te Kugelfunktion) und „lokalisiert" jeden l-Beitrag für sich:

$$V_R\Phi_{kv} = \sum_l \frac{L_l V_R \Phi_{kv}}{L_l\Phi_{kv}}\,L_l\Phi_{kv} = \sum_l V_R^l(r)\,L_l\Phi_{kv}$$

Dieses semilokale Repulsionspotential $V_R^l(r)$ hängt zwar, streng genommen, noch von den gesuchten E_{kv} und Φ_{kv} ab, doch ist die E_{kv}-Abhängigkeit nicht sehr groß und für $L_l\,\Phi_{kv}$ sind die entsprechenden Wasserstoffeigenfunktionen für diese Zwecke ausreichende Approximationen, da die wesentlichen Beiträge zum Repulsionspotential aus den Gebieten in Kernnähe kommen: $L_0\,\Phi_{kv} \sim$ $\sim e^{-\alpha_s r} \approx \text{const.}$, $L_1\Phi_{kv} \sim re^{-\alpha_p r}\cos\vartheta$.

Kleinman und *Phillips* berechneten nach dieser Methode Energiewerte für Silicium [5], Bornitrid [15] und Diamant [16] an Symmetriepunkten in der 1. Brillouin-Zone.

6. Pseudopotential-Interpolationsverfahren

Um aus einzelnen an Symmetriepunkten in der 1. Brillouin-Zone berechneten Energiewerten oder experimentell bestimmten Werten der Energielücke oder effektiven Massen die $E(\boldsymbol{k})$-Abhängigkeit in der ganzen 1. Brillouin-Zone oder wenigstens längs ausgezeichneter Richtungen zu bestimmen, gab *Phillips* [17] ein Interpolationsverfahren an, das auf der Verwendung des Pseudopotentials beruht. Von OPW-Rechnungen her weiß man bereits, daß die von den Rumpfwellenfunktionen herrührenden Orthogonalisierungsterme, die in der Repulsionspotentialmethode zu den Matrixelementen des Repulsionsoperators werden, in guter Näherung das Kristallpotential V_0 kompensieren. *Phillips* entwickelte daher das Pseudopotential in eine Fourierreihe und beschränkte sich dabei auf wenige Fourierkoeffizienten. Diese Koeffizienten wurden als anpassbare Parameter angesehen. Das Problem mit dem so vereinfachten Pseudopotential ließ sich mit der Methode ebener Wellen an genügend vielen Punkten der 1. Brillouin-Zone lösen. So konnte *Phillips* für Si aus den experimentellen Daten der direkten und indirekten Energielücke die effektive Masse der Elektronen in Leitungs- und Valenzband sowie die Lage der Leitungsbandkanten in guter Übereinstimmung mit dem Experiment bestimmen. Neben V_{000} wurden dabei im wesentlichen nur die Koeffizienten $V_{(111)}$ mitberücksichtigt. Daß die Koeffizienten $V_{(111)}$ noch eine besondere Rolle spielen, drückt die kovalenten Bindungen der Si-Atome aneinander aus, die ja gerade in der Richtung der nächsten Nachbarn oder Raumdiagonalen liegen.

7. *kp*-Approximation

Da in nichtentarteten Halbleitern die Elektronen- bzw. Löcherkonzentrationen nur in der Nähe der Bandkanten wesentlich von Null verschieden sind, genügt es oft, den Bandverlauf und die Eigenfunktionen in der Nähe der Bandkanten näher zu untersuchen. Dazu kann eine Entwicklung der Energie nach $\boldsymbol{k}$-$\boldsymbol{k}_0$ dienen, wenn die Bandkante bei $\boldsymbol{k}_0$ liegt. Man geht zweckmäßig von der Gleichung für den Blochfaktor $u_{\boldsymbol{k}v}(\boldsymbol{r})$ aus:

$$\left(\frac{p^2}{2m}+V_0(\boldsymbol{r})+\frac{\hbar}{m}\,\boldsymbol{kp}-E_{\boldsymbol{k}v}+\frac{\hbar^2k^2}{2m}\right)u_{\boldsymbol{k}v}(\boldsymbol{r})=0$$

in der der reduzierte Wellenzahlvektor explizit vorkommt. Setzt man jetzt $\boldsymbol{k}=\boldsymbol{k}_0+\boldsymbol{\varkappa}$, so kann man das in $\varkappa$ lineare Glied

$$\frac{\hbar}{m}\boldsymbol{\varkappa p}$$

$\left(\frac{\hbar^2}{2m}k^2 \text{ nimmt man am besten mit in } E_{\boldsymbol{k}v} \text{ auf}\right)$

als kleine Störung in einer Schrödingerschen Störungsrechnung auffassen. Die Durchführung dieser Störungsrechnung (meist bis zur 2. Ordnung) bezeichnet man als *kp*-Approximation. Die Lösung der ungestörten Gleichung ist gleich der als bekannt vorausgesetzten Lösung der Schrödinger-Gleichung an der Bandkante $E_{\boldsymbol{k}_0v}$, $\psi_{\boldsymbol{k}_0v}$ (bzw. $u_{\boldsymbol{k}_0v}$). Für nichtentartete Bandkanten verschwindet die 1. Näherung, da der Erwartungswert von $\boldsymbol{p}$ an der Bandkante verschwindet. Ist die Bandkante entartet und liegt sie bei $\boldsymbol{k}=0$, (Valenzband) so verschwindet die erste Näherung i.a. nur, wenn ein Inversionszentrum existiert, denn nur dann haben die Wellenfunktionen bei $\boldsymbol{k} = 0$ eine bestimmte Parität. Das ist z. B. für Ge und Si der Fall, dagegen nicht für die $A^{\mathrm{III}}\,B^{\mathrm{V}}$-Verbindungen mit Zinkblendestruktur.

Die Koeffizienten der 2. Näherung sind gleich den 2. Ableitungen der Energie an der Bandkante, d.h. sie werden durch den Tensor der effektiven Masse bestimmt, der aber durch Zyklotronresonanzmessungen weitgehend zugänglich ist.

Diese effektiven Massenparameter wurden kürzlich von *Hensel* und *Feher* für die Valenzbandkante von Silicium genau bestimmt. Über die $\boldsymbol{kp}$-Rechnungen konnte die Lage einiger höherer Energieniveaus im Punkt Γ aus den experimentellen Daten abgeleitet werden. Dabei traten Diskrepanzen bzgl. des Niveaus Γ_2' gegenüber den Rechnungen von *Kleinman* und *Phillips* [5] auf. Der aus dem Experiment bestimmte Wert ist jedoch in besserer Übereinstimmung mit einem Vergleich mit der Bandstruktur von Germanium und den $\mathrm{A}^{\mathrm{III}}$-$\mathrm{B}^{\mathrm{V}}$-Verbindungen.

Durch dieses Beispiel wird illustriert, daß die Bandstrukturen der Halbleiter, wie sie uns bis jetzt bekannt sind, zu einem großen Teil aus experimentellen Daten bestimmt sind und eine Ableitung aus Grundpostulaten noch aussteht. In neuerer Zeit wurden zum Vergleich mit dem Experiment neben Zyklotronresonanzmessungen und Messungen der optischen Absorption auch Reflexionsmessungen an Halbleitern herangezogen. Hier sind vor allem die Experimente von *Tauc* und *Abrahám* [19] zu erwähnen. *Brust*, *Phillips* und *Bassani* [20] bestimmten in Zusammenhang mit ihren Rechnungen Pseudopotentiale für Ge und Si. Für Si erhielten sie z.B. [21]

$$V_{111} = -0{,}21 \text{ ry}$$

$$V_{220} = 0{,}04 \text{ ry}$$

$$V_{311} = 0{,}08 \text{ ry}$$

Dieses Pseudopotential kann verwendet werden, um andere von der genauen Bandstruktur abhängige Effekte zu berechnen. So konnten die Experimente von *Allen* und *Gobeli* [22] sowie von *Spicer* und *Simon* [23] zur Photoemission von Silicium gedeutet werden.

Literatur

[1] *F. Herman*, Phys. Rev. **93**, 1214 (1954); Physica **20**, 801 (1954).
[2] *J. C. Phillips, L. Kleinman*, Phys. Rev. **116**, 287 (1959).
[3] *C. C. J. Roothaan*, Rev. mod. Phys. **23**, 69 (1951).
[4] *V. Heine*, Proc. Roy. Soc. *A* **240**, 340, 354, 361 (1957).
[5] *L. Kleinman, J. C. Phillips*, Phys. Rev. **118**, 1153 (1960).
[6] *L. P. Bouckaert, R. Smoluchowski* und *E. P. Wigner*, Phys. Rev. **50**, 58 (1936).
[7] *W. A. Harrison*, Phys. Rev. **118**, 1190 (1960).
[8] *C. Herring*, Phys. Rev. **57**, 1169 (1940).
[9] *T. O. Woodruff*, Phys. Rev. **98**, 1741 (1955); Phys. Rev. **103**, 1159 (1956).
[10] *F. Bassani*, Phys. Rev. **108**, 263 (1957); Nuovo Cim. **13**, 244 (1959).
[11] *F. Herman, S. Skillman*, Proc. Intern. Conf. Semicond. Phys., Prague 1961 (S. 20).
[12] *F. Bassani, V. Celli*, J. Phys. Chem. Solids **20**, 64 (1961).
[13] *B. J. Austin, V. Heine*, L. J. Sham, Phys. Rev. **127**, 276 (1962).

[14] *M. H. Cohen, V. Heine*, Phys. Rev. **122**, 1821 (1961).
[15] *L. Kleinman, J. C. Phillips*, Phys. Rev. **117**, 460 (1960).
[16] *L. Kleinman, J. C. Phillips*, Phys. Rev. **116**, 880 (1959).
[17] *J. C. Phillips*, Phys. Rev. **112**, 685 (1958).
[18] *J. C. Hensel, G. Feher*, Phys. Rev. **129**, 1041 (1963).
[19] *J. Tauc, A. Abrahám*, Proc. Intern. Conf. Semicond. Phys., Prague 1961 (S. 375).
[20] *D. Brust, J. C. Phillips, F. Bassani*, Phys. Rev. Lett. **9**, 94 (1962).
[21] *D. Brust, M. L. Cohen, J. C. Phillips*, Phys. Rev. Lett. **9**, 389 (1962).
[22] *F. G. Allen, G. W. Gobeli*, Phys. Rev. **127**, 141 (1962).
[23] *W. E. Spicer, R. E. Simon*, Phys. Rev. Lett. **9**, 385 (1962).

GÜNTHER HARBEKE*)

Neue Ergebnisse zur Bandstruktur von Halbleitern aus optischen Messungen

Mit 34 Abbildungen

I. Einleitung

Manche Methoden zur Berechnung des Energiespektrums in Idealkristallen [1] bedienen sich adjustierbarer Parameter, die durch einzelne experimentelle Daten angepaßt werden, woraus dann weitere Aussagen resultieren, die in manchen Fällen wiederum durch das Experiment geprüft werden können. Die Halbleiterkristalle, besonders die Elemente der Diamantstruktur und die daraus abgeleiteten Verbindungshalbleiter, sind ein sehr gutes Beispiel dafür, wie in dieser Weise ein konsistentes und weitgehend detailliertes Bild von der Energiebandstruktur eines Festkörpers gewonnen werden kann.
Auf der experimentellen Seite sind dabei in den letzten Jahren mehr und mehr optische Meßmethoden in den Vordergrund getreten. Schon bei der Bestimmung des Energiebandparameters effektive Masse ist die magneto-optische Absorption im Falle der Interband-Übergänge Methoden, die auf dem Ladungstransport beruhen, zumindest ebenbürtig. Eine Überlegenheit optischer Methoden besteht bei der Bestimmung energetischer Abstände im Wellenzahlraum in Bezug auf die Genauigkeit, mit der eine Festlegung der minimalen Vertikalabstände zwischen Valenz- und Leitungsband möglich ist. So ist man in der Lage, auf Grund von Magnetoabsorptionsmessungen Energieabstände für direkte oder indirekte Übergänge in der Absorptionskante auf die vierte Dezimale anzugeben, so daß man durchaus schon von Festkörperspektroskopie sprechen kann. Darauf soll jedoch hier nicht eingegangen werden, da hierüber schon mehrfach berichtet worden ist [2].
Darüber hinaus bieten jedoch nur optische Messungen die Möglichkeit, tiefer in die Bänder einzudringen, Kenntnisse über ihre Substruktur zu gewinnen und so auch hier die vergleichende Parallele zur Theorie zu ziehen.
Elektrische Messungen von Transportphänomenen liefern allgemein nur den absolut kleinsten Abstand zwischen Valenz- und Leitungsband, unabhängig von der Lage der Extrema im $\boldsymbol{k}$-Raum, es sei denn, daß man durch äußere Parameter wie Zug oder Druck die energetische Reihenfolge der Leitungsbandminima vertauscht oder daß der Abstand zwischen gewissen Minima so gering ist, daß Ladungsträger verschiedener Minima zum Ladungstransport beitragen. Bei optischer Anregung sind dagegen direkte Übergänge ohne Veränderung des Wellenzahlvektors bevorzugt, so daß durch ihre Beobachtung sonst nicht erhältliche Information gewonnen werden kann. Messungen im Gebiet der Absorptionskante und bei kleineren Photonenenergien haben

*) Laboratories RCA Ltd., Zürich/Schweiz.

von Anbeginn der Halbleiterphysik an viel zur Kenntnis der wesentlichen Halbleiterparameter beigetragen.
Man kann jedoch daraus keine größeren vertikalen Energieabstände als den für den ersten direkten Übergang festlegen. Dafür sind Messungen im Gebiet oberhalb der Absorptionskante, dem Fundamentalabsorptionsgebiet, notwendig, die seit einigen Jahren mit viel Erfolg betrieben werden. Das legt eine Konzentration des Referats auf die Ergebnisse derartiger optischer Messungen nahe, zumal in jüngster Zeit durch eine große Anzahl von Arbeiten sowohl von theoretischer wie experimenteller Seite unser Wissen auf diesem Gebiet sehr vertieft worden ist.

II. Symmetrieeigenschaften der Wellenfunktionen

II. 1 Allgemeines

Für die Deutung der optischen Spektren ist es wesentlich, möglichst viel über die Natur der an einem bestimmten Übergang beteiligten Energiezustände, den Ausgangs- und den Endzustand zu wissen. Gleich wie Elektronen eines freien Atoms sind auch die Kristallelektronen in Zuständen bestimmter Symmetrie.
Für ein Elektron im Zentralfeld, bspw. eines Atomrumpfs, kann die Klassifizierung in die verschiedenen spektroskopischen Zustände durch die Einführung von Polarkoordinaten zur Separierung der Variablen erreicht werden und die Form der Winkelfunktion charakterisiert dann den Zustand. Die Klassifizierung der verschiedenen Zustände eines Elektrons im periodischen Kristallpotential wird durch eine gruppentheoretische Analyse der Symmetrieeigenschaften der Wellenfunktionen bewerkstelligt. Die Symmetrie eines Kristalls kann ausgedrückt werden durch seine Raumgruppe, die durch alle ihn invariant lassenden Transformationen gebildet wird und die durch die aus der Kristallographie bekannten Raumgruppensymbole gekennzeichnet ist. Diese Symmetrie wird auf das Kristallpotential und damit auf den Hamilton-Operator für ein Elektron, das sich in diesem Potential bewegt, übertragen, so daß die irreduziblen Darstellungen der Symmetriegruppe die Eigenwerte des Hamilton-Operators charakterisieren und ihren Entartungsgrad und die Symmetrie ihrer Eigenfunktionen liefern.
Auf diese Weise kann man für alle Punkte oder Achsen im $\boldsymbol{k}$-Raum, die eine gewisse Symmetrie besitzen, einen Katalog von Energiezuständen bzw. Energiebändern mit den Symmetrieeigenschaften der zugehörigen Wellenfunktionen erhalten, deren stetige Verknüpfung im $\boldsymbol{k}$-Raum den Kompatibilitätsbedingungen genügen muß. Dabei kann die Gruppentheorie in Bezug auf die Energie über die Ordnung oder Reihenfolge der Zustände keine Aussagen treffen, doch sind diese Ergebnisse schon sehr nützlich für die Auffindung optischer Auswahlregeln und den Einfluß der Spin-Bahn-Kopplung und tragen sehr zur Vereinfachung der Berechnung der Bandstruktur bei.

II. 2 Diamant-Struktur

Als Beispiel wählen wir die Diamantstruktur. Abb. 1 zeigt die Brillouin-Zone des Diamantgitters als eines kubisch flächenzentrierten Gitters mit den gebräuchlichen Bezeichnungen für die Symmetriepunkte und Symmetrieachsen. Die quadratischen Flächen sind senkrecht zur 100-Achse, die hexagonalen

Flächen sind senkrecht zur 111-Achse. Für die Diskussion der gegenwärtigen experimentellen Ergebnisse sind die Energiezustände an den Punkten $\Gamma(k = 0)$, $L\ [\frac{1}{2}, \frac{1}{2}, \frac{1}{2}]$ und $X\ [1, 0, 0]$ und auf den Achsen Λ (zwischen Γ und L) und Δ (zwischen Γ und X) sehr wesentlich.

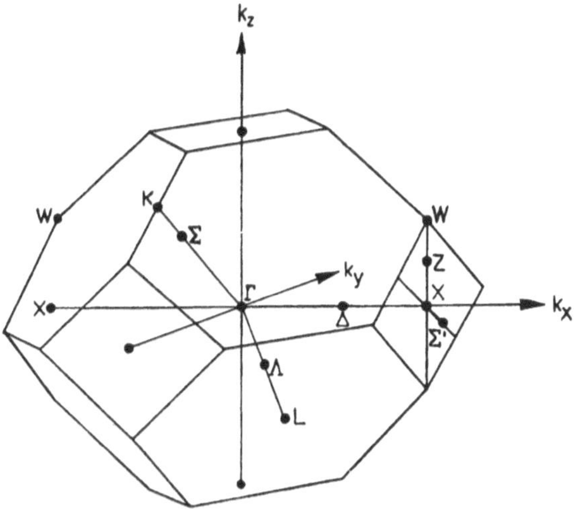

Abb. 1
Brillouin-Zone des flächenzentriert kubischen Gitters

Die Energiezustände bei Γ sind gegeben durch die irreduziblen Darstellungen der Punktgruppe, die durch alle Drehungen, Reflexionen und die Inversion, die den Kristall in sich selbst überführen, gebildet wird. Für unser Beispiel haben wir die holosymmetrische kubische Punktgruppe $m\ 3\ m$ (Bezeichnung nach *Hermann – Mauguin*) zu nehmen, die aus 48 Elementen besteht. Sie ist isomorph mit der Gruppe für Γ der Diamantstruktur, obwohl diese durch die Existenz einer Gleitspiegelung recht kompliziert ist. Die Elemente gruppieren sich in Klassen, in diesem Falle in zehn Klassen, die in Tab.1 in der Kopfzeile aufgeführt sind. Der nächste Schritt ist das Aufsuchen der irreduziblen Darstellungen der Gruppe, deren Zahl gleich der Zahl der Klassen ist. Für eine detaillierte Darstellung des gruppentheoretischen Formalismus sei auf *Jones* [3] oder *Heine* [4] verwiesen. Hier soll nur auf die zur Diskussion der Energiezustände wesentlichen Ergebnisse hingewiesen werden. Die zehn irreduziblen Darstellungen der Punktgruppe $m\ 3\ m$ tragen die in der Spalte Darst. der Charaktertabelle in Tab. 1 stehenden Bezeichnungen. Die von einer durchlaufenden Numerierung abweichende Index-Nomenklatur hat historische Gründe wegen der Kompatibilitätsbedingungen mit den von diesem Punkt ausgehenden Bändern. So münden z.B. die beiden Energiebänder Δ_2 und Δ_5 über der 100-Achse in den Energiezustand Γ_{25} ein. Die Spuren der in Matrizenform geschriebenen irreduziblen Darstellungen (es sind quadratische Matrizen bis zum Range 3) bilden die Charaktertabelle (Tab. 1). Die Zahlen in der ersten Spalte der Charaktertabelle zeigen den Entartungsgrad des Zustands, hier also, daß bei Γ vier nichtentartete, zwei zweifach entartete und vier dreifach entartete Zustände bestehen, besser gesagt, Typen von Zuständen, denn das Kristallelektron hat mehr verschiedene Zustände als die Charaktertabelle besagt, so daß mehrere Zustände das gleiche Darstellungssymbol tragen und somit von gleicher Symmetrie sind. Die Charaktere der Zustände

Tabelle 1. Charaktertabelle der holosymmetrischen kubischen Punktgruppe *m* 3 *m*

Klasse / Darst.	E	$3\,C_4^2$	$6\,C_4$	$6\,C_2$	$8\,C_3$	J	$3\,JC_4^2$	$6\,JC_4$	$6\,JC_2$	$8\,JC_3$
Γ_1	1	1	1	1	1	1	1	1	1	1
Γ_2	1	1	−1	−1	1	1	1	−1	−1	1
Γ_{12}	2	2	0	0	−1	2	2	0	0	−1
Γ'_{15}	3	−1	1	−1	0	3	−1	1	−1	0
Γ'_{25}	3	−1	−1	1	0	3	−1	−1	1	0
Γ'_1	1	1	1	1	1	−1	−1	−1	−1	−1
Γ'_2	1	1	−1	−1	1	−1	−1	1	1	−1
Γ'_{12}	2	2	0	0	−1	−2	−2	0	0	1
Γ_{15}	3	−1	1	−1	0	−3	1	−1	1	0
Γ_{25}	3	−1	−1	1	0	−3	1	1	−1	0

in den einzelnen Zeilen geben die Symmetrie der zum Eigenwert gehörigen Eigenfunktionen, so ist hier z.B. Γ_1 ein s-ähnlicher Zustand, Γ_{12} und $\Gamma_{25'}$ haben d-Charakter (der fünffach entartete d-Zustand ist durch das kubische Kristallfeld aufgespalten) und Γ_{15} ist von p-Symmetrie.
Für einen anderen Punkt im $\boldsymbol{k}$-Raum, naturgemäß von geringerer Symmetrie, muß man in analoger Weise die Elemente der Gruppe des zugehörigen $\boldsymbol{k}$-Vektors aufsuchen. Das sind die Transformationen, die den Punkt und damit den zugehörigen $\boldsymbol{k}$-Vektor invariant lassen oder in einen äquivalenten, d.h. um einen reziproken Gittervektor dislozierten, $\boldsymbol{k}$-Vektor überführen. Von dieser Gruppe läßt sich analog die Charaktertabelle aufstellen, wie für den Punkt L des flächenzentrierten Gitters, den Durchstosspunkt der 111-Achse an der Zonenfläche. Sie ist isomorph mit der Gruppe für L im Diamantgitter und gibt die Eigenwerte und deren Entartung bei L, wegen der geringeren Symmetrie gibt es weniger irreduzible Darstellungen und damit Typen von Zuständen, nämlich vier nicht entartete und zwei zweifach entartete Zustände. Ebenso gibt es eine Gruppe für den $\boldsymbol{k}$-Vektor der Achse Λ, die Γ mit L verbindet und die Kompatibilitätsbedingungen treffen aus diesen 3 Katalogen von Zuständen schon eine gewisse Auswahl darauf, welche Bänder über der Achse in welche Energiezustände an den Endpunkten übergehen, so kann z.B. ein s-Zustand auf der Achse Λ nicht in einen p-Zustand für Γ oder L einmünden.

Damit ist noch nichts darüber ausgesagt, welche Energien den einzelnen Zuständen zukommt und in welcher Reihenfolge die Zustände angeordnet sind. Dazu muß man mit gewissen Annahmen über das Potential die Schrödinger-Gleichung lösen. Diese Rechnungen liefern dann, gegebenenfalls auch mit Anpassung einiger Parameter durch experimentelle Daten, einen quantitativen Verlauf der einzelnen Energiebänder und ihre gegenseitigen energetischen Abstände. Einen qualitativen Überblick gibt schon die Näherung freier Elektronen im „leeren" Gitter, die dann für alle Vertreter eines bestimmten Kristalltyps ein Bänderschema liefert. Der nächste Schritt ist die Näherung fast freier Elektronen, die aus der für freie Elektronen noch durch Störungsrechnung hervorgeht. Über die wirkungsvolleren Methoden ist in der zusammenfassenden Arbeit von *Streitwolf* [1] ausführlich berichtet worden, so daß wir uns jeweils darauf beziehen können.

Alle bisherigen Überlegungen sind ohne Berücksichtigung des Spins angestellt worden. Durch Hinzunahme der Spin-Variablen wird die Symmetriegruppe des Hamilton-Operators verdoppelt und bestimmte Energiewerte spalten gemäß der Symmetrie dieser doppelten Gruppe auf. In der Punktgruppe der Diamantstruktur wird z.B. der dreifach entartete p-Zustand $\Gamma_{25'}$ durch Hinzunahme des Spins sechsfach und spaltet in je ein vier- und zweifach entartetes Band auf. Wir brauchen jedoch nur dreifache Entartung zu zeigen, da a priori in einem Kristall mit Symmetriezentrum jeder Zustand doppelt entartet ist. Wesentlich ist jedoch die Aufspaltung der Bänder auf Grund der Spin-Bahn-Wechselwirkung, deren Größe mit der Spin-Bahn-Aufspaltung am freien Atom zusammenhängt. Derartige Aufspaltungen treten natürlich auch in den Energiezuständen an anderen Punkten des $\boldsymbol{k}$-Raums auf und können mit verschiedenen Methoden, z.B. der OPW-Methode [1], berechnet werden. Viele Berechnungen von Energiespektren schließen die Spin-Bahn-Effekte nicht ein, doch können diese, besonders in aus schweren Atomen bestehenden Kristallen, das Bild drastisch ändern.

II. 3 Zinkblende-Struktur

Neben den Halbleitern der Diamantstruktur werden die optischen Messungen an vielen Kristallen der Zinkblendestruktur behandelt werden. Es sei deshalb kurz auf gewisse Unterschiede in den Eigenschaften der Energiezustände hingewiesen. Der Zinkblendetyp unterscheidet sich vom Diamanttyp nur dadurch, daß die Gitterplätze von zwei verschiedenen Arten von Atomen besetzt sind. Das bringt aber den Verlust des Symmetriezentrums mit sich. Dadurch nimmt zunächst die Zahl der Klassen in der Punktgruppe und damit die Zahl der Zustände bei Γ auf fünf ab und die Benennung der Zustände ändert sich. Der ohne Spin dreifach entartete Zustand am Maximum des Valenzbandes heißt dann Γ_{15} anstelle von $\Gamma_{25'}$. Das Fehlen eines Inversionszentrums hat weiter zur Folge, daß die im Diamanttyp grundsätzlich vorhandene zweifache Spinentartung an jedem Punkt des $\boldsymbol{k}$-Raums aufgehoben wird, was also eine zusätzliche Aufspaltung der Bänder zur Folge hat. Eine weitere damit verbundene Erscheinung ist die Existenz eines linearen Terms in $E(\boldsymbol{k})$ bei Γ_{15}, der proportional der Spin-Bahn-Kopplung ist, so daß das Maximum leicht von Γ entfern ist, doch sind das Effekte von der Größenordnung einiger Tausendstel eV. Ein wesentlich größerer Effekt ist im Folgenden begründet. Die gruppentheoretische Analyse der Gruppe des $\boldsymbol{k}$-Vektors für den Punkt X in der Diamantstruktur zeigt, daß neben der zweifachen Spinentartung jeder Zustand bei X noch einmal zweifach entartet ist. Aus der Charaktertabelle für die Gruppe des $\boldsymbol{k}$-Vektors für den Punkt X in der Zinkblendestruktur geht hervor, daß auch diese Entartung aufgehoben ist. Der Leitungsbandzustand X_1 im Diamanttyp bspw. spaltet in zwei Zustände X_1 und X_3 auf. Die Energiedifferenz zwischen X_1 und X_3 kann von der Größenordnung 1 eV sein und ist in mehreren Substanzen experimentell nachgewiesen worden.

III. Sub-Band-Übergänge

III. 1 Sub-Valenzband-Übergänge

III. 1.1 Diamant-Typ-Halbleiter

Es sollen zunächst Übergänge zwischen verschiedenen Unterbändern des Valenzbandes oder des Leitungsbandes besprochen werden. Über die ersten Messungen dieser Art ist von *Jaumann* [5] zusammenfassend berichtet worden. Hier soll von den jüngsten Ergebnissen, besonders im Hinblick auf die Spin-Bahn-Kopplungs-Effekte, die uns auch bei den Interband-Übergängen in mehrfacher Hinsicht beschäftigen werden, die Rede sein.

Die Valenzbandstruktur am Punkt Γ für Germanium wurde von *Kane* [6] mit der $\boldsymbol{k} \cdot \boldsymbol{p}$-Approximation [1] unter Berücksichtigung der Spin-Bahn-Kopplung berechnet. Die Methode setzt die Lösung der Schrödinger-Gleichung für $k = 0$ voraus und liefert mit Hilfe einer Störungsrechnung den $E(\boldsymbol{k})$-Verlauf in der Umgebung. Abb. 2 zeigt qualitativ $E(\boldsymbol{k})$ in der Umgebung von $\Gamma_{25'}$ für kubische Halbleiter der Diamantstruktur, im Detail ist der Verlauf in verschiedenen Richtungen des $\boldsymbol{k}$-Raums unterschiedlich. Man erkennt drei mögliche Übergänge $h\nu_{12}$, $h\nu_{23}$, $h\nu_{13}$, wenn die oberen zwei Bänder mit freien Löchern durch Anregung in Akzeptorenzustände oder das Leitungsband besetzt sind. Da es sich um Übergänge zwischen Zuständen gleicher Symmetrie handelt, ist das Matrixelement für den optischen Übergang Null und erst der $\boldsymbol{k} \cdot \boldsymbol{p}$-Störungsparameter bringt ein Matrixelement herein, das proportional zu $|k|$ geht, so daß die Übergangswahrscheinlichkeit mit $|k|^2$ geht. Andererseits nimmt die Besetzung der oberen zwei Bänder durch freie Löcher mit steigendem $|k|$ ab, so daß die Absorption für jeden der drei möglichen Übergänge ein Maximum hat. Jedem der drei Übergänge entspricht auch experi-

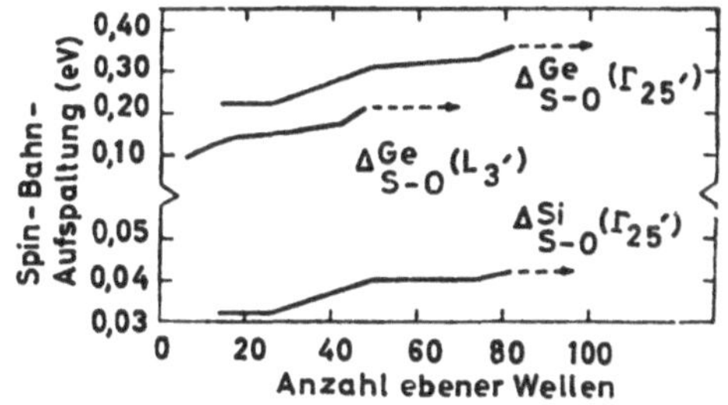

Abb. 3
Spin-Bahn-Aufspaltung in Ge und Si, berechnet mit der OPW-Methode, nach *Liu* [7], Phys. Rev. **126**, S. 1321 (Fig. 3), 1962

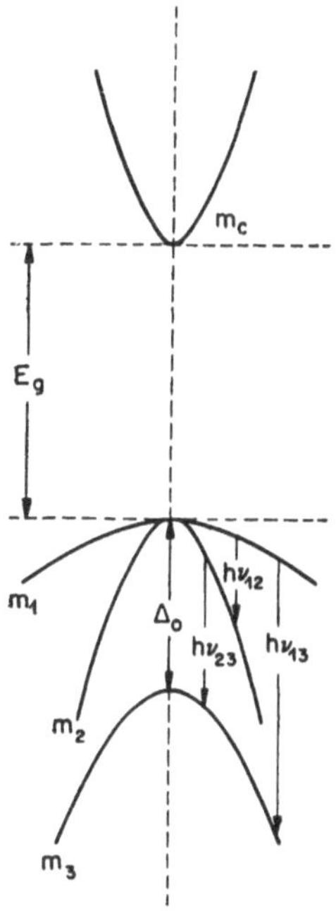

Abb. 2
Valenzbandstruktur bei Γ_{25}' für Halbleiter der Diamantstruktur nach *Kane* [6], Phys. Rev. **130**, S. 871 (Fig. 3), 1963

mentell ein Maximum bei Raumtemperatur [5], die sogenannten p-Banden. Der Wert für Δ_0 ist in der $\boldsymbol{k} \cdot \boldsymbol{p}$-Approximation ein adjustierbarer Parameter, die beste Übereinstimmung mit dem Experiment wird erreicht durch $\Delta_0 = 0{,}29$ eV. Inzwischen ist der Wert direkt berechnet worden durch *Liu* [7] mit der OPW-Methode [1]. Abb. 3 zeigt das Ergebnis in Abhängigkeit von der Zahl der verwendeten ebenen Wellen, für $\Gamma_{25'}$ in Ge konvergiert der Wert gegen 0,30 eV, etwa gleich dem experimentellen Wert. Am freien Atom hat man $\Delta_{4p} = 0{,}18$ eV aus spektroskopischen Daten, also einen Normierungsfaktor beim Übergang vom freien Atom zum Kristall von etwa 1,6. Die Rechnung zeigt, daß die Spin-Bahn-Wechselwirkung im Kristall durch die Rumpfzustände bestimmt wird, am p-ähnlichen Zustand $\Gamma_{25'}$ in Ge fast ausschließlich durch den 3 p-Rumpfzustand. Abb. 3 zeigt noch den Wert für $\Gamma_{25'}$ in Si, 0,042 eV, hauptsächlich bestimmt durch den 2 p-Zustand. Der Wert ist wesentlich kleiner als für Ge und zwar im Verhältnis der Werte am freien Atom, die Normierungsfaktoren sind also gleich. Schließlich zeigt Abb. 3 noch den Wert für $L_{3'}$ in Ge, den höchsten Valenzzustand am L-Punkt. Der Wert hier ist etwa 2/3 von dem bei $\Gamma_{25'}$, da $L_{3'}$ zweifach entartet ist gegenüber der dreifachen Entartung bei $\Gamma_{25'}$ bezw. vier- und sechsfach mit Spin. Am Si ist wegen der geringen Größe die Spin-Bahn-Abspaltung bisher nicht in der Absorption freier Löcher gefunden worden, doch gibt es zwei andere Ergebnisse, die einen Vergleich ermöglichen. Das eine ist die Extrapolation von p-Banden-Messungen in Ge-Si-Legierungen von *Braunstein* [8]. Abb. 4

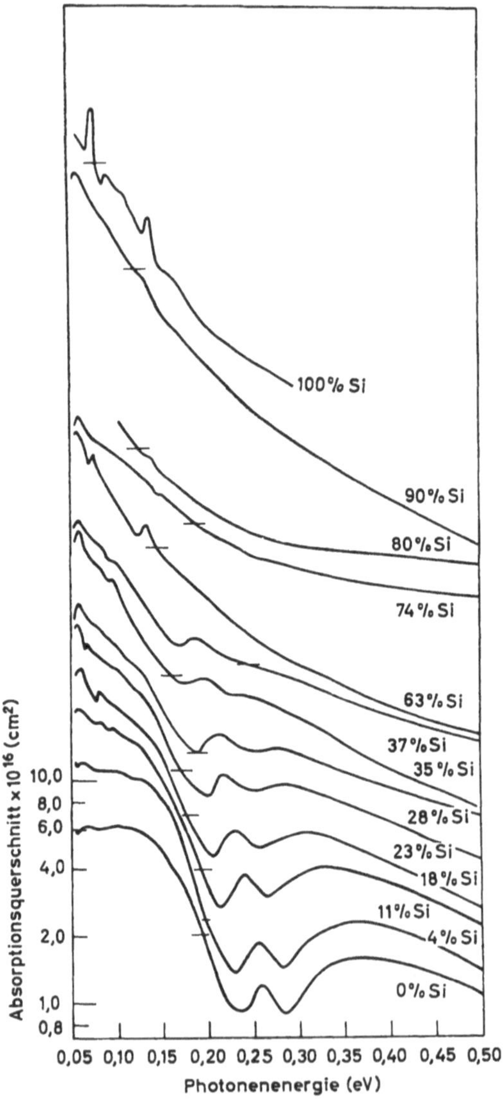

Abb. 4
Absorption durch freie Löcher in Ge-Si-Legierungen nach *Braunstein* [8]. Der Ordinatenmaßtab gilt für Ge, die übrigen Kurven sind in der Ordinate willkürlich verschoben. Phys. Rev. 130, S. 872 (Fig. 8), 1963

zeigt den Absorptionsquerschnitt von Ge, Si und ihrer Legierungen bei Raumtemperatur zwischen 0,05 und 0,5 eV. Bei kleinen Photonenenergien treten Gitterschwingungsbanden auf, die hier nicht diskutiert werden sollen. Die Analyse der Spin-Bahn-Aufspaltung Δ_0 aus den Meßdaten ist noch bis etwa 70% Si möglich. Abb. 5 zeigt eine lineare Abhängigkeit für Δ_0 von der Zusammensetzung. Die Extrapolation des linearen Zusammenhangs mit der Zusammensetzung führt auf 0,045 eV. Der lineare Zusammenhang zeigt die Ähnlichkeit der Valenzbandstrukturen von Ge, Si und ihren Legierungen. Er zeigt andererseits, daß der Wert für die Spin-Bahn-Spaltung proportional der relativen Aufenthalts-Wahrscheinlichkeit für das Valenzelektron an einem Ge- oder Si-Platz ist.

Auf sehr elegante Weise haben *Zwerdling*, *Lax* u. a. [9], die Spin-Bahn-Kopplung in Si gemessen, nämlich als die Differenz der Seriengrenzen zweier Serien von Übergängen zwischen dem Grundzustand und den angeregten Zuständen von Akzeptoren in Si. Abb. 6 zeigt, daß Übergänge aus dem mit dem oberen

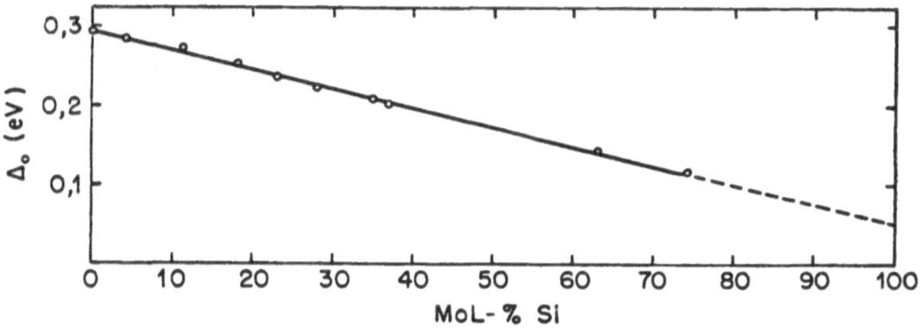

Abb. 5. Spin-Bahn-Aufspaltung des Γ_{25}'-Niveaus in Ge-Si-Legierungen nach *Braunstein* [8], Phys. Rev. **130**, S. 874 (Fig. 10B), 1963

Band assoziierten Grundzustand in mit beiden Bändern assoziierte Anregungszustände möglich sind, so daß zwei Serien erscheinen, deren Seriengrenzen $\varepsilon_1{}^*$ und ε_1 die gleiche Energiedifferenz wie die Bänder haben. Sowohl bei Bor- als auch bei Al-Dotierung wurde für die Differenz der Seriengrenzen und

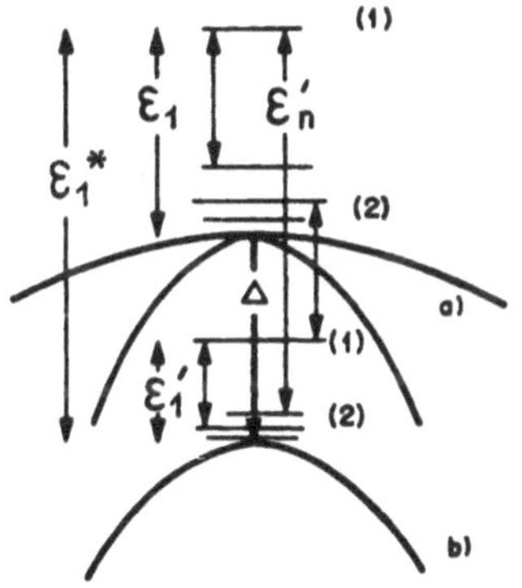

Abb. 6
Termschema eines Akzeptors am Valenzbandmaximum von Si nach *Zwerdling* u. a. [9], Phys. Rev. Lett. **4**, S. 173 (Fig. 1), 1960

damit für die Spin-Bahn-Abspaltung $\Delta_0 = 0{,}0441 \pm 0{,}0004$ eV gefunden. Diese beiden mit so verschiedenen Methoden bestimmten Werte sind untereinander und mit dem von *Liu* [7] berechneten Wert in guter Übereinstimmung.

III. 1.2 Halbleiter anderer Kristallstruktur

Über gewisse grundsätzliche Unterschiede in der Energiebandstruktur zwischen Diamant- und Zinkblendehalbleitern war in II.3 die Rede. Die Existenz des dort erwähnten linearen Terms in $E(\boldsymbol{k})$ bei Γ_{15} ist von *Matossi* und *Stern* [10] in der Temperaturabhängigkeit der p-Banden-Absorption nachgewiesen worden, die Autoren geben für die Energiedifferenz zwischen E_{max} und $E(\Gamma_{15})$ den Wert 0,003 eV.

Abgesehen davon ist jedoch die Valenzbandstruktur der Zinkblendehalbleiter und der Diamanthalbleiter bei Γ qualitativ gleich. Das hat die Anwendung der $\boldsymbol{k} \cdot \boldsymbol{p}$-Approximation auf InSb von *Kane* [11] und auf GaAs von *Ehrenreich* [12] gezeigt. Entsprechend findet man auch in III-V-Verbindungen, bei

Tabelle 2. Optischer Bandabstand E_0, Reflexionsmaxima E_1 und E_2, Temperaturkoeffizient von E_1 und experimentelle und berechnete Werte der Spin-Bahn-Aufspaltung bei $\Gamma_{25'}$ (Δ_0) und Λ_3 (Δ_Λ) für verschiedene Halbleiter. a) Ref. [56], b) Ref. [54], c) Ref. [9], d) Ref. [14], e) Ref. [60], f) Ref. [80], g) Ref. [69], h) Ref. [28], übrige Daten s. Ref. [63].

Substanz	E_0 (eV) 297 °K	E_1 (eV) 297 °K	$(dE_1/dT)\times 10^4$ (eV/Grad)	E_2 (eV) 297 °K	Δ_0 (exp) (eV)	Δ_0 (ber) (eV)	Δ_Λ(exp) (eV)	Δ_Λ(ber) (eV)
Ge	0,67	2,10	−4,2	4,45	0,30	0,30	0,18	0,18
Si	1,10	3,38	−2,7	4,4	0,44[c]	0,042		0,03
α−Sn[a]	0,08 (0 °K)	1,28		3,5		0,63	0,47	0,42
C[b]		7,2		12,7				
InSb	0,18	1,82	−5,3[g]	4,13	0,98[d]	0,89	0,56	0,48
InAs	0,33	2,52	−5,4[g]	4,72	0,43	0,41	0,29	0,27
InP	1,26	3,15	−4,2	5,0		0,18	0,14	0,13
GaSb	0,70	2,02	−4,2	4,3		0,81	0,46	0,42
GaAs	1,35	2,94	−4,6[g]	5,1	0,33	0,33	0,26	0,22
GaP	2,24	3,71	−2,5	5,3[f]		0,10		0,07
AlSb	1,6	2,78	−5,0		0,75	0,76	0,40	0,38
HgTe	0,02	2,08	−5,5[e]	4,84[e]		1,09	0,69	0,73
CdTe	1,5	3,29	−5,5[e]	5,40[e]		0,96	0,55	0,64
ZnTe	2,1	3,57	−6,0[e]	5,41[e]		0,93	0,56	0,62
HgSe	0,6	2,82	−4,3			0,61	0,31	0,41
ZnSe	2,67	4,75	−5,2[h]	6,4	0,41	0,45	0,35	0,31

denen die Energieabstände hierfür günstig liegen, das gleiche p-Banden-Spektrum wie in Ge. Man kann keine p-Banden erwarten in Fällen, in denen die Aufspaltung Δ_0 sehr klein ist oder in denen die Aufspaltung Δ_0 größer ist als der Abstand zwischen Valenz- und Leitungsband wie InSb, da zumindest die $h\nu_{13}$- und $h\nu_{23}$-Übergänge dann von den Interbandübergängen überdeckt sind.

In Tab. 2 sind die Werte für Δ_0(exp) für InAs, GaAs und AlSb aus p-Banden-Messungen bestimmt und mit berechneten Werten verglichen.

Wie sind nun diese Werte berechnet? Bei den Elementen Ge und Si ist der Normierungsfaktor beim Übergang vom Atom zum Kristall gleich und zwar etwa 1,6. Nimmt man nun diesen Faktor als allgemeingültig an und weiter, daß wegen der teilweise heteropolaren Bindung das Valenzelektron 35% seiner Zeit am Kation und 65% seiner Zeit beim Anion verbringt und setzt Δ_0 mit diesen Gewichtsfaktoren aus den Atomwerten (bspw. von Ga und As) zusammen, kommt man zu den abgeschätzten Werten Δ_0 (ber) in der Tabelle, die recht gut mit dem Experiment übereinstimmen. Das heißt, daß dieser Parameter die relative Aufenthaltswahrscheinlichkeit gut beschreibt.

Es hieße den Bogen überspannen, wollte man umgekehrt daraus unterschiedliche Heteropolaritätsparameter bestimmen, doch das Gruppenverhalten läßt sich gut durch diesen Parameter beschreiben und wir werden sehen, daß sich dieses in logischer Folge bei den II-VI-Verbindungen fortsetzen läßt. Es besteht gewiss ein enger Zusammenhang mit der effektiven Ladung nach *Szigeti* [13], die man aus der Reflexion im Gebiet optischer Gitterschwingungen bestimmt und die die Ladungsverteilung der Valenzelektronen wiedergibt, jedoch ist zu bedenken, daß die Spin-Bahn-Kopplung mehr von den Wellenfunktionen tief im Rumpf abhängt, wie die Rechnungen von *Liu* [4] gezeigt haben.

Die $\boldsymbol{k} \cdot \boldsymbol{p}$-Approximation liefert auch Gleichungen für die effektive Masse der Elektronen und der leichten Löcher und der Löcher im abgespaltenen Band; im Fall, daß auch das Leitungsbandminimum bei Γ liegt, erhält man diese drei Massen als Funktion des Bandabstands, der Spin-Bahn-Abspaltung und des Matrixelements P_{m} in der Form

$$\frac{m}{m_c} = 1 + \frac{2}{3} \cdot \frac{P_{\mathrm{m}}^2}{\hbar^2} \left(\frac{2}{E_{\mathrm{G}}} + \frac{1}{E_{\mathrm{G}} + \Delta_0} \right) \tag{1}$$

$$\frac{m}{m_{v_2}} = 1 - \frac{4}{3} \cdot \frac{P_{\mathrm{m}}^2}{\hbar^2} \cdot \frac{1}{E_{\mathrm{G}}} \tag{2}$$

$$\frac{m}{m_{v_3}} = 1 - \frac{2}{3} \cdot \frac{P_{\mathrm{m}}^2}{\hbar^2} \cdot \frac{1}{E_{\mathrm{G}} + \Delta_0} \tag{3}$$

P_{m} ist das Matrixelement des Moments, das die p-Zustände der Valenzbänder mit den s-Zuständen des Leitungsbands koppelt und das bei allen III-V-Verbindungen etwa gleich ist, wie *Ehrenreich* [12] gezeigt hat. Die Kenntnis von E_{G} und Δ_0 liefert dann also Aussagen über die effektiven Massen, die zum Teil mit Werten aus Transportmessungen verglichen werden können, zum Teil aber auch anderweitig nicht erhältliche Information darstellen.

Auch in nichtkubischen Halbleitern ist diese Methode ein nützliches Mittel zur Diskussion der Bandstruktur geworden. So haben *Caldwell* und *Fan* [15] p-Banden im Tellur diskutiert und aus jüngerer Zeit gibt es Messungen am hexagonalen Selen von *Kessler* und *Sutter* [16], bei denen in einem Differenzmeßverfahren der Absorptionsquerschnitt photoelektrisch erzeugter freier Ladungsträger gemessen wird. Vier Banden zwischen etwa 2 und 4 μm lassen sich nach Abb. 7 deuten durch Übergänge zwischen zwei 4 p-Bändern mit 0,36 eV Abstand, die ihrerseits wieder aus je 3 sub-Bändern bestehen. Die Abb. zeigt die vorgeschlagene Bandstruktur, wobei über die Richtung des *k*-Vektors keine Aussage getroffen werden kann.

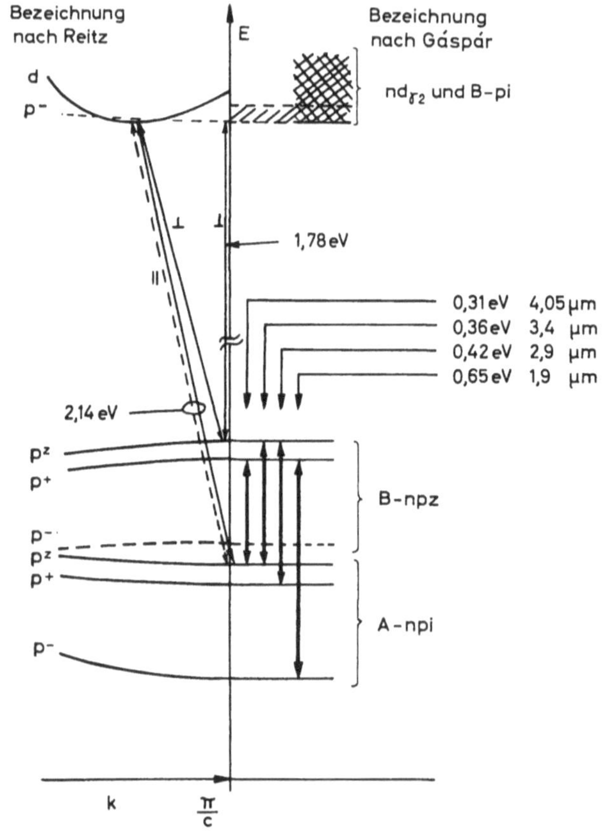

Abb. 7
Bandstruktur von hexagonalem Se nach *Kessler* und *Sutter* [16], Z. Phys. 173, S. 64 (Fig. 7), 1963

III. 2 Sub-Leitungsband-Übergänge

Analog zu den inter-Valenzband-Übergängen lassen sich im n-Typ-Material oft auch inter-Leitungsbandübergänge beobachten.
Allgemein ist hier die Deutung schwieriger und mehr hypothetischer Natur, da die Leitungsbandstruktur weniger einheitlich ist, so daß man hier meistens erst zusammen mit der Beobachtung von Interbandübergängen und anderen Messungen ein konsistentes Bild gewinnt. Die ersten Messungen dieser Art sind von *Spitzer* und *Fan* [17] am Si durchgeführt worden. *Spitzer* und *Whelan* [18] fanden in GaAs eine Bande zwischen 4 und 5 μm und erklärten es mit Übergängen vom Leitungsbandminimum bei Γ zu den nächsthöheren Minima bei X, die danach um 0,25 eV darüber liegen.
In AlSb liegt eine Bande bei 4,3 μm entsprechend 0,29 eV. Die Absorptionskante ist bei 1,62 eV und bei 1,33 findet man eine gewisse Struktur im Anstieg

zur Kante, so daß die Differenz auch 0,29 eV ist. Abb. 8 zeigt zwei von *Turner* und *Reese* diskutierte Bandstrukturen, wobei das Modell links mit 2 dicht übereinander liegenden Leitungsbändern unwahrscheinlich ist, da im Leitungsband bei Γ_1 keine Spin-Bahn-Spaltung auftritt und das nächste Band

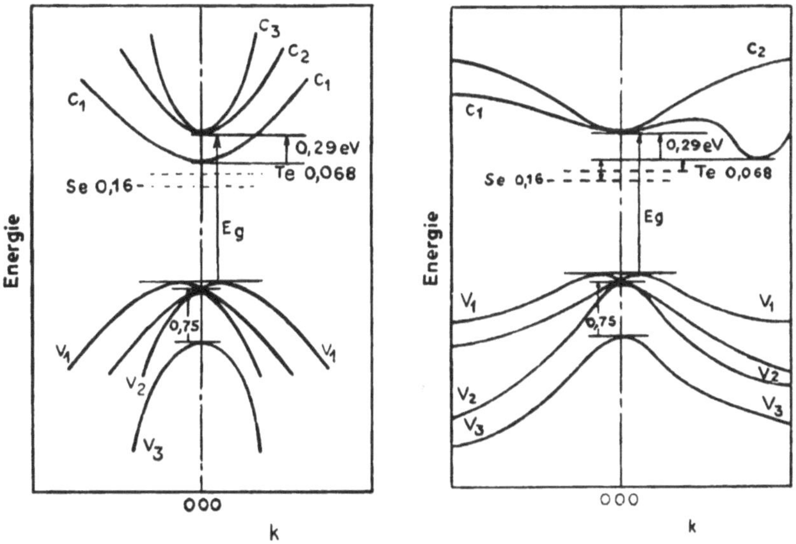

Abb. 8. Bandstruktur von AlSb nach *Turner* und *Reese* [19], Phys. Rev. 117, S. 1004 (Fig. 2), 1959

wesentlich höher liegt. Wahrscheinlich ist die zweite Möglichkeit, daß in AlSb das Leitungsbandminimum nicht bei Γ liegt, so daß die n-Absorptionsbande durch indirekte Übergänge vom Minimum (wahrscheinlich bei X_1) nach Γ_1 zustande kommt, richtig. Diese Struktur wird auch durch den extrapolierten Verlauf des Bandabstandes in GaSb — AlSb — Legierungen gestützt [20]. Schließlich seien noch n-Banden-Messungen am Mg_2Si und Mg_2Ge von *Koenig, Lynch* und *Danielson* [21] genannt.

IV. Interband-Übergänge

IV. 1 Allgemeines. Einfache Bandmodelle

Die Interbandübergänge stellen einen größeren und vielschichtigeren Komplex dar, aus dem wir zunächst einmal die Übergänge an der Absorptionskante ausklammern wollen, da hierüber schon wiederholt berichtet worden ist wie auch über die Magnetoabsorption an solchen Kanten [2]. Unser Interesse gilt vielmehr allen energetisch höheren Übergängen. Einmal sind diese schwerer zu beobachten, zum andern wird in Fundamentalabsorptionsgebiet der Absorptionsindex k mit dem Brechungsindex n vergleichbar, so daß das optische Verhalten allgemein durch Real- und Imaginärteil der Dielektrizitätskonstanten beschrieben werden muß, während im Gebiet der inter-Valenzband-Übergänge oder auch der normalen Absorptionskante die Übergänge sich nur im Absorptionsindex ausdrücken. Das heißt, daß in diesem Gebiet auch die Reflexion stärker beeinflusst wird, so daß sie umgekehrt wesentlich zur Deutung der Interbandübergänge beitragen kann. In der Tat haben sorgfältige Reflexionsmessungen und deren Analyse in wenigen Jahren sehr viele Daten zur Bandstruktur geliefert. Man kann sich fragen, weshalb diese einfache Technik nicht früher in dieser Weise genutzt worden ist. Dazu muß gesagt werden, daß eine Struktur in der Fundamentalabsorption bspw. der I-VII-Verbindungen schon seit langem bekannt ist [22], doch hat es an der theoretischen Interpretation gefehlt.

Den Anknüpfungspunkt zu den unter III behandelten Sub-Valenzband-Übergängen bilden die direkten Übergänge von dem bei Γ durch Spin-Bahn-Wechselwirkung abgespaltenen Valenzband zum Leitungsbandminimum, denn beide müssen den gleichen Spin-Bahn-Spaltungswert liefern. Dieses wurde verifiziert in Transmissionsmessungen von *Hobden* [23] an sehr dünnen Ge-Proben von 1 bis 2 μm Dicke, bei denen richtig 0,3 eV oberhalb der direkten Kante, also bei 1,1 eV, eine weitere Absorptionsstufe auftritt. Desgleichen

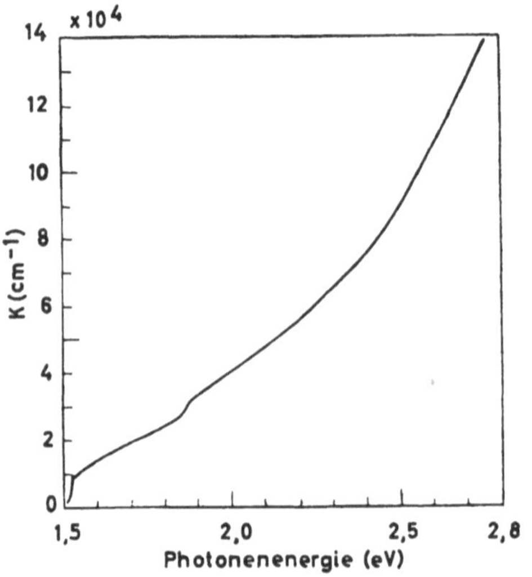

Abb. 9
Absorption von GaAs bei 21 °K nach *Sturge* [24], Phys. Rev. 127, S. 772 (Fig. 6), 1962

am GaAs, Abb. 9 ist eine Absorptionskurve von *Sturge* [24] mit der direkten Kante bei 1,53 eV und der Stufe bei 1,88 eV entsprechend einer Spin-Bahn-Spaltung von 0,35 eV in guter Übereinstimmung mit dem Wert von 0,33 eV von *Braunstein* aus p-Banden-Messungen, s. Tab. 2.

Daß diese Kante weniger scharf ist als die erste, ist direkt aus der Bandstruktur verständlich, wie von *McLean* und *Paige* [25] diskutiert wurde. Wenn durch das Photon ein Elektron-Loch-Paar mit einem Loch aus diesem abgespaltenen Band erzeugt wird, kann das Loch sehr leicht durch ein Phonon mit kleinem Impuls quergestreut werden in die anderen 2 Valenzbänder, wodurch der Übergang verbreitert wird. Dieser Effekt wirkt sich beispielsweise auch auf die Breite der Exzitonenlinien in Cu_2O aus. Die Linien der höherenergetischen grünen Serie sind fünfmal breiter als die der gelben Serie und man ist sich heute einig, daß es sich um die gleiche Art von Übergängen handelt wie hier.

Diese Art der Bestimmung der Spin-Bahn-Spaltung ist auch bei einigen II-VI-Verbindungen angewendet worden, so am CdSe von *Parsons*, *Wardzynski* und *Yoffe* [26], an der Mischkristallreihe CdS-CdSe von *Pedrotti* und *Reynolds*

[27] und am ZnSe. Abb. 10 zeigt die Absorption dünner Aufdampfschichten von ZnSe nach *Cardona* und *Harbeke* [28], aus denen auf eine Spin-Bahn-Spaltung von 0,41 eV geschlossen wird.

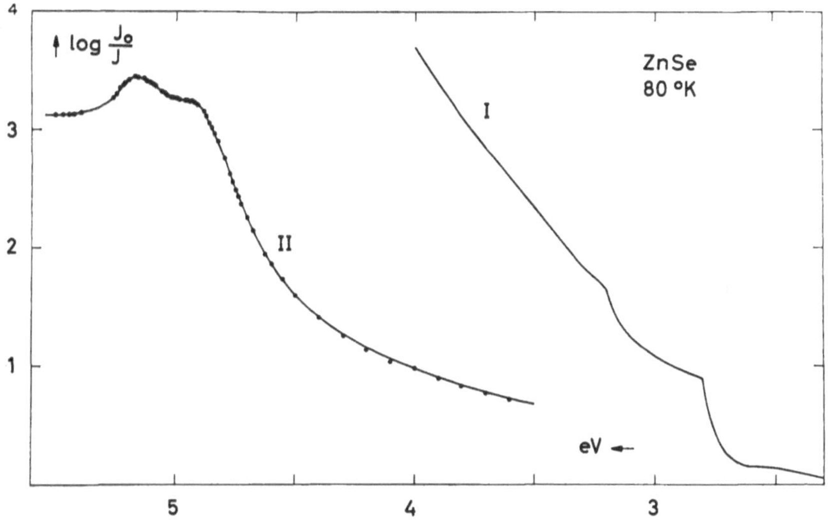

Abb. 10. Absorption von ZnSe — Aufdampfschichten nach *Cardona* und *Harbeke* [28]. Schichtdicken 1100 Å (I) und 400 Å (II)

Zu höheren Energien steigt allgemein die Übergangswahrscheinlichkeit für Interbandübergänge weiterhin so stark an, daß auch der Brechungsindex beeinflußt wird, so daß man beide optischen Konstanten bezw. Real- und Imaginärteil der Dielektrizitätskonstante bestimmen muß.

Die ersten Berechnungen des Einflusses der Interbandübergänge auch auf den Brechungsindex sind von *Korovin* [29], doch ist dabei nur der Fall von Übergängen zwischen zwei parabolischen Energieextrema berücksichtigt. *Ehrenreich* und *Cohen* [30] haben in der „Random Phase Approximation" die Dielektrizitätskonstante allgemein berechnet. Das Ergebnis läßt sich schreiben in der Form

$$\varepsilon(\omega) = 1 - m^{-1}\left(\frac{e}{\pi}\right)^2 \int d^3k \, \Sigma_{ll'} f_l(k) f_{l'l} \cdot \left(\omega - \omega_{ll'} + \frac{i}{\tau_{ll'}}\right)^{-1} \cdot \left(\omega + \omega_{ll'} + \frac{i}{\tau_{ll'}}\right)^{-1} \quad (4)$$

Dabei ist $f_l(k)$ die Fermi-Verteilung und $f_{ll'} = 2|P_{l'l}|^2/\hbar\,\omega_{l'l} \cdot m$. $P_{l'l}$ ist das Matrixelement für den Übergang und $\hbar\,\omega_{l'l} = E_{l'}(k) - E_l(k)$ wobei $E_l(k)$ die Energie eines Elektrons der Wellenzahl k im Band l ist. Die Dämpfungseffekte werden durch die Relaxationszeit $\tau_{ll'}$ beschrieben. Die wesentlichen Faktoren für Real- und Imaginärteil der Dielektrizitätskonstante sind also das Matrixelement für den Übergang und die kombinierte Zustandsdichte, das ist die Zustandsdichte als Funktion der Energie-Differenz von Valenz-und Leitungsband.

Man sieht schon an Hand einfacher Bandmodelle einen recht komplizierten Verlauf von ε_1 und ε_2, Abb. 11b zeigt einen von *Ehrenreich* und *Marple* [39] diskutierten Verlauf der Energiedifferenz mit zwei Energieabständen bei Γ und L. Die Energiedifferenz als Funktion der Wellenzahl zwischen Γ und

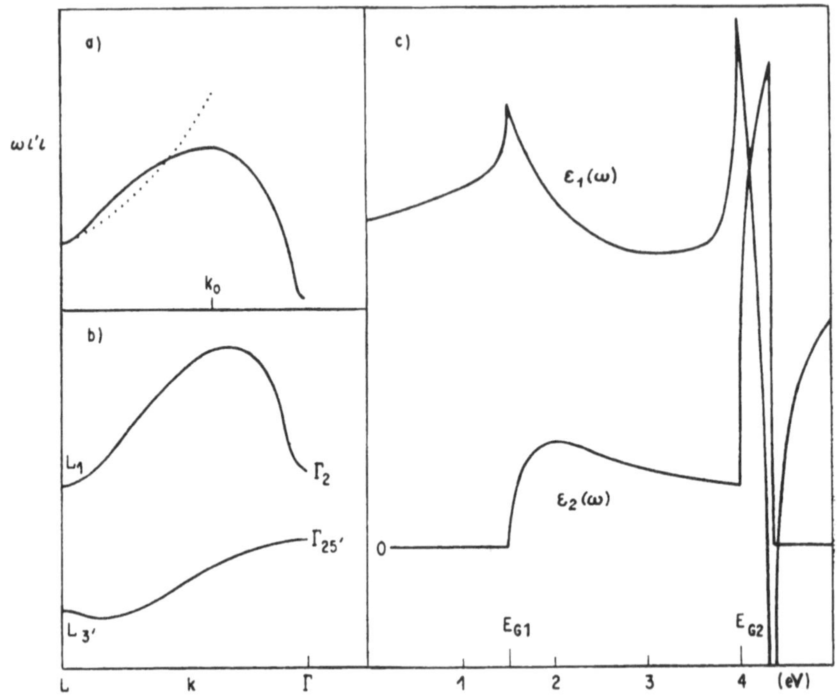

Abb. 11. Model der Energiebandstruktur von Ge und daraus resultierender Real- und Imaginärteil der DK nach *Marple* und *Ehrenreich* [39], Phys. Rev. Lett. 8, S. 88 (Fig. 2), 1962

L ist in 11a aufgetragen, diese Verteilung wurde von den Autoren durch bei k_0 abgeschnittenes Paraboloid, wie die punktierte Linie andeutet, angenähert. In den resultierenden Kurven für Real- und Imaginärteil $\varepsilon_1(\omega)$ und $\varepsilon_2(\omega)$ entspricht beiden Energieabständen $E_{G1} = \Gamma_{25'} - \Gamma_2$ und $E_{G2} = L_{3'} - L_1$ ein Anstieg in ε_2 und je ein Maximum in ε_1, das Bild wird dadurch etwas unübersichtlich, daß die Autoren das Maximum der Energiedifferenz gerade oberhalb E_{G2} angenommen haben. Dort hat der Integrand von ε_1 eine Singularität, weil die Energiebandverhältnisse in anderen Richtungen des $\boldsymbol{k}$-Raums nicht mit betrachtet werden, und $\varepsilon_1(\omega_{k0})$ ist negativ und singulär. Diese Singularität wird aufgehoben, wenn Dämpfungseffekte eingeführt werden, doch resultiert daraus die scharfe Struktur. Dabei ist angenommen, daß die Oszillatorenstärke im betrachteten Intervall konstant ist, so daß ε_2 praktisch identisch mit der Zustandsdichte als Funktion der Energiedifferenz ist.

Diese Modell berücksichtigt nur die zweidimensionale Energiedifferenzfläche über einer Richtung des $\boldsymbol{k}$-Raums; nimmt man auch in einer anderen Richtung einen qualitativ ähnlichen Verlauf an, so treten in der dreidimensionalen Energiedifferenzfläche über der aus diesen beiden Richtungen gebildeten Ebene im $\boldsymbol{k}$-Raum folgerichtig Sattelpunkte auf. Man sieht das leicht, da man sich einen ein- oder zweidimensionalen $\boldsymbol{k}$-Raum zu einem Ring bezw. Torus zusammengebogen denken kann. Wenn man im eindimensionalen Fall $\boldsymbol{k} = k_x$ die Möglichkeit $E = \text{const.}$ ausscheidet, muß in der $E(\boldsymbol{k})$-Kurve wegen der Peridiozität in $E(\boldsymbol{k})$ ein Maximum und ein Minimum vorhanden sein. Nimmt man weiter zusätzlich eine Abhängigkeit $E(\boldsymbol{k})$ in einer zu k_x senkrechten Richtung an, folgt zwangsläufig die Existenz von Sattelpunkten.

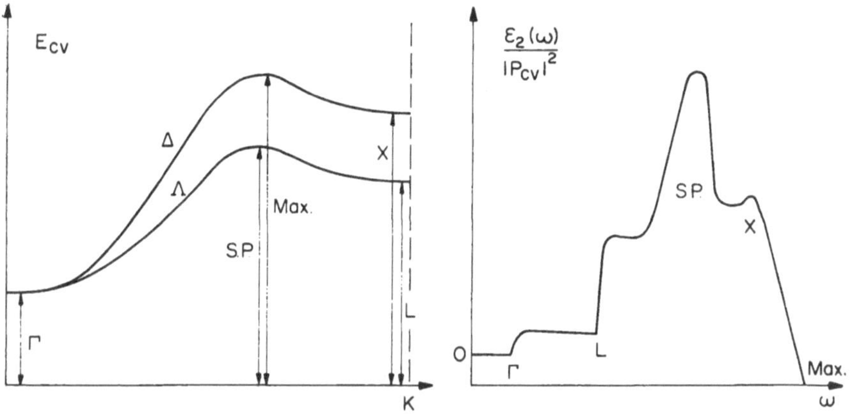

Abb. 12. Model einer Energiebandstruktur und daraus resultierender Imaginärteil der DK

In Abb. 12 wird angenommen, daß bei L und X unterschiedliche Energien bestehen und auf den Achsen Λ und Δ relative Maxima. Dann muß irgendwo über der von Λ und Δ gebildeten Ebene ein Sattelpunkt bestehen gekennzeichnet dadurch, daß in radialer Richtung ein Maximum und in tangentialer Richtung ein Minimum vorhanden ist. Die zugehörige Zustandsdichte-Kurve als Funktion der Energiedifferenz zeigt dann schon eine beträchtliche Struktur bei Γ, L, Sattelpunkt und X und geht bis zur maximalen Energiedifferenz; man legt sozusagen Höhenschnitte infinitesimalen Abstands durch die Fläche, wenn bei einer bestimmten Energiedifferenz durch das Erreichen eines Extremums oder Sattelpunktes sehr viele Energiezustände hinzukommen, steigt die Zustandsdichte entsprechend an.
Man sieht leicht, daß es in der 4-dimensonalen Energiefläche über dem dreidimensionalen $\boldsymbol{k}$-Raum zwei Typen von Sattelpunkten gibt, nämlich solche, an denen $E(\boldsymbol{k})$ in Bezug auf zwei Richtungen ein Maximum und in Bezug auf die dritte Richtung ein Minimum hat und umgekehrt. Das hat Konsequenzen in Bezug auf die Zustandsdichte in der Umgebung.

IV. 2 Diamant-Typ-Halbleiter

IV. 2.1 Germanium

Bandmodelle der Art wie in Abb. 11 und 12 sind nun noch relativ einfach und damit unrealistisch und wenig geeignet zum Vergleich mit experimentellen Ergebnissen. Die ersten detaillierten Berechnungen der Bandstruktur von Germanium sind 1954 von *Herman* mit der OPW-Methode [31] gemacht worden, doch beschränkte sich die Rechnung noch auf die Verhältnisse an Punkten hoher Symmetrie wie Γ, L, X. Die Deutung der ersten Reflexions-

messungen im Fundamentalabsorptionsgebiet von *Philipp* und *Taft* [32] und der nachfolgenden Arbeiten von *Tauc* und *Antončík* [33] und *Cardona* und *Sommers* [34] ist auf Grund dieser Bandstruktur versucht worden. Inzwischen ist jedoch durch das Pseudo-Potentialverfahren von *Phillips* [35] der Rechenaufwand wesentlich vermindert worden und *Brust*, *Phillips* und *Bassani* [36] haben damit für Ge die Energie an 1000 Punkten im Elementarkeil der Brillouin-Zone, die aus 48 solcher Keile zusammengesetzt gedacht werden kann, mit einer energetischen Auflösung von 0,1 eV berechnet. In dem Verfahren werden drei Parameter offen gelassen, die durch die Energieabstände der Leitungsbänder bei Γ, L und X vom Valenzbandmaximum angepaßt werden, also durch drei gut bekannte Größen.
Abb. 13 zeigt das Ergebnis in drei wesentlichen Richtungen des $\boldsymbol{k}$-Raums. Punkte, an denen die Bedingung $\nabla_k(E_c - E_v) = 0$ erfüllt ist, also horizontale Tangente nach k_x, k_y, k_z, sogenannte kritische Punkte, sind einmal Extrema bei Γ und L (gekennzeichnet durch M_0) oder Sattelpunkte bei Λ ($\sim$ 2 eV), X und Σ ($\sim$ 4 eV), (gekennzeichnet durch M_1 oder M_2). Die Interband-Matrix-Elemente des Moments sind im Pseudopotentialverfahren nahezu $\boldsymbol{k}$-unabhängig, so daß ε_2 wesentlich durch die Zustandsdichte bestimmt wird.

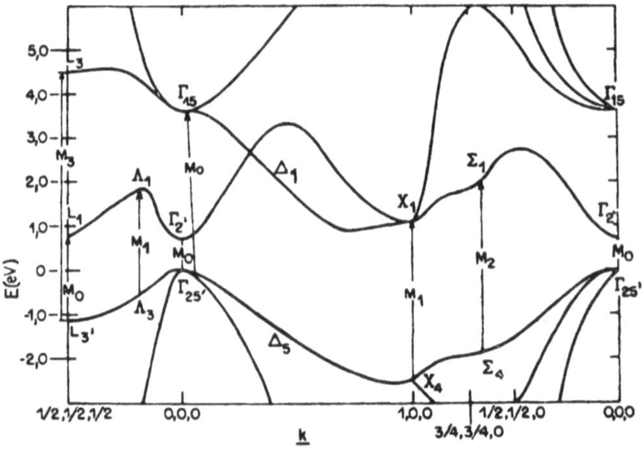

Abb. 13. Energiebandstruktur von Ge nach *Brust*, *Phillips* und *Bassani* [36], Phys. Rev. Lett. 9, S. 96 (Fig. 2), 1962

Abb. 14 zeigt die entsprechende ε_2-Kurve, in der die Sattelpunkte wegen ihrer hohen Zustandsdichte dominieren. Die durchgezogene Linie ist aus den ersten Reflexionsmessungen von *Philipp* und *Taft* [32] mit der Kramers-Kronig-Beziehung analysiert. Dieser Zusammenhang zwischen Reflexion und Real- und Imaginärteil der DK ist von *Kessler* [37] ausführlich diskutiert worden, eine notwendige Bedingung für ihre Anwendung ist die Kenntnis des gesamten Reflexionsspektrums oder zumindest seiner wesentlichen Teile. Die Übereinstimmung ist angesichts der Schwierigkeiten, in Bandstrukturrechnungen Zahlenwerte für Energieabstände anzugeben, recht gut.
Der Imaginärteil der Dielektrizitätskonstanten ε_2 ist die Größe, in der Theorie und Experiment verglichen werden. ε_2 läßt sich einerseits relativ einfach aus einem bestimmten Energiebänderschema rechnen und andererseits z.B. mit

Hilfe der Kramers-Kronig-Beziehung aus den Reflexionsmessungen bestimmen. In weiten Teilen des Spektrums, besonders bei hohen Energien, hat ε_2 wesentlich den gleichen Verlauf wie die Reflexion. Man findet daher oft, daß schon an Hand von Reflexionsspektren Energiebandstrukturen diskutiert werden, doch für eine genaue Analyse ist die Berechnung der optischen Konstanten geboten.

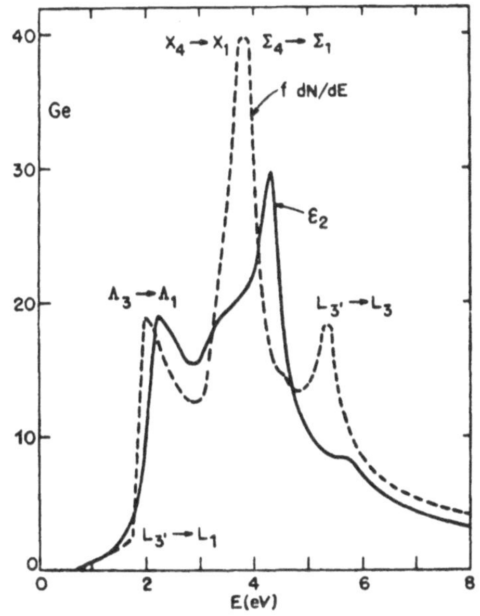

Abb. 14
Zustandsdichte dN/dE für Ge und experimentelle Kurve für ε_2 nach *Brust, Phillips* und *Bassani* [36], Phys. Rev. Lett. 9, S. 95, (Fig. 1), 1962

Eine andere Möglichkeit zur Bestimmung der optischen Konstanten, ohne Kenntnis des gesamten Spektrums, besteht in der ellipsometrischen Messung der Reflexion von linear polarisiertem Licht [38]. *Marple* und *Ehrenreich* [39] haben auf diese Weise ε_1 und ε_2 von Ge und CdTe gemessen, am Ge zwischen, 1,8 und 3,5 eV. Der Verlauf ist erwartungsgemäss identisch mit den Reflexionsmessungen mit natürlichem Licht unter Anwendung der Kramers-Kronig-Beziehung. Abb. 15 zeigt solche Messungen aus neuerer Zeit von *Philipp* und *Ehrenreich* [40] bis 22 eV, aus der Reflexion im oberen Bild sind ε_1, ε_2 und die Energieverlustfunktion $(2nk/n^2+k^2)^2$ ermittelt worden.
In diesen wie in anderen neueren Messungen sind gegenüber den ersten Messungen von *Philipp* und *Taft* inzwischen viele Details aufgefunden worden, die in Beziehung zur Bandstruktur gebracht werden können. Da ist einmal die von *Tauc* und *Antončík* [33] gefundene Aufspaltung des ersten Reflexionsmaximums bei 2,1 eV, das auf einem Maximum im Realteil der DK beruht, wie von *Cardona* und *Sommers* [34] diskutiert wurde. Diese Aufspaltung ist 0,18 eV, was gerade der Spin-Bahn-Spaltung des Valenzbandes bei L entspricht, wie wir eingangs bei den Rechnungen von *Liu* gesehen haben. Das hat *Phillips* 1960 [41] dazu geführt, dieses Doublett Übergängen am L-Punkt zuzuordnen, $L_{3'} - L_1$, s. Abb. 13. Nach der Pseudopotentialrechnung würde man statt dessen die Übergänge am Sattelpunkt $\Lambda_3 - \Lambda_1$ zu nehmen haben, also in gleicher Richtung des $\boldsymbol{k}$-Raums, aber auf der Achse. Leider bietet der Spin-Bahn-Spaltungswert kein Kriterium zur Entscheidung zwischen diesen zwei

Möglichkeiten, da der volle Wert schon sehr nahe bei Γ, etwa bei 1/10 der Strecke $\Gamma - L$ erreicht wird. Nach der neuen Zuordnung von *Brust*, *Phillips* und *Bassani* [36] müßten die $L_{3'} - L_1$-Übergänge etwa 0,2 eV tiefer liegen als die $\Lambda_3 - \Lambda_1$-Übergänge, doch bei Germanium sind noch keine eindeutigen Beweise für ihr Auftreten gefunden worden.

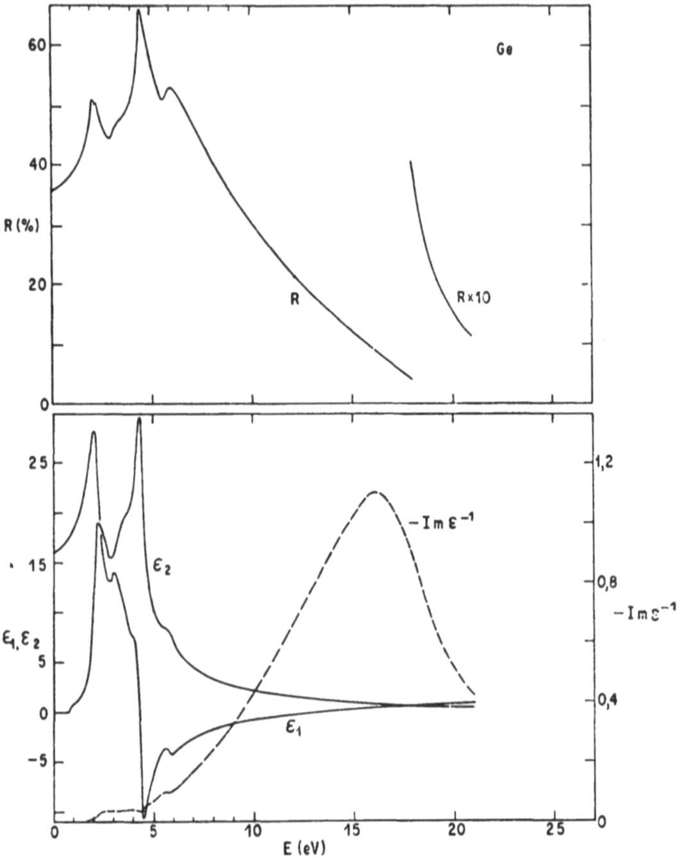

Abb. 15. Reflexion, ε_1, ε_2 und Energieverlustfunktion von Ge nach *Philipp* und *Ehrenreich* [40], Phys. Rev. **129**, S. 1552 (Fig. 3b), 1963

Die dritte Möglichkeit zur Bestimmung der optischen Konstanten, wiederum ohne Kenntnis des gesamten Spektrums, besteht in der Messung von Reflektion und Transmission. Diese in anderen Teilen des Spektrums gebräuchlichste Technik stößt im Fundamentalabsorptionsgebiet wegen der geringen Transmission bezw. der erforderlichen äusserst geringen Probendicken auf Schwierigkeiten. Man ist zwar gegenüber reinen Reflexionsmessungen weniger abhängig von Oberflächeneinflüssen und deren zeitlicher Änderung, doch liegt die Erschwernis in der Präparation. Derartige Messungen an kompakten Ge-Proben von einigen 1000 Å Dicke in Abb. 16 zeigen [42] die Spin-Bahn-Spaltung von $\Gamma_{25'}$ und der 111-Valenzbänder bei 1,1 eV bezw. 2,3 eV, doch eventuelle $L_{3'} - L_1$-Übergänge wären in dem steilen Anstieg verborgen. Das ist somit vorläufig am Ge eine sehr wesentliche noch offene Frage. (Die Messungen oberhalb 3 eV sind an auf CaF_2 aufgedampften Germaniumschichten ausgeführt worden [28]).

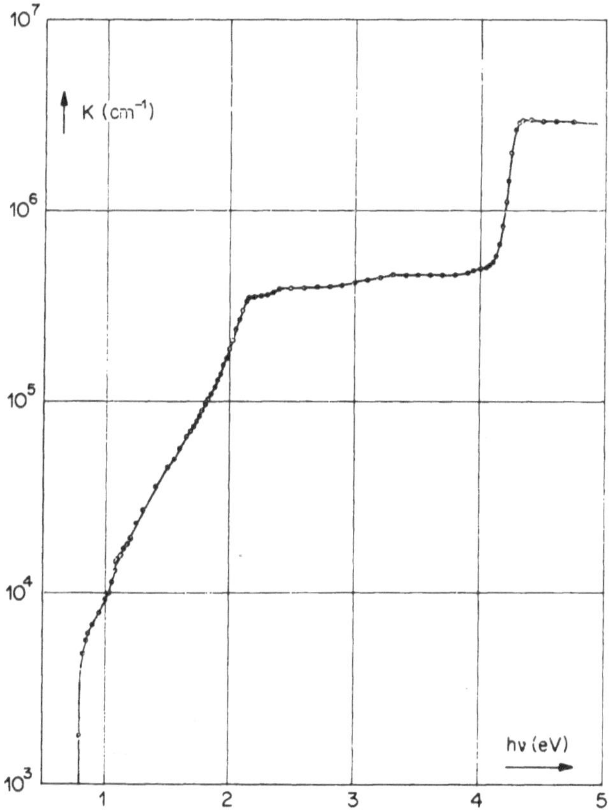

Abb. 16
Absorptionskonstante von Ge nach *Harbeke* [42]

Das wirft auch die Frage der genauen Festlegung der Energieabstände erneut auf. *Korovin* [29] hat die Dispersion für Interbandübergänge zwischen parabolischen Energiebändern berechnet und für den Fall erlaubter Übergänge gefunden, daß das Maximum des Realteils der DK mit dem Energieabstand zusammenfällt. Das trifft nun nicht für Sattelpunkte in der Energiedifferenz zu und *Cardona* [43] hat die Dispersion für einen Sattelpunkt zweiter Art, M_2, gerechnet. Beim M_2-Typ hat die Fläche in zwei Richtungen ein Minimum und in einer Richtung ein Maximum. Es zeigt sich, daß in diesem Fall der Realteil ε_1 sein Maximum kurz vor der Sattelpunktsenergie erreicht. Man sollte also zur genauen Analyse wissen, um welche Art Singularität es sich handelt.

Abb. 15 zeigt bei 6 eV den Übergang $L_{3'} - L_3$, also zu einem höheren Valenzband bei L, wo ein M_2-Typ-Sattelpunkt der relativen Energiefläche bestehen soll, das Experiment bestätigt diese Deutung durch eine Doublettstruktur mit dem gleichen Spin-Bahn-Spaltungswert wie für $\Lambda_3 - \Lambda_1$. Das Maximum in ε_2 kommt durch das Zusammentreten zweier Sattelpunkte zustande, bei $X_4 - X_1$ und $\Sigma_4 - \Sigma_1$.

Zu den in neueren Messungen an Ge gefundenen Details gehört noch ein schwacher Übergang bei 3,1 eV, $\Gamma_{25'} - \Gamma_{15}$, also zu einem höheren Leitungsband bei Γ.
Sehr interessant ist auch der Einfluß von allseitigem Druck oder uniaxialem Zug auf die Reflexionspektren. *Zallen, Paul* und *Tauc* [44] haben das Reflektionsmaximum bei 2 eV untersucht und einen Druckkoeffizienten von $7{,}5 \cdot 10^{-6}$ eV/atm gefunden, die anderen Maxima, z.B. $X_4 - X_1$ haben wesentlich kleinere Koeffizienten. Für Piezoreflexionsmessungen haben *Philipp, Dash* und *Ehrenreich* [45] eine einfache Anordnung benutzt. Sie biegen einen flachen Kristall, so daß eine Seite gedehnt und die gegenüberliegende entsprechend komprimiert wird. Da für die Reflexion im Fundamentalabsorptionsgebiet eine sehr geringe Eindringtiefe besteht, kann die Reflexion gleichzeitig von beiden Seiten unter Dehnung bzw. einachsigem Druck gemessen werden und zwar je nach Orientierung des Kristalls in verschiedenen Kristallrichtungen. Abb. 17

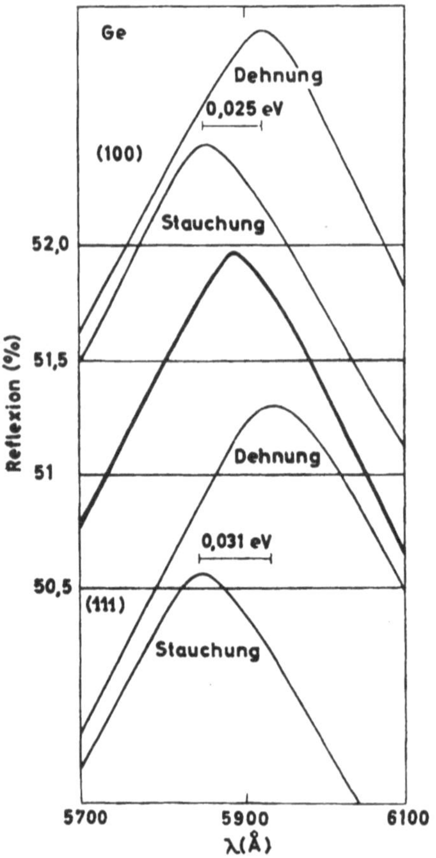

Abb. 17.
Piezoreflexion in Ge nach *Philipp, Dash* und *Ehrenreich* [45], Phys. Rev. 127, S. 764 (Fig. 3), 1962

zeigt die Verschiebung des 2 eV-Maximums gegenüber dem spannungsfreien Kristall nach beiden Seiten in (100)- und in (111)-Richtung. Die Autoren haben aus den Ergebnissen das Deformationspotential des Valenzbandes bei L_3' zu bestimmen versucht, doch unter der Annahme, daß dieses Maximum

Übergängen $L_{3'} - L_1$ zugeschrieben werden kann, was inzwischen fragwürdig geworden ist. Das sind immerhin interessante Ansatzpunkte für weitere Untersuchungen. Die bisherige Arbeit hat jedoch schon in groben Zügen ein konsistentes Bild von der Bandstruktur des Ge erbracht. Die Diskussion der Kenntnisse über das Si soll nun zeigen, wie das Energiespektrum auf den Schritt in vertikaler Richtung im Periodensystem der Elemente reagiert.

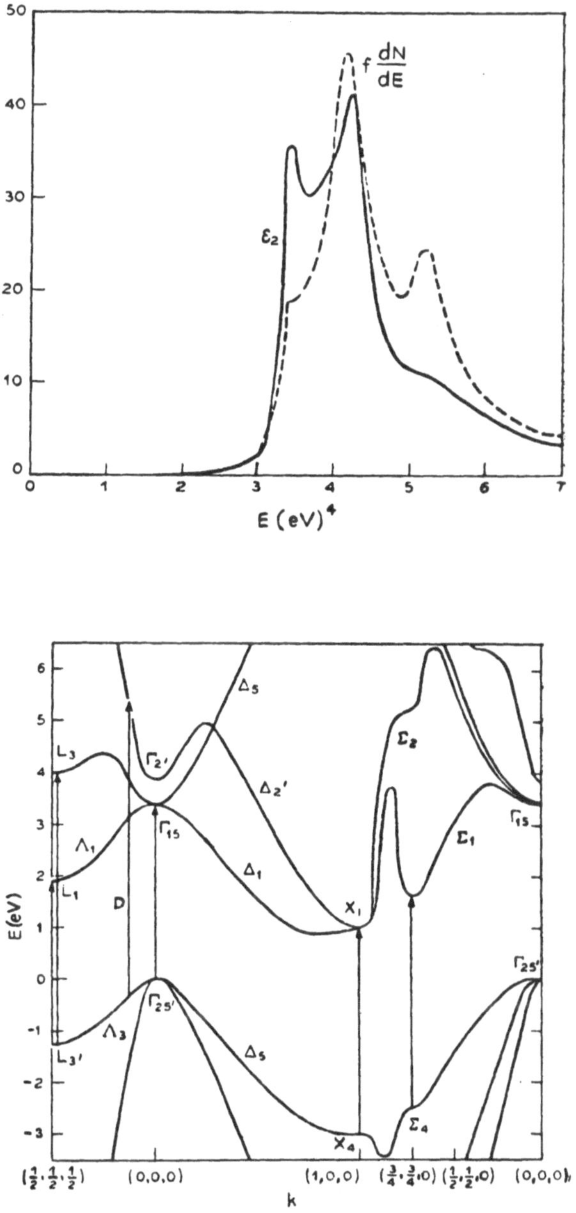

Abb. 18
Energiebandstruktur von Si und ε_2 nach *Brust, Cohen* und *Phillips* [46], Phys. Rev. Lett. 9, S. 390 (Fig. 1 und 2), 1962

IV. 2.2 Silicium

Wir wissen schon aus Zyklotron-Resonanz- und anderen Messungen, daß im Gegensatz zu Ge das Leitungsbandminimum nicht bei L, sondern nahe bei X liegt, das Valenzbandmaximum dagegen auch bei Γ. Man hat den Eindruck, daß die Valenzbandstruktur recht stabil ist und die Leitungsbänder wesentlich beweglicher sind. Der Eindruck verstärkt sich bei einem Blick auf die von *Brust*, *Cohen* und *Phillips* [46] nach dem Pseudopotential-Verfahren berechnete Bandstruktur (Abb. 18). $\Gamma_{2'}$ und Γ_{15} haben gegenüber Ge ihre Reihenfolge vertauscht, X_1 ist sehr stark nach unten gekommen und auch sonst hat sich einiges geändert. Diese leichte Verschiebbarkeit einiger Bänder ist nicht zufällig, wie von *Herman* [47] und *Phillips* [48] gezeigt worden ist. Da man im OPW- und im Pseudopotential-Verfahren zur Berechnung der Energiezustände der Valenzelektronen ebene Wellen nimmt, die zu den Wellenfunktionen der Rumpfelektronen orthogonalisiert sind, gehen in die Valenzenergiezustände die Rumpfzustände und besonders die Energiedifferenz zwischen höchstem Rumpf- und tiefstem Valenzzustand ein. Dabei reagieren einzelne Bänder sehr empfindlich auf eine Veränderung dieser Größen, auf „core energy shift" (Rumpfenergieverschiebung) nach *Herman*.

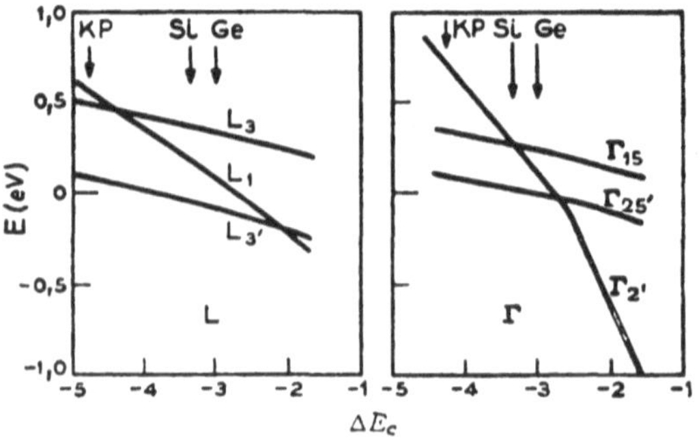

Abb. 19
Abhängigkeit der Lage einiger Zustände in Ge von der Rumpfenergie nach *Herman* [48], Phys. Rev. **125**, S. 1932 (Fig. 3), 1962

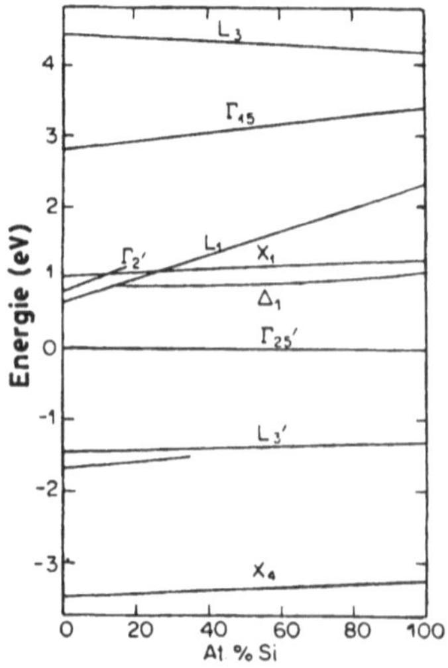

Abb. 20
Energiebandstruktur von Ge-Si-Legierungen nach *Tauc* und *Abraham* [49], Proc. Int. Conf. Semic. Exeter 1962, London 1962, S. 342 (Fig. 12)

Abb. 19 zeigt den Verlauf verschiedener Bänder gegenüber ΔE_c, der Energiedifferenz zwischen tiefstem Valenzzustand und höchstem Rumpfzustand. Man sieht, daß sich die Zustände Γ_{15}, $L_{3'}$, L_3 (wie auch X_4 und X_1) alle parallel zu $\Gamma_{25'}$ bewegen, wohingegen die s-Zustände L_1 und mehr noch $\Gamma_{2'}$ viel stärker variieren. Die Verhältnisse in Si und Ge werden durch die entsprechenden Pfeile markiert. Das heißt, daß manche Übergänge wie $\Gamma_{25'} - \Gamma_{15}$ oder $L_{3'} - L_3$ einigermaßen unabhängig vom Material energetisch festliegen. Das hat sehr zur Identifizierung der Reflexionsstruktur beigetragen. Andererseits erklärt das die Vertauschung von $\Gamma_{2'}$ und Γ_{15} beim Schritt von Ge zu Si. Die „bewegli-

chen" Zustände lassen sich sehr plastisch in Ge-Si-Legierungen verfolgen, an denen von *Tauc* und *Abraham* [49] gemessen worden ist. Abb. 20 zeigt, was man auf Grund dieser und anderer Messungen über die Bandstruktur der Ge-Si-Legierungen weiß. Hier ist die energetische Lage verschiedener Niveaus in Funktion der Zusammensetzung aufgetragen. Wesentlich ist das Auftreten verschiedener Kreuzungspunkte der Bänder, an denen ein Band das andere wegen unterschiedlicher Rumpfenergie-Abhängigkeit durch die abweichende Steigung der beweglichen Niveaus L_1 und $\Gamma_{2'}$ kreuzt.
Das unterschiedliche Verhalten der einzelnen Zustände in Bezug auf „core energy shift" dokumentiert sich übrigens auch in den Druckkoeffizienten der Halbleiter. Die Arbeiten von *Paul* [50] und Mitarbeiter haben gezeigt, daß in Ge die Druckkoeffizienten der zwei empfindlichen Zustände L_1 und $\Gamma_{2'}$ relativ zu $\Gamma_{25'}$, also die Druckkoeffizienten des indirekten Übergangs $\Gamma_{25'}-L_1$ und des direkten Übergangs $\Gamma_{25'}-\Gamma_{2'}$ $5 \cdot 10^{-12}$ eV/dyn cm^2 bzw. $12 \cdot 10^{-12}$ eV/dyn cm^2 sind, während der Druckkoeffizient des stabilen X_1-Zustandes relativ zu $\Gamma_{25'}$, also des Übergangs $\Gamma_{25'}-X_1$, nur etwa -1 bis $-2 \cdot 10^{-12}$ eV/dyn cm^2 ist. Der Absolutwert des X_1-Koeffizienten ist also sehr klein und ist auch etwa gleich in Si und Ge, was alles durch die Abhängigkeit der Zustände von der Rumpfenergie sehr plausibel wird. Das spielt auch noch in die Temperaturkoeffizienten der Energiedifferenzen zwischen verschiedenen Zuständen hinein, an denen die Gitteränderung ja auch erheblich beteiligt ist. Es zeigt sich, daß die Temperaturverschiebung der Reflexionsmaxima sehr charakteristisch für die verschiedenen Übergänge ist, unabhängig vom Material, was für die Identifizierung der Übergänge mit Vorteil benutzt werden kann.
Im Gegensatz zu Energiedifferenzen sind Matrixelemente zwischen verschiedenen Niveaus, die zur Bestimmung transversaler effektiven Massen benutzt werden oder umgekehrt zur Bestimmung von Energiedifferenzen aus transversalen effektiven Massen, sehr „core energy shift" unempfindlich. Als Faustregel kann man sagen, daß eine Veränderung des Abstands zweier Zustände um 1 eV das entsprechende Matrixelement nur um 10% ändert.
Das Ergebnis der Pseudopotentialrechnungen von *Brust*, *Cohen* und *Phillips* [46] in Form von $f \cdot \frac{dN}{dE}$, wobei f die Oszillatorenstärke und $N(E)$ die Dichtefunktion der Valenzband-Leitungsband-Übergänge sind, ist in Abb. 18 mit ε_2 aus Reflexionsmessungen von *Philipp* [46, 51] verglichen. Danach werden die drei Maxima bei 3,4 eV, 4,3 eV und 5,3 eV jeweils den Übergängen $\Gamma_{25'}-\Gamma_{15}$, X_4-X_1 und $L_{3'}-L_3$ zugeordnet. Beim Übergang $\Gamma_{25'}-\Gamma_{15}$ ist zu beachten, daß Valenz- und Leitungsband hier von gleicher Symmetrie sind. Der Übergang ist daher bei Γ selbst verboten, doch diese Auswahlregel wird durch Übergänge in der unmittelbaren Nachbarschaft durchbrochen.
Zur Auffindung einiger Details haben noch Photoemissionsmessungen von *Allen* und *Gobeli* [52] und *Spicer* und *Simon* [53] wesentlich beigetragen. In der spektralen Verteilung der Quantenausbeute der Emission wird ein zu einem optischen Übergang korrespondierendes Maximum auftreten, wenn der Endzustand über dem Vakuumzustand liegt und ein Minimum, wenn der Endzustand darunter liegt, da die Photonen stark absorbiert werden, ohne Elektronen zur Emission zu veranlassen. Andererseits kann man durch Bedampfung der Si-Oberfläche mit Cäsium die Austrittsarbeit in weiten Grenzen einstellen, dh. von 5,15 eV ohne Bedeckung bis auf 1,5 eV absenken. Die Emission gibt so eine Möglichkeit, durch Verschieben der Vakuumgrenze

wie mit einer horizontalen Sonde das Leitungsband abzutasten. Bei der Berührung einer Singularität mit der Sonde von oben her schlägt ein vorheriges Minimum in der Ausbeutekurve in ein Maximum um. So werden die verschiedenen rein vertikalen Übergänge auch horizontal in Beziehung zueinander gesetzt. *Spicer* und *Simon* [53] haben so den Übergang $L_{3'} - L_1$ bei 3,7 eV gefunden. Abb. 21 zeigt das als relatives Maximum neben dem bei 3,4 eV

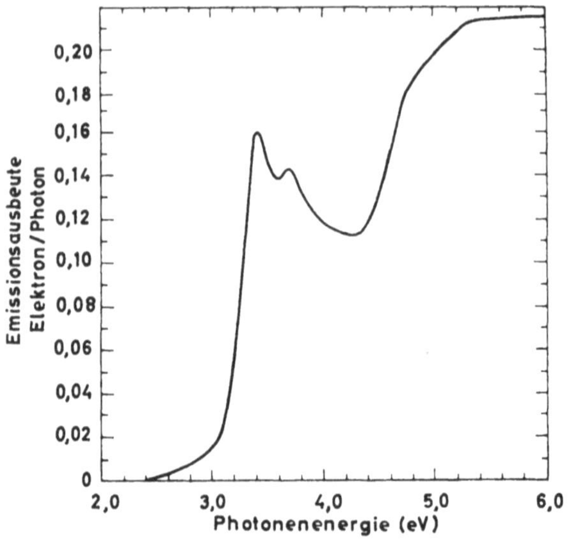

Abb. 21
Spektrale Verteilung der Quantenausbeute der Photoemission von Si nach *Spicer* und *Simon* [53], Phys. Rev. Lett. 9, S. 386 (Fig. 1), 1962

$(\Gamma_{25'} - \Gamma_{15})$ und dem Minimum bei 4,3 eV für den zum tiefliegenden X_1-Zustand führenden $X_4 - X_1$-Übergang. Bei dieser Messung muß also die Vakuumgrenze energetisch zwischen dem X_1-Minimum und dem L_1-Minimum gelegen haben. *Spicer* und *Simon* [53] haben aus der Energieverteilung der austretenden Elektronen weitere Schlüsse zur Bandstruktur gezogen.

IV. 2.3 Diamant, graues Zinn

Zur Vervollständigung des Bildes der Diamanthalbleiter seien noch der Diamant selbst und das graue Zinn besprochen. Die Reflexion des Diamant ist von *Philipp* und *Taft* [54] gemessen worden, seine Bandstruktur ist von *Kleinmann* und *Phillips* [55] berechnet.

Abb. 22 zeigt ε_1 und ε_2 von Diamant, das Bild ist qualitativ gleich denen von Ge und Si (s. Abb. 15), nur ist alles zu höheren Energien verschoben. Das Maximum in ε_1 bei 7 eV, das dem ersten Reflexionsmaximum entspricht, wird dem minimalen Vertikalabstand $\Gamma_{25'} - \Gamma_{15}$ zugeordnet. Die diskutierten core-shift-Effekte zeigen schon, daß Γ_{15} hier wie in Si der tiefste Leitungsbandzustand bei Γ ist. Der Verlauf der optischen Konstanten zwischen 10 und 14 eV zeigt wieder sehr deutlich das für einen Oszillator charakteristische Verhalten und weist damit auf das Vorhandensein eines starken Maximums der kombinierten Zustandsdichte bei 12 eV hin, das analog zu Ge und Si dem Übergang $X_4 - X_1$ zugeschrieben wird.

Am unteren Ende der Reihe der in der Diamantstruktur kristallisierenden Elementhalbleiter steht das graue Zinn, das nur unterhalb 13 °C beständig ist.

Cardona und *Greenaway* [56] haben die Reflexion an Einkristallen bei 200 °K gemessen. Das Maximum bei 3,65 eV in Abb. 23 entspricht dem Übergang $X_1 - X_4$ und die Struktur bei tieferen Energien einem Übergang in 111-Rich-

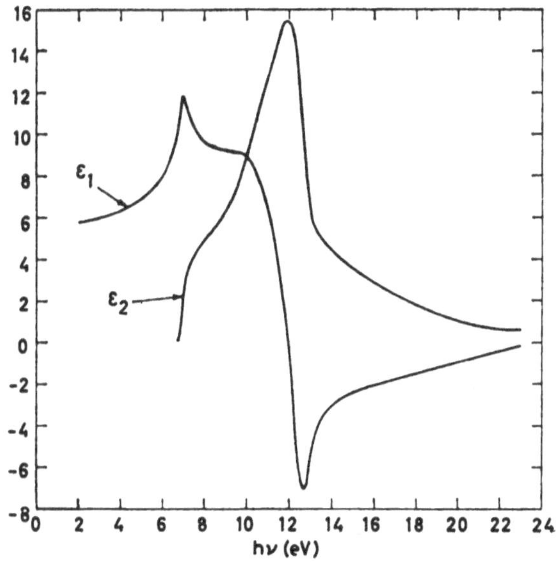

Abb. 22
Optische Konstanten von Diamant nach *Philipp* und *Taft* [54], Phys. Rev. **127**, S. 161 (Fig. 5a), 1962

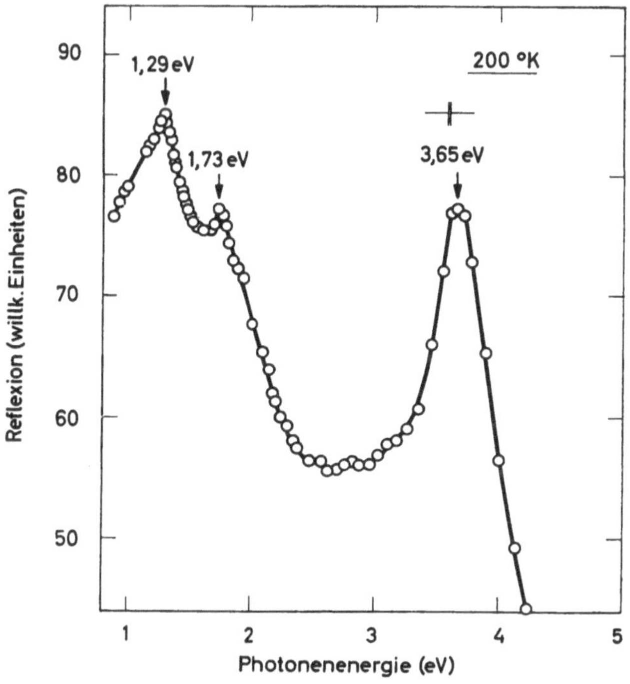

Abb. 23
Reflexion von einkristallinem grauen Zinn nach *Cardona* und *Greenaway* [56]

tung, bei L oder Λ, mit der entsprechenden Spin-Bahn-Spaltung. Auf der theoretischen Seite gibt es Ansätze von Rechnungen mit der OPW-Methode von *Liu* und *Bassani* [57].

IV. 3 Verbindungshalbleiter

IV. 3.1 Zinkblende-Halbleiter

Schon bei den sub-Band-Übergängen haben wir die Ähnlichkeit der Bandstrukturen von Zinkblende- und Diamanthalbleiter festgestellt. Man erkennt mit einem Blick beim Vergleich der Reflexionsspektren, daß sich die Ähnlichkeit auf die gesamte Bandstruktur erstrecken muß. Zur Demonstration ist

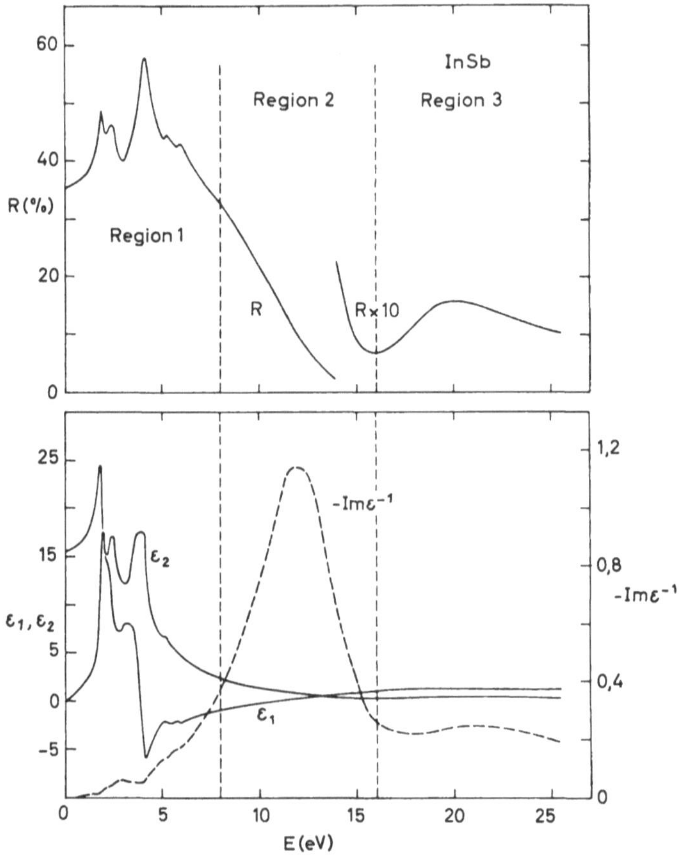

Abb. 24. Reflexion, ε_1, ε_2 und Energieverlustfunktion von InSb nach *Philipp* und *Ehrenreich* [40], Phys. Rev. **129**, S. 1550 (Fig. 1), 1963

in Abb. 24 die Reflexion von InSb aufgetragen und ε_1, ε_2 daraus mit der Kramers-Kronig-Beziehung abgeleitet. Das Bild ist fast völlig analog dem vom Ge, nur die entsprechenden Energiewerte sind verschieden.

Herman [58] hat 1955 eine halbempirische Methode vorgeschlagen zur Korrelation der Bandabstände in isoelektronischen Folgen wie Ge-GaAs-ZnSe-CuBr, den Verbindungen, die pro Atom die gleiche Elektronenzahl aufweisen wie Ge. Das Problem wurde später von *Callaway* [59] eingehender behandelt. Man kann den Unterschied im Kristallpotential, den polaren Anteil des Potentials, durch einen Parameter λ ausdrücken in der Form

$$V = V^{\mathrm{IV}}_{\mathrm{sym.}} + V^{\mathrm{IV}}_{\mathrm{antis.}} + \lambda (V^{\mathrm{pol}}_{\mathrm{sym.}} + V^{\mathrm{pol}}_{\mathrm{antis.}}) \tag{5}$$

λ ist dabei 1 für III-V-Verbindungen, 2 für II-VI-Verbindungen und 3 für I-VII-Verbindungen. Der antisymmetrische Teil des unpolaren Potentials ist Null in einer horizontalen Folge und von dem Störungspotential ist der symmetrische Teil gegenüber dem antisymmetrischen zu vernachlässigen. Dieser gibt einen zusätzlichen Term zum Energieabstand in Störungsrechnung zweiter Ordnung, also einen Term proportional zu λ^2. Solange die Störung klein gegen den ungestörten Energieabstand ist, sollte man einen linearen Zusammenhang erwarten. Andererseits ist für manche Energiedifferenzen, nämlich für solche zwischen zwei Bändern, die durch ein rein antisymmetrisches Potential wechselwirken wie $\Gamma_{25'} - \Gamma_{15}$ oder $L_{3'} - L_3$, eine 2x2-Störungs-Matrix zu lösen. Daraus resultiert dann die Gleichung

$$E_{\mathrm{pol}} = E_{\mathrm{IV}} \frac{[1 + 4\lambda^2 |< V_{\mathrm{antis.}} >|^2]^{1/2}}{E_{\mathrm{IV}}{}^2}, \tag{6}$$

die für kleine Störungen in

$$E_{\mathrm{pol}} = E_{\mathrm{IV}} + \frac{2\lambda^2 |< V_{\mathrm{antis.}} >|^2}{E_{\mathrm{IV}}} \tag{7}$$

übergeht.

Abb. 25 zeigt einige Energieabstände der horizontalen Ge-Reihe, aufgetragen gegen λ^2 nach *Cardona* und *Greenaway* [60]. Rechts ist die schraffierte Linie

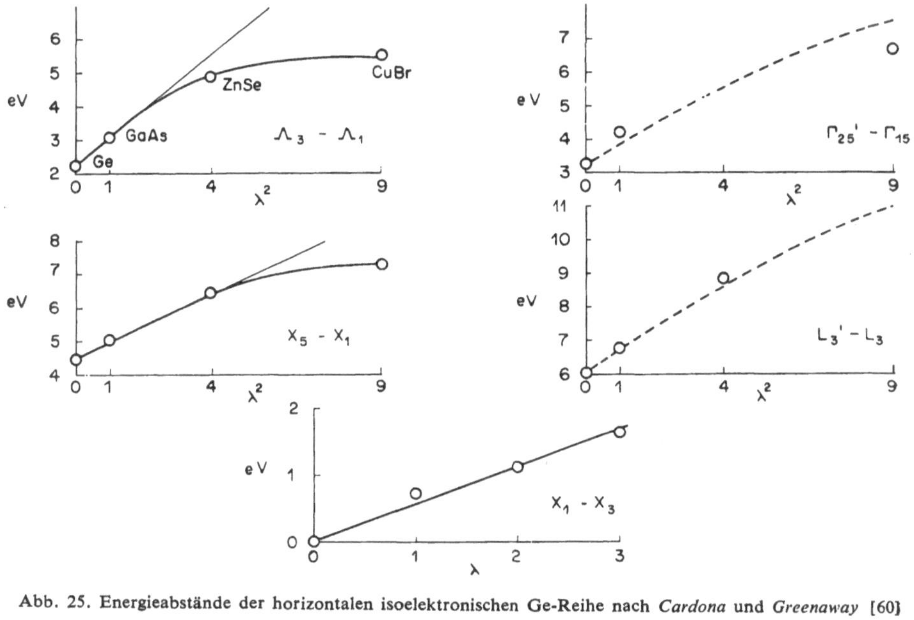

Abb. 25. Energieabstände der horizontalen isoelektronischen Ge-Reihe nach *Cardona* und *Greenaway* [60]

nach dem vollständigen Zusammenhang für Niveaus, die durch ein antisymmetrisches Potential wechselwirken, berechnet, die Punkte sind experimentelle Werte, die Übereinstimmung ist gut. In den Diagrammen für $\Lambda_3 - \Lambda_1$ und $X_5 - X_1$ ist der lineare Zusammenhang erfüllt bis zu dem Punkte, an der die Störung gleich dem ungestörten Wert ist; es kommt hier hinzu, daß in CuBr die Valenzband-Wellenfunktionen eine Mischung von 3_d-Wellenfunktionen des Kupfers und 4_p - Wellenfunktionen des Brom zu sein scheinen [43]. Die Silbersalze passen besser in das Bild, da bei ihnen die Zumischung der Metall-Wellenfunktionen geringer ist.
Aus Diagrammen wie für $\Gamma_{25'} - \Gamma_{15}$ kann man aus zwei bekannten Energiewerten die der übrigen Mitglieder der Reihe und den Erwartungswert des Potentials bestimmen. Generall hat diese allgemeine Systematik, auch in schrägen isoelektronischen Reihen, viel zur Identifizierung der Struktur in den optischen Konstanten beigetragen und auch rückwärts Schlüsse auf das zur isoelektronischen Reihe gehörende Element erlaubt. Man sieht, daß der Schritt in horizontaler Richtung das allgemeine Bild weniger verändert als der Schritt von Element zu Element in vertikaler Richtung, da in horizontaler Richtung keine Rumpfenergieverschiebung im Spiel ist.
Als ein Beispiel dafür, wie auf Grund der vollständigen Analogie Ergebnisse an den Verbindungen in die Diskussion der Verhältnisse am Element hineinspielen, sei noch einmal auf das InSb eingegangen. Den Verlauf von ε_1 und ε_2 haben wir schon gesehen (s. Abb. 24). Abb. 26 zeigt noch einmal Messungen der Reflexion von *Cardona* und *Greenaway* [61] an InSb bei 80 °K und 300 °K. Bei tiefen Temperaturen kommt die Struktur wegen der längeren Lebensdauer der angeregten Zustände besser heraus. Das erste starke Reflexionsminimum bei 1,9 eV mit dem Satelliten bei 2,5 eV wäre nach *Brust*, *Phillips* und *Bassani* dem Übergang $\Lambda_3 - \Lambda_1$ zuzuschreiben. Dann ist die Struktur bei etwa 1,6

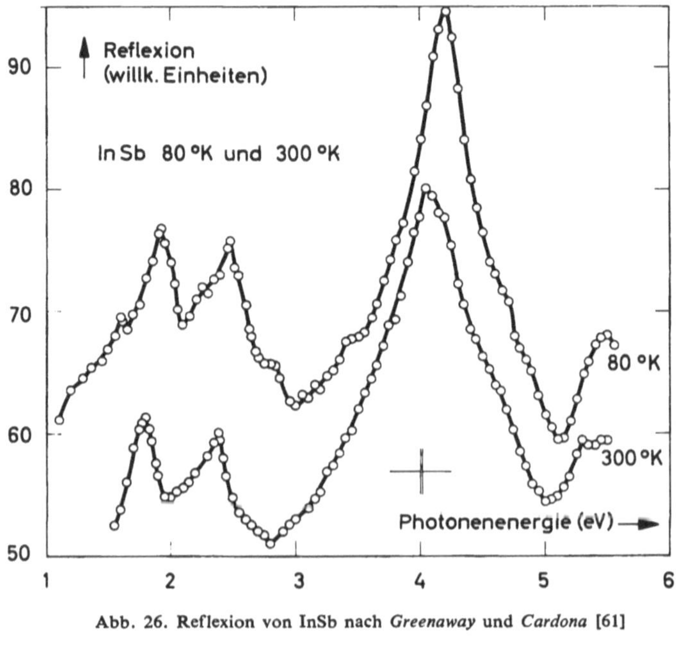

Abb. 26. Reflexion von InSb nach *Greenaway* und *Cardona* [61]

und 2,2 eV ein erster Hinweis auf das Auftreten der schwächeren $L_{3'} - L_1$-Übergänge, die bisher am Germanium selbst nicht gefunden worden sind. Der größere Abstand von etwa 0,3 eV beim InSb im Gegensatz zu 0,2 bei Ge scheint zu verhindern, daß diese Übergänge im steilen Anstieg zum Maximum untergehen. Auch am GaAs, InAs und ZnTe [62], [60], [61] findet man die $L_{3'} - L_{1'}$-Übergänge.

In einer Hinsicht besteht natürlich eine Verschiedenheit zwischen dem Element und den Verbindungen, das ist das Fehlen eines Inversionszentrums im Zinkblendekristall. Was sind die Konsequenzen in der Bandstruktur? Bei der Valenzbandstruktur haben wir schon gesehen, daß die zweifache Entartung an jedem Punkt des $\boldsymbol{k}$-Raums aufgehoben wird und ein kleiner in $|\boldsymbol{k}|$ linearer Term bei Γ_{15} ($\Gamma_{25'}$) auftritt. Eine weitere wichtige Konsequenz, die aus der Charaktertabelle der entsprechenden Gruppe der Zinkblendestruktur hervorgeht, ist die Aufspaltung des X_1-Zustandes im Leitungsband in zwei Zustände X_1 und X_3. Wenn das Maximum in ε_2 Übergängen $X_5 - X_1$ entspricht, könnte man hoffen, das durch eine Aufspaltung des Maximums in Zinkblendehalbleitern zu sehen. Das ist der Fall im Reflexionsspektrum von InSb (Abb. 26), wo neben dem Maximum bei 4 eV ein Nebenmaximum bei 4,6 auftritt. Ein solches Doublett ist außerdem gefunden worden in CdTe, HgTe [60], CuBr, CuCl [43], die Energiedifferenz $X_3 - X_1$ scheint in diesem Falle linear mit dem Hermanschen Polaritätsparameter λ zu gehen.

Die Liste der gemessenen Reflexionsspektren der Halbleiter der Zinkblendestruktur ist ziemlich vollständig, das sieht man in der Tab. 2 nach *Cardona* [63] mit den Werten der Reflexionsmaxima und ihrer Temperaturkoeffizienten. Hier ist ein Beispiel für unterschiedliche Temperaturkoeffizienten. Der TK des E_1 – Maximums für Si und GaP ist wesentlich kleiner als die aller anderen Substanzen. Es zeigt sich dann auch, daß es sich um einen von $\Lambda_3 - \Lambda_1$ verschiedenen Übergang handelt, nämlich $\Gamma_{25'} - \Gamma_{15}$. Die letzten zwei Spalten zeigen einen Vergleich der für Λ_3 gemessenen und berechneten Spin-Bahn-Spaltungswerte. Wir haben in III.1.2. schon diskutiert, wie diese Werte aus den Werten aus der Atomspektroskopie mit einem Polaritäts-Parameter für die Aufenthaltswahrscheinlichkeit berechnet sind. Die beste Wahl bei III-V-Verbindungen war 35/65 für Kation/Anion und wir sehen, daß die logische Weiterführung auf 20/80 für II-VI-Verbindungen die Experimente sehr gut beschreibt.

Die gleichen Werte für die Spin-Bahn-Kopplung haben *Cardona* und *Harbeke* [64] [28] auch in Absorptionsmessungen an dünnen Aufdampfschichten gefunden als Abstand zwischen zwei Absorptionsstufen; Abb. 27 zeigt Messungen bei 80 °K an II-VI-Verbindungen. Man hat hier den Vorteil, weitgehend frei von Oberflächeneinflüssen zu sein und den Absorptionsindex direkt zu messen. Dabei zeigt sich, daß Feinheiten zu Tage treten wie die Maxima auf den Absorptionsstufen, die erst bei tiefen Temperaturen auftreten. Die Autoren haben z.B. am CdTe den Verlauf der Absorption oberhalb des ersten Maximums quantitativ mit der Theorie von *Elliott* [65] für direkte Übergänge unter Berücksichtigung der Elektron-Loch-Wechselwirkung, also unter Bildung von Exzitonen, erklären können. Das gibt einen Wert von 0,035 eV für die Bindungsenergie des Exzitons. Es liegt natürlich nahe, nach den höheren Gliedern solcher Exzitonenserien zu fragen. Es ist jedoch wahrscheinlich, daß die Auflösung durch die Querstreuung durch Phononen tief im Band, die wir eingangs besprochen haben, begrenzt wird. Selbst bei sehr tiefen Temperaturen besteht immer noch die Möglichkeit zur Emission von Phononen. Messungen an Aufdampfschichten von I-VII-Verbindungen wie AgI, CuI, CuBr, CuCl in der hexagonalen und kubischen Modifikation sind von *Cardona* [43] unternommen worden. Abb. 28 zeigt als Beispiel Absorptionskurven von AgI, die auch die Feinstruktur erst bei tiefen Temperaturen zeigen. Die Deutung dieser Messungen vervollständigt das Bild der isoelektronischen

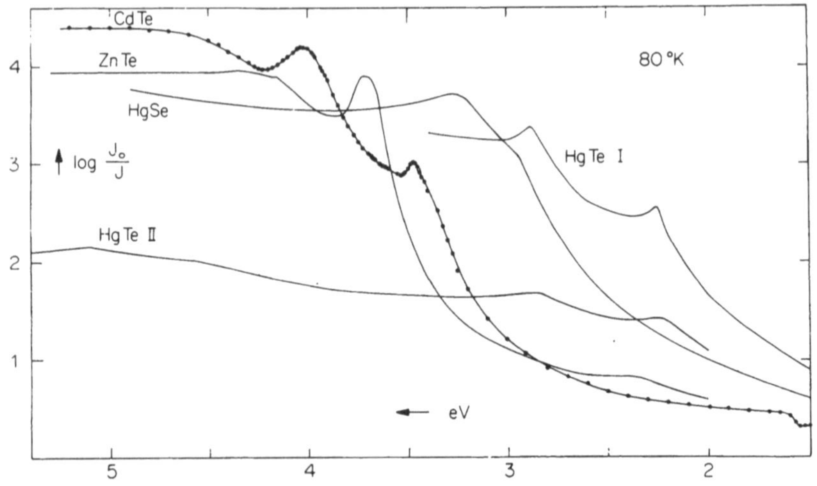

Abb. 27. Absorption dünner Aufdampfschichten von II-VI-Verbindungen nach *Cardona* und *Harbeke* [28]

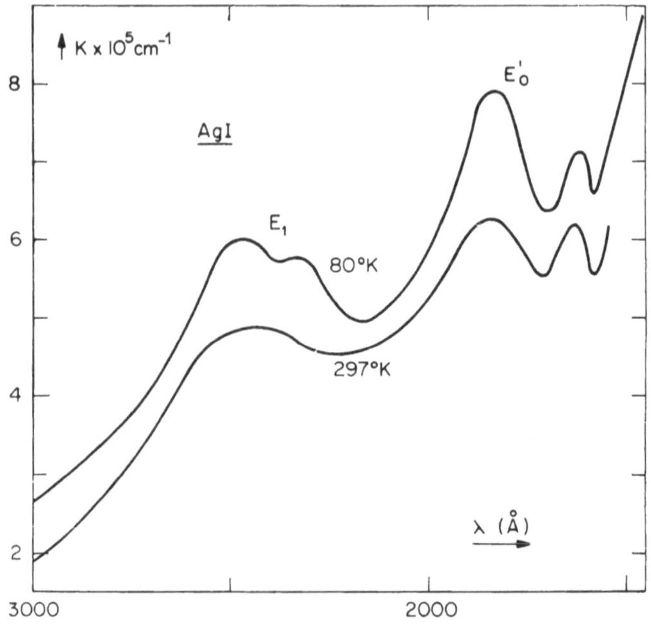

Abb. 28. Absorption einer dünnen Aufdampfschicht von AgI nach *Cardona* [43]

Reihen, von denen wir die Ge-Horizontalreihe schon diskutiert haben. Abb. 29 zeigt noch einmal einige Energieabstände der „schrägen" Reihe, die CuI enthält, bei denen die Verbindungspartner jeweils aus zwei benachbarten Reihen des periodischen Systems stammen und als „Element" die fiktive Verbindung Ge-Sn genommen werden muß, deren Werte man aus denen von Ge und Sn mittelt. Für $\Gamma_{25'} - \Gamma_{15}$ und $L_{3'} - L_1$ ist wieder die Lösung der

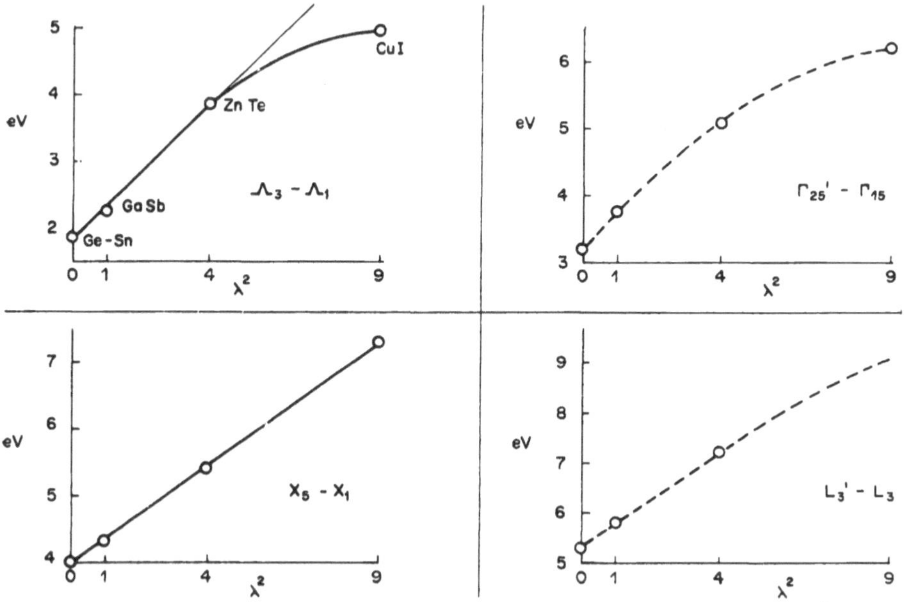

Abb. 29. Energieabstände der isoelektronischen Reihe Ge-Sn

2x2 Störungs-Matrix genommen, für $\Lambda_3 - \Lambda_1$ und $X_5 - X_1$ der λ^2-proportionale Zusammenhang. Tab. 3 gibt noch einmal eine Zusammenfassung der gegenwärtigen Kenntnis von Energieabständen oberhalb der Absorptionskante von Diamant- und Zinkblendehalbleitern. Sie erhebt keinen Anspruch auf Vollständigkeit und manche Eintragungen sind durchaus noch der Diskussion unterworfen.

Aus jüngster Zeit sei noch eine Diskussion der von *Lukeš* und *Schmidt* [69] gefundenen Feinstruktur der Reflexion von Ge, Si, GaSb, InSb, GaAs, InAs erwähnt. Die Feinstruktur des Reflexionsmaximums von Si bei 3,4 eV als Beispiel zeigt Abb. 30. Zunächst wurde versucht, diesen Effekt durch Spitzen oder Unregelmässigkeiten in der kombinierten Zustandsdichte von Valenz- und Leitungsband bei diesen Energien zu erklären [69]. *Phillips* [70] deutet nun die Struktur durch Ein- und Mehrphononenprozesse beim Übergang. Indirekte Übergänge unter gleichzeitiger Emission oder Absorption von Phononen zwischen parabolischen Energieextrema verlaufen über virtuelle Zwischenzustände, in denen die Energieerhaltung nicht erfüllt ist. Handelt es sich jedoch um einen Sattelpunkt in der Energiefläche, so kann der Übergang durch energieerhaltende Zwischenzustände verlaufen, wodurch ε_2 beeinflußt wird. Abb. 30 zeigt die Zuordnung der Struktur zu den verschiedenen Kombinationen der Energie des phononenfreien Übergangs E_1 mit der charak-

Tabelle 3. Interband-Übergänge einiger Diamanttyp- und Zinkblendehalbleiter bei Raumtemperatur. Zusammenstellung nach *Phillips* [68]. Benennungen der Zustände gemäß der Symmetrie der Diamantstruktur. Ein Wertepaar bedeutet Doublettstruktur auf Grund der Spin-Bahn-Wechselwirkung.

	$(L_{3'} - L_1)$	$(\Lambda_3 - \Lambda_1)$	$(\Gamma_{25'} - \Gamma_{15})$	$(X_4 - X_1)$	$(L_{3'} - L_3)$	$(L_{3'} - L_{2'})$
Ge	2,0; 2,2	2,2; 2,4	3,2	4,3	5,7	
Si	3,2		3,7	4,4	5,5	
Sn		1,3; 1,7		3,6		
C	9		7,1	12,5		
InSb		1,8; 2,3	2,8; 3,5	4,1	5,3; 6,0	
InAs	2,4	2,5; 2,8	3,9	4,7	6,4; 7,0	
InP		3,1; 3,3		5,0		
GaSb	1,2; 1,7	2,0; 2,5	3,7	4,3		
GaAs	2,5; 2,7	3,0; 3,2	4,2; 4,5	5,1	6,6; 6,9	
GaP		3,7	3,7	5,3		
AlSb		2,8				
HgTe	2,0; 2,7	2,2; 2,9	4,1	4,9; 5,1	6,5; 7,8	9,7
CdTe	3,7	3,4; 4,0	5,2	5,5; 5,7	6,8; 7,6	10,1
ZnTe	3,5; 4,0	3,6; 4,1	4,8	5,4	6,9; 7,5	10,6
HgSe		2,8; 3,1				
ZnSe		4,9; 5,3		6,7	9,1; 9,6	
CuCl		6,5	6,8	8,3		
CuBr		5,5; 5,6	6,6	7,3		
CuI		4,8; 5,1	6,0; 6,4	7,3; 7,9		
AgI		5,0; 5,4	6,8; 7,7	8,7		

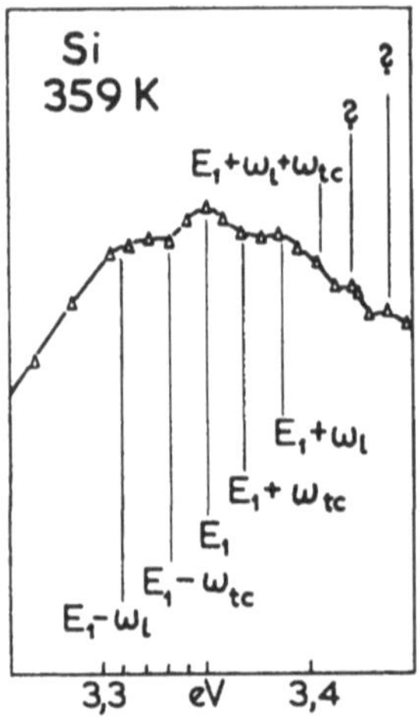

Abb. 30
Feinstruktur des $\Gamma_{25'} - \Gamma_{15}$-Reflexionsmaximums von Si nach *Lukeš* und *Schmidt* [69], Phys. Rev. Lett. 10, S. 329 (Fig. 1), 1963

teristischen Frequenz longitudinaler akustischer Phononen ω_l und der charakteristischen Frequenz transversaler akustischer Phononen. Ähnliche Strukturen in den genannten 5 anderen Substanzen wurden gleicherweise erklärt, zum Teil mit Mehrphononenprozessen, an denen bis zu 5 Phononen beteiligt sein sollen.

IV. 3.2 Verbindungen anderer Kristallstruktur

An anderen Halbleitern gibt es bisher noch wenig derartige Untersuchungen. Hexagonales CdS, ZnS und CdSe ist von *Cardona* [66] in Reflexion gemessen worden, doch ist der Schritt von der Zinkblende- zur Wurtzit-Struktur noch klein, wie auch *Birman* [67] gezeigt hat, daß die Bandstruktur für Wurtzit-Kristalle durch Störungsrechnung aus der für Zinkblende-Kristalle abgeleitet werden kann. Die Kristallfeld-Aufspaltung zufolge der trigonalen Symmetrie ist klein gegen die Energieabstände. Diese Überlegungen werden experimentell dadurch verifiziert, daß die Resultate sich gut in das Schema der isoelektronischen Reihe einfügen. Die Meßergebnisse sind von *Philipps* [68] weiter diskutiert worden.

Die erste Gruppe von Verbindungen wesentlich vom Zinkblendetyp abweichender Struktur, die im Fundamentalabsorptionsgebiet untersucht wurden, sind PbS, PbSe, PbTe, SnTe und GeTe. Jedoch besteht ihre Elementarzelle ebenso wie die der Zinkblende aus zwei entlang der Raumdiagonale verschobenen kubisch flächenzentrierten sub-Zellen der Verbindungspartner. Die Verschiebung geht nur hier bis zur Mitte der Raumdiagonale, so daß man das Gitter andererseits als ein einfach kubisches (NaCl-Typ) ansehen kann. In unserem Zusammenhang scheint jedoch die Verwandtschaft zur Zinkblende und damit auch zum Diamanttyp wesentlich, denn die Reflexionsstruktur dieser Verbindungen ist sehr ähnlich der der Diamanttyp-Halbleiter. Das ersieht man aus dem Beispiel des PbTe in Abb. 31 nach Messungen von *Car-*

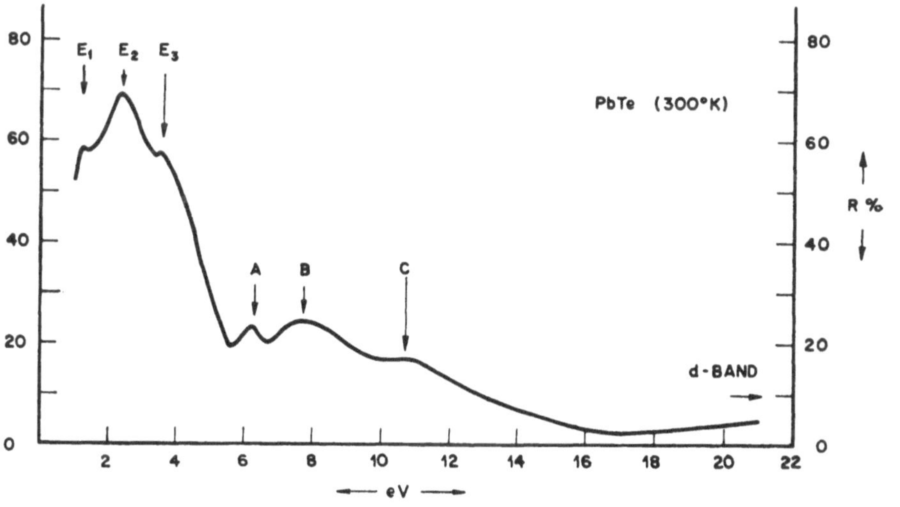

Abb. 31. Reflexion von PbTe bei 300 °K nach *Cardona* und *Greenaway* [71]

dona und *Greenaway* [71]. Eine weitergehende Diskussion wird hier wiederum ermöglicht durch eine Berechnung des Energiespektrums von *Johnson*, *Switendick*, *Conklin* und *Pratt* [72], die mit der APW (augmented plane wave)-Methode unter Benutzung der von *Herman* berechneten Atompotentiale von Pb und Te ohne Einschluß der Spin-Bahn-Spaltung durchgeführt wurde. Das Ergebnis in drei wesentlichen Richtungen des *k*-Raums zeigt, daß die höchsten Valenzbänder sehr flach verlaufen und eine sehr sinnvolle Zuordnung

zur Reflexionsstruktur möglich ist. Danach entspricht das absolute Reflexionsmaximum E_2 wieder einem Übergang in 100-Richtung und der tiefste Interbandübergang bei Γ drückt sich im Maximum A ($\sim$ 6 eV) aus. Interessanterweise ist der Temperaturkoeffizient der drei Maxima E_1, E_2 und E_3 bis herunter zu 78 °K praktisch Null oder zumindest sehr klein. Das hängt mit der ungewohnten Valenzbandstruktur der Bleisalze zusammen, es gibt Maxima fast gleicher Energie an verschiedenen Stellen im $\boldsymbol{k}$-Raum [72], [73], [74], wodurch die Wechselwirkung der Zustände wesentlich verschieden von der in dem Diamanttyp-Halbleitern ist [73]. So ist auch bekanntlich der Temperaturkoeffizient der ersten Absorptionskante in PbTe sogar positiv, $+4 \cdot 10^{-4}$ eV/Grad [73].
Über Zusammenhänge dieser Art zwischen Kristallstruktur und Energiespektrum sind gewiss noch viele interessante Ergebnisse zu erwarten.

V. D-Band-Effekte

Das Gebiet, in dem die optischen Eigenschaften durch Übergänge zwischen Valenz- und Leitungsbändern bestimmt wird, erstreckt sich bis zu einer substanzbedingten oberen Grenze, die z. B. bei Diamant natürlich sehr hoch liegt. Bei Substanzen wie Ge, Si und den bekanntesten III-V-Verbindungen liegt sie bei etwa 8 eV. Abb. 24 zeigt die Verhältnisse am InSb nach *Philipp* und *Ehrenreich* [40], wobei der Meßbereich in drei Teile geteilt ist. Das Gebiet 1 mit seiner ausgeprägten Struktur haben wir ausführlich diskutiert. Im Gebiet 2 erfolgt ein steiler Abfall der Reflexion und oberhalb 16 eV hat man einen schwachen Wiederanstieg, der auf den Einfluß des tieferliegenden d-Bands zurückzuführen ist. Ähnliche Effekte zeigt PbTe in Abb. 31. Dieses Verhalten ist von *Ehrenreich* und *Philipp* [40] ausführlich diskutiert worden.
Die Diskussion geht aus von den von *Ehrenreich* und *Cohen* [30] in der „Random Phase Approximation" abgeleiteten Gl. (4) für die Frequenzabhängigkeit der Dielektrizitätskonstanten. Am einfachsten liegen die Dinge in Halbleitern, in denen das nächsttiefere gefüllte Band sehr weit, d.h. mehr als 50 eV, unter dem Valenzband liegt. Dieser Fall ist realisiert im Si, in dem wir kein d-Band haben und das nächste, das 2 p-Band, etwa 100 eV unter dem Valenzband liegt. In diesem Fall verläuft ε gemäß der Drudeschen Formel für ein freies Elektronengas, modifiziert durch die Relaxationszeit zur Beschreibung der Dämpfung des Oszillators.

$$\varepsilon(\omega) = 1 - \frac{\omega_{pv}^2}{(\omega + i/\tau_v)^2} \tag{8}$$

wobei

$$\omega_{pv} = \left(4\pi e^2 \sum_v \frac{n_v}{m}\right)^{1/2} \tag{9}$$

die Plasmafrequenz der quasifreien Valenzelektronen ist.
Wenn dagegen die d-Bänder näher unter dem Valenzband liegen, wie z.B. in Ge etwa 30 eV, werden bei 30 eV reelle Übergänge einsetzen, doch auch schon bei geringeren Energien wird die DK durch virtuelle Übergänge beeinflußt. Die Plasmafrequenz der Valenzelektronen wird dann modifiziert durch einen Term, der die Anteile der betreffenden Oszillatorenstärken der Übergänge aus dem d-Band heraus enthält. Dann ist

$$\varepsilon(\omega) = (1+\delta\varepsilon_0)\left[1 - \frac{\Omega'^2_{pv}}{(1+\delta\varepsilon_0)(\omega+i/\tau_v)^2}\right] \tag{10}$$

Man hat also eine veränderte Drude-Formel mit einer modifizierten Plasmafrequenz Ω'_{pv} und dem Anteil der d-Elektronen zur statischen DK, $\delta\varepsilon_0$.
Die Plasmafrequenz kann man allgemein nach einer Summenregel von *Nozieres* und *Pines* auch schreiben als

$$\frac{\pi}{2}\omega_p^2 = \int_0^\infty \omega \cdot \varepsilon_2(\omega)\,d\omega \tag{11}$$

Um den Anteil der d-Elektronen an der modifizierten Plasmafrequenz Ω'_{pv} auszudrücken, kann man das Integral über einen endlichen Bereich von 0 bis ω_0 durch die effektive Zahl der Elektronen pro Atom, n_{eff}, die in diesem Bereich wie freie Elektronen zu den optischen Eigenschaften beitragen, beschreiben.

$$\frac{2\pi^2 Ne^2}{m} \cdot n_{eff} = \int_0^{\omega_0} \omega\varepsilon_2(\omega)\,d\omega \tag{12}$$

Bei Abwesenheit von d-Bändern würde die Plasmafrequenz in Gl. (11) einfach vier Elektronen pro Atom und die Masse des freien Elektrons enthalten. Abb. 32 zeigt n_{eff} als Funktion der Energie für eine Reihe von Halbleitern. Klassisch verhält sich das Si, bei dem n_{eff} asymptotisch richtig gegen 4 geht. In Ge überschreitet n_{eff} den Wert 4 ohne abrupten Anstieg, da das d-Band

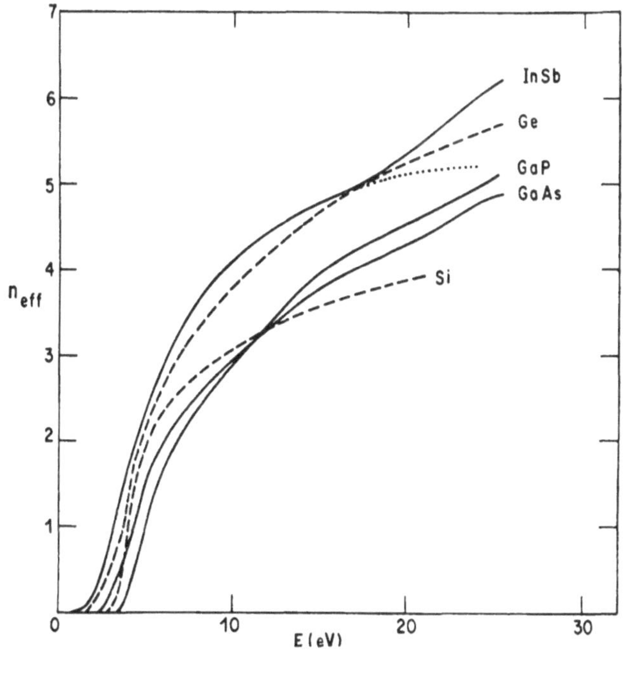

Abb. 32 Optisch effektive Zahl der Valenzelektronen nach *Philipp* und *Ehrenreich* [40], Phys. Rev. **129**, S. 1557 (Fig. 5), 1963

30 eV unter dem Valenzband liegt, auf Grund der d-Band-Valenzband-Kopplung.

Der dritte Fall ist der der III-V-Verbindungen, z.B. das InSb zeigt nach langsamem Anstieg noch einen steileren Ast entsprechend reellen Übergängen, da das d-Band nur 17 eV unter dem Leitungsband liegt. Es entspricht einem d-Band des Indiums, wie man aus den entsprechenden Übergängen im Indium ersieht.

Den Beitrag der d-Elektronen zur statischen DK, $\delta\varepsilon_0$, erhält man bei der Integration von ε_2 über den gesamten Energiebereich nach der Kramers-Kronig-Beziehung als bei hohen Energien noch verbleibende Differenz zu ε_0, das aus Reststrahlenmessungen bekannt ist. Man führt analog zu n_{eff} den Begriff der effektiven Dielektrizitätskonstanten $\varepsilon_{0,\text{eff}}$ ein und erhält

$$\varepsilon_{0,\text{eff}} = 1 + \frac{2}{\pi} \int_0^{\omega_0} \omega^{-1} \cdot \varepsilon_2(\omega)\, d\omega \qquad (13)$$

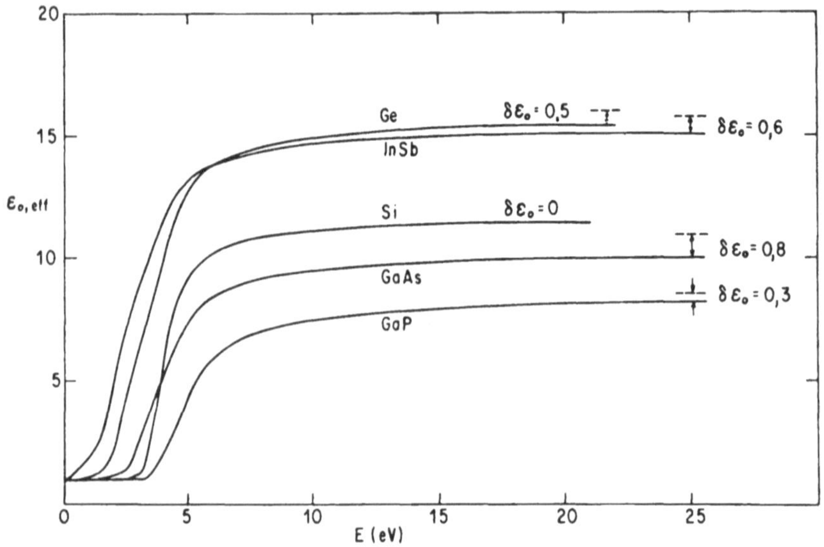

Abb. 33. Effektive statische Dielektrizitätskonstante nach *Philipp* und *Ehrenreich* [40], Phys. Rev. **129**, S. 1557 (Fig. 6), 1963

Abb. 33 zeigt das wieder für verschiedene Halbleiter, für Si ist naturgemäß $\delta\varepsilon_0 = 0$, für die übrigen Substanzen bis zu 10% von ε_0. Die Kurven zeigen auch, wie mit steigender Energie die Elektronen zunehmend zu ε_0 beitragen, am stärksten ist die Zunahme natürlich im Gebiet der Interbandübergänge. Mit den Werten für die modifizierten Plasmafrequenz und $\delta\varepsilon_0$ kann man dann den Verlauf für ε_1 und ε_2 in diesem Gebiet berechnen und mit dem Experiment vergleichen. Der einzige unbekannte Parameter ist die Relaxationzeit τ_v, die man durch Anpassung an einem Punkt erhält und die dann in allen hier diskutierten Fällen zwischen 1,4 und $1{,}8 \cdot 10^{-16}$ sec ist. Da dieser Wert wesentlich kleiner als mit Gitter- oder Störstellenstreuung verbundene Relaxationszeiten ist, wird er wahrscheinlich durch Elektron-Elektron-Streuung bestimmt. Die gleiche Relaxationszeit resultiert auch aus der Halbwertsbreite des Maximums der Energieverlustfunktion Im $(1/\varepsilon) = \varepsilon_2/\varepsilon_1^2+\varepsilon_2^2$, z. B. in Ge in Abb. 15 berechnet aus den optischen Konstanten. Diese Funktion kann verglichen werden mit dem Energieverlust durchgehender schneller Elektronen, die bei Energien, bei denen sie Plasmaschwingungen anregen können, maximalen

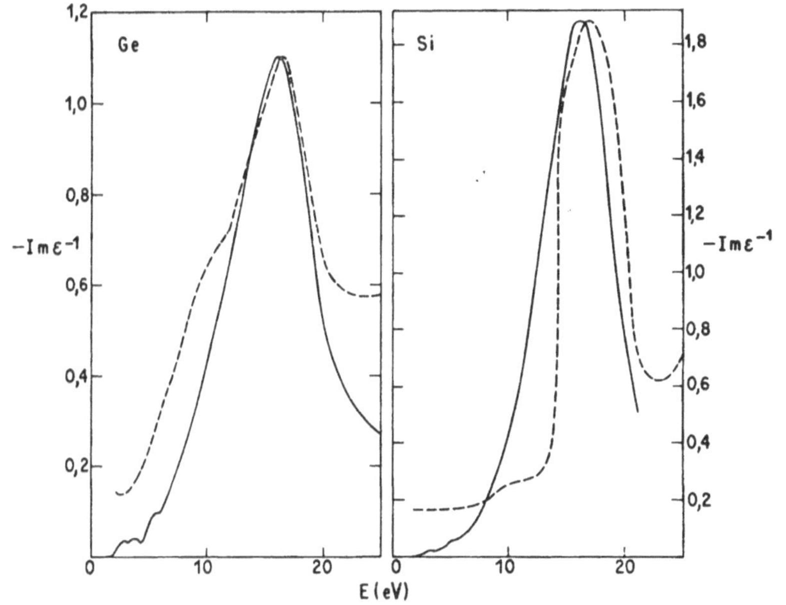

Abb. 34. Vergleich der Energieverlustfunktion Im $(1/\varepsilon)$ in Ge und Si. Ausgezogene Linien aus optischen Messungen nach *Philipp* und *Ehrenreich* [40], gestrichelte Linien aus dem Energieverlust schneller Elektronen nach *Powell* (Ge) [76] und *Dimigen* (Si) [77], Phys. Rev. **129**, S. 1559 (Fig. 7), 1963

Energieverlust erleiden. Abb. 34 zeigt den Vergleich bei Ge und Si mit Energieverlustmessungen von *Powell* [76] bzw. *Dimigen* [77]. Die Kurven sind nur in der Höhe angepaßt, die Übereinstimmung der Energien, bei denen beide Funktionen ihr Maximum erreichen, entsprechend $\varepsilon_1 = 0$, ist ausgezeichnet. Das relative Maximum bei 10,8 eV am Si entspricht einem Oberflächenplasmon, dem die Bedingung $\varepsilon_1+1 = 0$ [78] eigen ist. *Sasaki* und *Ishiguro* [79] haben gezeigt, daß die entsprechende Verlustfunktion Im $(1/\varepsilon+1)$ richtig bei 11 eV ein Maximum hat.

VI. Literatur

[1] *H. W. Streitwolf*, Festkörperprobleme III, S. 1, Braunchweig 1964.
[2] *O. Madelung*, Halbleiterprobleme V, S. 87, Braunschweig 1960.
[3] *H. Jones*, The Theory of Brillouin Zones and Electronic States in Crystals, Amsterdam 1960.
[4] *V. Heine*, Group Theory in Quantum Mechanics, London 1960.
[5] *J. Jaumann*, Halbleiterprobleme V, S. 1, Braunschweig 1960.
[6] *E. O. Kane*, J. Phys. Chem. Sol. **1**, 83 (1956).
[7] *L. Liu*, Phys. Rev. **126**, 1317 (1962).

[8] *R. Braunstein*, Phys. Rev. **130**, 869 (1963).
[9] *S. Zwerdling, K. J. Button, B. Lax, L. M. Roth*, Phys. Rev. Lett. **4**, 173 (1960).
[10] *F. Matossi, F. Stern*, Phys. Rev. **111**, 472 (1958).
[11] *E. O. Kane*, J. Phys. Chem. Sol. **1**, 249 (1956),
[12] *H. Ehrenreich*, Phys. Rev. **102**, 1951 (1960).
[13] *B. Szigeti*, Trans. Faraday Soc. **45**, 155 (1949).
[14] *R. Braunstein, E. O. Kane*, J. Phys. Chem. Sol. **23**, 1423 (1962).
[15] *R. S. Caldwell, H. Y. Fan*, Phys. Rev. **114**, 664 (1959).
[16] *F. R. Kessler. E. Sutter*, Z. Phys. **173**, 54 (1963).
[17] *W. G. Spitzer. H. Y. Fan*, Phys. Rev. **108**, 268 (1957).
[18] *W. G. Spitzer, J. M. Whelan*, Phys. Rev. **114**, 58 (1959).
[19] *W. J. Turner, W. E. Reese*, Phys. Rev. **117**, 1003 (1959).
[20] *H. Ehrenreich*, J. Appl. Phys. Suppl. **32**, 2155 (1961).
[21] *P. Koenig, D. W. Lynch, G. C. Danielson*, J. Phys. Chem. Sol. **20**, 122 (1961).
[22] *R. Hilsch, R. W. Pohl*, Z. Physik **59**, 812 (1930).
[23] *M. V. Hobden*, J. Phys. Chem. Sol. **23**, 821 (1962).
[24] *M. D. Sturge*, Phys. Rev. **127**, 768 (1962).
[25] *T. P. McLean, E. G. S. Paige*, Proc. Int. Conf. Semiconductor Physics, Exeter 1962, S. 450, London 1962.
[26] *R. B. Parsons, W. Wardzynski, A. D. Yoffe*, Proc. Roy. Soc. *A* **262**, 120 (1961).
[27] *F. L. Pedrotti, D. C. Reynolds*, Phys. Rev. **127**, 1584 (1962).
[28] *M. Cardona, G. Harbeke*, J. Appl. Phys. **34**, 813 (1963).
[29] *L. I. Korovin*, Sov. Phys. Sol. St. **1**, 1202 (1960).
[30] *H. Ehrenreich, M. Cohen*, Phys. Rev. **115**, 786 (1959).
[31] *F. Herman*, Rev. Mod. Phys. **30**, 102 (1958).
[32] *H. R. Philipp, E. A. Taft*, Phys. Rev. **113**, 1002 (1959).
[33] *J. Tauc, E. Autončík*, Phys. Rev. Lett. **5**, 253 (1960).
[34] *M. Cardona, H. S. Sommers jun.*, Phys. Rev. **122**, 1382 (1961).
[35] *J. C. Phillips*, Phys. Rev. **112**, 685 (1958).
[36] *D. Brust, J. C. Phillips, F. Bassani*, Phys. Rev. Lett. **9**, 94 (1962).
[37] *F. R. Kessler*, Festkörperprobleme II, S. 1, Braunschweig 1963.
[38] *S. Roberts*, Phys. Rev. **118**, 1509 (1960).
[39] *D. J. F. Marple, H. Ehrenreich*, Phys. Rev. Lett. **8**, 87 (1962).
[40] *H. R. Philipp, H. Ehrenreich*, Phys. Rev. **129**, 1550 (1963).
[41] *J. C. Phillips*, J. Phys. Chem. Sol. **12**, 208 (1960).
[42] *G. Harbeke*, Z. Naturf. **19a**, 548 (1964).
[43] *M. Cardona*, Phys. Rev. **129**, 69 (1963).
[44] *R. Zallen, W. Paul, J. Tauc*, Bull Am. Phys. Soc. **7**, 185 (1962), Proc. Int. Semiconductor Conf. Exeter 1962, S. 333, London, 1962.
[45] *H. R. Philipp, W. C. Dash, H. Ehrenreich*, Phys. Rev. **127**, 762 (1962).
[46] *D. Brust, M. L. Cohen, J. C. Phillips*, Phys. Rev. Lett. **9**, 389 (1962).
[47] *F. Herman*, Proc. Int. Conf. Semic. Prague S. 20, Prague 1961.
[48] *J. C. Phillips*, Phys. Rev. **125**, 1931 (1962).
[49] *J. Tauc, A. Abraham*, Proc. Int. Conf. Semiconductors Prague, S. 375, Prague 1961, J. Phys. Chem. Sol. **20**, 190 (1961).
[50] *W. Paul*, J. Phys. Chem. Sol. **8**, 196 (1959).
[51] *H. R. Philipp, E. A. Taft*, Phys. Rev. **120**, 37 (1960).
[52] *F. G. Allen, G. W. Gobeli*, Phys. Rev. **127**, 141 (1962).
[53] *W. E. Spicer, R. E. Simon*, Phys. Rev. Lett. **9**, 385 (1962).
[54] *H. R. Philipp, E. A. Taft*, Phys. Rev. **127**, 159 (1962).

[55] *L. Kleinmann, J. C. Phillips*, Phys. Rev. **116**, 880 (1959).
[56] *M. Cardona, D. L. Greenaway*, Phys. Rev. **125**, 1291 (1962).
[57] *L. Liu, F. Bassani*, Bull. Am. Phys. Soc. **8**, 51 (1963).
[58] *F. Herman*, J. Electronics, **1**, 103 (1955).
[59] *J. Callaway*, J. Electronics **2**, 330 (1956).
[60] *M. Cardona, D. L. Greenaway*, Phys. Rev. **131**, 98 (1963).
[61] *D. L. Greenaway, M. Cardona*, Proc. Int. Conf. Semic. Exeter 1960, S. 666, London 1960.
[62] *D. L. Greenaway*, Phys. Rev. Lett. **9**, 97 (1962).
[63] *M. Cardona*, Suppl. J. Appl. Phys. **32**, 2151 (1961).
[64] *M. Cardona, G. Harbeke*, Phys. Rev. Lett. **8**, 90 (1962).
[65] *J. Elliott*, Phys. Rev. **108**, 1384 (1957).
[66] *M. Cardona*, Phys. Rev. **129**, 1068 (1963).
[67] *J. L. Birman*, Phys. Rev. **115**, 1493 (1959).
[68] *J. C. Phillips*, Phys. Rev. **133**, A 452 (1964).
[69] *F. Lukeš, E. Schmidt*, Phys. Lett. **2**, 288 (1962), Proc. Int. Conf. Semic. Exeter 1962, S. 389, London 1962.
[70] *J. C. Phillips*, Phys. Rev. Lett. **10**, 329 (1963).
[71] *M. Cardona*, D. L. Greenaway, Phys. Rev. **133**, A 1685 (1964).
[72] *L. E. Johnson, A. C. Switendick, J. B. Conklin, G. W. Pratt jr.*, M.I.T. Sol. State Theory Group, Quarterly Report No. 46, S. 128 (1962).
[73] *W. Paul, M. Demeis, L. X. Finegold*, Proc. Int. Conf. Semic. Exeter 1962, S. 172, London 1962.
[74] *J. R. Dixon, H. R. Riedl*, Proc. Int. Conf. Semic. Exeter 1962, S. 179, London 1962.
[75] *P. Nozieres, D. Pines*, Phys. Rev. **113**, 1254 (1959).
[76] *C. J. Powell*, Proc. Phys. Soc. **76**, 593 (1960).
[77] *H. Dimigen*, Z. Phys. **165**, 53 (1961).
[78] *H. Kanazawa*, Progr. Theoret. Phys. (Kyoto) **26**, 851 (1961).
[79] *T. Sasaki, K. Ishiguro*, Phys. Rev. **127**, 1091 (1962).
[80] *H. Ehrenreich, H. R. Philipp, J. C. Phillips*, Phys. Rev. Lett. **8**, 59 (1962).

Anmerkung bei der Korrektur

Es sei noch auf einige Arbeiten hingewiesen, die während der Drucklegung dieses Berichtes erschienen sind:

Bassani und *Yoshimine* [81] berechneten die Bandstruktur von Elementen der 4. Gruppe und III-V-Verbindungen ausgehend von Hartree-Fock-Rumpfzuständen. Es zeigt sich, daß die s-Zustände, die empfindlich von den Rumpfzuständen abhängen, im Vergleich zum Experiment zu hoch liegen. Eine ausführliche Diskussion der Bandberechnungen von Ge [36] und Si [46] mit der Pseudopotentialmethode findet man bei *Brust* [82].

Von *Cardona* [83] wurden die Bandparameter von Halbleitern der Diamant-, Zinkblende- und Wurtzstruktur mit der $\boldsymbol{k}.\boldsymbol{p}$-Methode unter Einbeziehung der Wechselwirkung zwischen dem höchsten Valenzband und den zwei tiefsten Leitungsbändern neu berechnet.

Erstmalig wurde der Einfluß relativistischer Effekte auf die Bandstruktur betrachtet [84], [85], die bspw. für die Verhältnisse am L-Punkt in PbTe von entscheidender Bedeutung sind. Auch diese Korrektur verändert die Lage der s-Zustände wegen der großen Aufenthaltswahrscheinlichkeit der s-Elektronen in Kernnähe am stärksten.

Das gilt auch für die Druckabhängigkeit der Zustände in Ge und Si, die zusammen mit der Bandstruktur von Ge-Si-Legierungen von *Bassani* und *Brust* [86] diskutiert wurde. *Gobeli*, *Allen* und *Kane* [87] demonstrierten experimentell, daß ein beträchtlicher Anteil der bei Photoemission aus dem Kristall austretenden Elektronen ihr Krstaillmoment tan-

gential zur Oberfläche beibehalten. Diese Frage ist wesentlich für die Interpretation der Emissionsmessungen [88].
Die Diskussion der Bandstruktur von grauen Zinn ist neuerdings in Fluß geraten [89], [90]. *Groves* und *Paul* [89] schlagen ein Modell vor, in dem der Γ'_2-Zustand 0,3 eV unter dem Γ'_{25}-Zustand liegt und die $\boldsymbol{k}\cdot\boldsymbol{p}$-Wechselwirkung dem einen der bei Γ'_{25}entarteten Zustände eine aufwärts gerichtete Krümmung verleiht. Dann ist der Energieabstand bei Γ bei allen Temperaturen und Drucken Null. Neben Reflexionsmessungen am Diamant [91] sei noch die von *Cardona* [92] gefundene Abhängigkeit der optischen Konstanten von Wurtzitkristallen von der Orientierung linear polarisierten Lichts zur *c*-Achse des Kristalls erwähnt.

Literatur

[81] *F. Bassani, M. Yoshimine*, Phys. Rev. **130**, 20 (1963).
[82] *D. Brust*, Phys. Rev. **134**, A 1337 (1964).
[83] *M. Cardona*, J. Phys. Chem. Sol. **24**, 1543 (1963).
[84] *F. Herman, C. D. Kuglin, K. F. Cuff, R. L. Kortum*, Phys. Rev. Letters **11**, 541 (1963).
[85] *L. E. Johnson, J. B. Conklin, G. W. Pratt jr.*, Phys. Rev. Letters **11**, 538 (1963).
[86] *F. Bassani, D. Brust*, Phys. Rev. **131**, 1524 (1963).
[87] *G. W. Gobeli, F. G. Allen, E. O. Kane*, Phys. Rev. Letters **12**, 94 (1964).
[88] *W. E. Spicer, N. B. Kindig*, Sol. St. Comm. **2**, **13** (1964).
[89] *S. Groves, W. Paul*, Phys. Rev. Letters **11**, 194 (1963).
[90] *F. Bassani, L. Liu*, Phys. Rev. **132**, 2047 (1963).
[91] *W.C. Walker, J. Osantowski*, Bull. Am. Phys. Soc. **8**, 542 (1963).
[92] *M. Cardona*, Sol. St. Comm. **1**, 109 (1963).

O. MADELUNG*)

Die physikalischen Eigenschaften der III-V-Verbindungen[1])

Mit 15 Abbildungen

Neben den halbleitenden Elementen der IV. Gruppe des periodischen Systems, dem Germanium, dem Silicium und dem grauen Zinn haben in den letzten zehn Jahren die halbleitenden Verbindungen der III. und V. Gruppe besondere Bedeutung gewonnen. Die Halbleitereigenschaften dieser Gruppe binärer Verbindungen wurden erstmals 1952 von *Welker* theoretisch vorhergesagt und diese Vorhersagen in einer Reihe von Arbeiten anhand experimenteller Ergebnisse bestätigt und erweitert. Seitdem sind mehr als tausend Arbeiten über die physikalischen Eigenschaften der III-V-Verbindungen erschienen. Mit einer Zusammenfassung der Ergebnisse der wichtigsten dieser Arbeiten soll sich das vorliegende Referat beschäftigen.

Die III-V-Verbindungen kristallisieren in der Zinkblendestruktur. Das wesentliche Kennzeichen dieser Struktur ist, daß jedes Atom tetraedrisch von vier nächsten Nachbarn der anderen Atomsorte umgeben ist. Jedes Atom eines Elementes der V. Gruppe ist also von vier Atomen eines Elementes der III. Gruppe symmetrisch umgeben und umgekehrt. Die Bindung ist vorwiegend homöopolar. Da jedes Atom in Mittel vier Valenzelektronen mitbringt (die Atome der V. Gruppe bringen fünf und die Atome der III. Gruppe drei Valenzelektronen mit sich) können sich zwischen zwei nächsten Nachbarn Elektronenbrücken mit je zwei Elektronen entgegengesetzten Spins bilden. Auf die chemische Bindung werden wir noch zurückkommen. Hier sei nur erwähnt, daß der Schwerpunkt einer solchen Elektronenbrücke nicht in der Mitte zwischen zwei nächsten Nachbarn liegt, da die beiden nächsten Nachbarn verschiedene Kernladungen besitzen. Der Schwerpunkt ist vielmehr in Richtung zum 5-wertigen Atom hin verschoben. Die Elektronenbrücken sind also polarisiert. Die chemische Bindung ist nicht rein homöopolar, sondern enthält einen heteropolaren Anteil.

Die Diamantstruktur, in der Germanium, Silicium und das graue Zinn kristallisieren, unterscheidet sich von der Zinkblendestruktur der III-V-Verbindungen und der entsprechenden II-VI- und I-VII-Verbindungen nur dadurch, daß alle Atome des Gitters einander gleich sind. Die Elektronenbrücken sind nicht polarisiert, die Bindung ist rein homöopolar.

---

*) Institut für Theoretische Physik (II) der Universität Marburg/Lahn.

[1]) Der in diesem Referat gegebene Überblick stützt sich auf das Manuksript eines im Druck befindlichen Buches des Verfassers „Physics of III-V-compounds". John Wiley und Sons, New York 1964. Da es bei der Fülle des vorliegenden Materials schwierig ist, in einem kurzen Referat den Beitrag einzelner Originalpublikationen gerecht zu würdigen, wurde auf Zitate völlig verzichtet. Der Leser sei für eine eingehendere Diskussion und Literaturangaben auf das oben zitierte Buch verwiesen.

Vergleicht man die binären Verbindungen mit Zinkblendestruktur mit den halbleitenden Elementen mit Diamantstruktur, so wird man erwarten, daß die III-V-Verbindungen mehr Ähnlichkeiten mit Germanium und Silicium aufweisen werden als etwa die II-VI- und die I-VII-Verbindungen, da die Gitteratome der III-V-Verbindungen nur um eine Kernladungszahl sich von den Gitteratomen der Elemente der IV. Gruppe unterscheiden. Wir werden in der folgenden Diskussion der physikalischen Eigenschaften der III-V-Verbindungen die Eigenschaften des Germaniums und des Siliciums häufig zum Vergleich heranziehen und wir werden dann sehen, daß die III-V-Verbindungen tatsächlich in sehr vielen Punkten dem Germanium und dem Silicium ähnlich sind, daß aber auch Unterschiede in den physikalischen Eigenschaften dieser Halbleiter existieren. Diese Unterschiede werden es gerade sein, die die physikalischen Eigenschaften der III-V-Verbindungen besonders interessant machen und die darüber hinaus den III-V-Verbindungen auch technisches Interesse geben.

1. Die Bandstruktur der III-V-Verbindungen

Zum Verständnis der elektrischen Eigenschaften der III-V-Verbindungen ist die Kenntnis ihrer Bandstruktur notwendig. Die Berechnung der Bandstruktur einzelner III-V-Verbindungen ist in zahlreichen Arbeiten versucht worden. Wir wollen hier nicht auf diese Arbeiten eingehen, da bereits Symmetriebetrachtungen und Analogieschlüsse von dem Bändermodell des Germaniums und des Siliciums her genügen, um uns ein qualitatives Bild der Bandstruktur der III-V-Verbindungen zu machen. Die Abb. 1a zeigt ein qualitatives Bild des Valenz- bzw. Leitungsbandes eines Halbleiters mit Zinkblendestruktur. Eingezeichnet ist das Bändermodell im Punkte Γ, also im Mittelpunkt der Brillouinzone, und längs der (100)- und (111)-Achsen. Ein Band besteht aus drei Teilbändern, von denen eines zweifach entartet ist und mit einem weiteren einfachen Teilband im Punkte Γ_5 koinzidiert, während das dritte Teilband an keiner Stelle mit den beiden anderen zusammenfällt. Der einzige Unterschied gegenüber Germanium und Silicium liegt darin, daß eine Entartung im Punkte X_1, X_3 aufgehoben ist. Dadurch entsteht innerhalb des Valenzbandes und des Leitungsbandes der III-V-Verbindungen eine verbotene Zone, die jedoch soweit von den Bandextrema entfernt ist, daß sie auf die physikalischen Eigenschaften dieser Halbleiter keinen Einfluß ausübt. Die energetische Lage der drei Teilbänder in Abb. 1a ist willkürlich angenommen, da Symmetriebetrachtungen ja keine Auskunft darüber geben können, sondern nur die allgemeinen Verknüpfungen der Teilbänder zwischen den verschiedenen Punkten der Brillouin-Zone und ihre Entartung angeben können. Wir werden später aus experimentellen Ergebnissen die relative Lage der Teilbänder zueinander und die Position der Bandextrema bestimmen müssen.

Berücksichtigt man den Spin (Abb. 1b), so ist zunächst jedes Band wegen der zwei Einstellungsmöglichkeiten des Spins doppelt zu zählen. Die dann 6-fache Entartung im Punkte Γ spaltet auf in eine 4-fache Entartung (Γ_8) und in eine 2-fache Entartung (Γ_7). Von Γ_8 aus gehen 2 Teilbänder zu den Punkten X und L. Von diesen ist eines ($\Lambda_4+\Lambda_5$) in (111)-Richtung nochmals aufgespalten. Vom Punkte Γ_7 aus bleibt längs der beiden in der Abb. eingezeichneten Symmetrielinien die Entartung erhalten, ebenso wie bei dem unteren Teilband, bei welchem sich gegenüber dem Fall ohne Spin nichts ändert.

Der wesentliche Unterschied gegenüber dem in Abb. 1a betrachteten Fall ist, daß bei dem Symmetrietyp Γ_8 der Term in der Mitte der Brillouin-Zone nicht mehr ein Extremum bildet, daß das Extremum vielmehr auf die (111)- oder (100)-Achsen verschoben ist. Die Energie ändert sich also in der Umgebung des Punktes $k = 0$ nicht mehr quadratisch mit der Wellenzahl.

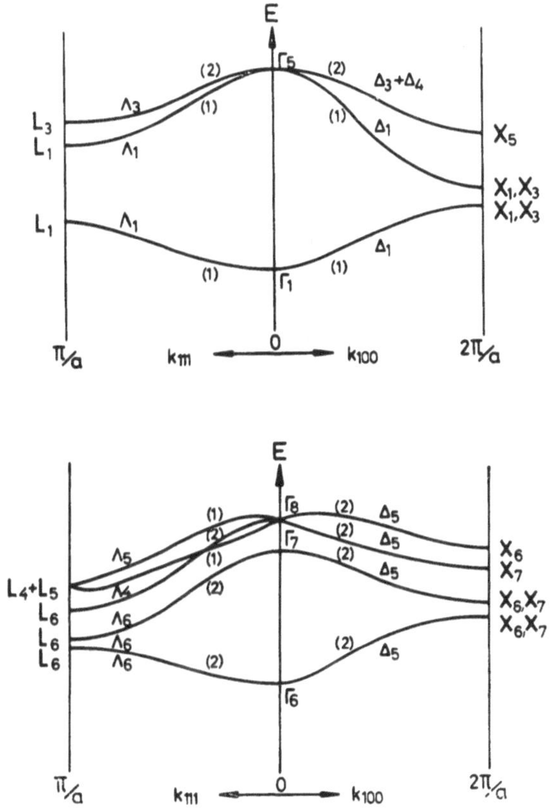

Abb. 1
Bändermodell des Zinkblendegitters (schematisch)
a) ohne Berücksichtigung des Spins,
b) mit Berücksichtigung des Spins

Für die physikalischen Eigenschaften der Halbleiter mit Zinkblendestruktur kommt es nun darauf an, wo das Maximum des Valenzbandes und wo das Minimum des Leitungsbandes liegen. Für das Valenzband werden wir, wenn wir voraussetzen, daß Extrema nur längs der in den Abbildungen eingezeichneten Symmetrielinien von Interesse sind, als wesentlichsten Unterschied gegenüber Germanium und Silicium erwarten, daß das Maximum auf den (111)- oder (100)-Achsen, nicht aber mehr im Punkte Γ liegt. Für das Leitungsband werden wir wie bei den Elementhalbleitern der IV. Gruppe die Möglichkeit des Auftretens von Minima im Punkt Γ oder längs der (111)- und (100)-Achsen zulassen müssen.
Für den Fall, daß das tiefste Minimum des Leitungsbandes bei Γ liegt und das weitere Extrema des Leitungsbandes für die physikalischen Eigenschaften keine Rolle spielen, hat *Kane* eine halbquantitative Theorie entwickelt. Die Theorie liefert Gleichungen für die Gestalt des Leitungsbandes und der Valenz-

bänder, die eine Reihe von Parametern enthalten, die experimentell zu bestimmen sind.

In erster Näherung, die im allgemeinen zur Erklärung der experimentellen Ergebnisse hinreicht, sind es vier Parameter. Einmal die Breite der verbotenen Zone, dann der Abstand zwischen dem Γ_7- und dem Γ_8-Term des Bändermodells (allgemein mit Δ bezeichnet), drittens ein Parameter P, der ein Matrixelement darstellt, das die Krümmung des Leitungsbandes charakterisiert und schließlich die scheinbare Masse der Löcher des obersten Valenzteilbandes. Diese vier Parameter genügen, um die energetische Lage der einzelnen Teilbänder und ihre Krümmung zu beschreiben. Das Leitungsband ist nach der Kaneschen Theorie nicht parabolisch, d. h. die Energie nimmt nicht mit dem Quadrat der Wellenzahl zu. Für die unmittelbare Umgebung des Minimums ist zwar die parabolische Näherung noch brauchbar (wir können also in dieser Gegend mit einer konstanten scheinbaren Masse der Elektronen rechnen), aber höhere Gebiete des Leitungsbandes, die im Normalfall mit Elektronen besetzt sind, werden durch eine energieabhängige scheinbare Masse beschrieben. Das Valenzband ist in dieser Näherung isotrop mit einem Maximum bei $k = 0$, also im Punkte Γ. Am Maximum stoßen 2 Bänder zusammen, die sich von dort aus parabolisch zu größeren Wellenzahlen erstrecken, das sogenannte V_1-Band und V_2-Band, das Band der schweren und der leichten Löcher. Im energetischen Abstand Δ darunter liegt das sogenannte V_3-Band, das jedoch stets mit Elektronen besetzt ist, also keinen Beitrag zu den elektrischen Eigenschaften der III-V-Verbindungen liefert.

Erst in höherer Näherung wird die Spin-Entartung dieser Bänder teilweise aufgehoben und damit das Maximum des Valenzbandes von $k = 0$ weg auf die (111)-Achsen verschoben. Außerdem wird die Spin-Entartung des Leitungsbandes aufgehoben und damit eine schwache Abweichung von der Kugelgestalt der Energieflächen im k-Raum erzielt. Diese geringen Abweichungen sollen uns im folgenden nicht beschäftigen.

In Abb. 2 ist als Beispiel das Bändermodell des InSb nach der Kaneschen Theorie aufgetragen.

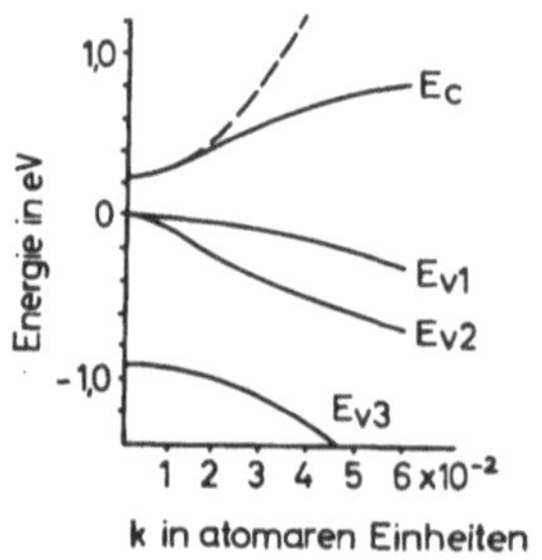

Abb. 2
Bandstruktur des InSb längs einer (110)-Achse der Brillouin-Zone, nach *Kane*

Weitergehende theoretische Arbeiten liefern über diese Ergebnisse hinaus nichts, was nicht einfacher auf experimentellem Wege bestimmt werden könnte. Wir werden deshalb uns mit dem Kaneschen Modell zufrieden geben und im nächsten Abschnitt untersuchen, wieweit die experimentellen Ergebnisse dieses Modell bestätigen. Dabei müssen wir beachten, daß die Voraussetzung dieses Modells war, daß das Minimum des Leitungsbandes im Punkte Γ liegt und weitere Teilbänder des Leitungsbandes keinen Einfluß auf die elektrischen

Eigenschaften besitzen. Bevor wir also einen Vergleich der experimentellen Ergebnisse mit dem Kaneschen Modell durchführen, müssen wir uns der Frage zuwenden, ob das Leitungsband der III-V-Verbindungen tatsächlich so aufgebaut ist, oder ob die Minima des Leitungsbandes außerhalb des Mittelpunktes der Brillouin-Zone liegen. Schließlich ist noch der Fall denkmöglich, daß nicht nur ein Minimum oder eine Anzahl gleichberechtigter Minima für die elektrischen Eigenschaften maßgebend sind, sondern daß verschiedene Minima energetisch so dicht benachbart sind, daß die in ihnen enthaltenen Elektronen alle die Leitungseigenschaften des betreffenden Halbleiters beeinflussen.

2. Experimentelle Bestimmung der Bandstrukturparameter

Die Frage, wo die für die elektrischen Eigenschaften maßgebenden Bandextrema liegen, läßt sich im Prinzip aus vielen verschiedenen Messungen beantworten. Eine der Möglichkeiten, die allerdings eine nicht bewiesene Hypothese benutzt, ist die Messung der Druckabhängigkeit der Absorptionskante der III-V-Verbindungen.

In den halbleitenden Elementen der IV. Gruppe ist die Absorptionskante druckabhängig, sie verschiebt sich unter der Wirkung eines angelegten hydrostatischen Druckes. Man hat festgestellt, daß für die verschiedenen Übergänge in diesen Halbleitern verschiedene Druckkoeffizienten maßgebend sind. In allen Halbleitern der IV. Gruppe des periodischen Systems kennt man ja verschiedene Teilbänder des Leitungsbandes, von denen bei Germanium das Teilband mit Minima auf den (111)-Achsen am tiefsten liegt, bei Silicium das Teilband mit Minima auf den (100)-Achsen und beim grauen Zinn wahrscheinlich die (111)-Minima und die (000)-Minima dicht benachbart sind. In alle diese Minima können aus dem Valenzband Übergänge erfolgen, und die Druckkoeffizienten der für diese Übergänge notwendigen Schwellenergien sind bekannt. Es hat sich gezeigt, daß unabhängig von dem speziellen Halbleiter für die Übergänge aus dem Valenzband in das (000)-Minimum der Druckkoeffizient größenordnungsmäßig 10^{-5} eV/kg cm^{-2} beträgt, für das (111)-Minimum $5 \cdot 10^{-6}$ eV/kg cm^{-2} und für das (100)-Minimum schwach negativ ($-2 \cdot 10^{-6}$ eV/kg cm^{-2}) ist. *Paul* hat nun die Hypothese aufgestellt, daß die gleichen Druckkoeffizienten auch für die entsprechenden Übergänge in III-V-Verbindungen maßgebend sind. Diese Hypothese hat sich bewährt, d.h. die Ergebnisse aufgrund dieser Hypothese stimmen mit anderen Hinweisen auf die Lage der Minima des Leitungsbandes in III-V-Verbindungen überein. Abb. 3 gibt als Beispiel die Druckabhängigkeit der Absorptionskante von GaAs. Unterhalb 60 000 kg/cm^2 ist der Druckkoeffizient positiv, oberhalb dieses Wertes negativ. Das bedeutet, daß mit wachsendem Druck am Maximum der Kurve sich zwei Teilbänder überkreuzen, daß die Absorptionskante unterhalb dieses kritischen Drucks durch Übergänge in ein (000)-Minimum, oberhalb dieses kritischen Drucks durch Übergänge in ein (100)-Minimum gebildet wird.

Faßt man alle Ergebnisse der Druckuntersuchungen zusammen, so findet man folgendes Bild: In InSb und InAs ist nur ein (000)-Minimum vorhanden, d.h. höherliegende Teilbänder sind soweit von diesem Minimum entfernt, daß optische Übergänge in sie nicht beobachtet werden. In InP ist ebenfalls das (000)-Minimum das tiefste, ein höheres Minimum ((100)?) liegt bei Normaldruck mehr als 0,5 eV darüber. In GaSb haben wir zunächst wieder ein (000)-Minimum, dicht darüber ein (111)- und dicht darüber ein (100)-Minimum; wir haben also mit einer Besetzung sämtlicher drei Typen von Extrema zu rechnen. In GaAs ist auch das (000)-Minimum das tiefste, etwa 0,4 eV

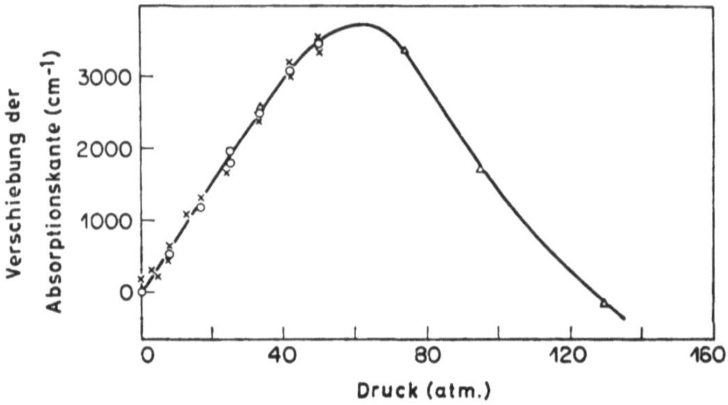

Abb. 3. Druckabhängigkeit der Lage der Absorptionskante in GaAs, nach *Edwards, Slykhouse* und *Drickamer*

darüber befinden sich (100)-Minima. In GaP und AlSb sind dagegen die (100)-Minima am tiefsten. Anzeichen für höhere (000)-Minima wurden beobachtet. GaP und AlSb müssen sich also dem Silicium ähnlich verhalten, während die anderen fünf wichtigen III-V-Verbindungen (000)-Minima besitzen. Auf sie ist also das Kanesche Modell anzuwenden; auf InSb und InAs ohne Bedenken, auf die drei anderen Halbleiter mit Einschränkungen, da bei ihnen höhere Minima eventuell eine Rolle spielen.

In Tab. 1 sind die bisher experimentell bestimmten Energieparameter der wichtigsten sieben III-V-Verbindungen angegeben. Betrachten wir zunächst die Werte für die Breite der verbotenen Zone (die obersten drei Zeilen der Tabelle). Die angegebenen Werte für 300 °K und 4 °K sind aus optischen Messungen, die in der dritten Zeile enthaltenen Werte aus elektrischen Messungen bestimmt. Für InSb und InAs sowie für den 4 °K-Wert von GaSb sind die Werte aus Messungen der Magnetoabsorption gewonnen, also durch Extrapolation der oszillatorischen Absorptionsspitzen im Magnetfeld auf den magnetfeldfreien Fall. Auf das Phänomen der Magnetoabsorption soll an dieser Stelle nicht eingegangen werden. Darüber wurde in einem früheren Band dieser Buchreihe berichtet. Die anderen optisch bestimmten Werte der Breite der verbotenen Zone sind aus Messungen der Absorptionskante unter normalen Bedingungen gewonnen. Die elektrisch bestimmten Werte stammen aus Messungen der Temperaturabhängigkeit der elektrischen Leitfähigkeit und das Hall-Koeffizienten.

Die nächsten neun Zeilen der Tabelle geben Energiedifferenzen an anderen Punkten der Brillouin-Zone oder zwischen anderen Teilbändern. $E_{\Gamma\Delta}$, $E_{\Gamma\Lambda}$ und $E_{\Gamma\Gamma}$ sind die experimentell bestimmten Abstände zwischen den verschiedenen Teilbändern des Leitungsbandes. E_{L1} bis E_{L4} sind Übergänge aus dem Valenzband in das Leitungsband im Punkte L. E_{X1} und E_{X2} sind Übergänge aus dem Valenzband in das Leitungsband im Punkte X. Die Tabelle enthält schließlich noch Werte für den energetischen Abstand des V_3-Bandes vom

Tabelle 1. Energieparameter des Bändermodells der wichtigsten III-V-Verbindungen. Die in den einzelnen Zeilen aufgeführten Parameter haben folgende Bedeutung: Breite der verbotenen Zone aus optischen Messungen bei 300 °K (1) und 4 °K (2) und aus elektrischen Messungen extrapoliert auf 0 °K (3). Energetischer Abstand höherer Teilbänder des Leitungsbandes auf den Δ-Achsen, Λ-Achsen oder im Punkte Γ vom tiefsten Minimum bei Γ (4) – (6). Energiedifferenzen zwischen Teilbändern des Valenzbandes und des Leitungsbandes in den Punkten L der Brillouin-Zone (7) – (10) und in den Punkten X (11), (12). Spin-Bahn-Aufspaltung des Valenzbandes in Γ (13) und L (15). Lage des Leitungsbandminimums (und weiterer Teilbandminima) in der Brillouin-Zone (16).
Zahlenangaben in eV. Die aufgeführten Werte sind der bis April 1963 veröffentlichten Literatur entnommen.

		InSb	InAs	InP	GaSb	GaAs	GaP	AlSb
(1)	$E_{G,opt}$ (300 °K)	0,180	0,36	1,26	0,67–0,725	1,35–1,43	2,24	1,6
(2)	$E_{G,opt}$ (4 °K)	0,2357	0,425	(1,41)	0,813	(1,53)	2,325	(1,7)
(3)	$E_{G,el}$ (0 °K)	0,27	0,47	1,34	0,77–0,82	1,4		1,65
(4)	$E_{\Gamma\Delta}$	—	—	0,7	0,4	0,25–0,40	–0,35	–0,29
(5)	$E_{\Gamma\Lambda}$	—	—	—	0,074	—	—	—
(6)	$E_{\Gamma\Gamma}$	3,27	4,27		3,05	4,10		
(7)	E_{L_1}	1,87	2,50	3,15	2,08	2,99	} 3,71	3,23
(8)	E_{L_2}	2,45	2,85	3,29	2,55	3,23		3,18
(9)	E_{L_3}	5,3	6,4			6,6		
(10)	E_{L_4}	6,0	7,0			6,9		
(11)	E_{X_1}	4,20	4,83	} 5,0	4,33	5,12	} 5,3	
(12)	E_{X_2}	4,70	5,30		4,70	5,55		
(13)	Δ	0,98	0,43			0,33		0,75
		(0,98)	(0,41)	(0,18)	(0,81)		(0,10)	(0,76)
(14)	$3/2\Delta_L$	(0,87)	(0,52)	(0,21)	(0,71)	(0,32)	($<$0,15)	(0,6)
(15)	Δ_L	0,58	0,35	0,14	0,47	0,24	$<$0,1	0,4
(16)		(000)	(000)	(000)	(000)	(000)	(100)	(100)
				(100)?	(111)	(100)	(000)	(000)
					(100)			

V_1-Band, die sogenannte Spin-Bahn-Aufspaltung Δ, und Werte für die entsprechende Energie im Punkte L. Nach theoretischen Überlegungen soll Δ_L etwa 2/3 des Wertes Δ betragen. Die in der Tabelle eingeklammerten Werte sind theoretisch berechnet. Man sieht, daß die Übereinstimmung relativ gut ist. Über die experimentellen Bestimmungsmethoden aller dieser Parameter soll hier nicht berichtet werden (vgl. dafür den folgenden Beitrag von *Harbeke*). Die Energieparameter gestatten es bereits ein quantitatives Bild der Bandstruktur (genauer der relativen Lage der einzelnen Teilbänder der III-V-Verbindungen zueinander) zu entwerfen. Für die Gestalt des einzelnen Bandes sind darüber hinaus noch die Angaben der Krümmung des Bandes, also der scheinbaren Massen notwendig. Die Kanesche Theorie fordert eine Beziehung zwischen der Breite der verbotenen Zone, der Spin-Bahn-Aufspaltung Δ und einem weiteren Parameter P, die dann sowohl die scheinbare Masse der Elektronen als Funktion ihrer Energie als auch die scheinbare Masse der Löcher im V_2- und V_3-Band gibt. Für das V_1-Band ist darüber hinaus die Angabe eines weiteren Parameters, also etwa der scheinbaren Masse der schweren Löcher notwendig. Sind diese Parameter an der Bandkante gegeben, so liefert die Kanesche Theorie den weiteren Verlauf der Bänder mit wachsendem k. Wir können uns also darauf beschränken, die scheinbaren Massen an den jeweiligen Bandextrema zu bestimmen. Eine experimentelle Bestimmung der scheinbaren Masse der Löcher in dem V_3-Band ist unmöglich, da wie oben erwähnt diese Bänder immer mit Elektronen vollbesetzt sind. Auch eine Bestimmung der scheinbaren Masse der leichten Löcher im V_2-Band ist nur in wenigen Fällen gelungen. Für die Werte der scheinbaren Massen der Elektronen und der schweren Löcher liegen dagegen zahlreiche Messungen vor. Die zuverlässigsten Messungen sind einmal die Cyclotronresonanz und die Magnetoabsorption, darüber hinaus aber auch die Absorption freier Ladungsträger, die Reflexion, insbesondere die Plasmareflexion und der Faraday-Effekt. Die aus diesen Methoden folgenden scheinbaren Elektronenmassen sind in der ersten Zeile der Tab. 2 angegeben. In der zweiten Zeile folgt die scheinbare Masse aufgrund elektrischer Messungen, also aus der Leitfähigkeit, den galvanomagnetischen und den thermomagnetischen Effekten, insbesondere der Thermokraft. In Zeile 3 sind theoretische Werte für die scheinbare Masse angegeben, die aus der Kaneschen Theorie folgen, wenn alle maßgebenden Parameter auf anderem Wege bestimmt worden sind. Diese letztere Zeile läßt sich verhältnismäßig einfach berechnen, da man gefunden hat, daß der Parameter P für die sieben angegebenen III-V-Verbindungen von gleicher Größenordnung ist, also in erster Näherung für alle identisch gewählt werden kann. Unter dieser Annahme wurde diese Zeile und entsprechend die weiter unten angegebenen Werte für die scheinbare Masse der leichten Löcher im V_2- und V_3-Band berechnet.

Bei der Bestimmung der scheinbaren Massen aus optischen Experimenten sind einige Punkte zu berücksichtigen. Einmal ist die Masse dotierungsabhängig, wenn die Energie in einem Band nicht proportional zum Quadrat der Wellenzahl wächst. Diese Nicht-Parabolität hatten wir nach der Kaneschen Theorie gerade für die uns hier interessierenden Halbleiter gefunden. Als charakteristischen Massenparameter können wir deshalb nur die scheinbare Masse extrapoliert auf höchste Reinheit des Halbleiters ansehen, nur dies ist die scheinbare Masse an der Unterkante des Leitungsbandes. Durch Nichtberücksichtigung dieser Tatsache sind vor allen Dingen elektrisch bestimmte scheinbare Massen häufig unzuverlässig. Abb. 4 zeigt die Dotierungsabhängigkeit der scheinbaren Masse von InSb.

Die aus magneto-optischen Experimenten bestimmten scheinbaren Massen erweisen sich als magnetfeldabhängig. Diese Magnetfeldabhängigkeit ist jedoch nur vorgetäuscht, wenn man zur Analyse der Messungen die für parabolische Bänder bei verschwindender Spin-Bahn-Aufspaltung entwickelte Theorie benutzt. Bei einer Erweiterung der Kaneschen Theorie auf den Fall hoher Magnetfelder ergibt sich, daß der in die Formen für die Magnetoabsorption und die Cyclotronresonanz eingehende Massenparameter nicht genau der scheinbaren Masse entspricht, sondern nur dessen Extrapolation auf den Fall verschwindenden Magnetfeldes. Die Abb. 5 gibt das Beispiel die Magnetfeldabhängigkeit der Cyclotronresonanzmasse der Elektronen in InSb.

Tabelle 2. Effektive Massen und Beweglichkeiten der wichtigsten III-V-Verbindungen. Eingeklammerte Werte sind mittels der Kaneschen Theorie berechnete effektive Massen. Die letzten beiden Zeilen geben die theoretischen Beweglichkeiten der Elektronen und Löcher bei Annahme rein polarer Streuung. Die anderen Zahlenangaben sind der Literatur nach dem Stand vom April 1963 entnommen. Effektive Massen in Einheiten der Elektronenmasse, Beweglichkeiten in $cm^2/Vsec$.

	InSb	InAs	InP	GaSb	GaAs	GaP	AlSb
$m_{n,opt}$	0,0116 (300 °K) 0,0155 (4 °K)	0,023 –0,027	0,077	0,047	0,043 –0,071		0,3
$m_{n,el}$	0,01 –0,02	0,02	0,05	$m_{111} =$ 0,9	$m_{100} =$ 1,2		
$m_{n,th}$	(0,0153)	(0,026)	(0,066)	(0,046)	(0,075)	(0,102)	(0,081)
$m_{p1,opt}$	0,18	0,4		0,23	0,68		
$m_{p1,el}$	0,18	0,3	0,2	0,39	0,5	0,5	0,4 – 0,9
m_{p2}	0,0149 (0,015)	0,025 (0,035)	 (0,112)	 (0,065)	0,12 (0,13)	 (0,202)	 (0,137)
m_{p3}	(0,190)	(0,154)	(0,310)	(0,298)	(0,388)	(0,545)	(0,490)
$\mu_n(300\ °K)$	77 000	27 000	4 500	2 500 μ_{000} 4000 $\mu_{111} < 700$	8 500	> 100	> 60
$\mu_n(78\ °K)$	620 000		23 400		22 000		
$\mu_p(300\ °K)$	700	450	150	1 420	435	150	400
$\mu_{n,polar}$	200 000	21 000 –40 000	4 700 –6 800	14 000 –44 000	9 300 –11 000		
$\mu_{p,polar}$	600	500	160 –500	1 200	600	250	800

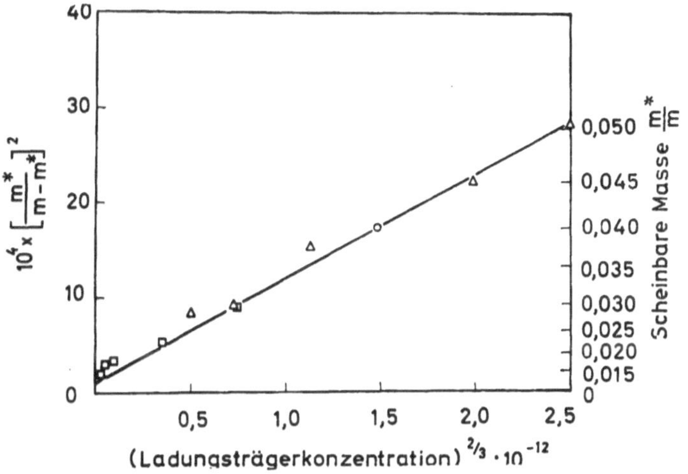

Abb. 4. Abhängigkeit der effektiven Elektronenmasse in InSb von der Elektronenkonzentration, nach *Wright* und *Lax*. Die experimentellen Punkte entstammen Messungen der Plasma-Reflexion, der Magnetoplasma-Reflexion und des Faraday-Effektes.

Sehr genaue Werte für die scheinbaren Massen lassen sich auch durch Anpassung der Kaneschen Theorie an Messungen der Absorptionskante gewinnen. Abb. 6 zeigt hierfür ein Beispiel.
Auf die in Tab. 2 noch enthaltenen Werte für die Beweglichkeit der Ladungsträger in III-V-Verbindungen gehen wir im nächsten Abschnitt ein.

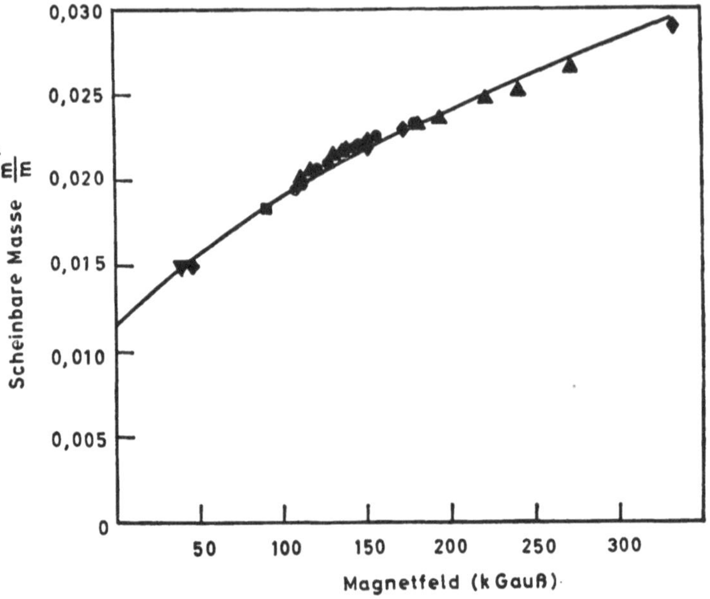

Abb. 5. Scheinbare Magnetfeldabhängigkeit der effektiven Elektronenmasse in InSb, nach *Lax*, *Mavroides*, *Zeiger* und *Keyes*. Die experimentellen Punkte entstammen Messungen der Reflexion und Durchlässigkeit im Magnetfeld und der Cyclotron-Resonanz.

3. Transporteigenschaften

Die wichtigsten Parameter des Bändermodells der III-V-Verbindungen wurden vorwiegend mittels optischer Messmethoden gewonnen. Der Vorteil solcher Methoden gegenüber elektrischen liegt darin, daß Parameter, wie die energetischen Abstände zwischen Bandextrema und die scheinbaren Massen, aus optischen Untersuchungen direkt, d.h. nicht gekoppelt mit anderen weniger genau bekannten Parametern folgen. Bei den Transporteigenschaften gehen die Energieabstände nur immer über statistische Größen, wie etwa die Zahl der Ladungsträger im Gleichgewicht in die Transportkoeffizienten ein und die scheinbaren Massen treten vorwiegend in der Beweglichkeit der Ladungsträger gekoppelt mit der mittleren Stoßzeit auf. Die mittlere Stoßzeit ist aber eine Größe, die relativ ungenau bekannt ist. Die Angabe der scheinbaren Masse ist also aus elektrischen Messungen auch nur mit der gleichen Ungenauigkeit möglich, es sei denn man verwendet indirekte Methoden, die dann aus anderen Gründen ungenau sind.
Die Transportprozesse, also die Leitfähigkeit, die galvanomagnetischen, thermomagnetischen und thermoelektrischen Prozesse gestatten dagegen Auskünfte über die Beweglichkeiten der Ladungsträger und damit über die Wechselwirkung der Elektronen und Löcher mit den Gitterschwingungen. In den

halbleitenden Elementen wie Germanium und Silicium ist der wesentliche Streumechanismus die Wechselwirkung der Ladungsträger mit den akustischen Phononen. Berechnet man mittels der aus optischen Messungen gewonnenen scheinbaren Massen und anderer experimentell bestimmbarer Parameter die

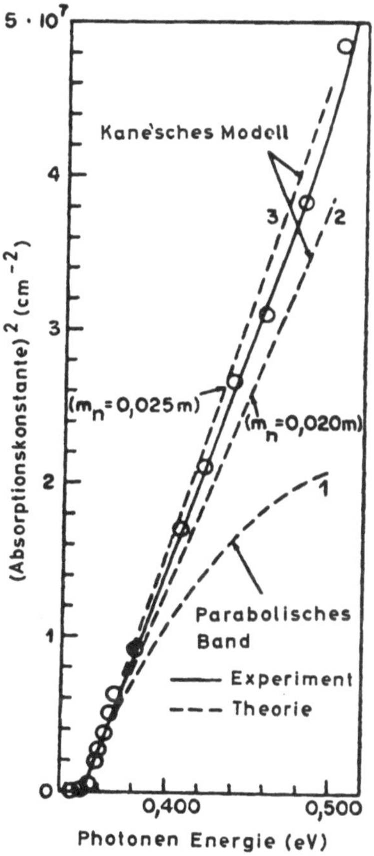

Abb. 6
Vergleich zwischen dem experimentellen Verlauf der Absorptionskante in InSb und der Theorie, nach *Stern*. Ausgezogene Kurve und Kreise: Experiment: gestrichelte Kurven: Theorie (1 — parabolische Näherung, d.h. konstante effektive Masse-, 2 und 3 — Kanesche Theorie mit verschiedener Wahl des numerischen Wertes des Matrixelementes P, d.h. der effektiven Elektronenmasse).

Beweglichkeit der Elektronen etwa in InSb für den Fall akustischer Streuung, so findet man, daß die Beweglichkeit um einige Zehnerpotenzen falsch herauskommt. Bei akustischer Streuung müßte sie größenordnungsmäßig 10^7 $cm^2/Vsec$ sein, während experimentell ein Wert von 77 000 $cm^2/Vsec$ gefunden wurde. Die Beweglichkeit muß also in InSb durch einen anderen Streumechanismus begrenzt sein. Als konkurrierender Streumechanismus kommt vor allem die Wechselwirkung mit den polaren optischen Gitterschwingungen in Frage, die in den halbleitenden Elementen, d.h. im Diamantgitter nicht möglich ist. Mit der Frage der Analyse experimenteller Ergebnisse hinsichtlich des Streumechanismus hat sich *Ehrenreich* in einer Reihe von Arbeiten beschäftigt. Das Ergebnis ist, daß in vielen III-V-Verbindungen die polare Streuung sowohl für Elektronen als auch für Löcher bei Zimmertemperatur und herab bis zu verhältnismäßig niedrigen Temperaturen der begrenzende Streumechanismus ist. Lediglich in GaP und AlSb ist diese Frage noch nicht geklärt.

Es ist möglich, daß in sämtlichen III-V-Verbindungen polare Streuung maßgebend ist.

Die experimentell bestimmten Maximalwerte der Beweglichkeiten bei Zimmertemperatur sind in Tab. 2 enthalten. Tab. 2 enthält ferner für einige III-V-Verbindungen die theoretischen Werte für die Beweglichkeit bei polarer Streuung. Diese Werte schwanken sehr stark, da einige in die Theorie eingehende Parameter nur ungenau bekannt sind. Vergleicht man die Beweglichkeiten in den III-V-Verbindungen mit denen in Germanium und Silicium, so findet man bei InSb, InAs, InP, GaSb und GaAs größere Beweglichkeiten als bei den Elementen, jedenfalls größere Elektronenbeweglichkeiten. Dies hängt damit zusammen, daß in diesen Halbleitern die Elektronen in (000)-Minima enthalten sind und daß die (000)-Minima in Germanium und Silicium ebenfalls eine höhere Beweglichkeit der Elektronen ergeben würden, wenn sie im Gleichgewicht mit Elektronen besetzt werden könnten. Besonders InSb und InAs zeichnen sich verbunden mit einer extrem kleinen scheinbaren Masse durch eine sehr große Elektronenbeweglichkeit aus. Auf die Besonderheiten dieser Halbleiter, die von der großen Beweglichkeit der Elektronen bzw. der kleinen scheinbaren Masse resultieren, werden wir im nächsten Abschnitt zurückkommen.

Zunächst noch einige Bemerkungen zum Streumechanismus: Wir kennen in Halbleitern neben der akustischen Streuung und der polaren optischen Streuung noch eine Reihe weiterer Streumechanismen, so etwa die Streuung an geladenen und an neutralen Störstellen. Die meisten Streumechanismen lassen sich durch ein Potenzgesetz der Relaxationszeit $\tau \sim E^r$ darstellen. Der Exponent r ist für akustische Streuung $-1/2$, für Ionenstreuung $+3/2$, während für polare optische Streuung kein eindeutiger Wert der Relaxationszeit definierbar ist. In grober Näherung kann man mit einem temperaturabhängigen r zwischen 0 und $+1/2$ rechnen. Dann muß man allerdings berücksichtigen,

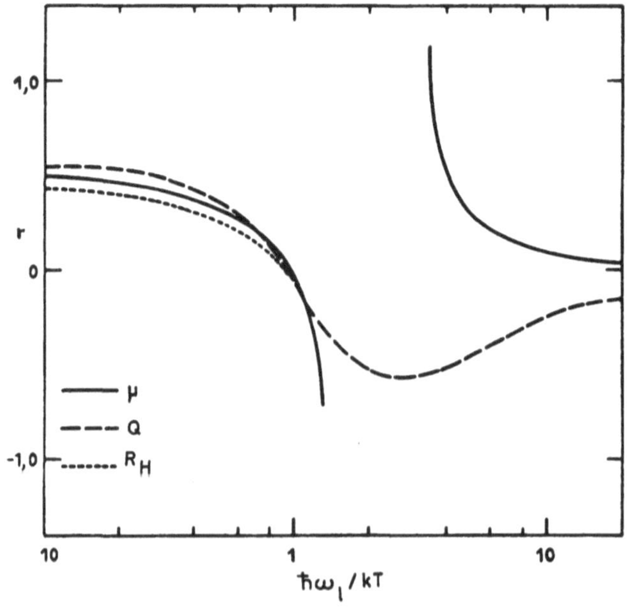

Abb. 7. Exponent der Energieabhängigkeit der „effektiven" Relaxationszeit $\tau \sim E^r$ für polare Streuung, nach *Ehrenreich*. —— in der Gleichung für die Beweglichkeit, - - - in der Gleichung für die Thermokraft, ... in der Gleichung für den Hall-Koeffizienten. Abszisse: Energie der longitudinalen optischen Phononen dividiert durch kT.

daß für die verschiedenen Transportkoeffizienten wie Hallkoeffizient, Widerstandsänderung, Nernst-Koeffizient, Thermokraft usw. verschiedene Werte von *r* resultieren. Abb. 7 gibt die theoretische Temperaturabhängigkeit des Parameters *r* nach *Ehrenreich* für die drei wichtigsten Transportkoeffizienten. Wir werden auf diese Abbildung weiter unten zurückkommen.
Die Analyse der Messungen der Transportkoeffizienten stößt bei der Vielzahl von konkurrierenden Streumechanismen, bei der Abweichung der Bandstruktur der III-V-Verbindungen von dem einfachen isotropen parabolischen Modell und bei der Möglichkeit der Besetzung verschiedener Teilbänder in einzelnen III-V-Verbindungen auf Schwierigkeiten. Abb. 8 zeigt den Vergleich

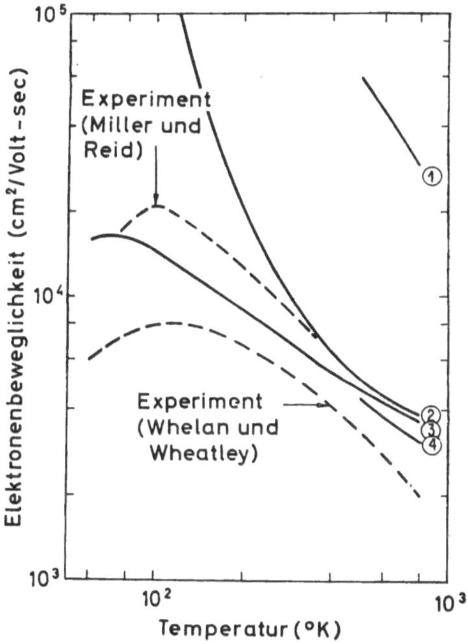

Abb. 8
Vergleich der Temperaturabhängigkeit der Elektronenbeweglichkeit in GaAs mit der Theorie, nach *Ehrenreich*. Gestrichelte Kurven: Experiment; Ausgezogene Kurven: Theorie bei Berücksichtigung verschiedener Streumechanismen (vgl. den Text).

experimenteller Kurven für die Temperaturabhängigkeit der Beweglichkeit in GaAs mit theoretischen Kurven. Die ausgezogene Kurve 1 gibt die theoretische Elektronenbeweglichkeit bei reiner akustischer Streuung. Der Zimmertemperaturwert liegt bei diesem Streumechanismus über 100 000 $cm^2/Vsec$. Dieser Streumechanismus dominiert in keinem Temperaturbereich. Rein polare Streuung (Kurve 2) gibt bei hohen Temperaturen die richtige Größenordnung. Der theoretische Zimmertemperaturwert liegt nach *Ehrenreich* bei 9300 $cm^2/Vsec$ nach anderen Autoren bei 11000 $cm^2/Vsec$. Bei tiefen Temperaturen steigt die polar begrenzte Beweglichkeit exponentiell an und überschreitet die experimentellen Werte weit. Kurve 3 wurde für eine Kombination von polarer Streuung und Störstellenstreuung berechnet. Kurve 4 schließlich ist eine Kombination der Kurven 1 und 3 unter zusätzlicher Berücksichtigung der Nichtparabolität des tiefsten Leitungsbandes in GaAs. Erst die Berücksichtigung aller dieser Faktoren gestattet es, die experimentellen Ergebnisse theoretisch befriedigend zu beschreiben. Abb. 9 zeigt weiter den Vergleich des Hall-Koeffizienten von GaAs mit der Theorie. Zur Deutung ist hier nicht nur die Berücksichtigung zweier Teilbänder des Leitungsbandes notwendig, sondern gleichzeitig noch die Annachme zweier verschiedener Donatoren in der verbotenen Zone.

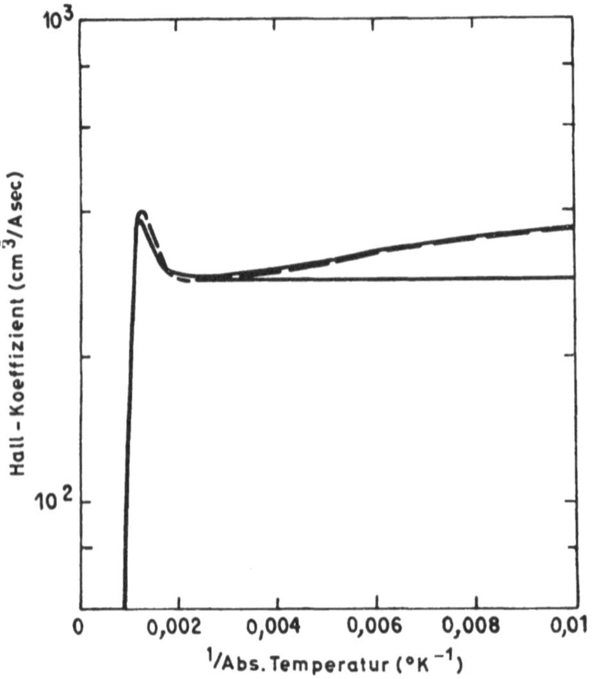

Abb. 9
Vergleich des Hall-Koeffizienten von GaAs mit der Theorie. Experimentelle Kurve (gestrichelt) nach *Whelan* und *Wheatley*, Theoretische Kurven nach *Ehrenreich*. Obere Kurve: bei Annahme zweier verschiedener Donator-Typen; untere Kurve: bei Annahme nur eines Donators. Das ausgeprägte Maximum vor Erreichen der Eigenleitung rührt von dem Beitrag eines höher gelegenen Teilbandes des Leitungsbandes her.

Die Frage des in III-V-Verbindungen die Beweglichkeit begrenzenden Streumechanismen ist lange umstritten gewesen. Während *Ehrenreich* und eine größere Anzahl anderer Autoren schon frühzeitig die polare Streuung als in III-V-Verbindungen dominierend ansahen, erklärten russische Autoren die akustische Streuung für den dominierenden Streumechanismus. Die Gründe für diese Annahme war einmal, daß auch bei Annahmen von akustischer Streuung viele Einzelheiten der experimentellen Ergebnisse befriedigend wiedergegeben werden konnten, weiter, daß die Theorie der Beweglichkeit und der galvanomagnetischen Effekte bei polarer Streuung noch nicht so weit entwickelt ist, daß ein Vergleich mit dem Experiment eine eindeutige Aussage über den dominierenden Streumechanismus erlaubt, und schließlich, daß Messungen des Nernst-Effektes nicht mit der Annahme polarer Streuung zu vereinbaren waren. Der Nernst-Koeffizient ist im Gebiet der Störstellenleitung direkt proportional zum Faktor r, den wir in Abb. 7 gezeigt haben. Ist r negativ, so liegt akustische Streuung vor, ist r positiv, so liegt Ionenstreuung oder aber bei kleineren r-Werten polare Streuung vor. Diese Behauptung ist nicht ganz eindeutig, da die Abb. 7 nicht für den Nernst-Koeffizienten sondern nur für andere Transportparameter abgeleitet wurde. Eine genaue Analyse des Nernst-Koeffizienten bei polarer Streuung liegt nicht vor. Die experimentellen Ergebnisse zeigten nun in fast allen Temperaturbereichen ein Vorzeichen des Nernst-Koeffizienten, daß einem negativen r entspricht, also nur durch akustische Streuung zu erklären ist. Diese Aussage wurde erst entkräftet nachdem die Theorie des Nernst-Effektes unter der Berücksichtigung eines nichtparabolischen Leitungsbandes entwickelt wurde. Es zeigte sich, daß in diesem Fall der Nernst-Koeffizient nicht direkt proportional dem Streufaktor *r* ist, sondern der Summe aus dem Streufaktor *r* und einem weiteren Faktor, der die Nichtparabolität des Leitungsbandes beschreibt. Bei hinreichend starker Dotierung, d.h. bei Besetzung auch der nicht-parabolischen Teile des Leitungsbandes mit Elektronen kann deswegen der Nernst-Koeffizient auch bei negativem *r* ein positives Vorzeichen annehmen. Damit ist der wesentliche Einwand gegen die polare Streuung als dominierenden Streumechanismus in III-V-Verbindungen beseitigt und, da sich praktisch das ganze vorliegende Tatsachenmaterial mittels dieses Streumechanismus erklären läßt, die Dominanz der polaren Streuung in III-V-Verbindungen als gesichert anzusehen.

Die Untersuchungen der Widerstandsänderung im Magnetfeld geben Auskunft über Anisotropien des Leitungs- und Valenzbandes eines Halbleiters. Da in den meisten wichtigen III-V-Verbindungen Leitungs- und Valenzband annähernd isotrop sind, spielt die Messung der Widerstandsänderung in III-V-Verbindungen keine große Rolle.

Lediglich in GaP und AlSb, in denen das tiefste Leitungsband Minima auf den (100)-Achsen besitzt, zeigt die Widerstandsänderung ein anisotropes Verhalten. In GaSb und GaAs ist bei hoher Dotierung die Existenz zweier Teilbänder des Leitungsbandes zu sehen.

In GaAs lassen die optischen Messungen vermuten, daß das (100)-Band etwa 0,4 eV über dem (000)-Minimum beginnt. Messungen der Widerstandsänderung von *Fan* und Mitarbeitern lassen sich jedoch nur erklären, wenn man als Abstand zwischen den (000)- und (100)-Minima eine Energie von 0,05 eV annimmt und die 0,4 eV mit dem Abstand eines weiteren höheren Teilbandes von dem tiefsten Leitungsband identifiziert. Hier ist also eine starke Diskrepanz zwischen verschiedenen Bestimmungsmethoden der Bandparameter noch nicht geklärt.

In InSb und InAs verschwindet die Widerstandsänderung im Magnetfeld fast völlig. Eine beobachtete Widerstandsänderung läßt sich in allen Fällen auf Geometrieeffekte und Inhomogenitäten zurückführen, auf die wir im folgenden Abschnitt eingehen werden. Daß in diesen beiden Halbleitern die echte Widerstandsänderung verschwindend klein ist, läßt sich wieder anhand der Abb. 7 deuten. Wenn man annimmt, daß der Parameter *r* auch für die Widerstandsänderung in der in der Abbildung gezeigten Form gültig ist, dann nimmt er für die beiden genannten Halbleiter bei Zimmertemperatur einen Wert dicht bei 0 an. $r = 0$ bedeutet nun, daß alle Ladungsträger einheitliche Geschwindigkeit besitzen, daß also die Ablenkung der Ladungsträger durch die Lorentzkraft des Magnetfeldes durch die Hall-Feldstärke völlig kompensiert werden kann. Das Verschwinden der Widerstandsänderung ist damit deutbar. Auf weitere experimentelle Bestimmungen der wichtigsten Parameter der III-V-Verbindungen wollen wir an dieser Stelle nicht eingehen.

4. Folgen der hohen Elektronenbeweglichkeit und der kleinen scheinbaren Masse der Elektronen in einigen III-V-Verbindungen

Die hohen Elektronenbeweglichkeiten und kleinen scheinbaren Massen in InSb und InAs haben eine Reihe von physikalischen Eigenschaften dieser

Halbleiter zur Folge, auf die wir in diesem Abschnitt eingehen wollen ohne dabei auf eine Vollständigkeit aller möglichen Erscheinungen Anspruch zu erheben.

Mit einer kleinen scheinbaren Masse der Ladungsträger eines Bandes ist eine kleine Zustandsdichte in diesem Band verbunden. Das Leitungsband in InSb und InAs ist also schon bei verhältnismäßig kleiner Dotierung sehr hoch mit Elektronen angefüllt. Damit verbunden ist ein frühes Einsetzen der Entartung, d.h. im Gegensatz etwa zu Germanium und Silicium ist man bei verhältnismäßig reinem InSb-Proben bereits gezwungen, die Entartung zu berücksichtigen, anstelle der Boltzmann-Statistik also die Fermi-Statistik zu benutzen. Eine weitere Konsequenz der hohen Auffüllung des Leitungsbandes in diesen Halbleitern ist eine Verschiebung der Absorptionskante, da Übergänge dann nicht mehr aus dem höchsten Term des Valenzbandes in den niedrigsten Term des Leitungsbandes, sondern erst in den wesentlich höher liegenden niedrigsten unbesetzten Term des Leitungsbandes erfolgen können. Diese Verschiebung der optischen Absorptionskante zu höherer Energie wurde auf diese Weise zuerst von *Burstein* gedeutet.

Bei allen Erscheinungen, die durch ein Magnetfeld in einem Halbleiter hervorgerufen werden, ist nicht die Stärke der magnetischen Induktion allein maßgebend, sondern immer der Quotient magnetische Induktion durch scheinbare Masse. Bei Halbleitern mit kleiner scheinbarer Masse der Ladungsträger genügt also ein kleineres Magnetfeld zur Untersuchung der galvanomagnetischen oder thermomagnetischen Effekte. Der Quotient magnetische Induktion durch scheinbare Masse multipliziert mit der Elektronenladung wird häufig als Cyclotronresonanzfrequenz bezeichnet und spielt bei den magnetooptischen Effekten, die wir oben kurz erwähnt haben, eine entscheidende Rolle. Bei den galvanomagnetischen und thermomagnetischen Effekten ist eine andere Schreibweise üblich. Das Produkt aus Elektronenladung und mittlerer Stoßzeit dividiert durch die scheinbare Masse ist bis auf einen numerischen Faktor identisch mit der Beweglichkeit der Ladungsträger, so daß wir auch die Kombination Beweglichkeit mal magnetische Induktion als neue Größe einführen können. Das Magnetfeld tritt also immer gekoppelt mit der Beweglichkeit der Ladungsträger auf.

Die klassische Transportheorie, die auf die Boltzmann-Gleichung aufbaut und zur Beschreibung der galvanomagnetischen, thermomagnetischen und thermoelektrischen Effekte im Grenzfall kleiner Magnetfelder benutzt wird, bricht zusammen sobald das Produkt aus Beweglichkeit und Magnetfeld groß ist gegen 10^8, wenn man die Beweglichkeit in $cm^2/Vsec$ und die magnetische Induktion in Gauß ausdrückt. Dann ist nämlich die freie Weglänge der Ladungsträger zwischen zwei Gitterstößen groß gegen die Kreisbahnen, die die Ladungsträger um die Richtung des Magnetfeldes beschreiben. Die Ladungsträger vollführen also eine periodische Bewegung und diese Bewegung ist zu quantisieren. In diesem Grenzfall treten quantentheoretische Beschreibungsformen an die Stelle der klassischen Theorie. Auf die Erscheinungen in hohen Magnetfeldern wurde ebenfalls in einem früheren Bande dieser Buchreihe eingegangen. Es sei lediglich erwähnt, daß die Bedingungen für den Zusammenbruch der klassischen Beschreibung der galvanomagnetischen und thermomagnetischen Effekte fordern, daß das Produkt aus Beweglichkeit und magnetischer Induktion groß gegen 10^8 ist und ferner, daß das Produkt aus Planckscher Konstante dividiert durch 2π und Cyclotronresonanzfrequenz groß gegen kT ist.

Aber auch im Rahmen der klassischen Näherung bringen hohe Beweglichkeiten und kleine scheinbare Massen Anomalien in die galvanomagnetischen Effekte. Je größer der Hall-Winkel ist desto stärker hängt die Widerstandsänderung im Magnetfeld von der geometrischen Form der Halbleiterprobe ab. Dieser Effekt beruht auf der Tatsache, daß sich die Widerstandsänderung aus zwei Anteilen zusammensetzt, einmal der physikalischen Widerstandsänderung, die auf der nur im Mittel erfolgenden Kompensation zwischen Ablenkung der Ladungsträger durch die Lorentzkraft des elektromagnetischen Feldes und Gegenkompensation durch die Hall-Feldstärke besteht und einem zweiten Teil, der geometrischen Widerstandsänderung, die auf eine Verlängerung der Strombahnen der Ladungsträger beruht. Die Elektronen und Löcher bewegen sich im Magnetfeld ja nicht in Richtung des primären elektrischen Feldes, sondern ihre Bewegungsrichtung ist um den Hall-Winkel dagegen gedreht. Diese Geometrieeffekte sind seit langem bekannt. Gerade in InSb besitzen sie eine besonders große Bedeutung. So erreicht man in diesem Halbleiter in einem Magnetfeld von 10 000 Gauß eine Widerstandsänderung um einen Faktor größer als 30, wenn man eine geeignete geometrische Form, also etwa die Form der Corbino-Scheibe wählt.

Auch Inhomogenitäten in der Störstellenverteilung beeinflussen die Widerstandsänderung in Halbleitern mit hoher Beweglichkeit erheblich.

Des weiteren ändert eine kleine scheinbare Masse der Elektronen oder Löcher auch die Eigenschaften der Störstellen eines Halbleiters. Für die Störstellen, deren Terme nahe am Leitungs- oder Valenzband liegen, kann man ein wasserstoffähnliches Modell zur Berechnung ihrer Ionisationsenergie benutzen. In diesem Modell ist der Bohrsche Radius eines Störstellenelektrons proportional der reziproken scheinbaren Masse des Elektrons. Das von einer Störstelle eingenommene effektive Volumen ist also umso größer je kleiner seine scheinbare Masse ist. In InSb und InAs überlappen sich deshalb die Störstellen bereits bei kleinen Donatorkonzentrationen. Dadurch bildet sich bereits bei diesen kleinen Konzentrationen ein Störband, daß mit dem unteren Rand des Leitungsbandes überlappt. Die ganzen Phänomene der Störbandleitung sind somit bei diesen Halbleitern besonders ausgeprägt. Aber auch bei so kleinen Donatorkonzentrationen, daß noch kein Störband auftritt, haben wir Anomalien zu erwarten. Nach dem wasserstoffähnlichen Modell ist die Ionisationsenergie eines Donatorelektrons proportional der scheinbaren Masse und umgekehrt proportional dem Quadrat der Dielektrizitätskonstanten. Für n-leitendes InSb ergibt sich aus diesem Modell für die Ionisationsenergie der Donatoren ein Wert von $7 \cdot 10^{-4}$ eV. Diese Abtrennarbeit ist so klein, daß auch bei extrem tiefen Temperaturen die Donatoren ionisiert sind, die Elektronen sich also im Leitungsband befinden.

Als letzter Effekt, der durch die hohe Beweglichkeit bzw. kleine scheinbare Masse der Elektronen in InSb und InAs hervorgerufen wird, wollen wir hier den Pinch-Effekt in InSb erwähnen. Steigert man das an einem InSb-Stab liegende elektrische Feld, so treten oberhalb von etwa 50 V/cm Abweichungen vom Ohmschen Gesetz auf, die in einer Feldstärkeabhängigkeit der Elektronenbeweglichkeit begründet sind, Die mittlere Temperatur der Elektronen übersteigt dann die des Gitters. Die aus dem Felde aufgenommene Energie kann von den Ladungsträgern nicht mehr unmittelbar in das Gitter abgegeben werden. Bei Feldstärken von 100 – 200 V/cm beginnt der elektrische Strom mit wachsender Feldstärke rapid anzuwachsen. Dieser Anstieg ist

Stoßionisation durch die sehr energiereichen Ladungsträger zuzuschreiben. Durch die Stoßionisation erhöht sich lawinenartig die Anzahl der Ladungsträger und damit der den Halbleiter durchfließende elektrische Strom. In diesem Feldstärkenbereich wurde nun ein Pinch-Effekt beobachtet. Ein Pinch-Effekt, d.h. eine Einschnürung der Strohmbahnen zu einem schmalen Strom führenden Kanal tritt immer dann auf, wenn die Energiedichte des Eigenmagnetfeldes des Stromes die Energiedichte des Stromes selbst übersteigt. Legt man zusätzlich an den Halbleiter ein longitudinales Magnetfeld, so muß für das Auftreten eines Pinches die Energiedichte des Eigenmagnetfeldes die Summe der Energiedichten des Stromes und des longitudinalen Magnetfeldes übersteigen. Ein longitudinales Magnetfeld kann also einen Pinch verhindern, oder zumindesten den Radius eines Pinches vergrößern. Solche Erscheinungen sind in Abb. 10 wiedergegeben. In ihr sind zwei Grenzkurven gezeigt, die dem Falle der Ausbildung eines Pinches und dem Falle des Nichtauftretens eines Pinches entsprechen, ferner Übergänge zwischen diesen Grenzkurven, die durch ein longitudinales Magnetfeld erzwungen wurden. Der Unterschied

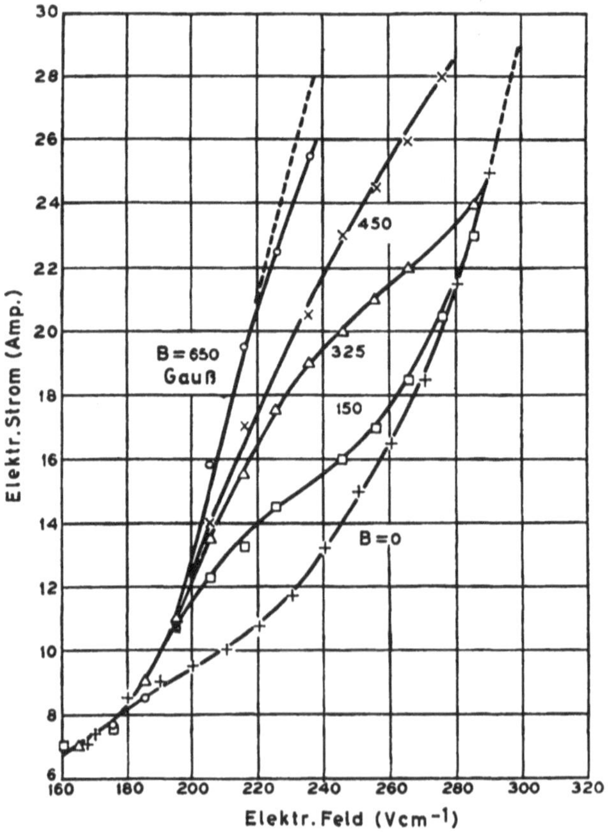

Abb. 10
Pinch-Effekt in InSb, nach *Chynoweth* und *Murray*. Parameter: zusätzliches longitudinales Magnetfeld. Ohne dieses Magnetfeld wird der Pinch voll ausgebildet (rechte Grenzkurve). Mit steigendem Magnetfeld steigt das kritische elektrische Feld, das zur Ausbildung des Pinches notwendig ist.

zwischen den beiden Grenzkurven rührt daher, daß in Abb. 10 als Ordinate die elektrische Stromstärke aufgetragen wurde, und eine gegebene Stromstärke ohne Pinch-Effekt bei einem kleineren elektrischen Feld erreicht wird als in dem Fall, in dem der stromführende Kanal auf einem engen Bereich eingeschnürt ist.

Daß dieser Pinch-Effekt bisher nur in InSb beobachtet wurde liegt daran, daß Messungen bei hohen elektrischen Feldern nur im Impulsbetrieb ausgeführt werden können um Aufheizung des Präparates zu vermeiden. Die Messungen sind also auf sehr kurze Zeiten beschränkt. Die Beobachtung des Pinch-Effekts erfordert dagegen auch wieder eine bestimmte Meßdauer, da nach Einschalten des elektrischen Feldes der Pinch erst aufgebaut werden muß. Die Aufbauzeit eines Pinchs ist nun proportional zur Beweglichkeit der Ladungsträger, die ja den einschnürenden Kräften des eigenen Magnetfeldes folgen müssen. Sie ist also umso kleiner je größer die Beweglichkeit ist. Nur in InSb ist die Aufbauzeit so kurz, daß der Pinch noch innerhalb der Impulsdauer nachgewiesen werden kann.

Wir wollen an dieser Stelle auf einen weiteren mit Stoßionisation von Ladungsträgern verbundene Effekt kurz eingehen, wenn dieser auch nicht unmittelbar mit der Existenz hoher Beweglichkeiten oder kleiner scheinbarer Massen verbunden ist. Bei Messungen hoher Quantenausbeute in InSb fand *Tauc*, daß in Abhängigkeit von der Energie der in InSb eingestrahlten Photonen die Zahl der durch ein Photon erzeugten Elektron-Loch-Paare nicht linear anstieg, sondern zunächst ein in der Abb. 11 gezeigten anomalen Anstieg aufwies. Die normale Deutung des Anstiegs der Quantenausbeute mit wach-

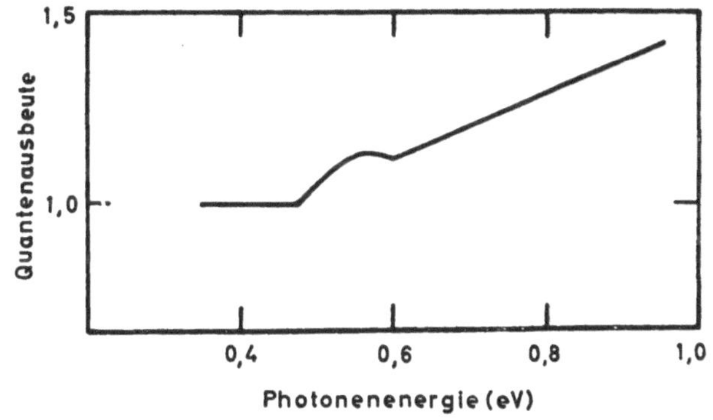

Abb. 11
Quantenausbeute, d.h. Anzahl der durch ein absorbiertes Lichtquant erzeugten Elektron-Loch-Paare in InSb als Funktion der Photonenenergie, nach *Tauc*

sender Photonenenergie ist, daß ein durch ein Photon gebildetes Elektron-Loch-Paar, sobald es eine gewisse kinetische Energie mitbekommt, in der Lage ist, weitere Elektron-Loch-Paare zu erzeugen und dadurch die Zahl der Ladungsträger weiter zu erhöhen. Da anomale in Abb. 11 dargestellte Verhalten wurde zunächst von *Tauc* durch die Annahme gedeutet, daß das Elektron des Elektron-Loch-Paares wegen seiner extrem kleinen scheinbaren Masse die gesamte überschüssige Energie als kinetische Energie mitbekommt, daß also nur das Elektron Stoßionisation machen kann. Erst wenn die primär erzeugten Elektronen in höhere Bandgebiete des Leitungsbandes kommen, in denen die scheinbare Masse kleiner ist als an der Unterkante des Leitungsbandes, bekommen auch die Löcher soviel kinetische Energie mit, daß sie auch in der Lage sind, Elektron-Loch-Paare zu erzeugen. Erst von da ab ist also ein lineares Anwachsen der Quantenausbeute zu erwarten. Eine andere Deutung wurde von *Beattie* gegeben. Wenn man berücksichtigt, daß die Bildung eines Elektron-Loch-Paares durch ein im Halbleiter absorbiertes Lichtquant nicht nur durch Übergang eines Elektrons aus dem obersten Valenzband in das Leitungsband erfolgen kann, sondern, daß das Elektron auch aus dem V_2-Band oder dem V_3-Band kommen kann, daß ferner das nächste Elektron-Loch-Paar entweder von einem Elektron, von einem schweren Loch oder einem leichten Loch erzeugt werden kann, wobei außerdem noch das primäre leichte oder schwere Loch sich in ein schweres bzw. leichtes Loch verwandeln kann, dann findet man, daß insgesamt zehn konkurrierende Prozesse mit verschiedener Schwellenergie für die Erzeugung von Elektron-Loch-Paaren unter Stoßionisation möglich sind. Zwei dieser Prozesse sind besonders wahrscheinlich und zeigen als Schwellenergie gerade die beiden Knickpunkte der Abb. 11.

Dieses experimentelle Ergebnis zeigt also, wie kompliziert häufig die Deutung von Experimenten bei Halbleitern sind, deren Bandstruktur stark von dem einfachen isotropen Zweibändermodell abweicht.

5. Photoelektrische Prozesse

Auf photoelektrische Prozesse in III-V-Verbindungen soll hier nur kurz eingegangen werden, da keine wesentlichen Unterschiede zu den entsprechenden Prozessen in Germanium und Silicium existieren. III-V-Verbindungen enthalten häufig eine sehr große Anzahl von Haftstellen und Rekombinationszentren, so daß die Rekombination der Elektronen und Löcher entkoppelt ist. Die Folge davon ist, daß die Lebensdauern der Elektronen und Löcher stark voneinander abweichen können. Abb. 12 zeigt als Beispiel die Temperaturabhängigkeit der Lebensdauer in einem p-leitenden InSb-Präparat. Bei tiefen Temperaturen unterscheiden sich die Lebensdauern der Elektronen und Löcher um einen Faktor 1000. Daraus folgt, daß nur etwa jedes tausendste Elektron

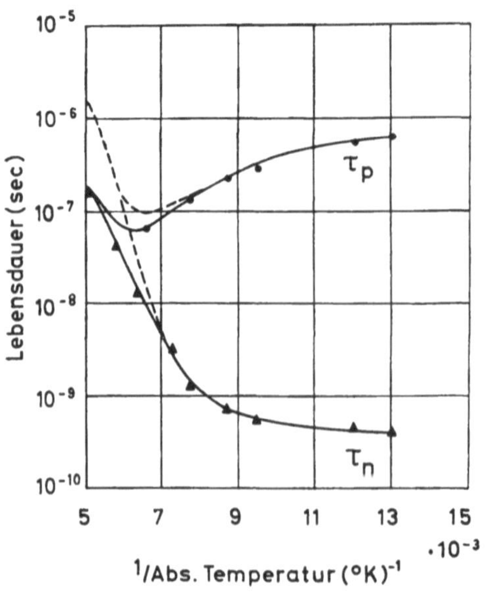

Abb. 12
Lebensdauer der Elektronen und Löcher in p-leitendem InSb, nach *Laff* und *Fan*.
Acceptorkonzentration $2{,}85 \cdot 10^{15}\,cm^{-3}$, Trapkonzentration $0{,}8 \cdot 10^{14}\,cm^{-3}$.

nicht in einer Haftstelle eingefangen ist. Bei hohen Temperaturen liegen die Verhältnisse anders, dort tritt praktisch kein Trapping auf.
Die Lebensdauern für die Rekombination von Elektron-Loch-Paaren liegen in III-V-Verbindungen fast durchweg unterhalb von 10^{-6} sec. Als begrenzender Rekombinationsmechanismus wurde in vielen Fällen Auger-Effekt gefunden. Die strahlende Rekombination tritt daneben auch auf, spielt aber nicht die begrenzende Rolle wie in Germanium und Silicium. Ein Grund hierfür ist, daß wir in den III-V-Verbindungen, in denen die Minima des Leitungsbandes an der gleichen Stelle der Brillouin-Zone liegen wie das Maximum des Valenzbandes, eine viel steilere Absorptionskante haben als in den Elementhalbleitern, deren Absorptionskante von indirekten Übergängen gebildet wird. Infolgedessen wird die bei strahlenden Übergängen emittierte Strahlung häufig wieder reabsorbiert. Ein strahlender Übergang trägt also nur dann zur Rekombination bei, wenn die emittierte Strahlung aus der Oberfläche heraus tritt.
Die Lebensdauern werden in Halbleitern häufig bestimmt aus dem Verhältnis des Photostromes zu dem photo-elektro-magnetischen Strom. Dieses Verhältnis gibt nur dann die Lebensdauern richtig wieder, wenn keine Trapping-Effekte auftreten; sonst können die Messergebnisse um Zehnerpotenzen falsche Werte liefern. Ein Beispiel ist eine in GaAs gemessene „scheinbare" Lebensdauer von 31 sec, deren Analyse unter Berücksichtigung der Trapping-Effekte für die Elektronen eine Lebensdauer von $6 \cdot 10^{-5}$ sec und für die Löcher eine Lebensdauer von 10^{-11} sec ergab.

6. Störstellen

Die wichtigsten Donatoren in III-V-Verbindungen sind Atome von Elementen der VI. Gruppe des periodischen Systems und die wichtigsten Acceptoren sind Atome von Elementen der II. Gruppe. Alle diese Störstellen werden substitutionell in das Gitter eingebaut.
Atome der IV. Gruppe können sowohl als Acceptoren als auch als Donatoren eingebaut werden. Solche 4-wertigen Atome werden nach einer Hypothese von *Folberth* und *Schillmann* in das Teilgitter der 5-wertigen Komponente eingebaut, wenn es nach Größe des covalenten Radius des betreffenden Atoms möglich ist. Nur wenn der covalente Radius größer als der entsprechende Radius der 5-wertigen Atome, jedoch kleiner als der der 3-wertigen Atome ist, werden diese Atome in das Teilgitter der 3-wertigen Komponente eingebaut. Diese Hypothese hat sich für kleine Konzentrationen eingebaute Atome bewährt. Für größere Konzentrationen findet man dagegen einen Einbau in beide Teilgitter und bei sehr großen Konzentrationen nur noch einen paarweisen Einbau der 4-wertigen Atome in beide Gitter.
Wie in den halbleitenden Elementen so sind auch in III-V-Verbindungen Lithium und Kupfer schnell diffundierende Störstellen, deren Terme etwa in der Mitte der verbotenen Zone liegen. Dabei kann Lithium als Donator auf Zwischengitterplätzen oder aber auch substitionell als Acceptor eingebaut werden.
GaAs wird bei den normalen Herstellungsmethoden als n-leitendes Material mit einer Elektronenkonzentration von mehr als 10^{16} cm^{-3} gewonnen. Die gleichen Herstellungsmethoden können aber auch in vereinzelten Fällen zu Kristallen mit einer Ladungsträgerkonzentration von 10^{9} cm^{-3} und weniger führen. Solches halbisolierendes Material erhält man auch durch tiegelfreies

Zonenschmelzen, vorallem aber immer dann, wenn die Präparation unter einer Sauerstoff enthaltenen Gasphase durchgeführt wird. Die geringen Ladungsträgerdichten werden hier durch eine noch nicht eindeutig identifizierte Störstelle hervorgerufen, die Terme in der Mitte der verbotenen Zone besitzt und dadurch die Wirkung anderer Störstellen kompensiert. Auch durch Einbau von Kupfer konnte in GaAs und GaP halbisolierendes Material hergestellt werden. Solche hochohmigen Kristalle haben besonderes Interesse,

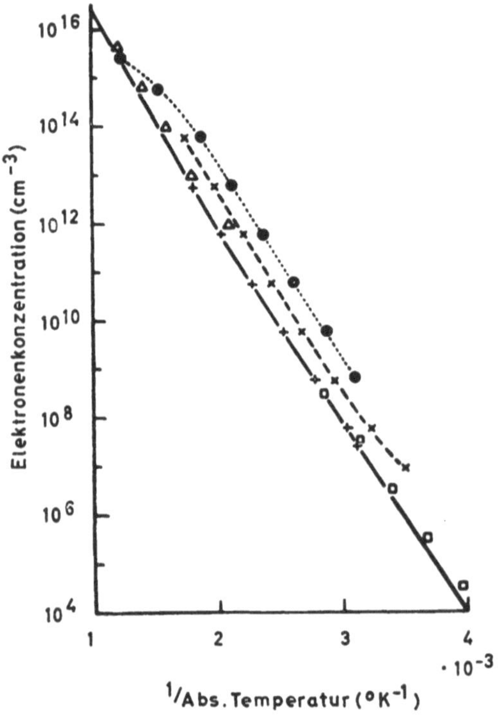

Abb. 13. Elektronenkonzentration in halb-isolierendem GaAs, nach *Gooch, Hilsum* und *Holeman*. Ausgezogene Kurve: Theoretische Eigenleitungskonzentration in GaAs.

da sie in sich die Germaniumähnlichen Eigenschaften der III-V-Verbindungen mit den Eigenschaften von Photoleitern wie CdS und CdSe vereinen. Abb. 13 zeigt als Beispiel die Elektronendichte in halb-isolierendem GaAs.

7. Mischkristalle

Eine Mischkristallbildung ist — wie bei den Elementen der IV. Gruppe des periodischen Systems — auch bei den III-V-Verbindungen möglich, wenn die Gitterkonstanten der beiden Partner nicht zu unterschiedlich sind. Zu dieser Forderung tritt bei den binären III-V-Verbindungen noch eine weitere. Wie wir am Anfang schon erwähnt haben sind die Elektronenbrücken zwischen zwei nächsten Nachbarn bei den III-V-Verbindungen polarisiert, ihr Schwerpunkt ist also näher zu einem Atom hin gelagert. Diese Polarisation bedeutet, daß die Bindung einen ionogenen Anteil besitzt. Eine Forderung für die Möglichkeit des Auftretens einer Mischkristallreihe zwischen zwei III-V-Verbindungen ist also noch, daß dieser ionogene Bindungsanteil in beiden Verbindungspartnern nicht zu unterschiedlich ist.

Michkristalle wurden bisher hergestellt zwischen InSb einerseits und GaSb, AlSb und InAs andererseits, zwischen InAs und GaAs bzw. InP, zwischen GaSb und AlSb bzw. GaAs und schließlich zwischen GaAs und GaP. Die Komponenten dieser Mischkristalle sind teilweise schlecht miteinander mischbar und es erfordert Temperzeiten bis zu einigen Wochen oder Zonenziehgeschwindigkeiten von wenigen Millimetern pro Tag, um homogene Mischkristalle herzustellen. Eine Ausnahme bilden nur die beiden Mischkristallreihen InAs-InP und GaAs-GaP. Die physikalischen Eigenschaften dieser beiden Mischkristallreihen sind infolgedessen so gut bekannt wie die ihrer Komponenten. Wesentliche Unterschiede treten nicht auf, die Beweglichkeiten scheinen lediglich durch Legierungsstreuung etwas erniedrigt.
Weiter treten Mischkristallreihen auf zwischen III-V-Verbindungen und den III-VI-Verbindungen In_2Se_3, In_2Te_3, Ga_2Se_3 und Ga_2Te_3. Diese III-VI-Verbindungen besitzen ein dem Zinkblendegitter ähnliches Gitter, in dem lediglich im Teilgitter der 3-wertigen Komponente ein drittel der Gitterplätze unbesetzt sind. Diese Fehlstellen sind entweder statistisch verteilt oder (in einer anderen Modifikation) auch geordnet eingebaut. Mischkristalle zwischen diesen Indium- und Galliumverbindungen sind mit InSb, InAs bzw. GaAs möglich.

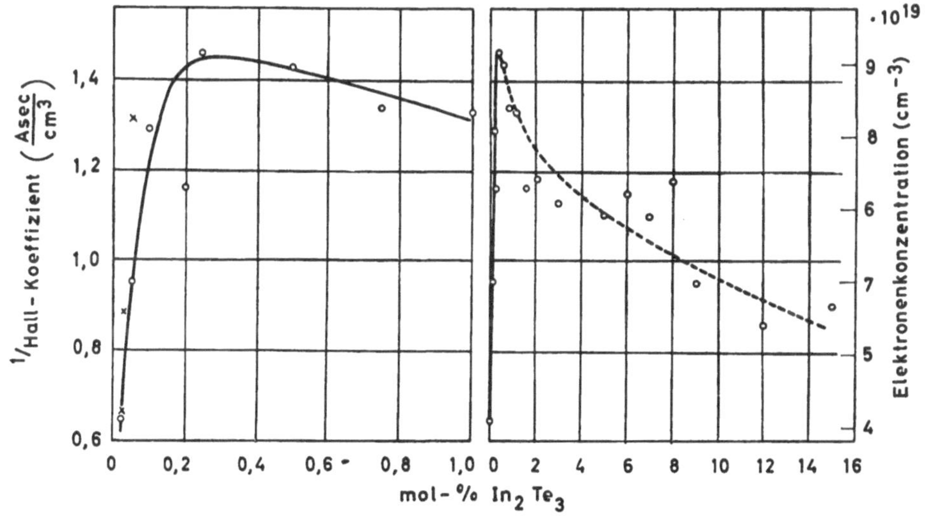

Abb. 14. Reziproker Hall-Koeffizient als Maß für die Elektronenkonzentration in der Mischkristallreihe InSb-In_2Te_3, nach *Woolley, Gillett* und *Evans*

Die Mischkristallreihen sind jedoch nicht lückenlos. In Abb. 14 ist der Hall-Koeffizient für die Mischkristallreihe InSb-In_2Te_3 gezeigt. Die Elektronenkonzentration steigt beim Übergang von InSb zu In_2T_3 zunächst sehr stark an, geht dann durch ein Maximum um von da ab kontinuierlich abzufallen. Die Erklärung hierfür liegt darin, daß bei geringer In_2Te_3-Konzentration die Tellur-Atome substitutionell eingebaut werden und als Donatoren wirken, jedoch noch nicht in gleichem Maße Fehlstellen im Indium-Teilgitter auftreten. Mit wachsender Dotierung steigt also zunächst die Elektronenkonzentration bis sich ein Gleichgewicht zwischen Tellur-Atomen und Fehlstellen im Indium-Teilgitter ausbildet und damit erst die eigentliche Mischkristallbildung einsetzt.

8. Ternäre Nachbildungen der III-V-Verbindungen

Die III-V-Verbindungen kann man als Nachbildungen der Elemente der IV. Gruppe des periodischen Systems auffassen, die dadurch zustande kommen, daß man die Hälfte der vierwertigen Atome durch dreiwertige und die andere Hälfte durch fünfwertige Atome ersetzt. In gleicher Weise können die III-V-Verbindungen durch ternäre Verbindungen nachgebildet werden. Es sind hier zwei Gruppen von ternären Nachbildungen möglich. Die Nachbildungen, die durch Ersetzen der Atome im Teilgitter der dreiwertigen Komponente zur Hälfte durch zwei- und zur Hälfte durch vierwertige Atome entstehen und diejenigen ternären Verbindungen, die durch Ersetzen der Hälfte der Atome im Teilgitter der fünfwertigen Komponente durch vierwertige und der anderen Hälfte durch sechswertige Atome entstehen. Neben diesen beiden Möglichkeiten sind aber auch kompliziertere Nachbildungen denkbar, etwa in der Weise, daß im Teilgitter der dreiwertigen Atome ein Drittel der Atome durch einwertige und zwei Drittel durch vierwertige Atome ersetzt werden. Solche komplizierteren Nachbildungen haben aber nur noch wenig Verwandtschaft mit den III-V-Verbindungen, da sie sich genauso gut aus anderen binären Systemen ableiten lassen. So sind etwa die III-VI-Verbindungen, die wir im vorhergehenden Abschnitt kurz gestreift haben, sowohl als Nachbildungen der III-V-Verbindungen als auch der II-VI-Verbindungen aufbaubar. Quaternäre Verbindungen als Nachbildungen ternärer Verbindungen sind ebenfalls denkbar, hierüber ist jedoch bisher nur sehr wenig Literatur vorhanden.

Ähnlich wie bei den Mischkristallen zwischen III-V-Verbindungen lassen sich auch für die ternären Nachbildungen Kriterien für die Wahrscheinlichkeit des Auftretens einer solchen Nachbildung angeben. Betrachten wir etwa die beiden obenerwähnten Verbindungen $A^{II}B^{IV}C_2^{V}$ und $A_2^{III}B^{IV}C^{VI}$. Im ersten Fall ist zu fordern, daß die Polarisation der II-V- und der IV-V-Elektronenbrücken nicht zu verschieden ist. Wegen der grösseren Ladungsdifferenz ist zweifellos die II-V-Brücke stärker polarisiert. Die beiden Brücken werden also einander umso ähnlicher sein je leichter die zweiwertigen Atome zwei zusätzliche Elektronen aufnehmen können, da sie dann eine den vierwertigen Atomen gleiche Bindung eingehen. Das bedeutet, daß diese ternären Nachbildungen umso leichter gebildet werden je elektronegativer die zweiwertigen Atome gegenüber den vierwertigen sind. Anhand der bekannten Elektronegativitäten läßt sich dieses nachprüfen mit dem Ergebnis, daß viele $A^{II}B^{IV}C_2^{V}$-Verbindungen diese Bedingung erfüllen, während die $A_2^{III}B^{IV}C^{VI}$-Verbindungen eine entsprechende Bedingung gerade nicht erfüllen. Im Einklang hiermit wurde auch die Existenz einer großen Zahl von $A^{II}B^{IV}C_2^{VI}$-Verbindungen nachgewisen, aber bisher noch keine stabilen Verbindungen der anderen Gruppe gefunden.

Die erstgenannte Gruppe der $A^{II}B^{IV}C_2^{V}$-Verbindungen kristallisiert im Chalkopyrit-Gitter. Dieses Gitter besitzt eine doppelt so große Elementarzelle wie das Zinkblendegitter und ist gegenüber diesem leicht tetragonal verzerrt. Eine größere Anzahl solcher ternärer Verbindungen sind bekannt, näher untersucht worden ist bisher jedoch lediglich das $CdSnAs_2$. Diese Verbindung kann als Nachbildung des InAs aufgefaßt werden. Sie hat mit dieser III-V-Verbindung viele Eigenschaften gemeinsam. Vorallem besitzt $CdSnAs_2$ eine sehr hohe Elektronenbeweglichkeit. Bei 500 °K wurde eine maximale Elektronenbeweglichkeit von 25 000 cm²/Vsec beobachtet. Extrapoliert man diesen Wert auf Zimmertemperatur, so findet man eine Elektronenbeweglichkeit, die größenordnungsmäßig gleich der des InSb ist. $CdSnAs_2$ ist also in dieser Beziehung dem InSb und InAs zuzuordnen, besitzt dagegen als ternäre Verbindung eine wesentlich kleinere Wärmeleitfähigkeit. Diese beiden Eigenschaften machen sie für thermoelektrische Anwendungen besonders interessant. Eine noch kleinere Wärmeleitfähigkeit bekommt man durch Mischkristallbildung zwischen InAs und $CdSnAs_2$.

9. p-n-Übergänge und Oberflächen

Die Eigenschaften der p-n-Übergänge in III-V-Verbindungen und der Oberflächen dieser Halbleiter unterscheiden sich nur wenig von den entsprechenden Eigenschaften der halbleitenden Elemente der IV. Gruppe. Gleichrichter und Transistoren sind im Prinzip herstellbar. Von technischem Interesse sind vorallem Photodioden, Teilchenzähler, Tunneldioden und die Elektrolumineszenz in p-n-Übergängen, die in lezter Zeit zur Herstellung von Injektions-Lasern Verwendung gefunden hat. Die Oberflächeneigenschaften der III-V-Verbindungen unterscheiden sich nur darin von denen der halbleitenden Elemente, daß die III-V-Verbindungen eine polare Achse besitzen und dadurch gegenüberliegende Oberflächen nicht äquivalent sind.

Abb. 15. Verteilung der Elektronendichte in einer (110)-Ebene in InAs, nach *Sirota*

10. Chemische Bindung in III-V-Verbindungen

Die chemische Bindung in III-V-Verbindungen erfolgt durch Elektronenbrükken, die je zwei Valenzelektronen mit entgegengesetztem Spin enthalten (Abb. 15). Wie wir schon im Anfang erwähnt haben sind in den III-V-Verbindungen diese Elektronenbrücken polarisiert, d. h. ihr Schwerpunkt befindet sich nicht in der Mitte zwischen zwei nächsten Nachbarn. Infolgedessen tritt zu dem homöopolaren Bindungsanteil, der bei den halbleitenden Elementen der IV. Gruppe allein vorhanden ist, ein ionogener Anteil. Theoretisch läßt sich dieser Bindungsanteil bestimmen einmal dadurch, daß man die Wellenfunktion eines Elektrons in einer Elektronenbrücke als Linearkombination einer covalenten und einer ionogenen Wellenfunktion auffaßt und das Verhältnis der Beiträge der beiden Wellenfunktionen als Ionenanteil der Bindung bezeichnet. Ein anderer Weg ist, die Wellenfunktion als Linearkombination der sp^3-Hybrid-Wellenfunktionen der beiden Atome aufzubauen. In beiden Fällen läßt sich eine Aufenthaltswahrscheinlichkeit des Elektrons bei den beiden Nachbarn definieren und daraus eine effektive Ladung der Gitterbausteine ableiten. Diese effektive Ladung wird dann auch zur Beschreibung des Ionenanteils der Bindung herangezogen.

Neben der rein homöopolaren Bindung und der reinen Ionenbindung gibt es jedoch noch einen dritten ausgezeichneten Bindungstyp. Betrachten wir eine Elektronenbrücke in einer III-V-Verbindung: Liegt der Schwerpunkt der Elektronenbrücke genau in der Mitte zwischen zwei Nachbaratomen, so bezeichnet man den Bindungstyp als rein homöopolar. Ist die Elektronenbrücke restlos zu einem der beiden Nachbarn hinübergezogen, so liegt eine reine Ionenbindung vor. Dazwischen gibt es nun noch den Fall, daß die Elektronenbrücke gerade soweit polarisiert ist, daß ihre negative Ladung die Differenz der positiven Ladung der Atomrümpfe ausgleicht, d.h. daß die effektive Ladung der Gitterionen Null wird. Diese sogenannte neutrale Bindung scheint nun in den III-V-Verbindungen angenähert realisiert zu sein.

Begriffe wie die Polarisation der Elektronenbrücken, der ionogene Bindungsanteil, die effektive Ionenladung sind verschiedentlich zur qualitativen Erklärung der physikalischen Eigenschaften der III-V-Verbindungen herangezogen worden. Eine quantitative Theorie des Zusammenhangs zwischen chemischer Bindung und Eigenschaften der III-V-Verbindungen fehlt jedoch noch völlig. Aus den Experimenten werden häufig effektive Ionenladungen ermittelt. So ist es etwa möglich, eine (dynamische) effektive Ionenladung aus dem Verhältnis der longitudinalen und transversalen, optischen Gitterschwingungen oder aus der Differenz der Dielektrizitätskonstanten bei den Frequenzen 0 und ∞ zu bestimmen. Andererseits enthalten die piezo-elektrischen Koeffizienten, die elastischen Konstanten und einige andere Parameter eine effektive Ionenladung, die für viele III-V-Verbindungen bekannt ist. Wie vorallem *Matossi* und *Cochran* betonen sind diese Ionenladungen aber als Maß für die Ionizität einer Bindung völlig ungeeignet, ja die verschiedenen Bestimmungsmöglichkeiten führen, wenn man sie theoretisch analysiert, auf voneinander verschiedene effektive Ladungen.

Auf die vielen qualitativen Diskussionen der chemischen Bindungen wollen wir hier nicht weiter eingehen und ebenso auch die zahlreichen Versuche außer Acht lassen, empirische Gesetzmäßigkeiten in den Eigenschaften der III-V-Verbindungen zu finden und diese miteinander zu verknüpfen. Für alle solche Fragen sei auf die am Anfang des Referates zitierte Literatur verwiesen.

H. U. HARTEN*)

Die Grenzfläche Halbleiter-Elektrolyt

Mit 22 Abbildungen

1 Einleitung

11 Abgrenzung des Themas

Vor einigen Jahren war es noch möglich, unsere Kenntnisse von den Oberflächeneffekten bei Halbleitern in einem Übersichtsartikel zusammenzufassen [14 – 22]. Inzwischen ist die Originalliteratur auch auf diesem Gebiet, so angewachsen — nicht zuletzt, weil einige Tagungen speziell der Oberfläche gewidmet wurden [1 – 3] und sich enge Beziehungen zwischen der Physik und der Chemie der Oberfläche ergeben haben [5 – 9][1]) — daß sich eine zusammenfassende Darstellung, will sie nicht den Umfang eines Buches annehmen [4], auf allgemeine Betrachtungen [25, 26] oder auf Teilgebiete beschränken muß. So haben kürzlich *G. Heiland* die „reinem Oberflächen" [23] und *H. Flietner* die „gewöhnlichen Oberflächen" [24] beschrieben. Auch im vorliegenden Band der „Festkörperprobleme" sind zwei weitere Referate speziellen Oberflächenthemen gewidmet [27, 28].

Unter einer „reinen" Oberfläche verstand man zunächst die vollkommene, atomar ebene, von keinem Fremdatom verunreinigte Oberfläche, also ein unerreichbares Ideal. Fortschritte in der Ultrahochvakuum-Technik erlauben inzwischen, diesem Ideal so nahe zu kommen, daß viele Messungen die Wirklichkeit vom Ideal nicht mehr zu unterscheiden vermögen. Hergestellt werden diese „experimentellen reinen Oberflächen" durch Spalten oder Brechen in extremem Vakuum oder durch Reinigen per Ionenbeschuß und anschließendes Austempern der dabei erzeugten Gitterfehler. Welche Abweichungen vom Ideal schließlich noch verbleiben dürfen, hängt von der Art des sich anschließenden Experimentes und seiner Meßgenauigkeit ab.

Im Gegensatz zu diesen „clean surfaces" stehen die „real surfaces", die *Flietner* „gewöhnliche Oberflächen" nennt (zuweilen werden sie auch weniger galant als „dirty surfaces" bezeichnet). Man erhält sie immer — jede reine Oberfläche wandelt sich früher oder später durch Adsorption von Atomen und Molekeln aus der umgebenden Atmosphäre in eine gewöhnliche Oberfläche um. Gewöhnliche Oberflächen können zudem mit Deckschichten, zumeist Oxydschichten, belegt sein, die ihrerseits wieder Adsorptionsschichten tragen

---

*) Philips Zentrallaboratorium GmbH., Laboratorium Hamburg.

[1]) Diese Beziehungen betont die ‚International Conference on Physics and Chemistry of Solid Surfaces', die vom 21.–26.6.1964 in Providence, U.S.A., stattfand. Ihre Ergebnisse erscheinen in ‚Surface Science', einer neuen, ausschließlich der Oberfläche gewidmeten Zeitschrift.

können. Der Fülle der Möglichkeiten entspricht die Vielfalt der Beobachtungen.
Wesentliche Hilfsmittel bei der Deutung der Oberflächeneffekte sind die sog. „Oberflächenzustände". Darunter versteht man — analog zu den Störstellen im Kristallinnern — für Elektronen erlaubte Energieniveaus im Gebiet der verbotenen Zone, die geometrisch auf den Bereich der Oberfläche beschränkt sind. Sie stehen in Zusammenhang mit adsorbierten Fremdatomen, bei reinen Oberflächen aber auch mit den „freien Valenzen" der Atome in der letzten Netzebene; im einzelnen ist ihre chemische oder atomistische Natur jedoch unbekannt. Um diese zu untersuchen, erscheint es wünschenswert, zunächst eine von Zuständen freie, eine sog. „perfekte" Oberfläche herzustellen und auf ihr nachträglich — etwa durch gezielte Adsorption — Oberflächenzustände zu erzeugen. Das ist 1962 *Brattain* und *Boddy* [47] tatsächlich gelungen, bisher allerdings nur an „nassen" Germanium-Oberflächen, d.h. an Ge-Elektroden, die in einen (wäßrigen) Elektrolyten tauchten (s. Abschn. 233 – 235). Dieser Erfolg dürfte vor allem auf zwei Möglichkeiten zurückzuführen sein, die nur der Elektrolyt bietet:

1. durch anodische Auflösung des Germaniums lassen sich frische Oberflächen leicht erzeugen,
2. ein Elektrolyt kann von adsorptionsfreudigen Verunreinigungen spezifisch befreit werden, indem man in ihm Germaniumpulver zerkleinert — gefährliche Verunreinigungen werden dann gewissermaßen „gegettert".

Auch rein meßtechnisch bietet das Arbeiten im Elektrolyten einige Vorteile. Dem steht als wesentliche Schwierigkeit gegenüber, daß elektrische Ströme durch die Grenzfläche fließen. Diese können einmal Meßresultate unmittelbar verfälschen, zum anderen sind sie mit elektrochemischen Reaktionen verbunden, die dann ihrerseits die Verhältnisse an der Oberfläche ändern.
In dem folgenden Referat soll nur von der perfekten Oberfläche, von Oberflächenzuständen und von der Verteilung des elektrostatischen Potentials über die Phasengrenze die Rede sein. Die Ströme senkrecht zur Oberfläche werden vernachlässigt oder allenfalls als Störungen berücksichtigt. Die mit ihnen gekoppelten Reaktionen sollen das Thema eines späteren Referates von *H. Gerischer* sein (s. auch [66, 122]).

12 Modell der Halbleiter-Oberfläche

Die wichtigsten elektrisch meßbaren Oberflächeneffekte werden gesteuert durch die Raumladungsrandschicht, die sich unmittelbar unter der Oberfläche ausbildet. Für diese Randschicht bringt der Elektrolyt nichts grundsätzlich Neues; die für die trockenen Oberflächen entwickelten Modellvorstellungen können unverändert übernommen werden. Obwohl sie bereits mehrfach ausführlich beschrieben worden sind [15, 17, 23, 24], sollen sie hier doch insoweit wiederholt werden, wie zum Verständnis des Folgenden notwendig erscheint.

121 Ladungs- und Potentialverteilung

Die Oberflächeneffekte werden bedingt durch den Verlauf des elektrostatischen Potentials im Bereich der Oberfläche, also durch den Übergang vom periodischen Potential im Kristallinnern zum konstanten (oder jedenfalls nicht-periodischen) Potential im Außenraum. Dieser Verlauf ist in seinen Einzelheiten nicht bekannt. Ersetzt man das periodische Potential durch das Bänder-Modell mit seinem den Bandkanten parallelen, konstanten oder doch nur schwach ortsabhängigen „Makropotential"[1]), so führt jeder Abbruch der Periodizität an einer fiktiven, mathematischen Oberfläche zu sogenannten „Oberflächenzuständen", d.h. zu Elektronenniveaus, die an der Oberfläche lokalisiert sind und, wenn sie im Bereich der verbotenen Zone liegen, ebenso wie Störstellen im Kristallinnern als Donatoren, Akzeptoren oder Rekombinationszentren wirken können.

Wenn sie Ladungsträger einfangen, d.h. dem Halbleiter entziehen, so bildet sich unter der Oberfläche eine Raumladungsrandschicht aus, die in mancher Beziehung der Raumladungsschicht eines pn-Überganges entspricht. Die Konzentration der quasifreien Ladungsträger an der Oberfläche (n_s und p_s) sind gegenüber den Werten im Kristallinnern (n_b und p_b) verändert; je nachdem ob die Dichte der Majoritätsträger an der Oberfläche höher oder niedriger ist als im Innern oder unter die Inversionsdichte n_i absinkt, spricht man von einer Anreicherungs-, Verarmungs- oder Inversionsschicht. Normalerweise herrscht in der Randschicht thermodynamisches Gleichgewicht, d.h.

$$n \cdot p = n_s \cdot p_s = n_b \cdot p_b = n_i^2. \tag{1}$$

Mit der Konzentrationsänderung verbunden ist eine Raumladung. Ihre Dichte ϱ wird gegeben durch die Summe der Ladungsdichten aller beweglichen und unbeweglichen Ladungsträger, also der Elektronen und Löcher einerseits, der ionisierten Donatoren und Akzeptoren andererseits (Konzentrationen n_D und n_A). Bei homogener Dotierung gilt also

$$\varrho(x) = q(n_D - n_A - n(x) + p(x)) \tag{2}$$

(q = Elementarladung, x = senkrechter Abstand von der Oberfläche). Mit der Raumladung gekoppelt ist eine Änderung des Makropotentials, eine „Bandaufwölbung". Sie wird bestimmt durch die Poisson-Gleichung

$$\Delta\varphi = \frac{d^2\varphi}{dx^2} = -\frac{\varrho(x)}{\varepsilon\varepsilon_0} \tag{3}$$

(Δ = Laplace-Operator, φ = elektrostatisches Potential nach Gl. (4), ε = = Dielektrizitätskonstante, ε_0 = Influenzkonstante) und die Fermi-Verteilung, die bei Nichtentartung — und nur davon soll hier gesprochen werden — durch die Boltzmann-Verteilung ersetzt werden kann:

$$n = n_i \exp(q\varphi/kT); \qquad p = n_i \exp(-q\varphi/kT) \tag{4}$$

(k = Boltzmann-Konstante, T = abs. Temperatur). Mit dieser Gleichung wird der an sich willkürliche Nullpunkt des Potentials festgelegt: $\varphi = 0$ bedeutet Eigenleitung; φ entspricht demnach praktisch dem Abstand der Fermi-Energie von der Mitte der verbotenen Zone. Die Randbedingungen für die Poisson-Gleichung bestimmen das „Oberflächenpotential φ_s" sowie

---

[1]) Ordinate im Bändermodell ist die Elektronenenergie E. Die dem elektrostatischen Makropotential φ_M entsprechende potentielle Energie E_M eines freien Elektrons wird ebenfalls Makropotential genannt. Beide Größen verlaufen zueinander spiegelbildlich: $E_M = -q\varphi_M$. Weiter unten wird noch ein anders definiertes elektrostatisches Potential φ eingeführt, das sich von φ_M lediglich um einen unbekannten, aber (material-)konstanten Betrag unterscheidet.

das „Volumenpotential φ_b" am Randschichtrand und im Neutralgebiet. Positives φ_s bedeutet unabhängig von jeder Dotierung, daß die Oberfläche n-leitend ist; die Differenz der beiden Potentiale, die Spannung U_R über der Randschicht, entspricht der „Bandaufwölbung", $\varphi_s - \varphi_b = U_R = 0$ bezeichnet den „randschichtfreien Fall" („flat band condition").
Geschlossen läßt sich das System der Gl. (2), (3) und (4) nicht lösen, jedoch liegen Berechnungen, für Ge und Si meist in Form von übersichtlichen Diagrammen vor [60, 70, 81, 87, 90, 106]. Angegeben werden die in der gesamten Randschicht je Flächeneinheit vorhandenen überzähligen Elektronen ΔN und Löcher ΔP, und zwar in Abhängigkeit vom Oberflächenpotential. ΔN und ΔP sind definiert durch

$$\Delta N = \int_0^l (n(x) - n_b)\,dx; \qquad \Delta P = \int_0^l (p(x) - p_b)\,dx \tag{5}$$

(l = Dicke der Raumladungsrandschicht), entsprechen also den schraffierten Flächen in Abb. 1.

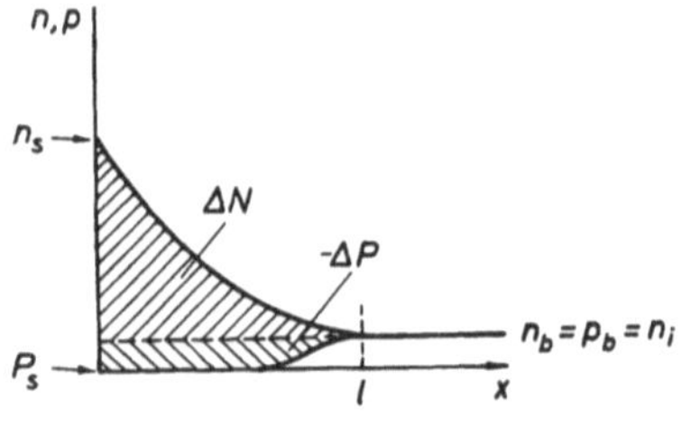

Abb. 1
Verlauf der Ladungsträgerkonzentrationen (n, p) in einer n-leitenden Raumladungsrandschicht ($\varphi_s > 0$) auf einem Eigenhalbleiter ($\varphi_b = 0$), schematisch. Definition der Zusatzdichten ΔN und ΔP s. Gl. (5).

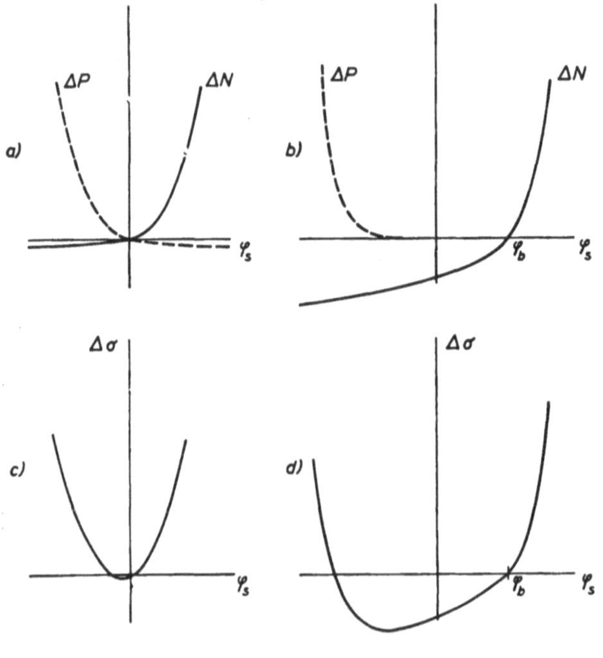

Abb. 2
Zusatzdichten ΔN und ΔP und Oberflächenleitfähigkeit $\Delta\sigma$ in Abhängigkeit vom Oberflächenpotential φ_s, schematisch. Links: Eigenhalbleiter ($\varphi_b = 0$), rechts: n-Halbleiter ($\varphi_b > 0$).

Qualitativ sind beide Größen leicht überschaubar, wie Abb. 2a zunächst für einen Eigenhalbleiter zeigt ($\varphi_b = 0$). Im randschichtfreien Fall ($\varphi_s = \varphi_b$) sind definitionsgemäß ΔN und ΔP null. Bei n-leitender Oberfläche ($\varphi_s > 0$) nimmt n_s exponentiell mit φ_s zu (Gl. (4)); ΔN wird also ebenfalls rasch anwachsen, zumal auch die Dicke der Randschicht zunimmt. Demgegenüber wird ΔP negativ, kann aber keine hohen Absolutwerte annehmen, da p_s rasch gegen Null geht und im Integral nur die kleine Inversionskonzentration verbleibt (Eigenleitung bedeutet $p_b = n_b = n_i$). ΔP fällt also nur langsam mit steigendem Oberflächenpotential ab entsprechend der Zunahme der Randschichtdicke l. Bei p-leitender Oberfläche ($\varphi_s < 0$) vertauschen ΔN und ΔP ihre Rollen.
Beim dotierten Halbleiter liegen die Verhältnisse ähnlich. Das zeigt Abb. 2b am Beispiel eines n-Halbleiters ($\varphi_b > 0$). Wieder sind im randschichtfreien Fall ΔN und ΔP null. Wegen der hohen Elektronenkonzentration n_b verläuft ΔN jetzt aber wesentlich steiler, sowohl im Bereich der Anreicherung wie der Verarmung; ΔP ist demgegenüber als Minoritätsdichte verschwindend klein und nimmt erst bei hoher Inversion merkliche Werte an.
Die Flächendichte Q_R der Ladung in der Raumladungsrandschicht ist

$$Q_R = q(\Delta P - \Delta N). \tag{6}$$

Solange im Außenraum vor dem Halbleiter kein elektrisches Feld herrscht, erfordert die Elektroneutralität eine gleichgroße Gegenladung Q_s in den Oberflächenzuständen.

122 Oberflächenleitung

Die veränderten Ladungsträgerkonzentrationen in der Randschicht haben eine Änderung der elektrischen Leitfähigkeit parallel zur Oberfläche zur Folge, die bei hinreichend dünnen Halbleiterscheiben durchaus meßbare Werte annimmt. Man definiert eine „Oberflächenleitfähigkeit" $\Delta\sigma$ durch

$$\Delta\sigma = q(\Delta N \mu_n + \Delta P \mu_p) \tag{7}$$

(μ = Beweglichkeit der Elektronen bzw. Löcher). Sie ist bis auf einen Geometriefaktor gleich dem Leitwert ΔG, den die Raumladungsrandschicht zusätzlich zum Leitwert G der randschichtfreien Halbleiterprobe liefert. Der Zusammenhang zwischen $\Delta\sigma$ und φ_s folgt unmittelbar aus den Werten für ΔN und ΔP — u. U. muß allerdings noch eine Korrektur angebracht werden, die den Einfluß der Raumladungsrandschicht auf die Beweglichkeit der ihr eingeschlossenen Ladungsträger berücksichtigt [58, 69, 113].
Unabhängig hiervon ist die Beweglichkeit der Löcher meist kleiner als die der Elektronen; die Kurve der Oberflächenleitfähigkeit verläuft deshalb auch bei eigenleitendem Grundmaterial nicht genau symmetrisch zu $\varphi_s = 0$, sondern hat ihr Minimum bei schwach p-leitender Oberfläche (Abb. 2c). Stark unsymmetrisch verläuft $\Delta\sigma$ bei einem Störhalbleiter: zwischen steilen Flanken in den Gebieten der Anreicherung und der starken Inversion liegt ein relativ flacher Bereich (Abb. 2d).
Die Oberflächenleitung wird häufig dazu benutzt, das Oberflächenpotential experimentell zu bestimmen. Freilich addiert sich bei der Messung der Leitwert der Randschicht nur zu dem sehr viel größeren Leitwert des Halbleitervolumens. Dieser Wert ist nicht so genau bekannt, daß sich $\Delta\sigma$ durch einfache

Differenzbildung bestimmen ließe. Man muß deshalb φ_s auf irgendeine Weise so variieren, daß man den einzigen charakteristischen Punkt der Kurve, ihr Minimum, erkennen kann.

Bei ihren ersten systematischen Untersuchungen der Ge-Oberfläche haben *Brattain* und *Bardeen* [45] das Oberflächenpotential durch zyklischen Wechsel der umgebenden Atmosphäre variiert („Brattain-Bardeen-Zyklus"). Damit ist nachgewiesen, daß auch adsorbierte Atome oder Ionen als Oberflächenzustände wirken können, die der Raumladungsrandschicht freie Träger entziehen oder an sie abgeben. Für eine Untersuchung eben dieser Oberflächenzustände ist es freilich wünschenswert, φ_s zu beeinflussen, ohne Zahl und Art der Zustände zu ändern. Das ist möglich, wenn man ein äußeres elektrisches Feld an die Oberfläche anlegt („Feldeffekt") [117].

Bildet man die Halbleiterprobe als die eine Platte eines Kondensators aus, so kann man in sie eine aus Kapazität und Spannung berechenbare Ladung influenzieren, deren Flächendichte ΔQ sein möge. Diese Ladung erscheint zunächst in Form von Elektronen und Löchern in der Raumladungsrandschicht. Werden keine Träger von Oberflächenzuständen weggefangen, so nehmen sie alle an der Oberflächenleitung teil und der Absolutwert der sog. „Feldeffektbeweglichkeit" μ_F [32], definiert durch

$$\mu_F = -\Delta\sigma/\Delta Q \tag{8}$$

entspricht der Beweglichkeit derjenigen Trägerart, die in der Randschicht dominiert. Kommen aber Oberflächenzustände durch die Änderung der Bandaufwölbung in die Nähe der Fermi-Energie oder werden sie gar über sie hinweggeschoben, so laden sie sich um. Das heißt aber, sie fangen Ladungsträger ein, die dadurch für die Oberflächenleitung ausfallen. Der Absolutwert von μ_F erniedrigt sich entsprechend. Auf diese Weise ist es möglich, die energetische Lage von Oberflächenzuständen im Bändermodell (d.h. ihre Aktivierungsenergie) zu bestimmen [50].

Grundsätzlich ist der Feldeffekt träge. Schon die Raumladungsrandschicht paßt sich einer Änderung des äußeren Feldes nicht beliebig schnell an [35, 36, 63, 103, 115]; vor allem benötigt aber die Umladung der Oberflächenzustände Zeit. Grob und etwas willkürlich unterscheidet man zwischen „schnellen" und „langsamen" Zuständen („fast states" und „slow states"). Die Modellvorstellung nimmt an, daß sich die schnellen Zustände unmittelbar an der Oberfläche des Halbleiters befinden, d.h. an der Phasengrenze zu einer im allgemeinen immer vorhandenen Deckschicht, während die langsamen an der Oberfläche eben dieser Deckschicht, vielleicht auch in ihr, sitzen.

123 Oberflächenrekombination

Für Oberflächenzustände gilt im Prinzip das gleiche wie für Volumenstörstellen: wenn sie mit nur einem der beiden Bänder in merklicher Wechselwirkung stehen, wenn sie also nur Elektronen *oder* Löcher einfangen oder emittieren, so dotieren sie oder wirken als Haftstellen. Besteht jedoch eine merkliche Wechselwirkung zu beiden Bändern, so wirken sie darüber hinaus auch noch als Rekombinationszentren: der Einfang eines Elektrons *und* eines Loches entspricht ja der Rekombination eines Trägerpaares. Zur Definition sei hier folgendes Schema vorgeschlagen:

	Wechselwirkung mit dem Leitungsband	Valenzband
Elektronenhaftstelle	langsam	null
Donator, Akzeptor[1])	schnell	null
Rekombinationszentrum	schnell	langsam
	schnell	schnell
	langsam	schnell
Akzeptor, Donator[1])	null	schnell
Löcherhaftstelle	null	langsam

Je nachdem ob die Rekombination über Oberflächenzustände oder Volumenstörstellen abläuft, spricht man von Oberflächen- oder Volumenrekombination. Beide Rekombinationen richten sich im Grunde nach dem gleichen Mechanismus; trotzdem hängen sie in ganz verschiedener Weise von der Lage der Fermi-Energie ab, wie im folgenden erläutert werden soll.

Zunächst einmal sind beide Rekombinationen in erster Näherung den Abweichungen von den Gleichgewichtskonzentrationen proportional; die Proportionalitätskonstante kann bei der Volumenrekombination als eine Zeit, die „Lebensdauer", geschrieben werden — an der Oberfläche ist sie eine echte Geschwindigkeit mit der Einheit cm/sec — die „Oberflächenrekombinationsgeschwindigkeit". Die Proportionalität zwischen Rekombination und Konzentrationserhöhung läßt sich folgendermaßen erkennen: Die Zahl der rekombinierenden Paare wird unter anderem sowohl der Elektronen- wie der Löcherdichte proportional sein, jedenfalls in erster Näherung. Die Gleichgewichtskonzentrationen (Index $_0$) werden dabei durch die ständige thermische Generation g_{th} aufrecht erhalten (die sich übrigens ebenfalls der Rekombinationszentren bedient)

$$g_{th} = rn_0 p_0 = rn_i^2 \tag{9}$$

(r = Rekombinationskonstante, u.a. von der Dichte der Rekombinationszentren abhängig). Übersteigen die Trägerdichten die Gleichgewichtswerte um Δn und Δp, so kommt es zu einem „Rekombinationsüberschuß"

$$\begin{aligned} R &= rnp - g_{th} \\ &= r(n_0+\Delta n)(p_0+\Delta p) - g_{th}. \end{aligned} \tag{10}$$

Solange die Konzentrationserhöhungen klein gegen wenigstens eine der beiden Gleichgewichtsdichten ist, kann man hierfür schreiben

$$R = r(n_0 \Delta p + p_0 \Delta n). \tag{11}$$

Soweit gilt die Rechnung noch für beide Rekombinationsarten. Nun werden Elektronen und Löcher immer nur paarweise erzeugt und vernichtet (wenn man einmal vom Trägereinfang in Haftstellen absieht) — im Kristallinnern,

[1]) Grundsätzlich wirken alle Störstellen als Donatoren oder Akzeptoren; die unter dieser Bezeichnung in der Tabelle aufgeführten Zentren haben aber keine andere Wirkung. Ob ein Zentrum Donator oder Akzeptor ist, hängt nicht davon ab, mit welchem Band es bevorzugt reagiert, sondern davon, in welchem Sinne es sich von seinem Normalzustand aus umlädt. Z. B. ist in Ge ein Zentrum, das in ionisiertem Zustand positiv geladen ist, auch dann ein Donator, wenn der Ladungswechsel vom Valenzband aus erfolgt: der Einfang eines Loches erzeugt über die thermische Generation stationär ein Elektron im Leitband.

wo kein nennenswertes elektrisches Feld herrschen soll, bleibt darum die Elektroneutralität praktisch erhalten: $\Delta n_b = \Delta p_b$. Damit wird aus Gl. (11)

$$R_b = r_b(n_{b0}+p_{b0})\Delta n_b = \Delta n_b/\tau \qquad (12a)$$

als Definitionsgleichung für die „Lebensdauer" τ. An der Oberfläche trennt das Feld der Raumladungsrandschicht die überzähligen Träger, so daß $\Delta n_s \neq \Delta p_s$. Jedoch werden im allgemeinen auch jetzt die Elektronen unter sich Boltzmann-Gleichgewicht über der Randschicht halten und die Löcher ebenfalls. Betrachtet man Werte am Randschichtrand als Volumengrößen, bezeichnet man sie also ebenfalls mit dem Index$_b$, so gilt folglich

$$n_s/n_b = \exp\left(q\frac{\varphi_s-\varphi_b}{kT}\right); \qquad p_s/p_b = \exp\left(-q\frac{\varphi_s-\varphi_b}{kT}\right). \qquad (13)$$

Daraus folgt aber

$$n_s p_s = n_b p_b. \qquad (14)$$

Weiterhin bleibt am Randschichtrand auch bei Lichteinstrahlung die Elektroneutralität definitionsgemäß erhalten ($\Delta n_b = \Delta p_b$). Man braucht also nur die Oberflächenrekombination auf die Konzentrationsänderungen am Randschichtrand zu beziehen, um nach gleichem Rechnungsgang wie oben schreiben zu können

$$R_s = r_s(n_{b0}+p_{b0})\Delta n_b = s\Delta n_b \qquad (12b)$$

und zwar als Definitionsgleichung für die „Oberflächenrekombinationsgeschwindigkeit" s. Die Raumladungsrandschicht hat demnach keinen unmittelbaren Einfluß auf s; zwar fördert sie die Rekombination, weil ihr Feld die eine Trägerart bevorzugt zur Oberfläche treibt, in gleichem Maße behindert sie sie aber auch, weil sie die andere Trägerart von der Oberfläche fernhält.

Den Mechanismus von Rekombination und thermischer Generation über eine Störstelle haben *Shockley* und *Read* [118] ausführlich behandelt[1]): wenig später wurden ihre Überlegungen von *Stevenson* und *Keyes* [120] auf die Oberflächenrekombination angewandt.

Bezeichnet man die Trägerkonzentrationen, die sich im Gleichgewicht einstellen, wenn die Fermi-Energie gerade auf dem Niveau des Rekombinationszentrums liegt ($\varphi = \varphi_T$), mit n_1 und p_1, bezeichnet man ferner die Übergangswahrscheinlichkeiten vom Zentrum zu den beiden Bändern mit c_n und c_p[2]), bezeichnet man schließlich die Zentrendichte mit n_T, so liefert die Rechnung für den Rekombinationsüberschuß

$$R = n_T \frac{c_n c_p (np-n_i^2)}{c_n(n+n_1)+c_p(p+p_1)}. \qquad (15a)$$

Diese Gleichung gilt wieder für Volumen- wie Oberflächenrekombination, wenn man nur überall die entsprechenden Indizes einfügt. Mit den Überlegungen, die zu den beiden Gleichungen (12) führten, kann man statt Gl. (15a) auch schreiben

---

[1]) Eine besonders anschauliche Darstellung findet sich in Band II der Halbleiterprobleme bei *A. Hoffmann* [83].

[2]) Die Übergangswahrscheinlichkeiten haben bei Volumen- wie bei Oberflächenrekombination Maßeinheit $cm^3\ sec^{-1}$.

$$\frac{R}{\Delta n_b} = n_T \frac{c_n c_p (n_{b0} + p_{b0})}{c_n(n+n_1) + c_p(p+p_1)} \, (= 1/\tau \text{ bzw. } s). \tag{15b}$$

Wieder sind die entsprechenden Indizes einzufügen, im Zähler gelten jetzt aber auf jeden Fall die Gleichgewichtskonzentrationen des Kristallinnern. Eine Verschiebung der Fermi-Energie gegenüber den Bandkanten bedeutet nun bei der Oberflächenrekombination zunächst nur eine Änderung der Bandaufwölbung, die die Volumengrößen nicht beeinflußt — der Zähler der G. (15b) bleibt hier also unberührt. Im Gegensatz hierzu bedeutet eine solche Verschiebung bei der Volumenrekombination eine Änderung der Dotierung und damit auch des Zählers. Infolgedessen erhält man für die Geschwindigkeiten der beiden Rekombinationsarten ganz verschiedene Bilder, wenn man sie gegen die Lage der Fermi-Energie, d.h. gegen die Potentiale φ_s bzw. φ_b aufträgt.

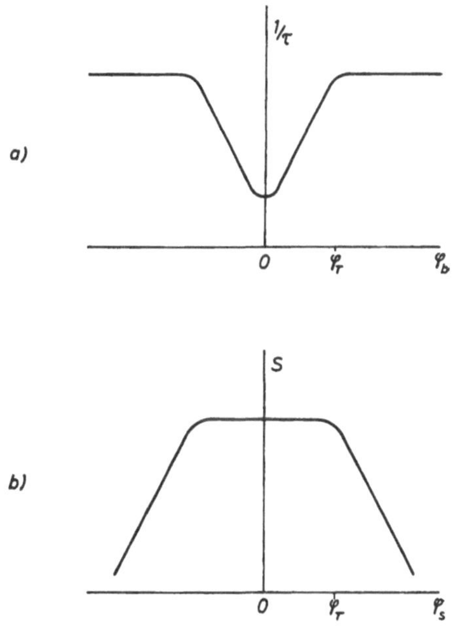

Abb. 3
Volumen- und Oberflächenrekombination nach dem Modell von Shockley-Read in Abhängigkeit von der Lage der Fermi-Energie, schematisch nach Gl. (15b). τ = Volumenlebensdauer, s = Oberflächenrekombinationsgeschwindigkeit; wenn φ_b bzw. $\varphi_s = \varphi_T$, liegt die Fermi-Energie auf dem Niveau des Rekombinationszentrums (n_b bzw. $n_s = n_1$). Ordinaten logarithmisch geteilt.

Das ist in Abb. 3 geschehen, und zwar unter folgenden Annahmen: $c_n = c_p$; $n_1 \gg p_1$, d.h. Rekombinationszentrum in der oberen Hälfte der verbotenen Zone; $n \approx n_0$, $p \approx p_0$, d.h. kleine Abweichungen vom Gleichgewicht. Bei mittlerer Lage der Fermi-Energie ist dann n_1 groß sowohl gegen n wie auch gegen p, die Rekombinationsgeschwindigkeiten werden also allein vom Zähler der Gl. (15b) gegeben — der Nenner ist konstant. Infolgedessen ändert sich die Oberflächenrekombination nicht, während die Volumenrekombination ($1/\tau$) ein Minimum bei Eigenleitung ($n_0 = p_0$) zeigt. Bei extremen Lagen der Fermi-Energie überwiegt dahingegen im Nenner n oder p, seine Größe nimmt deshalb „zur Mitte hin" ab. Für die Volumenrekombination wird das durch eine gleichgroße Änderung des Zählers kompensiert, jetzt bleibt also τ unverändert, während s abnimmt, je näher die Fermi-Energie einer der Bandkanten kommt. Ist $c_n \neq c_p$, so liegen die äußeren Knickpunkte der Rekombinationskurven nicht mehr symmetrisch zu $\varphi = 0$, sondern zu [55, 91, 100]

$$\varphi_m = \frac{kT}{2q} \ln(c_n/c_p). \tag{16}$$

Die Glockenkurve der Oberflächenrekombination („Stevenson-Keyes-Kurve") wird häufig dazu benutzt, die Kenngrößen der Rekombinationszentren zu bestimmen [24, 39, 100]: die Lage des Maximums liefert das Verhältnis der Übergangswahrscheinlichkeiten, seine Höhe das Produkt aus Zentrendichte und einer dieser Wahrscheinlichkeiten, ein Knickpunkt schließlich die Lage des Rekombinationszentrums im Bändermodell. Auf welcher Seite der Stevenson-Keyes-Kurve das Zentrum liegt, läßt sich allerdings aus Rekombinationsmessungen allein nicht ableiten. Es kann sogar nicht einmal mit Sicherheit gesagt werden, daß die Rekombination über nur ein Zentrum abläuft; grundsätzlich kann auch eine Gruppe von miteinander gekoppelten Zentren zu einer Glockenkurve führen [110]. Eine Entscheidung ist, wenn überhaupt, nur durch zusätzliche Beobachtungen möglich.

Die Voraussetzung für Gl. (11), kleine Abweichungen vom Gleichgewicht, ist für die Volumenrekombination meist leicht zu erfüllen: hier wird nur verlangt, daß die Konzentrationserhöhungen klein gegen die *Majoritäts*dichte sind. Das gleiche gilt für die Oberflächenrekombination auf derjenigen Seite der Stevenson-Keyes-Kurve, die der Anreicherungsrandschicht zugewandt ist. Auf der anderen Seite wird jedoch der Nenner der Gl. (15b) von denjenigen Trägern bestimmt, die im Kristallinnern *Minoritäten* sind, Δn_b muß also jetzt klein gegen deren Gleichgewichtsdichte sein. Diese Bedingung läßt sich bei Halbleitern mit geringen Inversionsdichten praktisch nicht erfüllen. Die Folge ist eine Abnahme der effektiven Oberflächenrekombination mit steigender Injektion (s. Abschn. 231)[1]).

Aus Gl. (15b) geht schließlich noch hervor, daß auch die Oberflächenrekombination von der Dotierung des Kristallinnern abhängen sollte: unter sonst gleichen Bedingungen sollte ein Eigenhalbleiter den kleinsten Wert für s, nämlich den kleinsten Wert für den Zähler zeigen. Das hat schon 1954 *B. H. Schultz* an Germanium bestätigt [114].

Meßtechnisch macht die Oberflächenrekombination keine wesentlichen Schwierigkeiten: sie wird von jedem Verfahren, das die Lebensdauer der Träger mißt, mit erfaßt. Insbesondere wird bei Proben, deren Dicke klein gegen die Diffusionslänge der Träger ist, die effektive Lebensdauer allein von der Oberfläche bestimmt. Die Forderung nach dünnen Proben läßt sich zuweilen umgehen, wenn man die zusätzlichen Träger nur in unmittelbarer Nähe der Oberfläche erzeugt, nämlich mit Licht sehr kleiner Eindringtiefe [72, 79]. Eine besonders elegante und darum häufig benutzte Meßanordnung stellt die sog. „Many-Brücke" dar [100]. Sie gestattet, Oberflächenleitung und -rekombination gleichzeitig zu messen, während das Oberflächenpotential durch Feldeffekt variiert wird.

---

[1]) Im allgemeinen Fall muß man auch berücksichtigen, daß eine Injektion die Bandaufwölbung ändert („Oberflächenphotoeffekt", Abschn. 124). Dann kann die Rekombination mit steigender Injektion auch zunehmen (*G. C. Dousmanis*, J. Appl. Phys. **30**, 180, 1959).

124 Oberflächenphotoeffekt

Im vorigen Kapitel war angenommen worden, daß auch bei Lichteinstrahlung jede der beiden Arten von Ladungsträgern in sich Boltzmann-Gleichgewicht über der Raumladungsrandschicht erhält. Eine Verarmungsrandschicht z.B. benötigt hierfür mehr Minoritäts- als Majoritätsträger: der Boltzmann-Faktor hat für die Minoritäten einen positiven, für die Majoritäten einen negativen Exponenten. Nun werden aber zusätzliche Träger nur paarweise erzeugt und vernichtet — jedenfalls solange Haftstellen für Elektronen und Löcher fehlen und auch die Rekombinationszentren nicht als solche wirken. Dieser Tatsache kann die Raumladungsschicht nur dadurch Rechnung tragen, daß sie ihre Bandaufwölbung herabsetzt, den Unterschied zwischen den beiden Boltzmann-Faktoren also verringert. Macht man im Extremfall die Dichte der zusätzlichen Trägerpaare groß gegenüber der Majoritätskonzentration, so werden Elektronen- und Löcherdichten praktisch gleich. Die Randschicht muß also ganz verschwinden: man kann auf diese Weise den „randschichtfreien Fall" erzwingen. Durch Lichteinstrahlung läßt sich das freilich nur schwer erreichen [89], leichter durch Injektion aus einem pn-Übergang, der sich in kurzem Abstand hinter der untersuchten Oberfläche, also auf der Rückseite einer dünnen Scheibe, befindet [38].

Die Änderung des Oberflächenpotentials durch Licht bezeichnet man als „Oberflächenphotoeffekt". Er kann grundsätzlich durch seine Influenzwirkung auf eine der Oberfläche dicht gegenübergestellte lichtdurchlässige Referenzelektrode gemessen werden.

Der Oberflächenphotoeffekt ist Gegenstand mehrerer theoretischer Arbeiten [37, 45, 53, 64, 88] gewesen. Experimentell wurde er jedoch meist nur zu qualitativen Untersuchungen herangezogen [45, 49, 53, 71, 74, 89, 107]. Das liegt vor allem an dem nicht leicht erfaßbaren Einfluß, den die Oberflächenzustände wegen ihrer unvermeidbaren Wirkung als Trägerfallen haben. Z.B. sollte der Oberflächenphotoeffekt an sich bei Verarmungs- und Anreicherungsschichten entgegengesetztes Vorzeichen haben; er sollte im randschichtfreien Fall verschwinden (wenn nämlich beide Boltzmann-Faktoren gleich 1 sind). Fangen nun aber, als Beispiel, die Oberflächenzustände bevorzugt Elektronen ein, so erzeugen sie bei Lichteinstrahlung eine negative Oberflächenladung, die durch eine entsprechende positive Ladung in der Randschicht kompensiert werden muß. Das bedeutet aber eine Zunahme der Bandaufwölbung (oder eine Abnahme der Bandabwölbung), d.h. einen zusätzlichen Beitrag zum Oberflächenphotoeffekt.

Naturgemäß haben die Oberflächenzustände um so mehr Einfluß, je größer ihre Flächendichte n_T ist; umgekehrt kann man aus dem Oberflächenphotoeffekt, insbesondere aus seinem Vorzeichenwechsel, n_T bestimmen. Hierzu müssen allerdings die übrigen Kenngrößen der Zustände bekannt sein.

13 Natur der Oberflächenzustände

Die besprochenen Meßverfahren erlauben grundsätzlich, die elektrischen Kenngrößen eines Oberflächenzustandes zu bestimmen, also

1. die Lage φ_T seines Energieniveaus im Bändermodell,
2. die Übergangswahrscheinlichkeiten c_n und c_p für Ladungsträger zu Leitungs- und Valenzband,
3. seine Flächendichte n_T.

Dies gilt jedenfalls, solange den Oberflächenzuständen wirklich diskrete Niveaus zugeordnet werden können. Bestehen sie aus Niveaugruppen oder sind die Niveaus gar über einen gewissen Energiebereich verschmiert, so wird eine eindeutige Interpretation von Messungen schwierig.
Über die „chemische" oder „atomistische" Natur der Oberflächenzustände ist mit alledem freilich nichts ausgesagt. Schon frühzeitig hat *Tamm* [121] aus rein theoretischen Überlegungen geschlossen, daß die bloße Existenz einer Oberfläche, die einfache Unterbrechung des Kristallgitters, im Bändermodell ebenso zu „Störniveaus" führt wie jede andere Störung des periodischen Potentials auch. Diese „Tamm-Niveaus" sind im gleichen Sinne im Bereich der Oberfläche lokalisiert, in dem bei Volumenstörstellen die Wellenfunktion des Elektrons auf den Bereich der gitterfremden Potentialmulde beschränkt ist.

Zunächst waren die Zustände reiner Oberflächen den freien Valenzen der Atome in der letzten Netzebene kurzerhand gleichgesetzt worden. Die Niveaudichte sollte dann der Atomdichte entsprechen, also fast 10^{15} cm^{-2} betragen [116]. Beugungsbilder langsamer Elektronen deuten aber darauf hin, daß die freien Valenzen der letzten Netzebene sich gegenseitig absättigen, daß die Atome dabei auf Plätze rücken, die systematisch von regulären Gitterplätzen abweichen, und daß sich schließlich diese Abweichungen auf mehrere Netzebenen erstrecken [23, 28, 97]. Alle durch die Existenz der Oberfläche in Mitleidenschaft gezogenen Atombindungen können aber Ursache von Oberflächenzuständen sein. Theoretische Vorhersagen [31, 82, 94] sind deshalb sehr schwierig und müssen eine Vielzahl möglicher Gegebenheiten erfassen. Jedenfalls ist „die Oberfläche" in diesem Sinne keine mathematische Fläche, sie ist vielmehr einige Atomabstände dick.
Wenn diese Vorstellungen richtig sind, genügt es, um eine perfekte Oberfläche zu erzeugen, nicht, die „freien Valenzen" der letzten Netzebene schlechthin durch Fremdatome abzusättigen; die Absättigung muß vielmehr auf solche Weise erfolgen, daß alle Atome des Grundmaterials auf regulären Gitterplätzen verbleiben können. Das wird nur mit verhältnismäßig wenig Arten von Fremdatomen möglich sein — bei Germanium vermutlich mit neutralen OH-Gruppen [33]. Baufehler der chemisorbierten Schicht [59], z.B. eingebaute Verunreinigungen, wären dann die Ursache der Zustände gewöhnlicher Oberflächen. Da sie gemeinhin nur in Dichten unter 10^{12} cm^{-2} beobachtet worden sind, also weniger als ein Promille der Oberflächenatome betreffen, dürfte die Chemisorption „richtiger" Fremdatome stark bevorzugt sein. Das ist verständlich: hohe Dichte der Oberflächenzustände bedeutet starke Verspannung in den letzten Netzebenen, also eine energetisch ungünstige Situation.

Geringe Termdichten bedeuten große Abstände der einzelnen Oberflächenzustände voneinander. Sind diese Abstände nicht mehr klein gegenüber der Dicke der Raumladungsrandschicht, so werden Bandaufwölbung und Oberflächenpotential inhomogen: die Randschicht bekommt eine unregelmäßige Struktur, insbesondere in ihrem oberflächennahen Teil. Der tatsächliche Potentialverlauf läßt sich dann nicht mehr mit einer eindimensionalen Poisson-Gleichung beschreiben [109].
Erhöht man die Zahl der adsorbierten Fremdatome immer weiter, so wird sich schließlich eine Deckschicht eigener Struktur bilden, die Eigenschaften eines Halbleiters haben kann. Dann lassen sich grob zwei Arten von Oberflächenzuständen unterscheiden: die einen befinden sich an der Phasengrenze Halbleiter-Deckschicht, die anderen an der Oberfläche der Deckschicht

selbst. Nur diese zweite Gruppe steht in unmittelbarer Wechselwirkung mit der umgebenden Atmosphäre — ihre Wechselwirkung mit dem Halbleiter ist jedoch relativ schwach. Atmosphärenwechsel wird sich gerade auf diese Oberflächenzustände auswirken, bei Feldeffekt-Experimenten werden sie sich hingegen nur verhältnismäßig langsam umladen. Entsprechend unterscheidet man zwischen „langsamen" und „schnellen" Oberflächenzuständen, freilich nicht ohne Willkür. Z.B. ist es denkbar, daß eine dritte Gruppe von Störstellen, die sich im Innern der Deckschicht befinden, Oberflächenzustände mit mittleren Zeitkonstanten bilden. Experimentelles Material über Zustände, die nicht zu den schnellen gerechnet werden können, liegt bisher nur in verhältnismäßig geringem Umfange vor [34, 44, 54, 92, 104, 105].

2 Die Phasengrenze Halbleiter-Elektrolyt

21 Modellvorstellungen

211 Grundzüge des Modells

Bisher war nur von der Potentialverteilung über der Raumladungsrandschicht die Rede, also vom Verlauf des Makropotentials im Innern des Halbleiters. Die Frage, wie sich dieses Potential durch die Phasengrenze hindurch in den Außenraum hinein fortsetzt, stellt sich erst, wenn Elektronen den Festkörper durch die betrachtete Oberfläche hindurch verlassen, also etwa bei thermischer Emission, Feldemission oder äußerem Photoeffekt. Sie stellt sich aber auch an jeder Grenzfläche zwischen zwei elektrischen Leitern (Beispiele für die umfangreiche Literatur s. [29]).

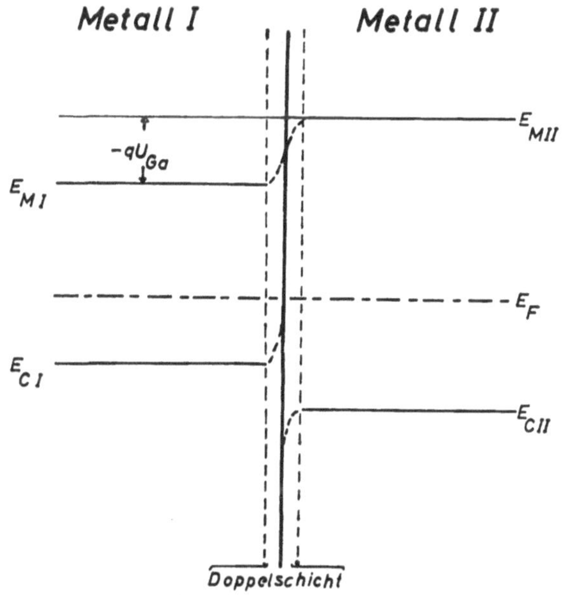

Abb. 4
Bändermodell des Kontaktes zweier Metalle. E_F = Fermi-Energie, E_M = Makropotential, U_{Ga} = Galvani-Spannung, E_C = Unterkante des Elektronenbandes.

Am leichtesten zu übersehen sind die Verhältnisse an der Berührungsstelle zweier Metalle (Abb. 4). Da hier die hohe Elektronendichte keine ausgedehnte Raumladung zuläßt, liegen Makropotential und Bandkanten horizontal. Das gleiche gilt für die Fermi-Energie (thermodynamisches Gleichgewicht). Die Differenzen dieser drei Größen sind Materialkonstanten des einzelnen Metalls, auf beiden Seiten der Phasengrenze also verschieden. Da, als Kennzeichen des Gleichgewichtes, die Fermi-Energie auf beiden Seiten die gleiche Lage haben soll, müssen die beiden anderen Größen einen Sprung machen. Der Sprung des Makropotentials erfordert wiederum eine Störung der Elektroneutralität: es entsteht eine atomare Doppelschicht, und zwar dadurch, daß einige Elektronen von dem einen Metall in das andere herüberwechseln. Über der Phasengrenze liegt eine Spannung, die sogenannte „Galvani-Spannung". Gegen diesen Begriff läßt sich ein schwerwiegender Einwand erheben: es ist gemeinhin unmöglich, die Galvani-Spannung experimentell zu bestimmen. Messung mit einem Galvanometer verbietet der zweite Hauptsatz: die Summe aller Galvani-Spannungen in einem geschlossenen Stromkreis ist im Gleichgewicht Null. Nur außerhalb des Gleichgewichtes, etwa bei Temperaturdifferenzen, können Spannungen auftreten. Schließt man jedoch den Stromkreis nicht, stellt man also zwei Kondensatorplatten, durch eine beliebige Leiterkette verbunden, einander gegenüber, so kann man zwischen ihnen zwar dann ein elektrisches Feld beobachten, wenn sie aus verschiedenen Materialien bestehen, die zugehörige Spannung ist aber nicht die Galvani-Spannung. Der Grund liegt darin,

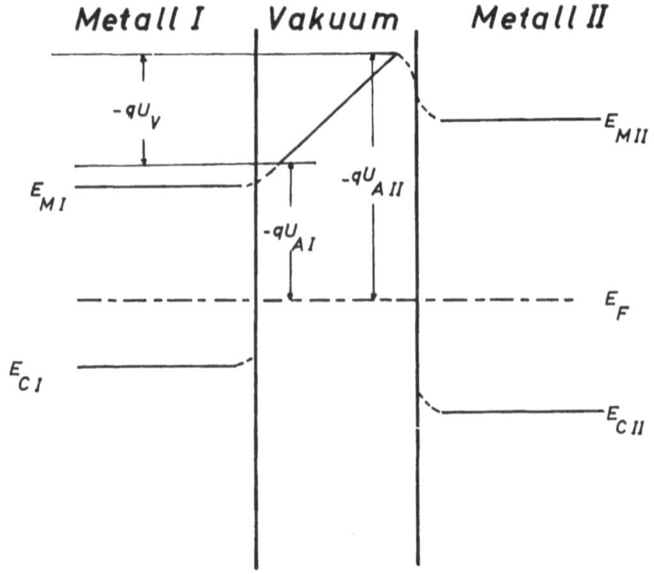

Abb. 5 Bändermodell zweier einander gegenüberstehender Metallplatten. Wegen der atomaren Doppelschicht einer freien Oberfläche ist die Voltaspannung U_V nicht gleich der Galvani-Spannung U_{Ga}, sondern entspricht der Differenz der beiden Austrittspotentiale U_A.

daß nicht nur an der Phasengrenze zweier Metalle atomare Doppelschichten auftreten, sondern auch an freien Oberflächen. Hinzu kommt die Krümmung des Potentials im Außenraum durch den Einfluß der Bildkraft. Diese Potentialsprünge, die bei verschiedenen Metallen auch unterschiedliche Werte annehmen werden, verfälschen die Galvani-Spannung; die meßbare Größe, die „Volta-Spannung" (auch „Kontakt-Potential" genannt) steht mit ihr in keinem eindeutigen Zusammenhang (Abb. 5).

Soll ein Elektron das Metall verlassen, so muß ihm mindestens die „Austrittsarbeit" zugeführt werden, die Differenz zwischen der Fermi-Energie innen und dem Makropotential außen. Wie Abb. 5 zeigt, ist die Volta-Spannung gleich dem Unterschied der Austrittspotentiale der beiden Metalle. Solange im Außenraum keine hohen elektrischen Felder herrschen, braucht man den Verlauf des Potentials im einzelnen nicht zu kennen, nur sein (in atomaren Dimensionen konstanter) Wert in einigem Abstand von der Phasengrenze interessiert. Bei kalter Elektronenemission etwa im Feldelektronenmikroskop werden freilich derart hohe Felder angelegt, daß sich der Potentialverlauf auch in atomaren Dimensionen wesentlich ändert. Reproduzierbare Meßergebnisse sind in diesem Fall wohl zu erhalten, aber schwierig zu deuten [51].

Die atomare Doppelschicht an der Oberfläche eines Metalls kann man sich dadurch entstanden denken, daß die Elektronenwolken der Oberflächenatome etwas verzerrt sind. Ihr Ladungsschwerpunkt deckt sich dann nicht mehr mit dem Atomkern, die Atome sind „polarisiert". Man kann aber auch von „Oberflächenzuständen" sprechen, die Elektronen einfangen oder abgeben und so eine „Raumladungsrandschicht" erzeugen. Beim Metall besteht kein nennenswerter Unterschied zwischen beiden Betrachtungsweisen: die hohe Elektronendichte läßt der „Raumladungsrandschicht" sowieso nur atomare Dicke, der Durchmesser der „Oberflächenzustände" ist von der gleichen Größenordnung.

Anders beim Halbleiter. Die Randschichten sind hier dick im Vergleich zur Gitterkonstanten. Sie übernehmen auch bei kleinen Ladungsdichten verhältnismäßig große Spannungen und haben einen entsprechend großen Einfluß auf die Austrittsarbeit. Diese zählt wie bei Metallen von der Fermi-Energie innen bis zum Makropotential außen (deckt sich also, im Gegensatz zu den Metallen, nicht mit der lichtelektrischen Abtrennarbeit für den äußeren Photoeffekt, weil sich im Halbleiter gemeinhin keine Elektronen auf der Fermi-Energie befinden [27, 30, 96]). Nun hat das Makropotential außen wiederum konstanten Abstand von den Bandkanten an der Oberfläche, es verschiebt sich also gegenüber der Fermi-Energie, wenn sich die Bandaufwölbung ändert. Die Austrittsarbeit hängt demnach mit dem Oberflächenpotential zusammen, d.h. der relativen Lage der Fermi-Energie an der Oberfläche, und nicht mit dessen Lage im Kristallinnern. Entsprechend haben die Oberflächenzustände einen größeren Einfluß als die Dotierung.

Bestünden Abweichungen von der Elektroneutralität nur in der Raumladung der Randschicht und der gleichgroßen Flächenladung in den Oberflächenzuständen, so zeigte das Makropotential auch nur eine vergleichsweise schwache Krümmung in der Randschicht, knickte aber an der Oberfläche selbst scharf wieder in die Horizontale ein. Da die Bandaufwölbung einerseits und die Austrittsarbeit andererseits im Prinzip gemessen werden können, hat es zunächst den Anschein, als könne auch der Abstand des Makropotentials von den Bandkanten gemessen werden. Man kann aber auch bei Halbleitern eine Polarisation der Oberflächenatome nicht ausschließen. Die Folge ist ein zusätzlicher Potentialsprung unbekannter Größe, so daß die absolute Lage des Makropotentials im Innern doch wieder unbekannt bleibt (Abb. 6).

Bringt man den Halbleiter mit einem Metall in Berührung, so werden sich im allgemeinen sowohl die Polarisation wie die Oberflächenzustände ändern. Es läßt sich darum nicht vorhersagen, wie Doppelschicht und Raumladungsrandschicht die Galvani-Spannung unter sich aufteilen. Dabei wird die Art der Herstellung des Kontaktes von Einfluß sein. Ist er z.B. durch Legieren entstanden, so werden einige Metallatome in den Halbleiter eindiffundieren und ihn möglicherweise dotieren. Man kann dann darüber streiten, ob man es noch mit einer Raumladungsschicht im Sinne der Oberflächeneffekte zu tun hat oder mit einer inhomogenen Dotierung. Setzt man andererseits eine

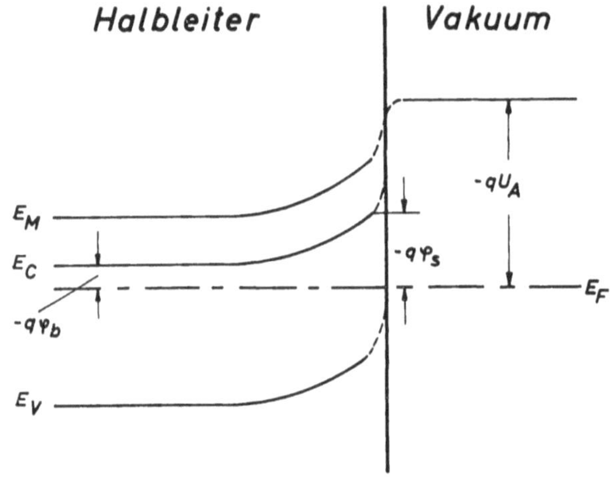

Abb. 6
Bändermodell einer Halbleiteroberfläche mit atomarer Doppelschicht. Die Differenz zwischen Austrittspotential U_A und Oberflächenpotential φ_s ist kein Maß für den Abstand des Makropotentials E_M von den Bandkanten E_C und E_V.

Metallspitze auf den Halbleiter auf, so entsteht der Kontakt an einer bereits vorhandenen gewöhnlichen Oberfläche. Es ist möglich, daß dann das Metall keinen wesentlichen Einfluß auf die Randschicht ausübt.

Die Galvani-Spannung selbst wird durch diese Vorgänge nicht berührt. Sie hängt wie beim Kontakt zwischen zwei Metallen nur ab von den Abständen zwischen Fermi-Energie und Makropotential in den Neutralgebieten zu beiden Seiten der Phasengrenze.

An der Phasengrenze zwischen zwei Halbleitern teilt sich die Galvani-Spannung in drei Anteile auf: je eine Raumladungsschicht in jedem Halbleiter und den Potentialsprung an der Grenze selbst. Wieder können beide Bandaufwölbungen im Prinzip gemessen werden, der Sprung jedoch nicht. Vollständig bekannt ist der Potentialverlauf nur dann, wenn sich auf beiden Seiten des Raumladungsgebietes der gleiche Halbleiter befindet, lediglich mit unterschiedlicher Dotierung — also beim pn-Übergang. Dann gibt — zumindest sehr wahrscheinlich—keine Störung des Kristallgitters Anlaß zu einem Potentialsprung; in diesem Sonderfall ist die Galvani-Spannung also meßbar.

Ähnlich wie an der Phasengrenze zwischen zwei Halbleitern liegen die Verhältnisse an der Grenze Halbleiter-Elektrolyt. Auch in Flüssigkeiten kann man ein Makropotential definieren, es entspricht dem „elektrischen Potential" in der Nomenklatur der Elektrochemie. Konzentrationsgradienten werden in dieser Nomenklatur durch Gradienten „chemischer Potentiale" gekennzeichnet. Die Summe beider Potentiale, das „elektrochemische Potential" ist räumlich konstant, wenn sich die betreffende Teilchenart im thermodynamischen Gleichgewicht befindet. Die Fermi-Energie entspricht also dem elektrochemischen Potential der Elektronen. Herrscht an der Phasengrenze Halbleiter-Elektrolyt Elektronengleichgewicht — bei Redox-Systemen wird das der Fall sein — so ist es sinnvoll, in einer dem Bändermodell analogen Darstellung die Fermi-Energie horizontal in den Elektrolyten hineinzuzeichnen. Die Definition von Elektronenniveaus im Elektrolyten bedarf allerding sorgfältiger Überlegungen, wie sie *H. Gerischer* angestellt hat [65, 66]. Ihre Darstellung liegt nicht mehr im Rahmen dieses Referates.

Ebenso wie im Halbleiter können auch im Elektrolyten nicht beliebig hohe Raumladungsdichten auftreten: sie sind begrenzt durch die Konzentration der verfügbaren Ionen. Infolgedessen bildet sich auch im Elektrolyten eine Raumladungsrandschicht aus, die sogenannte „Gouy-Schicht". Ihre Dicke wird durch die „Debye-Länge" der beteiligten Ionen bestimmt, sie hängt von deren Ladung und Konzentration ab. Nur bei stark verdünnten Elektrolyten kommt sie in den Bereich der bei Germanium üblichen Randschichten, ein 0,1-normaler Elektrolyt ist in diesem Sinne bereits „konzentriert". Auch bei durchaus vergleichbarer Gesamtladung übernimmt die Gouy-Schicht dann fast keine Spannung.

Nun können die Ionen des Elektrolyten nicht näher an die Oberfläche des Festkörpers heranrücken als bis zur Berührung — ihr Ladungsschwerpunkt bleibt also mindestens um den Radius der das Ion umgebenden Solvathülle entfernt; mit anderen Worten: die Gouy-Schicht hält atomaren Abstand von der Oberfläche. Zwischen den beiden Raumladungsgebieten liegt eine dünne Schicht, die frei von Ladungen ist, aber ein starkes elektrisches Feld enthalten kann — die sogenannte „Helmholtz-Schicht". An der Phasengrenze zwischen einem Metall und einem konzentrierten Elektrolyten muß die Helmholtz-Schicht die gesamte Galvani-Spannung übernehmen.

Ionen, die den Festkörper berühren, sind in ihrer thermischen Bewegung behindert. Sie werden deshalb eine höhere Ladungsdichte verursachen als die übrigen Ionen der Gouy-Schicht, d.h. sie werden eine Art Flächenladung bilden. Dadurch bekommt das Bild der Grenzfläche Halbleiter-Elektrolyt eine gewisse Symmetrie: an der Phasengrenze stehen sich zwei Flächenladungen in atomarem Abstand gegenüber; ihnen folgen Raumladungsrandschichten, die allmählich in die Neutralgebiete der beiden Phasen übergehen. Allerdings wird die Flächenladung des Elektrolyten das gleiche Vorzeichen haben wie die Raumladung der Gouy-Schicht. Die Raumladung des Halbleiters kann dahingegen durchaus der Flächenladung in den Oberflächenzuständen entgegengesetzt sein — bei der trockenen Oberfläche muß sie es sogar. In Abb. 7 sind diese Verhältnisse schematisch dargestellt für den Fall, daß die gesamte negative Ladung in den Oberflächenzuständen konzentriert ist, beide Raumladungsgebiete also positiv sind. Da die relativ hohen elektrischen Leitfähigkeiten beider Phasen nennenswerte Felder, d.h. Potentialgefälle in den Neutralgebieten, nicht zulassen, muß die Summe aller Ladungen wie bei einer echten elektrostatischen Doppelschicht Null ergeben.

Zur Galvani-Spannung trägt auch jetzt der unbekannte Potentialsprung bei, der von einer Polarisation der Oberflächenatome des Halbleiters herrührt. Ein ähnlicher Beitrag ist von polarisierten Teilchen des Elektrolyten zu erwarten. Beide Anteile werden, da sie sich schon nicht messen lassen, kurzerhand zu der ebenfalls nicht meßbaren Spannung hinzugezählt, die, wie oben beschrieben, von dem endlichen Durchmesser der Elektrolyt-Ionen herrührt. In diesem Sinne erstreckt sich die Helmholtz-Schicht etwas in den Halbleiter hinein, ihre Grenzen gegenüber beiden Raumladungsschichten sind räumlich nicht mehr scharf.

Die Galvani-Spannung U_{Ga} an der Grenze Halbleiter-Elektrolyt setzt sich demnach aus drei Anteilen zusammen: der meßbaren Spannung U_R über der Raumladungsrandschicht des Halbleiters, der (wie in Abschnitt 221 gezeigt werden wird) im Prinzip ebenfalls meßbaren Spannung U_G über der Gouy-Schicht sowie der Spannung U_H über der Helmholtz-Schicht, zu der der ganze nicht meßbare Rest geschlagen wird. In vielen Fällen wird der Elektrolyt so konzentriert, d.h. die Gouy-Schicht so dünn sein, daß auch U_G nicht mehr von U_H abgetrennt werden kann.

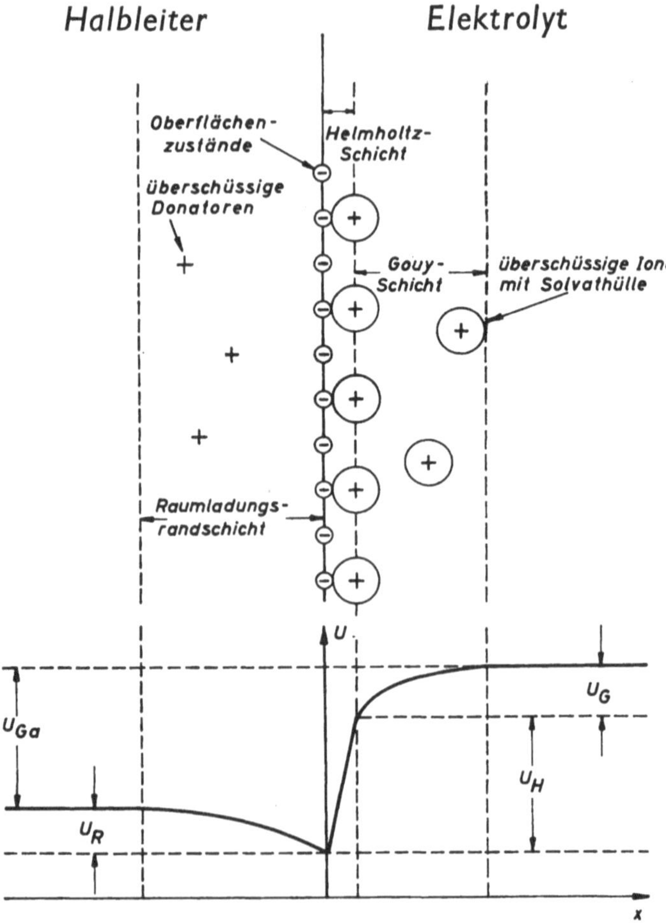

Abb. 7. Ladungs- und Potentialverteilung an der Phasengrenze Halbleiter-Elektrolyt, schematisch

Wenn sich die Galvani-Spannung selbst auch nicht messen läßt, so steht sie doch in einer festen Beziehung zu der meßbaren Spannung U_K, die zwischen einem ohmschen Kontakt am Halbleiter und einer in den Elektrolyten getauchten Normalelektrode (z.B. Kalomelelektrode) auftritt. Änderungen ΔU_{Ga} der Galvani-Spannung und mit ihr Änderungen ΔU_H der Spannung über der Helmholtz-Schicht können deshalb zuverlässig gemessen werden. Es gilt

$$\Delta U_K = \Delta U_{Ga} = \Delta U_R + \Delta U_H + \Delta U_G \tag{17}$$

oder

$$U_K = \text{const} + U_R + U_H + U_G \tag{18}$$

und im konzentrierten Elektrolyten

$$U_K = \text{const} + U_R + U_H. \tag{19}$$

Die Konstante erhält die Summe aller Galvani-Spannungen an allen Phasengrenzen des Meßkreises, insbesondere auch die am sperrfreien Kontakt des Halbleiters. Diese ist dotierungsabhängig wie das Volumenpotential φ_b. Für quantitative Vergleiche von Messungen an verschiedenen Proben des gleichen Grundmaterials gilt also

$$U_K = \text{const} + U_R + U_H + \varphi_b \tag{20}$$

oder ausgeschrieben (d.h. mit Gl. (4))

$$U_K = \text{const} + U_R + U_H + (kT/q) \ln (n_{b0}/n_i). \tag{21}$$

Das letzte Glied entspricht bei Zimmertemperatur 60 mV je Dekade in der Elektronenkonzentration. Schließlich gilt wegen $U_R = \varphi_s - \varphi_b$ noch

$$U_K = \text{const} + \varphi_s + U_H. \tag{22}$$

Von diesen Gleichungen wird in den letzten Abschnitten dieses Referates Gebrauch gemacht werden.

In vielen Fällen wird durch chemische Reaktionen eine Deckschicht entstehen, die sich als dritte Phase zwischen Halbleiter und Elektrolyt schieben kann. Ist sie dick, so hat man es wirklich mit zwei Phasengrenzen zu tun. Ist sie so dünn, daß sie keine eigenen Raumladungsschichten, vielleicht sogar keine nennenswerten atomaren Doppelschichten ausbilden kann, so bringt sie doch auf jeden Fall die beiden Flächenladungen des Halbleiters und des Elektrolyten auf größeren Abstand. Sie verbreitert ein Gebiet, in dem hohe elektrische Felder herrschen, vergrößert U_H und ΔU_H. Deckschichten von nur wenigen Atomlagen Dicke können deshalb schon erheblichen Einfluß haben [75].

212 Kritik des Modells

Stärke und Schwäche des Modells zugleich liegen in der Helmholtz-Schicht. Sie macht das Bild handlich, weil sie offene Fragen zunächst einmal mit geläufigen Begriffen überdeckt — freilich nicht beantwortet. Schon das Bild einer Doppelschicht — also zweier eng benachbarter Flächenladungen — wird fragwürdig, wenn der Abstand der Punktladungen in einer Fläche von der gleichen Größenordnung ist wie der Abstand der beiden Flächen voneinander. Bei einer „atomaren Doppelschicht" ist das aber notwendigerweise der Fall. Geschickte Mittelwertbildung schafft hier möglicherweise Abhilfe [109].

Vor allem sind aber Potentialbilder, wie sie die Abb. 4 – 7 zeigen, begrifflich nicht sauber. In den Neutral- und Raumladungsgebieten werden Metalle, Halbleiter und Elektrolyten als Kontinua ohne atomistische Struktur aufgefaßt: „Potential" bedeutet hier „Makropotential", also den nicht näher definierten Mittelwert über das tatsächlich vorhandene „Mikropotential" der Einzelatome. In den atomaren Dimensionen der Helmholtz-Schicht ist eine Mittelwertbildung zumindest nicht mehr in der gleichen Weise möglich; mit

„Potential" wird hier ein Begriff gemeint, der dem „Mikropotential" verwandt ist. In Abb. 7 wurden also zwei verschieden definierte Potentiale stillschweigend miteinander verbunden; zumindest dort, wo die Potentialbereiche aneinander stoßen, also am Ort der beiden Flächenladungen, ist das Bild demnach fragwürdig. Das war es dort freilich schon vorher: an diesen Stellen sollen ja die unbekannten Potentialsprünge angenommen werden, die von polarisierten Teilchen herrühren.

Aber auch der zunächst so einleuchtende Begriff des „Makropotentials" ist an einer Phasengrenze fragwürdig. Es handelt sich um ein elektrostatisches Potential. Hinter ihm steht demnach folgendes Gedankenexperiment: eine möglichst kleine, möglichst leichte und möglichst punktförmige Probeladung wird durch das Potentialfeld geführt, die einwirkende Kraft wird gemessen. Die kleinste vorhandene Probeladung ist ein freies Elektron — mit ihm lassen sich Felder im Vakuum zuverlässig ausmessen. In Festkörpern gibt es nur „quasifreie" Elektronen im Sinne des Bändermodells — sie haben gleiche Ladung aber andere effektive Masse als freie Elektronen. Mit ihnen lassen sich makroskopische Felder in Körpern ausmessen, die aus einer einheitlichen Grundsubstanz bestehen. An Grenzflächen ist man jedoch gezwungen, die Probeladung zu wechseln. In Silicium existieren andere quasifreie Elektronen als in Germanium, in Elektrolyten sind sie nicht einmal mehr quasifrei, sie sind vielmehr an Ionen gebunden. Die Makropotentiale auf beiden Seiten einer Phasengrenze beziehen sich auf verschiedenen Probeladungen, sie können darum nicht ohne weiteres miteinander verglichen werden. Die Differenz zwischen ihnen, die Galvani-Spannung, läßt sich also nicht nur nicht messen sondern auch begrifflich nicht eindeutig festlegen.

Anders ist es bei Änderungen der Galvani-Spannung, die in einer gegebenen Meßanordnung durch einen experimentellen Eingriff von außen hervorgerufen werden. Die Potentialdefinitionen zu beiden Seiten der Phasengrenze bleiben von einem solchen Eingriff unberührt, bei der Messung werden darum immer nur Potentiale gleicher Definition miteinander verglichen.

Einer Erläuterung bedarf noch der Begriff des thermodynamischen Gleichgewichtes an einer Phasengrenze. Streng genommen ist eine Phasengrenze solange nicht im Gleichgewicht, wie sie existiert. Für einen pn-Übergang etwa ist Voraussetzung, daß sich die Donatoren der n-Seite mit den Akzeptoren der p-Seite eben nicht durch Diffusion ins Gleichgewicht setzen — was sie nach extrem langer Zeit schon tun werden. Von langsamen Prozessen wird darum angenommen, daß sie überhaupt nicht ablaufen. Andererseits spricht man beim pn-Übergang von einer Störung des Gleichgewichtes dann, wenn sich — etwa nach einer Lichteinstrahlung — die Konzentrationen der beiden Trägerarten noch nicht über den Rekombinationsmechanismus miteinander ins Gleichgewicht gesetzt haben. Dabei wird aber zumeist stillschweigend vorausgesetzt, daß sowohl die Elektronen unter sich wie auch die Löcher unter sich räumlich Gleichgewicht halten, weil sie das vermöge ihrer hohen Beweglichkeit verhältnismäßig rasch tun können. Von schnellen Prozessen wird demnach angenommen, daß sie bereits abgelaufen sind. Die Begriffe „Gleichgewicht" und „Abweichung vom Gleichgewicht" beziehen sich darum zumeist auf denjenigen Prozeß, dessen Zeitkonstante menschlichen Zeitvorstellungen am nächsten kommt, der weder zu schnell noch zu langsam abläuft. Die Fermi-Energie, also das elektrochemische Potential der Elektronen, durch die Phasengrenze Halbleiter-Elektrolyt hindurchzuzeichnen, ist deshalb nur

dann sinnvoll, wenn der das Gleichgewicht bestimmende Prozeß — wie etwa bei Redox-Systemen — ein Elektronenprozeß ist.
Der geschwindigkeitsbestimmende Schritt legt auch den Ort der „Phasengrenze" fest. Bisher war stillschweigend angenommen worden, daß der Ladungsübergang zwischen der Ebene der Oberflächenzustände, d.h. zwischen der Adsorptionsschicht, und dem Elektrolyten gehemmt ist. Dann liegt die Phasengrenze, der Ort des variablen Teiles der Spannung, über der Helmholtz-Schicht, eben zwischen Adsorptionsschicht und Elektrolyt. Grundsätzlich ist aber nicht ausgeschlossen, daß sich die Adsorptionsschicht in ständigem Gleichgewicht mit dem Elektrolyten befindet und der geschwindigkeitsbestimmende Schritt zwischen dem Halbleiter und seinem Oberflächenzuständen auftritt. Dann läge die „Phasengrenze" hier und die Oberflächenzustände gehörten elektrisch zum Elektrolyten.

22 Ladungs- und Potentialverteilung

221 Die Gouy-Schicht

Die Existenz der Raumladungsrandschicht im Halbleiter ist nicht an die Existenz des Elektrolyten gebunden — die grundlegenden Untersuchungen wurden ja gerade an trockenen Oberflächen ausgeführt. Analog ist die Existenz der Gouy-Schicht nicht an die Halbleitereigenschaften der Elektrode gebunden — hier stammen die wichtigsten Erkenntnisse aus Untersuchungen an Grenzflächen zu isolierenden Feststoffen [93]. Metalle wurden seltener, Halbleiter bisher fast gar nicht untersucht. Das hat vor allem meßtechnische Gründe. Die Spannung U_G über der Gouy-Schicht kann zuverlässig nicht gemessen werden. Meßbar ist lediglich das sogenannte „ζ-Potential", eine Größe, die durch ihr Meßverfahren definiert ist und mit U_G in engem Zusammenhang steht. Läßt man einen Elektrolyten parallel zu einem ihn begrenzenden Festkörper strömen, so findet man, daß mit der mechanischen Strömung auch ein elektrischer Strom verbunden ist. Das hat folgende Ursache: da die äußersten Moleküle des Elektrolyten praktisch an der Oberfläche des Festkörpers haften, nimmt die Geschwindigkeit der mechanischen Strömung zur Phasengrenze hin ab; grob vereinfachend kann man eine „Gleitebene" in der Weise definieren, daß man alle Teilchen „jenseits" dieser Ebene als ruhend annimmt, während sie sich „diesseits" mit voller Strömungsgeschwindigkeit bewegen sollen. Liegt nun die Gleitebene im Bereich der Gouy-Schicht, so transportiert die Strömung mit Sicherheit mehr Ionen des einen Vorzeichens als solche des anderen: es wird Ladung transportiert, es fließt ein elektrischer Strom. Umgekehrt kann man durch eine von außen angelegte Spannung einen elektrischen Strom erzwingen, der dann seinerseits eine mechanische Strömung erzeugt („Elektro-Osmose"). Der Zusammenhang zwischen Strom und Strömung läßt sich unter vereinfachenden Annahmen berechnen. Er hängt von der Geometrie der Phasengrenze ab, von der kinematischen Zähigkeit des Elektrolyten, von seiner spezifischen elektrischen Leitfähigkeit, vor allem aber vom „ζ-Potential" — von der Spannung nämlich, die zwischen Neutralgebiet des Elektrolyten und der hypothetischen Gleitebene liegt. Fiele die Gleitebene mit der Grenze zwischen Gouy- und Helmholtz-Schicht zusammen, so wären ζ-Potential und U_G tatsächlich gleich. Im allgemeinen wird man aber nicht mehr als qualitative Zusammenhänge zwischen beiden Größen erwarten dürfen[1]).

Messungen des ζ-Potentials sind ausgesprochen schwierig. Drückt man den Elektrolyten durch Kapillaren, so hat man zwar eine wohldefinierte Geometrie, die meßbaren Effekte sind jedoch klein, die Ergebnisse entsprechend unsicher. Im allgemeinen vergrößert man deshalb die wirksame Grenzfläche dadurch, daß man den Festkörper zerpulvert. In die Auswertung geht dann die Korngröße des Pulvers ein, die Teilchen selbst werden als kugelförmig angenommen. Vor allem aber sind die Verhältnisse an der Oberfläche nicht mehr zuverlässig definiert — bei Halbleitern etwa wird das Oberflächenpotential nicht überall den gleichen Wert haben, messen oder auch nur eindeutig verändern läßt es sich schon gar nicht. Die größte Unsicherheit verursacht allerdings eine

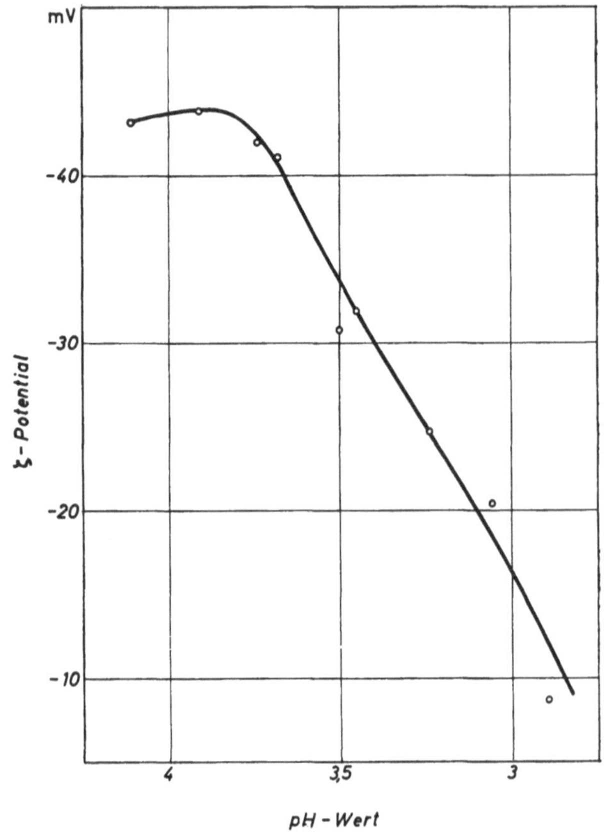

Abb. 8
ζ-Potential in Abhängigkeit vom pH-Wert. n-Ge, 10^{-2} Ωcm, nach *M. J. Sparnaay* [119].

---

[1]) Streng genommen macht man einen analogen Fehler bei der Bestimmung der Spannung U_R über der Raumladungsrandschicht des Halbleiters mit Hilfe der Oberflächenleitung, insbesondere wenn man der Auswertung die Volumenwerte der Trägerbeweglichkeiten zugrunde legt. In unmittelbarer Nähe der Oberfläche sind diese Beweglichkeiten herabgesetzt. Man kann deshalb eine „Gleitebene" für Elektronen in gleicher Weise definieren wie für die Ionen des Elektrolyten. Die Oberflächenleitung liefert dann die Spannung zwischen dem Neutralgebiet und dieser Gleitebene.

elektrische Leitfähigkeit des Festkörpers; erzeugt sie einen elektrischen Nebenschluß zum Elektrolyten, so kann sie die Messungen erheblich verfälschen oder gar unmöglich machen. Hohe Grenzschichtwiderstände sind deshalb Voraussetzung dafür, daß das ζ-Potential gegen elektrisch leitende Substanzen gemessen werden kann.
Messungen, bei Zimmertemperatur in verschiedenen Elektrolyten gegenüber Germanium und Silicium durchgeführt, lieferten bis auf wenige Ausnahmen Werte unter 100 mV [57]. *Sparnaay* [119] konnte weiterhin die Erwartung bestätigen, daß das ζ-Potential um so kleinere Werte annimmt, je konzentrierter der Elektrolyt, je dünner also die Gouy-Schicht ist. Weiterhin hat er für n-Ge auch einen Einfluß des pH-Wertes des Elektrolyten gefunden (Abb. 8). Allerdings übernimmt das ζ-Potential nur einen Teil der Änderung des Galvani-Potentials, die, wie in Abschnitt 224 gezeigt werden wird, rund 60 mV je Zehnerpotenz Änderung der H^+-Ionen-Konzentration betragen soll. Schließlich findet Sparnaay in allen Fällen eine positive Raumladung in der Gouy-Schicht gegenüber Germanium.

222 Unterdrückung der Gouy-Schicht

Besonderen Erfolg hatte die „nasse Oberfläche" bei dem Versuch, die chemische Natur von Oberflächenzuständen zu ergründen — als es nämlich bei Germanium gelang, zunächst eine zustandsfreie „perfekte" Oberfläche herzustellen und auf ihr dann willkürlich Oberflächenzustände zu erzeugen. Für Untersuchungen dieser Art ist die Gouy-Schicht unwichtig, eher störend. Man wird sie deshalb unterdrücken, indem man hinreichend konzentrierte Elektrolyten verwendet. Das ist bei allen in den folgenden Abschnitten beschriebenen Experimenten der Fall — entsprechend wird hier auch unter der „Helmholtz-Schicht" der ganze Bereich von der Phasengrenze bis zum Neutralgebiet des Elektrolyten verstanden.
Voraussetzung für alle Untersuchungen an Oberflächenzuständen ist, daß man das Oberflächenpotential über einen nicht zu kleinen Bereich willkürlich verändern kann. Dazu hat man bei trockenen Oberflächen zwei Möglichkeiten: Atmosphärenwechsel und Feldeffekt. Beide Möglichkeiten bestehen auch bei der nassen Oberfläche, nämlich Änderung der Zusammensetzung des Elektrolyten und Anlegen einer äußeren Spannung zwischen Halbleiter und Elektrolyt. Im Gegensatz zu der trockenen Oberfläche fließt dabei aber immer ein elektrischer Strom durch die Phasengrenze. Das bedeutet meßtechnisch einen wesentlichen Nachteil. Einmal kann der Strom elektrische Messungen unmittelbar stören, zum anderen ist er mit elektrochemischen Reaktionen verknüpft, die ihrerseits die Verhältnisse an der Grenzfläche nachhaltig verändern können. Gelingt es nicht, den Strom durch irgendwelche Maßnahmen hinreichend klein zu halten, so muß man versuchen, den chemischen Änderungen durch hohe Meßgeschwindigkeit zuvorzukommen.
Diesen Nachteilen steht eine Reihe von Vorteilen gegenüber. Einmal ist es möglich, elektrochemische Reaktionen zur Reinigung der Oberfläche zu benutzen: für die Herstellung einer perfekten Germanium-Oberfläche erweist es sich als wesentlich, kurz vor der Messung einige Netzebenen des Kristalles durch anodische Auflösung abzutragen. Weiterhin läßt sich die Spannung U_K zwischen einem sperrfreien Kontakt am Halbleiter und einer Normal-Elektrode im Elektrolyten sehr leicht messen. Vergleichbare Größen wären bei trockenen Oberflächen Austrittsarbeit und Voltaspannung; beide erfor-

dern zu ihrer Messung relativ viel Aufwand. Auch der Oberflächenphotoeffekt läßt sich als Änderung von U_K im Elektrolyten leicht beobachten (s. Abschn. 234). Bei trockenen Oberflächen ist hierfür eine lichtdurchlässige Referenzelektrode notwendig, die wegen ihrer kapazitiven Ankopplung nur Wechselspannungen aufnehmen kann und darum intermittierende Belichtung erfordert. Von besonderer Bedeutung ist schließlich, daß Messungen der Elektrodenkapazität unmittelbar Aussagen über die Ladung in Oberflächenzuständen gestatten (s. Abschn. 232).
Es erleichtert die Untersuchung sehr, wenn im Verlaufe einer Messung die Spannung über der Helmholtz-Schicht konstant bleibt. Dann entspricht nämlich einer gemessenen Änderung der Referenzspannung U_K eine gleichgroße Änderung des Oberflächenpotentials φ_s ($\Delta U_K = \Delta\varphi_s$). Ob diese Bedingung wirklich eingehalten werden kann, läßt sich z.B. mit Hilfe der Oberflächenleitung überprüfen.
Eine Messung der Oberflächenleitfähigkeit erfordert freilich einen Hilfsstrom in Längsrichtung der Probe, der unvermeidlich eine Spannung längs der Phasengrenze erzeugt. Das hat zwei unangenehme Konsequenzen. Einmal ist die Spannung über der Phasengrenze und damit das Oberflächenpotential nicht mehr homogen. Zum anderen kann nun der Elektrolyt einen Nebenschluß zur Leitwertmessung bilden [80]. Man wird deshalb versuchen, einerseits den Hilfsstrom so klein wie möglich, zum anderen und vor allem den Widerstand der Grenzschicht so groß und so konstant wie möglich zu machen. Maßgebend für diesen Widerstand ist der geschwindigkeitsbestimmende Schritt der elektrochemischen Reaktion, die bei Stromdurchgang an der Phasengrenze abläuft. Dieser Schritt soll aus irgendwelchen Gründen gehemmt sein — die Gründe selbst gehören nicht mehr zum Thema dieses Referates.

223 Die Raumladungsrandschicht

Die Reaktionshemmung muß auch dafür sorgen, daß der störende Strom, den die von außen — etwa über eine Platin-Elektrode im Elektrolyten — angelegte Spannung senkrecht durch die Grenzfläche hindurchzieht, nicht zu groß wird. Auf den ersten Blick erscheint es möglich, diesen Strom dadurch ganz zu unterbinden, daß man seinen Kreis einfach unterbricht, die Platin-Elektrode also ganz entfernt und U_K nur noch durch die Zusammensetzung des Elektrolyten ändert. Tatsächlich wird auch jetzt noch ein endlicher Strom z.B. über Isolationsfehler der Küvette fließen, der nun von der potentialbestimmenden Grenzflächenreaktion geliefert werden muß. Trotzdem sind ungestörte Messungen möglich, wie Abb. 9 am Beispiel Silicium zeigt [76]. Als Elektrolyt diente hier Schwefelsäure mit einem variablen Zusatz von Cer(IV)-ammoniumsulfat. Die Meßpunkte sind aufgetragen gegen die Referenzspannung U_K der Kalomel-Elektrode, die gerechneten (vgl. Abschnitt 122) Kurven jedoch gegen das Oberflächenpotential φ_s. Die Skalen für beide Größen haben den gleichen Maßstab, sind lediglich gegeneinander verschoben. Da die Meßpunkte zu den Kurven passen, müssen beide Größen in gleicher Weise von der Salzkonzentration abhängen; die Bedingung $\Delta U_K = \Delta\varphi_s$ war hier also erfüllt. Da das verwendete Sulfat ein Oxydationsmittel ist, dürfte das Potential von einer Korrosionsreaktion bestimmt worden sein. Sein Zusammenhang mit der Salzkonzentration war allerdings nicht eindeutig.
Zu ähnlichen Ergebnissen kommt man auch, wenn man nun doch eine äußere Spannung zwischen Silicium und Elektrolyt anlegt. Das zeigt Abb. 10 für

n-Si [75]. Auch hier decken sich Messung und Rechnung, aber nur im Potentialbereich der Anreicherung und Verarmung: dort, wo bei hoher Inversion die Oberflächenleitung wieder ansteigen sollte, fällt sie im Gegenteil weiter ab. Nun ist in diesem Gebiet der Strom durch die Phasengrenze so gerichtet,

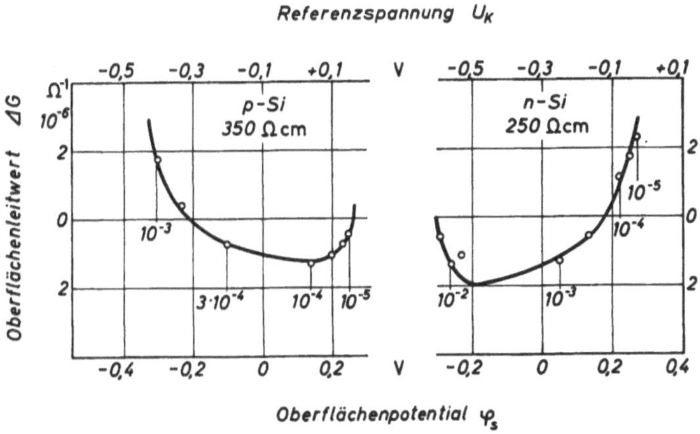

Abb. 9. Oberflächenleitwert ΔG von zwei Si-Proben in Abhängigkeit von der Referenzspannung U_K der Kalomel-Elektrode (Meßpunkte) und dem Oberflächenpotential φ_S (berechnete Kurve). Elektrolyt: Cer(IV)-ammoniumsulfat in 1 n H_2SO_4; die Zahlen an den Meßpunkten bezeichnen die molare Konzentration des Salzes, nach *H. U. Harten* [76].

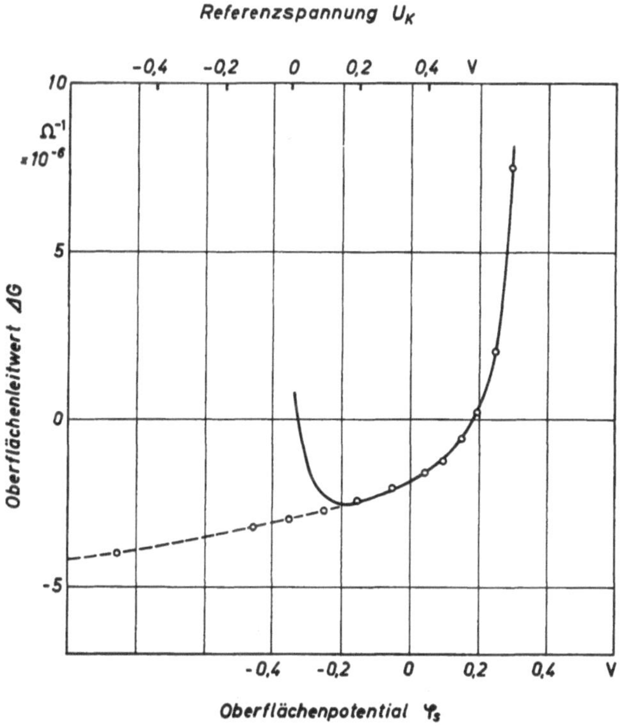

Abb. 10
Oberflächenleitwert ΔG in Abhängigkeit vom Oberflächenpotential φ_S (Rechnung, ausgezogene Kurve) und von der Referenzspannung U_K (Meßpunkte) bei Anlegen einer äußeren Spannung. n-Si, 250 Ωcm, Na_2SO_4, nach *H. U. Harten* [75].

daß Löcher, soweit sie sich überhaupt am Strom beteiligen, das Silicium in den Elektrolyten hinein verlassen. Als Minoritäten können sie, aus dem Kristallvolumen kommend, die Grenzfläche nur durch Diffusion erreichen — die Verhältnisse liegen ähnlich wie bei einem in Sperrichtung belasteten pn-Übergang. Ihre Stromdichte ist deshalb begrenzt. Ebenfalls begrenzt ist der Gesamtstrom dann, wenn die mit ihm verknüpfte Elektrodenreaktion ohne Löcher nicht ablaufen kann, wenn also der Ladungsaustausch zwischen Silicium und Elektrolyt wenigstens zum Teil unbedingt über das Valenzband des Siliciums laufen muß. Ist das der Fall, so sinkt die Löcherkonzentration am Randschichtrand weit unter den Gleichgewichtswert ab. Es kommt zu keiner Inversion, vielmehr verarmt die Randschicht an Trägern beiderlei Vorzeichens: sie wird zur „Sperrschicht". Als solche kann sie hohe Spannungen übernehmen; ihre Dicke steigt mit der Wurzel aus der Spannung und läßt sich, wenn die Dotierung bekannt ist, berechnen. Messungen der Oberflächenleitung

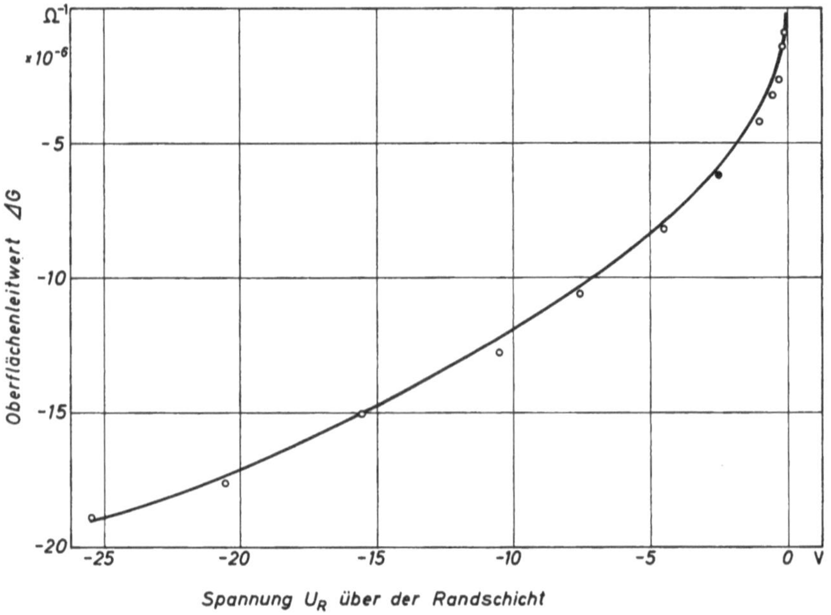

Abb. 11. Ausbildung einer Sperrschicht bei hohen äußeren Spanannungen; n-Si, 250 Ωcm, Na_2SO_4, nach *H. U Harten* [75]

bestätigen diese Vorstellung (Abb. 11). Ist das Silicium-Scheibchen dünn genug, können sich die Randschichten unter beiden Oberflächen in der Mitte des Scheibchens treffen [43].

Daß elektrochemische Reaktionen an Halbleitern Elektronen und Löcher voneinander unterscheiden können, haben *Brattain* und *Garrett* bereits in ihrer ersten Arbeit festgestellt [48]. Dem Praktiker ist diese Tatsache insofern geläufig, als z.B. p-Germanium ohne weiteres chemisch oder elektrolytisch geätzt werden kann, während bei n-Germanium der Angriff häufig nur dann mit nennenswerter Geschwindigkeit erfolgt, wenn die Löcherkonzentration durch Lichteinstrahlung oder durch Injektion aus einem pn-Übergang kräftig erhöht wird [62, 68, 85, 108, 111, 123]. Auf die umfangreiche Literatur zu diesem Thema kann hier aber nicht eingegangen werden.

224 Die Helmholtz-Schicht

Auch bei Germanium kann eine Änderung von U_K, wenn sie durch eine äußere Spannung hervorgerufen wird, vollständig von der Raumladungsrandschicht übernommen werden. Darüberhinaus ist es hier aber auch gelungen, die Spannung über der Helmholtz-Schicht reproduzierbar zu beeinflussen.

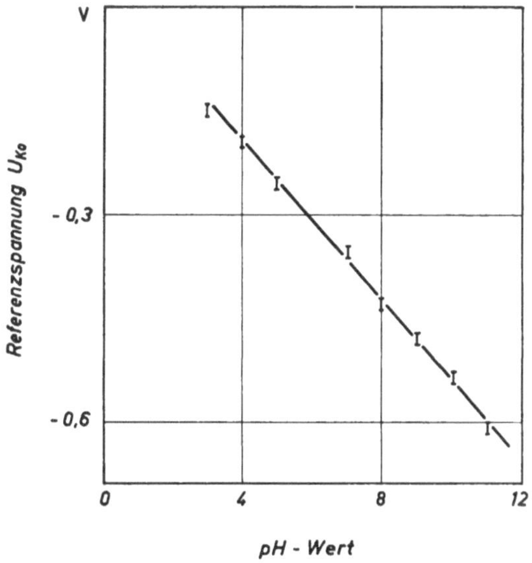

Abb. 12
Abhängigkeit der Referenzspannung U_{K0} im randschichtfreien Fall vom pH-Wert des Elektrolyten. Änderungen von U_{K0} müssen von der Helmholtz-Schicht übernommen werden. Eigenleitendes Germanium, nach *H. U. Harten* und *R. Memming* [77].

Das zeigt Abb. 12 für das Beispiel eigenleitenden Germaniums [77]. Sie ist auf folgendem Wege entstanden: zunächst wurde die Oberflächenleitung in bekannter Weise gemessen und durch eine von außen angelegte Spannung variiert. Hierbei zeigte sich, daß wieder $\Delta\varphi_s = \Delta U_K$ war. Sodann wurden diesen Messungen diejenigen Werte U_{K0} entnommen, die die Referenzspannung dann annimmt, wenn die Raumladungsrandschicht im Germanium gerade unterdrückt ist ($U_R = 0$). Schließlich wurden die Messungen in verschiedenen sauren und alkalischen Pufferlösungen wiederholt und die gefundenen Werte für U_{K0} gegen den pH-Wert aufgetragen. Die Verschiebung der Referenzspannung betrug rund 60 mV, wenn die H^+-Ionen-Konzentration um eine Zehnerpotenz geändert wurde. Die kristallographische Orientierung hatte auf diese Abhängigkeit keinen Einfluß, wohl aber auf die Absolutwerte von U_{K0}[1]). Alle Spannungsänderungen können nur von der Helmholtz-Schicht aufgenommen worden sein, weil ja die Raumladungsrandschicht bewußt unterdrückt wurde.

Gerischer und *Hoffmann-Pérez* sind schon früher aufgrund von Kapazitätsmessungen zu dem gleichen Ergebnis gekommen und haben daraus ein detail-

[1]) Genauer ausgemessen wurde der Einfluß der Orientierung von *W. H. Brattain* und *P. J. Boddy* (s. Abschn. 233, S. 116).

liertes Modell der Phasengrenze zwischen Germanium und einem wässrigen Elektrolyten entwickelt [33, 84]. *Brattain* und *Boddy* bestätigen diese Messungen und im wesentlichen auch das Modell [41].

225 Deckschichten

Allgemein muß man damit rechnen, daß Deckschichten die Eigenschaften der Grenzfläche ganz erheblich komplizieren und unübersichtlich machen. Untersuchungen in dieser Richtung sind deshalb bisher kaum veröffentlicht worden. Bei Silicium wurde beobachtet, daß Oxydschichten, die nur wenige Atomlagen dick sind, bereits den größten Teil einer von außen angelegten Spannung übernehmen können [75]. Das ist, wie schon im Abschnitt 211 erwähnt wurde, verständlich, weil sich die Deckschicht ja gerade in demjenigen Gebiet der Grenzschicht befindet, in dem die höchste elektrische Feldstärke herrscht. Beobachtet man also, daß sich irgendwelche vom Oberflächenpotential abhängigen Größen auffallend wenig mit der an einer Referenzelektrode gemessenen Spannung ändern [74, 95], so darf man als Ursache durchaus eine Deckschicht vermuten, die eine nennenswerte Änderung des Oberflächenpotentials selbst möglicherweise verhindert.

23 Oberflächenzustände

231 Oberflächenrekombination

Die Rekombination überschüssiger Ladungsträgerpaare läuft an der nassen Oberfläche nach dem gleichen Mechanismus ab wie an der trockenen auch. Bei Germanium ist sie bereits benutzt worden, künstlich erzeugte Oberflächenzustände als Rekombinationszentren zu identifizieren (Abschnitt 235). Zwei interessante Details des Rekombinationsmechanismus wurden an Silicium beobachtet.

Die eine Untersuchung bezieht sich auf den Einfluß, den das Feld der Raumladungsrandschicht auf die Bewegung rekombinationswilliger Ladungsträger hat [78]. Z.B. werden in einer Verarmungsrandschicht Majoritätsträger von der Oberfläche weggedrückt, Minoritätsträger dahingegen rasch vom Randschichtrand bis zur Oberfläche befördert. Für eine Meßmethode, die nur auf Minoritäten anspricht, erfolgt deshalb die Oberflächenrekombination scheinbar bereits am Randschichtrand, also im Abstand der Randschichtdicke l unter der Oberfläche. Diese Vorstellung konnte quantitativ bestätigt werden mit Hilfe eines Meßverfahrens, bei dem zusätzliche Trägerpaare mit Licht verschiedener Eindringtiefe in definiertem Abstand unter der Oberfläche erzeugt wurden. Die so bestimmten Werte für l deckten sich hinreichend mit denen, die sich aus Dotierung und Oberflächenpotential ergaben.

Die zweite Untersuchung behandelt quantitativ den Einfluß der Lichtintensität auf die Oberflächenrekombinationsgeschwindigkeit s. Schon früher war beobachtet worden, daß s in Form einer Glockenkurve von der Spannung zwischen Silicium und Elektrolyt abhängt [73, 74], also durchaus im Einklang mit dem Modell (Abb. 3b, Abschnitt 123). Immer trat aber der an sich unwahrscheinliche Fall ein, daß die Glockenkurven extrem schmal waren. Andererseits hatten Untersuchungen an trockenen Oberflächen gezeigt, daß s auf der „Anreicherungsseite" der Glockenkurve unabhängig von der Lichtintensität war, auf der „Inversionsseite" jedoch mit steigender Intensität abnahm [72]. Auch das ist im Einklang mit dem Modell, wie folgende Überlegung zeigt.

Für einen n-Halbleiter ($n_{b0} \gg p_{b0}$) wird die Flanke der Glockenkurve auf der Anreicherungsseite durch das Elektronenglied im Nenner der Gl. (15b) erzeugt. Da hier $n_s \gg n_1$ ist, vereinfacht sich Gl. (15b) zu

$$s \approx n_T n_{b0} c_p / n_s . \tag{23}$$

Da weiter die Konzentrationserhöhung der Majoritätsträger durch Licht klein gegen ihre Gleichgewichtskonzentration ist, kann statt n_s auch n_{s0} gesetzt werden. Damit wird aber s unabhängig von der Lichtintensität. Demgegenüber wird die Flanke auf der Inversionsseite durch das Löcherglied im Nenner erzeugt, hier wird also aus Gl. (15b)

$$s \approx n_T n_{b0} c_n / p_s . \tag{24}$$

Jetzt kann aber p_s keineswegs durch p_{s0} ersetzt werden: bei den kleinen Minoritätsdichten p_{b0}, die Silicium wegen seines relativ hohen Bandabstandes hat, steigt die Zusatzkonzentration Δp_b am Randschichtrand leicht weit über p_{b0} an. Da nun wegen des Boltzmann-Gleichgewichtes über der Randschicht

$$p_s = p_{s0} + \Delta p_s = (p_{b0} + \Delta p_b) \exp(-q U_R / kT) \tag{25}$$

ist, gilt auch

$$\frac{1}{s} = \frac{1}{s_0} + \nu \Delta p_b , \tag{26}$$

die Rekombination wird also abhängig von der Lichtintensität. Hier ist $s_0 = n_T n_{b0} c_n / p_{s0}$ der „eigentliche" Wert der Oberflächenrekombinationsge-

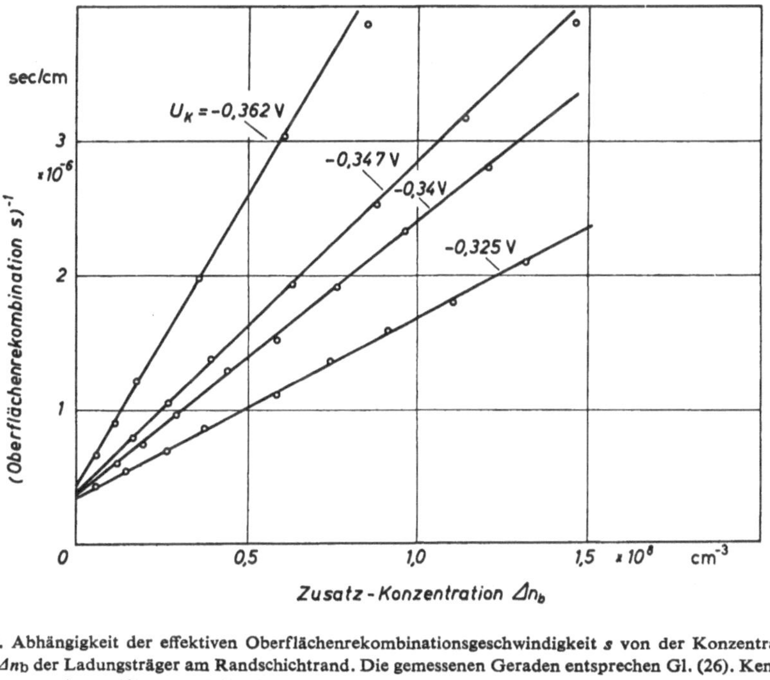

Abb. 13. Abhängigkeit der effektiven Oberflächenrekombinationsgeschwindigkeit s von der Konzentrationserhöhung Δn_b der Ladungsträger am Randschichtrand. Die gemessenen Geraden entsprechen Gl. (26). Kenngrößen des Zentrums $c_p/c_n = 10^8$; $\varphi_T = 0{,}12$ oder 0,28 V; nach *R. Memming* [101].

schwindigkeit, der allein herangezogen werden darf, wenn die Kenngrößen des Rekombinationszentrums in herkömmlicher Weise (Abschn. 123) bestimmt werden sollen. Die Größe v ist definiert durch

$$v = \exp(-qU_R/kT)/n_T n_{b0} c_p. \tag{27}$$

Diese Beziehungen sind von *R. Memming* abgeleitet und, wie aus Abb. 13 hervorgeht, experimentell bestätigt worden [101]. Die bei verschiedenen Oberflächenpotentialen gemessenen Geraden schneiden die Ordinate alle nahezu in einem Punkt. Das bedeutet, daß die „eigentliche" Oberflächenrekombination noch auf ihrem Plateau liegt, während die bei verschiedenen Lichtintensitäten gemessenen Glockenkurven bereits ihre Flanken zeigen. Diese Beobachtung mahnt zur Vorsicht bei der Auswertung von Glockenkurven der Oberflächenrekombination.

232 Kapazität

Feldeffekt an trockenen Oberflächen erfordert verhältnismäßig hohe Spannungen; der Abstand zwischen Oberfläche und Feldelektrode ist immer groß gegenüber der Dicke der Raumladungsrandschicht. Dieser Abstand bestimmt die Kapazität der Anordnung. Sie ist eine Hilfsgröße, die insofern bekannt sein muß, als man aus ihr und der angelegten Spannung die influenzierte Ladung berechnet. Diese Ladung verteilt sich auf Randschicht und Oberflächenzustände. Dadurch bestimmt sie die Änderung des Oberflächenpotentials — diese Änderung muß aber gesondert gemessen werden.
Im Gegensatz hierzu ist in der Grenzfläche Halbleiter-Elektrolyt die Raumladungsrandschicht im allgemeinen dicker als alle anderen Schichten und kann darum eine von außen angelegte Spannung vollständig übernehmen. Daß sie es in vielen Fällen wirklich tut, wurde im Kapitel 223 gezeigt. Die Ladung, die sie zusammen mit etwa vorhandenen Oberflächenzuständen dazu benötigt, bestimmt die Kapazität der Elektrode.
Ist die Oberfläche perfekt, nimmt also nur die Raumladungsrandschicht Ladungen auf, so läßt sich die Kapazität der Grenzschicht leicht abschätzen — eine genaue Rechnung haben *Bohnenkamp* und *Engell* durchgeführt [42, 56]. Definitionsgemäß ist eine Kapazität das Verhältnis Ladungsänderung/Spannungsänderung. Übernimmt das Oberflächenpotential φ_s die gesamte Änderung der von außen angelegten Spannung U_K, so ist die Kapazität C_R der Randschicht gegeben durch

$$C_R = F\frac{dQ_R}{dU_K} = F\frac{dQ_R}{d\varphi_s} \tag{28}$$

(F = Elektrodenoberfläche). Q_R, die Flächendichte der Ladung in der Randschicht, war bereits in Abschnitt 121 bestimmt worden zu

$$Q_R = q(\Delta P - \Delta N). \quad (6$$

Auch ΔP und ΔN, die Flächendichten der in der Randschicht vorhandenen überzähligen Löcher und Elektronen, waren bereits zur Ermittlung der Oberflächenleitung abgeschätzt worden (Abschnitt 122, Abb. 2a und 2b), sie gehen jetzt lediglich mit entgegengesetztem Vorzeichen in die Rechnung ein. Q_R hat demnach die Form einer S-Kurve, deren Wendepunkt für einen Eigenhalbleiter bei $\varphi_s = 0$ liegt; die Folge ist ein Minimum der Kapazität an der gleichen Stelle, also im randschichtfreien Fall (Abb. 14). Bei einem Störhalbleiter liegt das Minimum der Kapazität, ähnlich wie das der Oberflächenleitung, bei der Grenze zwischen schwacher und starker Inversion. Im Bereich der Verarmung und in der schwachen Inversion gilt der gleiche Zusammenhang wie für einen in Sperrichtung belasteten pn-Übergang, von *W. Schottky* [112] berechnet zu

$$1/C^2 = \frac{2U_\mathrm{R}}{\varepsilon\varepsilon_0 q n_{\mathrm{b}0} F^2} \tag{29}$$

(„Schottky-Kapazität"). Diese Beziehung gilt ferner, wenn sich eine starke Inversion nicht ausbilden kann, weil der fließende Strom Minoritäten extrahiert (vgl. Abb. 11).

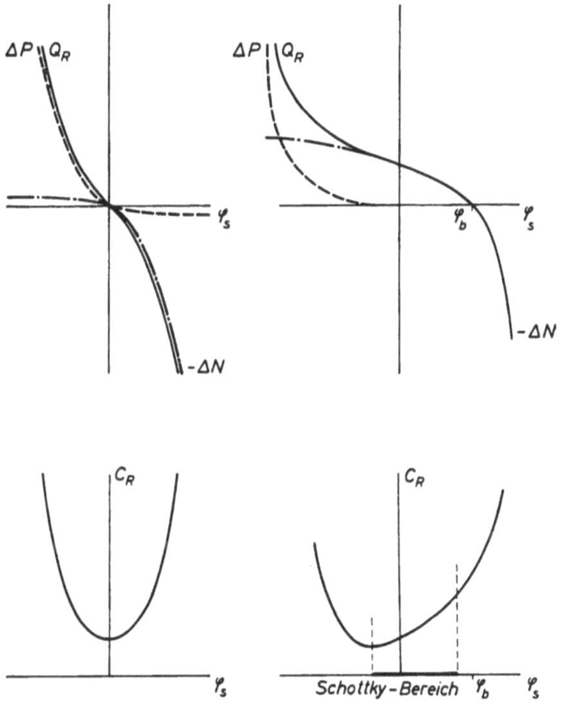

Abb. 14
Zusätzliche Trägerdichten ΔN und ΔP, Ladung Q_R und Kapazität C_R der Raumladungsrandschicht, schematisch. Links: Eigenhalbleiter ($\varphi_\mathrm{b} = 0$); rechts: n-Halbleiter ($\varphi_\mathrm{b} > 0$). Im „Schottky-Bereich" gilt Gl. (29).

Ist die Oberfläche nicht perfekt, enthält sie Oberflächenzustände, so werden sich diese bei einer Änderung von φ_s im allgemeinen mit umladen. Nun liegen ihre Niveaus in festem Abstand von den Bandkanten; bei einer Änderung der Bandaufwölbung verschieben sie sich relativ zu der Fermi-Energie in dem gleichen Sinne wie die Bänder — folglich laden sie sich auch in dem gleichen Sinne um. Sie repräsentieren demnach eine Kapazität, die sich zu der der Randschicht addiert. Die Größe C_s dieser Kapazität ergibt sich aus folgender Überlegung [39]: Die Flächendichte Q_s der in den Oberflächenzustände gespeicherten Ladung wird bestimmt durch die Zentrendichte n_T und ihre Besetzungswahrscheinlichkeit f_T

$$Q_s = q\, n_\mathrm{T} f_\mathrm{T}. \tag{30}$$

Differentiation nach φ_s liefert die Kapazität. Nun ist f_T gegeben durch die Fermi-Funktion, hier zu schreiben als

$$f_T = \left[\exp\left\{\frac{q}{kT}(\varphi_T - \varphi_s)\right\} - 1\right]^{-1}. \tag{31}$$

Daraus folgt mit $C_s = F\,dQ_s/d\varphi_s$

$$C_s = F\frac{q^2}{kT}n_T\left[2\cosh\frac{q(\varphi_T - \varphi_s)}{2kT}\right]^{-2}. \tag{32}$$

C_s hat demnach ein Maximum, wenn $\varphi_s = \varphi_T$ ist, wenn also die Fermi-Energie E_F gerade auf dem Niveau des Oberflächenzuständes liegt, und fällt nach beiden Seiten praktisch exponentiell mit φ_s ab. Zustände, deren Niveau einige kT/q neben E_F liegen, werden von der Kapazitätsmessung nicht mehr erfaßt. Die Gesamtzahl der Oberflächenzustände läßt sich bestimmen, wenn man C_s über φ_s integriert[1]).

Im Ersatzschaltbild der Grenzschicht liegt der die Oberflächenzustände darstellende Kondensator parallel zu dem der Raumladungsrandschicht — nicht etwa in Reihe, wie man aufgrund der Geometrie vielleicht vermuten möchte. Zu diesem Fehlschluß verleitet vor allem die Tatsache, daß bei trockenen Oberflächen Raumladung und Oberflächenladung Gegenladungen zueinander sind, sich also gewissermaßen auf den beiden Platten eines Kondensators befinden. Das gilt jedoch nicht mehr gegenüber einer von außen angelegten Spannung, weder bei trockenen noch bei nassen Oberflächen: jetzt sind Raum- und Flächenladungen des Halbleiters gemeinsame Gegenladungen zu denen der Feldelektrode. Bei nassen Oberflächen werden diese von den Raum- und Flächenladungen des Elektrolyten gebildet, das „Dielektrikum" des Kondensators ist die Helmholtz-Schicht (vorsichtiger ausgedrückt: das „Dielektrikum" liegt in wesentlichen dort, wo sich der geschwindigkeitsbestimmende Schritt der Elektrodenreaktion befindet). Im Ersatzschaltbild liegt deshalb die große Kapazität C_H der Helmholtz-Schicht in Reihe zu den parallel geschalteten Kapazitäten C_R und C_s. In Abb. 15 sind schließlich noch drei Widerstände eingezeichnet: R_r stellt den Durchtrittswiderstand der Phasengrenzreaktion und der Raumladungsrandschicht dar, der zu allen Kapazitäten

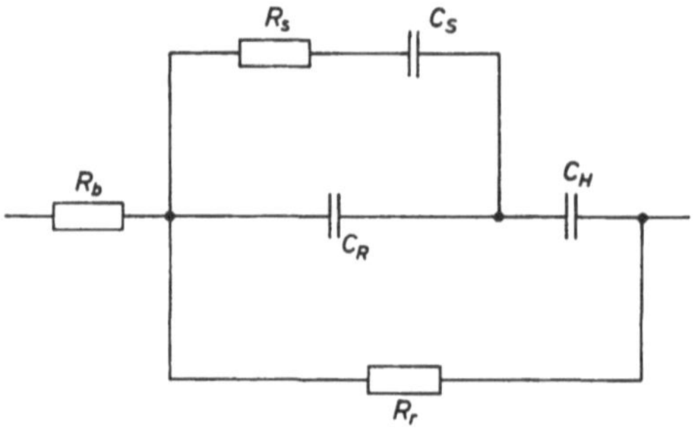

Abb. 15
Mögliches Ersatzschaltbild der Phasengrenze Halbleiter-Elektrolyt. Bezeichnungen s. Text.

[1]) Auch bei trockenen Si-Oberflächen, die mit einer dünnen Oxydschicht überzogen sind, können Kapazitätsmessungen wertvolle Informationen über die Oberflächenzustände liefern [99]. Die Auswertung wird hier aber dadurch erschwert, daß die Oxydschicht im Gegensatz zur Helmholtz-Schicht nicht dünn gegenüber der Raumladungsrandschicht sein kann und deshalb immer einen wesentlichen Teil der angelegten Spannung übernimmt ($\Delta\varphi_s \neq \Delta U_K$).

parallel liegt; R_b gibt die Summe der Bahnwiderstände von Halbleiter und Elektrolyt; R_s kennzeichnet zusammen mit C_s die Zeitkonstante der Oberflächenzustände: sind sie langsam, so können sie hohen Meßfrequenzen nicht mehr folgen — ein hoher Ersatzwiderstand blockiert die Ersatzkapazität. Wie jedes Ersatzschaltbild, so läßt sich auch dieses zur Berücksichtigung weiterer Effekte beliebig erweitern.
Allerdings sind Ersatzschaltbilder nicht mehr als nützliche Denkhilfen bei der Deutung von Messungen, die etwa mit Hilfe einer Kapazitätsbrücke gewonnen worden sind. Physikalische Zusammenhänge erklären sie nicht. Man muß vielmehr aufgrund physikalischer Modellvorstellungen vollständige Formeln für den zeitlichen Verlauf von Strom und Spannung abzuleiten versuchen, wie dies *F. Berz* [36] und *K. Lehovec* [98] für die trockene Halbleiteroberfläche und *A. M. Goodman* [67] für den Kontakt Halbleiter-Metall getan haben. Dem Ergebnis kann man dann auch die Form von Ersatzschaltbildern geben.
Für die Messung der Kapazität gibt es eine Reihe bewährter Verfahren. So kann man die elektrolytische Zelle in einen Zweig einer Wechselstrombrücke legen, die dann durch ein *RC*-Glied in einem anderen Zweig abgeglichen wird (s. z.B. [42]). Diese Methode ist genau, aber langsam. Schneller kommt man zum Ziel, wenn man Wechselstrom und -spannung der elektrolytischen Zelle nicht kompensiert sondern auf einen Kathodenstrahl-Oszillographen gibt, die entstehende Ellipse photographiert und später auswertet. Hier bleibt eine schnelle Meßreihe allerdings immer noch auf eine einzige Meßfrequenz beschränkt. Einen vollständigen Frequenzgang der Kapazität bekommt man (wenigstens im Prinzip), wenn man einen kurzen, rechteckigen Stromimpuls durch die Zelle schickt und den zeitlichen Verlauf der Spannung oszillographiert (s. z.B. [46]). Abweichungen von einem exponentiellen Abfall der Spannung sind allerdings nicht immer leicht zu erkennen und immer schwer auszuwerten.

233 Die „perfekte" Oberfläche

Ein Minimum der Kapazität ist bei Germanium wiederholt beobachtet worden, zuerst von *Bohnenkamp* und *Engell*, die überhaupt die ersten systematischen Kapazitätsmessungen dieser Art ausgeführt haben [42], später von *Hoffmann-Pérez* und *Gerischer*, die den Einfluß des pH-Wertes untersuchten [84]. In beiden Fällen ließen sich die Messungen insofern nicht quantitativ auswerten, als sie undefinierte, vermutlich von unbekannten Oberflächenzuständen herrührende Zusatzkapazitäten enthielten. Ähnliches gilt für Silicium [86].
Diese Schwierigkeiten hat zum ersten Mal *Dewald* überwinden können, und zwar beim Zinkoxyd [52, 53]. Dieses Material hat einen hohen Bandabstand. Infolgedessen kann auch der Potentialbereich zwischen Anreicherung und starker Inversion groß sein, der Bereich der „Schottky-Kapazität" also, in dem nach Gl. (29) $1/C^2$ proportional zur Spannung ist. Wie Abb. 16 zeigt, wird diese Beziehung von den Messungen quantitativ erfüllt — die verbleibende Diskrepanz kann auf einen Fehler bei der Bestimmung der Kontaktfläche zum Elektrolyten zurückgeführt werden. Aus Abb. 16 folgt zweierlei: einmal ist wieder jede Änderung der Referenzspannung U_K zur Kalomelelektrode von der Raumladungsrandschicht übernommen worden, jedenfalls soweit sie von einer äußeren Spannung herrührt; zum anderen ist keine Ladung

in Oberflächenzuständen gespeichert worden. Die Oberfläche war also „perfekt" — zumindest im untersuchten Potentialbereich.

Die „Schottky-Kapazität" wird unendlich, $1/C^2$ also Null, wenn die Randschicht verschwindet ($U_R = 0$). Extrapoliert man die Geraden der Abb. 16

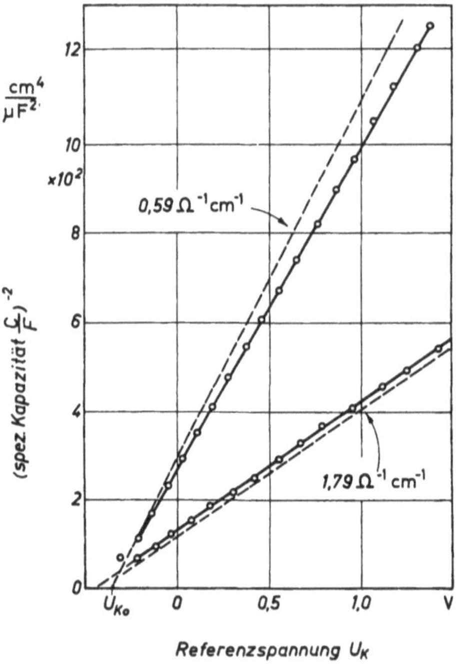

Abb. 16
„Perfekte" Oberfläche bei ZnO, gestrichelt „Schottky-Kapazität" nach Gl. (29). Der Absziessnabschnitt liefert die Referenzspannung U_{K_0} im randschichtfreien Fall. Nach *J. F. Dewald* [52].

bis zur Abszisse, so findet man also die zum randschichtfreien Fall gehörende Referenzspannung. Dieser Wert war in Abschnitt 224 mit U_{K0} bezeichnet worden. Aus Abb. 16 folgt somit auch, daß

$$U_K = U_{K0} + U_R. \tag{33}$$

In Abb. 17 ist nun U_{K0} gegen die Elektronenkonzentration n_{b0} im ZnO aufgetragen. Bei nicht zu hoher Dotierung findet man zunächst einmal eine Verschiebung um rund 60 mV je Dekade der Elektronenkonzentration, man darf also schreiben

$$U_{K0} = \text{const} + (kT/q)\ln(n_{b0}/n_i). \tag{34}$$

Das ist genau der Beitrag, den die Galvani-Spannung am sperrfreien Kontakt zu U_{K0} liefern soll, wie ein Vergleich mit Gl. (21) zeigt. Die Spannung U_H über der Helmholtz-Schicht muß also bei allen Proben — unabhängig von der Dotierung — gleich gewesen sein. Andererseits läßt sich die ganze Kurve der Abb. 17 durch eine Oberflächenbehandlung des ZnO parallel zu sich selbst verschieben. Diese Änderung in U_{K0} muß — wieder unabhängig von der Dotierung — vollständig von der Helmholtz-Schicht übernommen worden sein. Die Ursache des Doppelknickes der Kurven nahe der Entartungsdichte der Elektronen ist noch nicht geklärt.

Brattain und *Boddy* haben auch bei Germanium perfekte Oberflächen herstellen können [46]. Das beweist die ihrer Arbeit entnommene Abb. 18. Sie ist auf dem folgenden etwas umständlichen Wege entstanden. Die Germaniumprobe befindet sich in einer 0,1 molaren Lösung von K_2SO_4, die durch einen Phosphatpuffer auf pH = 7,4 gehalten wird. Der sorgfältig gereinigte Elektrolyt befindet sich unter Helium als Schutzgas. Nun wird für etwa eine Sekunde

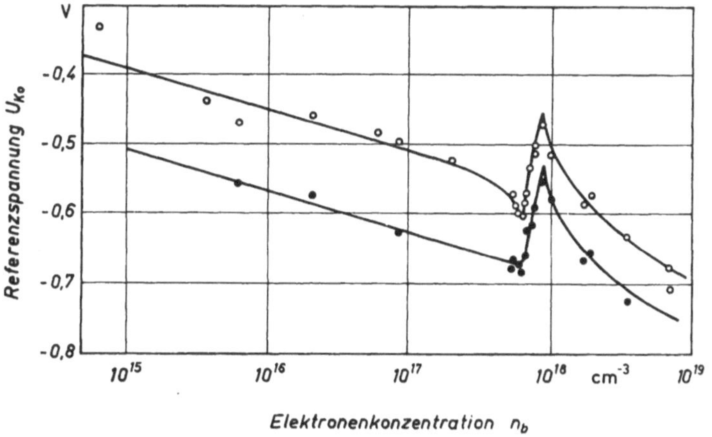

Abb. 17. Einfluß der Dotierung auf die Referenzspannung U_{K_0} im randschichtfreien Fall für ZnO nach Ätzung in H_3PO_4, (○) und in KOH (•). Nach *J. F. Dewald* [52]

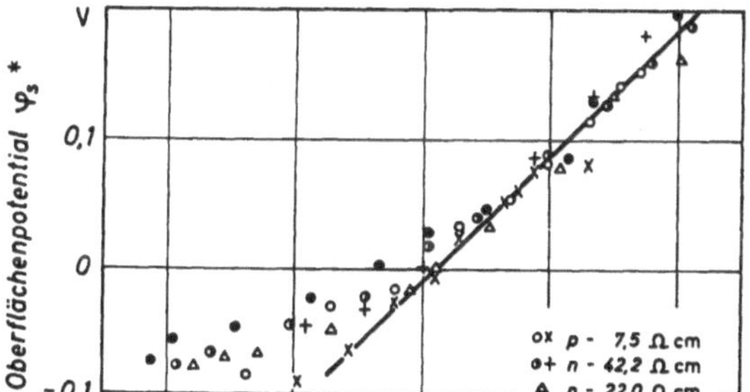

Abb. 18
Zusammensetzung zwischen dem aus Kapazitätsmessungen bestimmten Oberflächenpotential φ_S* und der Referenzspannung U_K, Germanium. Die ausgezogene Gerade entspricht einer perfekten Oberfläche. Nach *W. H. Brattain* und *P. J. Boddy* [46].

eine äußere Spannung über die Phasengrenze gelegt, in dieser Zeit werden Kapazität und Referenzspannung U_K zur Kalomel-Elektrode gemessen. Danach bleibt die Germanium-Elektrode in Ruhe bis zum nächsten Meßpunkt. Sind alle Meßwerte beisammen, so wird der gemessene Wert des Kapazitätsminimums mit dem für die Raumladungsrandschicht berechneten verglichen. Das Verhältnis beider Werte liefert den „Rauhigkeitsfaktor", um den die wahre Elektrodenoberfläche größer war als die geometrische. Er liegt bei 1,3. Mit ihm werden alle gemessenen Kapazitätswerte korrrigiet. Jetzt kann durch Vergleich mit der theoretischen Kapazitätskurve jedem Meßpunkt ein zunächst hypothetischer Wert φ_s^* des Oberflächenpotentials zugeordnet werden, der *dann* dem wahren Oberflächenpotential entspricht, wenn die Theorie stimmt, d.h. wenn die Oberfläche wirklich perfekt war. Ist das der Fall, so muß φ_s^*

die Gl. (22) erfüllen. Hängt ferner die Spannung U_H über der Helmholtz-Schicht weder von der angelegten Spannung noch von der Dotierung des Germaniums ab, so müssen sich, trägt man wie in Abb. 18 φ_s^* gegen U_K auf, schließlich die Meßpunkte aller Proben zu einer Geraden mit der Steigung 1 ordnen. In einem begrenzten Potentialbereich tun sie das auch. Die Abweichungen führen *Brattain* und *Boddy* darauf zurück, daß eine Messung in diesem Potentialbereich mit einer anodischen Belastung des Germaniums verknüpft war, die ihrerseits die Spannung über der Helmholtz-Schicht beeinflußt hat. Daß ein solcher Einfluß tatsächlich besteht, wurde gesondert geprüft.
Brattain und *Boddy* haben inzwischen auch eine Abhängigkeit von der kristallographischen Orientierung der Ge-Oberfläche gefunden: an einer (100)-Fläche ist U_H um 31 mV negativer, an einer (111)-Fläche um 53 mV positiver als an einer (110)-Fläche. Der Einfluß des pH-Wertes war bei allen Orientierungen gleich (*W. H. Brattain* und *P. J. Boddy*, Proc. Nat. Acad. Sci. **48,** 2005, 1962).
In einer weiteren Arbeit untersuchten *Brattain* und *Boddy* den Einfluß des pH-Wertes [41]. Sie finden einmal die schon in Abschnitt 224 beschriebene Wirkung auf die Helmholtz-Schicht. Sie finden zum andern, daß perfekte Oberflächen im ganzen Bereich zwischen pH = 4,5 und pH = 11,5 existieren können, allerdings nur nach anodischer Vorpolarisation. Jenseits dieser Werte beobachten sie nicht näher identifizierte schnelle Oberflächenzustände. Die Oberfläche kann aber auch außerhalb des genannten Bereiches perfekt sein [102].
Ausdrücklich sei darauf hingewiesen, daß die hier besprochenen „experimentellen perfekten Oberflächen" nicht im strengen Sinn „perfekt" sein müssen. Etwa doch vorhandene Oberflächenzustände können sich lediglich der Messung entzogen haben. Für die Untersuchungen von *Brattain* und *Boddy* heißt das: In einem ca. 200 mV breiten Bereich um die Mitte der verbotenen Zone befinden sich weniger als ca. $3 \cdot 10^9$ Oberflächenzustände je cm², deren Zeitkonstanten kleiner als einige 10^{-6} sec sind (Frequenzgrenze der Kapazitätsmessung).

234 Oberflächenphotoeffekt

Wenn man sich, wie bei den Messungen zur Abb. 18, nicht mehr darauf verlassen kann, daß die Spannung über der Helmholtz-Schicht während einer Meßreihe konstant bleibt, wenn also der lineare Zusammenhang zwischen φ_s und U_K nicht sicher gewährleistet ist, muß man versuchen, φ_s nach einem unabhängigen Verfahren zu bestimmen. Hierzu wird man im allgemeinen die Oberflächenleitung benutzen. Ihr Vorteil ist, daß sie von Oberflächenzuständen nicht beeinflußt wird, ihr Nachteil die unvermeidliche Spannung parallel zur Phasengrenze. Weniger geeignet zu sein scheint der Oberflächenphotoeffekt. Er ist zwar leicht zu messen, läßt sich aber quantitativ nur auswerten, wenn man die Oberflächenzustände bereits kennt.
Bei einer perfekten Oberfläche besteht dieser Nachteil nicht mehr. Wie Abb. 19 zeigt, liefert hier der Oberflächenphotoeffekt genau diejenigen Werte für φ_s oder für die Spannung U_R über der Randschicht, die man zur Deutung der Kapazitätsmessungen braucht [40]. Allerdings zeigt sich, daß auch die Grenzflächenreaktion lichtempfindlich ist und über ihren Photostrom das Oberflächenpotential beeinflußt. Zum Glück ist dieser Effekt so träge, daß er experimentell abgetrennt werden kann [40, 53][1]).

[1]) Beide Oberflächenphotoeffekte sind auch an der Grenzfläche CdS-Elektrolyt beobachtet worden (*R. Williams*, J. Chem. Physics **32,** 1505 (1960)).

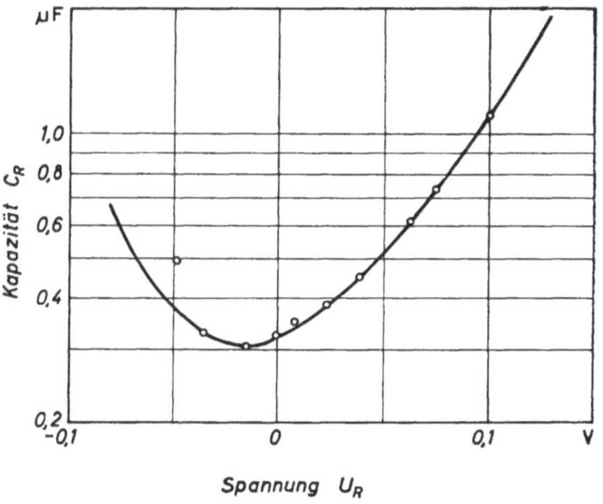

Abb. 19
Zusammenhang zwischen der gemessenen Kapazität und der aus dem Oberflächenphotoeffekt bestimmten Bandaufwölbung U_R. Die ausgezogene Kurve ist für eine perfekte Oberfläche berechnet (n-Ge, 16,5 Ωcm, Rauhigkeitsfaktor 1,3). Nach *P. J. Boddy* und *W. H. Brattain* [40].

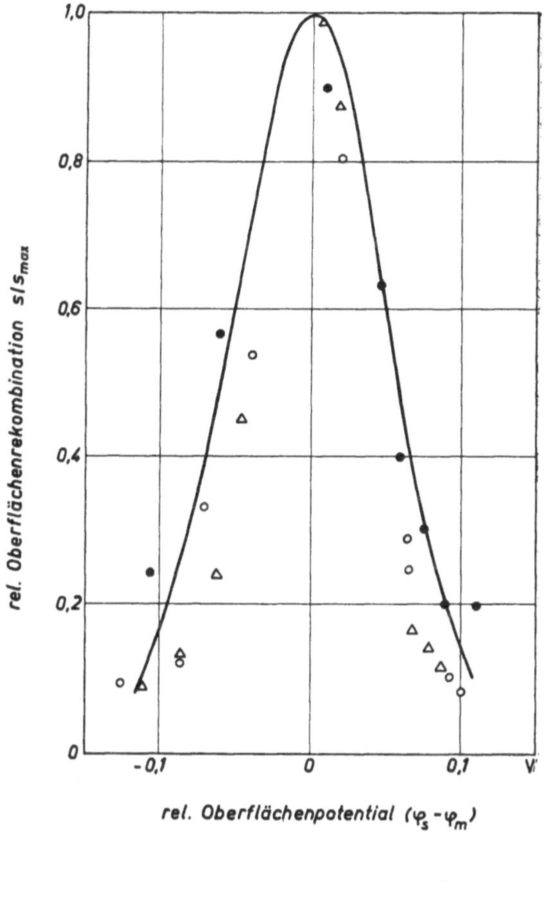

Abb. 20
Durch Kupfer erzeugtes Rekombinationszentrum, $\varphi_b = 0{,}043$ V, $\varphi_m = 0{,}075$ V, $\varphi_T = -0{,}03$ V, Germanium. Nach *P. J. Boddy* und *W. H. Brattain* [39].

235 Oberflächenzustände

An perfekten Oberflächen haben *Brattain* und *Boddy* keine Rekombination von Trägerpaaren feststellen können — sie war zu gering, um sich neben der Volumenrekombination bemerkbar zu machen. Setzten sie [39] ihrem hochgereinigten Elektrolyten jedoch Kupfersulfat oder -nitrat in Konzentrationen

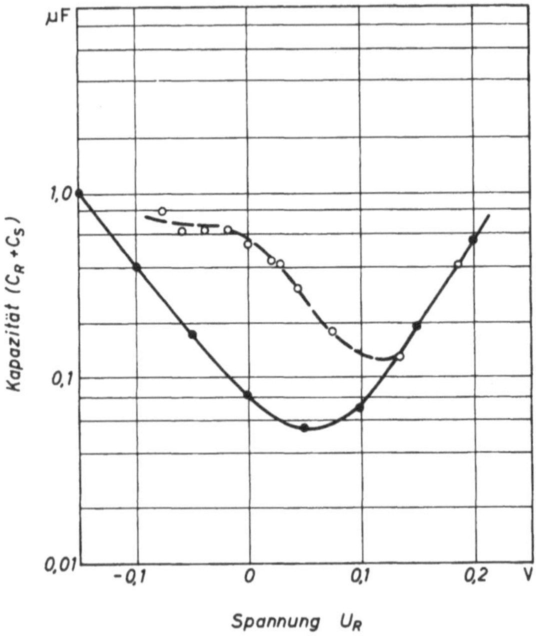

Abb. 21
Kapazität einer Germanium-Elektrode vor (•) und nach (○) Zusatz von $5 \cdot 10^{-6}$ m-Kupfer(II)-nitrat zum Elektrolyten in Abhängigkeit von der Spannung U_R über der Raumladungsrandschicht; p-Ge, 25,5 Ωcm. Nach *P. J. Boddy* und *W. H. Brattain* [39].

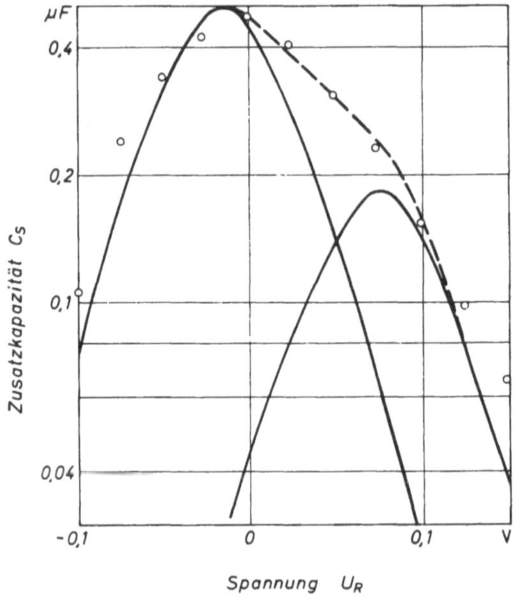

Abb. 22
Kapazität von Oberflächenzuständen, durch Cu erzeugt auf p-Ge. Die ausgezogenen Kurven entsprechen zwei Gruppen von Oberflächenzuständen mit folgenden Daten: $N_T = 1{,}26 \cdot 10^{11}$ cm^{-2}, $\varphi_T = 0{,}055$ V; $N_T = 4{,}4 \cdot 10^{10}$ cm^{-2}, $\varphi_T = -0{,}032$ V. Der zweite Zustand entspricht dem Rekombinationszentrum von Abb. 20. Nach *P. J. Boddy* und *W. H. Brattain* [39].

der Größenordnung 10^{-7} Mol/Liter zu, so fanden sie ein scharf ausgeprägtes Rekombinationsmaximum, dem die Kenngrößen der Zentren entnommen werden können (Abb. 20). Auch in den Kapazitätsmessungen machte sich das Kupfer bemerkbar (Abb. 21). In der von Oberflächenzuständen herrührenden Zusatzkapazität (Abb. 22) findet sich einmal das Rekombinationszentrum wieder, daneben tritt aber noch ein zweites Kapazitätsmaximum auf, dem keine Rekombination zugeordnet ist. Es muß also von einer Haftstelle herrühren. Ähnliche Zentrenpaare bildeten sich, wenn dem Elektrolyten Silber- oder Gold-Ionen zugesetzt wurden [47]. Ein erkennbarer Zusammenhang zwischen Zentrendichten und Ionenkonzentration bestand nicht. Die folgende Tabelle enthält die Kenngrößen der gebildeten Oberflächenzustände (statt der Übergangswahrscheinlichkeiten c_n und c_p sind hier die Einfangquerschnitte $\sigma_n = c_n/v_n$ angegeben; v_n = thermische Geschwindigkeit der Elektronen; Definitionen der anderen Kenngrößen s. Abschnitt 123):

		Cu	Ag	Au	
Trägerfalle	φ_T	+1,9	+4,1	+0,9	kT/q
	n_T	1,0	1,9	1,8	10^{11} cm^{-2}
Rekombinationszentrum	φ_T	−1,2	−0,55	−2,5	kT/q
	n_T	1,9	10,0	4,5	10^{10} cm^{-2}
	σ_p	6,0	2,0	0,41	10^{-14} cm^2
	σ_n	1,5	0,74	1,4	10^{-16} cm^2

Mit diesen Experimenten ist es gelungen, einen eindeutigen Zusammenhang zwischen elektrischen Kenngrößen von Oberflächenzuständen und ihrem chemischen Ursprung herzustellen, allerdings zunächst nur für die nasse Oberfläche. Daß Kupfer auch auf trockenen Germanium-Oberflächen Rekombinationszentren und Haftstellen bildet, hat *Frankl* [61] zeigen können. Ihre Niveaus haben aber anscheinend eine andere Lage. Über die chemische Natur der Zentren und die Art und Weise, in der die Metallatome an der Oberfläche angelagert werden, ist mit alledem noch nichts ausgesagt. Modellvorstellungen hierzu sind im gegenwärtigen Zeitpunkt noch Hypothese.

Die Niederschrift dieses Referates war mit zahlreichen Diskussionen verbunden. Allen meinen Diskussionspartnern habe ich sehr zu danken, insbesondere den Herren Dr. *L. Heyne*, Dr. *G. H. Jonker*, Prof. *D. Polder*, Dr. *M. J. Sparnaay* und Ir. *F. H. Stieltjes* von den Philips-Laboratorien in Eindhoven, Frau Dr. *Berz* von den Mullard-Research-Laboratories, den Herren Dr. *R. Memming*, Dr. *H. G. Schmidt*, Dr. *K. J. Schmidt-Tiedemann* und Dr. *G. Schwandt* vom Philips Zentrallaboratorium Hamburg und vor allem Herrn Prof. Dr. *H. Gerischer*. Weiterhin danke ich für die vorzeitige Überlassung noch nicht veröffentlichter Ergebnisse Frau Dr. *F. Berz* und den Herren Dr. *W. H. Brattain*, Dr. *S. Koc* und Dr. *R. Memming*.

Ergänzungen (März 1964)

Das komplizierte Ersatzschaltbild der Phasengrenze Halbleiter-Elektrolyt ([98]; Abschnitt 232) macht die Deutung von Kapazitätsmessungen unter Umständen recht schwierig. Das gilt besonders für Messungen bei kleinen Frequenzen. Nur unter bestimmten experimentellen Bedingungen läßt sich das Ersatzschaltbild zu einer einfachen Reihenschaltung von Kapazität und

Widerstand reduzieren. Daß diese Vereinfachung erlaubt ist, muß im Einzelfall durch Messung des Frequenzganges nachgewiesen werden (*R. Memming*, eingereicht bei Philips Res. Rpts.).

Zunehmende Bedeutung gewinnen die von diesem Bericht ausdrücklich ausgeschlossenen Untersuchungen zur Elektrochemie der Halbleiter. Als Beispiel einer neueren Arbeit sei hier genannt: *M. J. Sparnaay*, Surface Science **1**, 102 (1964). Eine umfassende Übersicht mit 247 Literaturzitaten haben kürzlich *V. A. Mjamlin* und *Yu. V. Pleskov* (Uspechi Chimii **32**, 470 (1963)) veröffentlicht. Die Arbeit enthält auch in knapper Darstellung einige hier aufgeführte Tatbestände. Eine Fülle experimentellen Materials über Bildung und Eigenschaften von Oberflächenzuständen an der Phasengrenze Germanium-Elektrolyt bringt die Dissertation von *O. Meinhardt* (T. U. Berlin, 1963). Hier finden sich auch Messungen der Oberflächenrekombination sowie der Impedanz der Phasengrenze, namentlich bei niedrigen Frequenzen. Die wichtigsten Ergebnisse sind in einer Reihe von Aufsätzen in Band 67 der Berichte der Bunsengesellschaft für physikalische Chemie erschienen (*H. Gobrecht* und *O. Meinhardt*, S. 142 u. 151; *H. Gobrecht*, *O. Meinhardt* und *L. Schulz*, S. 156; *H. Gobrecht*, *O. Meinhardt* und *M. Lerche*, S. 486; *H. Gobrecht*, *O. Meinhardt* und *B. Reinicke*, S. 493). Daß elektrochemische Reaktionen an der Phasengrenze auftreten, die die Helmholtz-Schicht beeinflussen, Oberflächenzustände bilden oder zerstören können, zwingt unter Umständen zu extrem schnellen Messungen. *P. J. Boddy* und *W. J. Sundburg* haben deshalb ein besonders schnelles Verfahren zur Kapazitätsmessung entwickelt (J. Electrochem. Soc. **110**, 1170 (1963)).

Die schon früher beobachtete Tatsache, daß die anodische Auflösung von Germanium Löcher verbraucht [33, 66], hat *R. Memming* dazu benutzt, die von Cu auf Ge gebildeten Haftstellen (Abschnitt 235) als Löcherhaftstellen zu identifizieren (Physics Letters **7**, 89 (1963)).

Literatur

(abgeschlossen am 30.4.1963)

Tagungsberichte, Bücher

a) Oberflächeneffekte

[1] Semiconductor Surface Physics, Herausgeber *R. H. Kingston*, University of Pennsylvania Press 1957.

[2] Semiconductor Surfaces, Herausgeber *J. N. Zemel*, Pergamon Press 1960 (zugleich J. Phys. Chem. Solids **14**, 1960).

[3] Conference on Clean Surfaces, Herausgeber *M. J. Johnstone* und *F. R. Eirich*, Annals of the New York Academy of Sciences, Vol. 101, Art. 3, p. 583 – 1014, (1963).

[4] *A. Many*, *Y. Goldstein* und *N. B. Grover*, Semiconductor Surfaces, North-Holland Publishing Comp. 1964 (in Vorbereitung).

b) Chemie

[5] Modern Aspects of Electrochemistry, Herausgeber *J. O. M. Bockris*, Butterworths Scientific Publications 1954.

[6] Semiconductors, Herausgeber *N. B. Hannay*, Reinhold Publishing Comp. 1959.

[7] The Surface Chemistry of Metals and Semiconductors, Herausgeber *H. C. Gatos*, John Wiley Sons 1960.

[8] Advances in Electrochemistry, Herausgeber *P. Delahay*, Interscience Publishers 1961.
[9] The Electrochemistry of Semiconductors, Herausgeber *P. J. Holmes*, Academic Press New York 1962.

c) diese Buchreihe
[10] Halbleiterprobleme I, 1954.
[11] Halbleiterprobleme II, 1955.
[12] Halbleiterprobleme III, 1956.
[13] Festkörperprobleme III, 1964.

Zusammenfassende Aufsätze

[14] *H. J. Engell* in [10].
[15] *C. G. B. Garrett* und *W. H. Brattain*, Phys. Rev. **99**, 376 (1955).
[16] *R. H. Kingston*, J. Appl. Phys. **27**, 101 (1956).
[17] *H. U. Harten* und *W. Schultz* in [12].
[18] *W. Schultz* und *H. U. Harten*, Z. Elektrochemie **60**, 20 (1956).
[19] *A. Many*, J. Phys. Chem. Solids **8**, 87 (1959).
[20] *J. T. Law* in [6].
[21] *T. B. Watkins* in Progr. Semiconductors **5** (1960).
[22] *S. Koc*, Čs. Čas. Fys. **11**, 39 (1961).
[23] *G. Heiland*, Fortschr. d. Physik **9**, 393 (1961).
[24] *H. Flietner*, phys. stat. solid. **2**, 221, (1962).
[25] *N. J. Zemel* in [3].
[26] *W. R. Savage* in [3].
[27] *G. Busch*, *T. Fischer* und *H. Madjid* in [13].
[28] *G. Heiland* in [13].

Literatur zur Potentialverteilung an Phasengrenzen (Abschn. 211)

[29] *G. Gouy*, J. Phys. **9**, 457 (1910).
D. L. Chapman, Phil. Mag. (6) **25**, 475 (1913).
O. Stern, Z. Elektrochemie **30**, 508, (1924).
E. Spenke, Elektronische Halbleiter, Springer 1956, S. 320 ff.
E. Lange und *H. Göhr*, Thermodynamische Elektrochemie, Dr. A. Hüttig Verlag 1962.
R. Parsons in [5] und [8].
W. W. Harvey, J. Phys. Chem. Solids **23**, 1545 (1962).
F. H. Stieltjes, Philips Res. Rpts. **17**, 337 (1962).

Originalliteratur

Die in Klammern gesetzten Zahlen bezeichnen den Abschnitt, in dem das Zitat verwendet wurde.

[30] *F. G. Allen* und *G. W. Gobeli*, Phys. Rev. **127**, 141 und 150 (1962) — (211).
[31] *E. Antončik*, J. Phys. Chem. Solids **21**, 137 (1961) — (13).
[32] *J. Bardeen* und *S. R. Morrison*, Physica **20**, 873 (1954) — (122).
[33] *F. Beck* und *H. Gerischer*, Z. Elektrochemie **63**, 500 (1959) — (13, 224).
[34] *K. H. Beckmann* und *D. Geist*, Z. angew. Phys. **14**, 352 (1962) — (13).
[35] *F. Berz*, J. Electr. Contr. **6**, 97 (1959) — (122).
[36] *F. Berz*, J. Phys. Chem. Solids **23**, 1795 (1962) — (122, 232).
[37] *F. Berz*, unveröffentlicht — (124).
[38] *F. Berz* und *D. C. Emmony*, Phys. Letters **2**, 197 (1962) — (124).
[39] *P. J. Boddy* und *W. H. Brattain*, Z. Electrochem. Soc. **109**, 812 (1962) — (123, 232, 235).

[40] *P. J. Boddy* und *W. H. Brattain* in [3] — (234).
[41] *P. J. Boddy* und *W. H. Brattain*, J. Electrochem. Soc. **110**, 570 (1963) — (224, 233).
[42] *K. Bohnenkamp* und *H. J. Engell*, Z. Elektrochemie **61**, 1184 (1957) — (232, 233).
[43] *K. Böke*, Z. Naturforschg. **15a**, 550 (1960) — (223).
[44] *A. H. Boonstra, J. v. Ruler* und *M. J. Sparnaay*, Proc. Kon. Ned. Akad. Wetenschap **B66**, 64 und 70 (1963) — (13).
[45] *W. H. Brattain* und *J. Bardeen*, Bell System Techn. J. **32**, 1 (1953) — (122).
[46] *W. H. Brattain* und *P. J. Boddy*, J. Electrochem. Soc. **109**, 574 (1962) — (232, 233).
[47] *W. H. Brattain* und *P. J. Boddy* in: Report of the International Conference on the Physics of Semiconductors, Exeter 1962, published by The Institute of Physics and The Physical Society, London — (11, 235).
[48] *W. H. Brattain* und *C. G. B. Garrett*, Bell System Techn. J. **34**, 129 (1955) — (223).
[49] *W. H. Brattain* und *C. G. B. Garrett*, Bell System Techn. J. **35**, 1019 (1956) — (124).
[50] *W. L. Brown, W. H. Brattain, C. G. B. Garrett* und *H. C. Montgomery* in [1] — (122).
[51] *G. Busch* u.a., Helv. phys. acta **35**, 494, 496 (1963) — (211).
[52] *J. F. Dewald*, Bell System Techn. J. **39**, 615 (1960) und in [2] — (233).
[53] *J. F. Dewald* in [7] — (124, 233, 234).
[54] *G. Dorda*, International Conference on Semiconductor Physics, Prague 1960, S. 506 — (13).
[55] *G. C. Dousmanis*, Phys. Rev. **112**, 369 (1958) — (123).
[56] *H.-J. Engell* und *K. Bohnenkamp* in [7] — (232).
[57] *W. Eriksen* und *R. Caines* in [2] — (221).
[58] *H. Flietner*, Ann. Phys. **3**, 396, 415 (1959) — (122).
[59] *H. Flietner* und *G. Hundt*, phys. stat. solid. **3**, 108 (1963) — (13).
[60] *D. R. Frankl*, J. Appl. Phys. **31**, 1752 (1960) — (121).
[61] *D. R. Frankl*, J. Electrochem, Soc. **109**, 238 (1962); Phys. Rev. **128**, 2609 (1962) — (235).
[62] *E. Fröschle*, Die Telefunkenröhre, Heft 35, S. 63 (1958) — (223).
[63] *C. G. B. Garrett*, Phys. Rev. **107**, 478 (1957) — (122).
[64] *C. G. B. Garrett* und *W. H. Brattain*, Bell System Techn. J. **35**, 1041 (1956) — (124).
[65] *H. Gerischer*, Z. Phys. Chem. N. F. **26**, 223, 325 (1960) und Z. Phys. Chem. N. F. **27**, 48 (1961) — (211).
[66] *H. Gerischer* in [8] — (11, 211).
[67] *A. M. Goodman*, J. Appl. Phys. **34**, 329 (1963) — (232).
[68] *J. W. Granville* und *C. A. Hogarth*, Proc. Phys. Soc. **B 64**, 488 (1951) — (223).
[69] *R. F. Greene, D. R. Frankl* und *J. Zemel*, Phys. Rev. **118**, 967 (1960) — (122).
[70] *E. Groschwitz, E. Hofmeister* und *R. Ebhardt*, Z. angew. Phys. **12**, 544, (1960) — (121).
[71] *H. U. Harten*, Philips Res. Repts. **14**. 207 (1959) — (124).
[72] *H. U. Harten*, Philips Res. Repts. **14**, 346 (1959) — (123, 231).
[73] *H. U. Harten*, Proc. IEE. **106B**, 906 (1959) — (231).
[74] *H. U. Harten* in [2] — (124, 225, 231).
[75] *H. U. Harten*, Z. Naturforschg. **16a**, 459 (1961) — (211, 223, 225).
[76] *H. U. Harten*, Z. Naturforschg. **16a**, 1401 (1961) — (223).
[77] *H. U. Harten* und *R. Memming*, Phys. Letters **3**, 95 (1962) — (224).
[78] *H. U. Harten* und *D. Polder*, Philips Res. Repts. **17**, 125 (1962) — (231).
[79] *H. U. Harten* und *W. Schultz*, Z. Physik **141**, 319 (1955) — (123).
[80] *W. W. Harvey* in [3] — (222).
[81] *G. Heiland*, Z. Physik **148**, 28 (1957) — (121).
[82] *V. Heine*, Proc. Phys. Soc. **81**, p. 300 (1963) — (13).
[83] *A. Hoffmann* in [11] — (123).

[84] *M. Hoffmann-Pérez* und *H. Gerischer*, Z. Elektrochemie **65**, 771 (1961) — (224, 233).
[85] *P. J. Holmes* in [9] — (223).
[86] *R. M. Hurd* und *P. T. Wrotenbery* in [3] — (233).
[87] *E. O. Johnson*, RCA-Review **18**, 525 (1957) — (121).
[88] *E. O. Johnson*, RCA-Review **18**, 556 (1957) — (124).
[89] *E. O. Johnson*, Phys. Rev. **111**, 153 (1958) — (124).
[90] *R. H. Kingston* und *S. F. Neustadter*, J. Appl. Phys. **26**, 718 (1955) — (121).
[91] *S. Koc*, Czech, J. Phys. **B 10**, 579 (1960) — (123).
[92] *S. Koc*, phys. stat. solid. **2**, 1304 (1962) — (13).
[93] *G. Kortüm*, Lehrbuch der Elektrochemie, Verlag Chemie 1957, S. 376 ff — (221).
[94] *J. Koutecký*, phys stat. solid. **1**, 554 (1961); Czech. J. Phys. **B 11**, 565 (1961) und Czech. J. Phys. **B 12**, 48, 177, 184 (1962) — (13).
[95] *M. D. Krotowa* und *Yu. V. Pleskov*, phys. stat. solid. **2**, 411 (1962) — (225).
[96] *J. van Laar* und *J. J. Scheer*, Philips Res. Repts. **17**, 101 (1962) — (211).
[97] *J. J. Lander* und *J. Morrison* in [3] — (13).
[98] *K. Lehovec*, Solid State Electronics **6**, 536 (1963) — (232).
[99] *K. Lehovec*, *A. Slobodskoy* und *J. L. Sprague*, phys. stat. solid. **3**, 447 (1963) — (232).
[100] *A. Many*, *E. Harnick* und *Y. Margoninski* in [1] — (123).
[101] *R. Memming*, Surface Science **1**, 88 (1964) — (231).
[102] *R. Memming*, eingereicht bei Philips Res. Rpts. — (233).
[103] *H. C. Montgomery*, Phys. Rev. **106**, 441 (1957) — (122).
[104] *S. R. Morrison*, Phys. Rev. **102**, 1297 (1956) — (13).
[105] *S. R. Morrison* in [1] — (13).
[106] *V. O. Movery*, J. Appl. Phys. **29**, 1753 (1958) — (121).
[107] *R. S. Muller*, J. Electrochem. Soc. **109**, 1195 (1962) — (124).
[108] *J. I. Pankove* in [9] — (223).
[109] *R. Parsons*, Proc. 2nd Internat. Congress on Surface Activity 1957, III. 38 — (13, 212).
[110] *A. V. Rhzanov*, Fiz. Tverd. Tela **3**, 3691, 3698 (1961),(Sov. Phys. Solid. State **3**, 2680, 2684, 1962) — (123).
[111] *O. V. Romanov* u.a., Fiz. Tverd. Tela **4**, 2276 (1962), (Sov. Phys. Solid State **4**, 1666, 1963) — (223).
[112] *W. Schottky*, Z. Physik **118**, 539 (1942) — (232).
[113] *J. R. Schrieffer*, Phys. Rev. **97**, 641 (1955) — (122).
[114] *B. H. Schultz*, Physica **20**, 1031 (1954) — (123).
[115] *B. H. Schultz*, Philips Res. Repts. **12**, 82 (1957) — (122).
[116] *W. Shockley*, Phys. Rev. **56**, 317 (1939) — (13).
[117] *W. Shockley* und *G. L. Pearson*, Phys. Rev. **74**, 232 (1948) — (122).
[118] *W. Shockley* und *W. T. Read*, Phys. Rev. **87**, 835 (1952) — (123).
[119] *M. J. Sparnaay*, Rec. Trav. Chim. Pays-Bas T. **79**, 950 (1960) — (221).
[120] *D. T. Stevenson* und *R. J. Keyes*, Physica **20**, 1041 (1954) — (123).
[121] *I. Tamm*, Phys. Z.S.U. **1**, 733 (1932) — (13).
[122] *D. R. Turner* in [9] — (11).
[123] *A. Uhlir*, Bell. Syst. techn. J. **35**. 333 (1956) — (223).

G. HEILAND*)

Elektronische Zustände und freie Valenzen an Halbleiteroberflächen

Mit 35 Abbildungen

I. Einleitung

1. Fragestellung

Viele Eigenschaften von halbleitenden Kristallen sind weitgehend bestimmt durch Gitterstruktur und chemische Bindung. An der Kristalloberfläche endet das Gitter und der Valenzzustand der obersten Atome ist gestört. Auf einer Seite fehlen die Nachbarn. Daher treten freie Valenzen auf, wenn sie nicht durch Fremdatome oder durch eine Strukturänderung in der Oberfläche abgesättigt sind. Eine Akzeptor- oder Donatorwirkung dieser freien Valenzen wurde schon früher in Betracht gezogen [1, 2]. Nach theoretischen Vorstellungen kann bereits das Abschneiden des periodischen Potentials an der Oberfläche zu dem Auftreten von lokalisierten Quantenzuständen, die mit Elektronen besetzbar sind und Energien im Bereich der verbotenen Zone haben, führen. Die Flächendichte dieser „elektronischen Oberflächenzustände" sollte in der gleichen Größenordnung liegen, wie die der Atome in der obersten Lage [3 – 6]. Damit ergibt sich die Möglichkeit eines zweidimensionalen Oberflächenbandes. Auch die erwähnte Strukturänderung zur Absättigung freier Valenzen kann zur Folge haben, daß sich die elektrischen Eigenschaften der obersten Atomlagen einer reinen Oberfläche von denen des Kristallinneren unterscheiden.
Im Zusammenhang mit diesen verschiedenen Möglichkeiten stellen sich sowohl theoretische als auch experimentelle Fragen, in erster Linie nach Struktur und elektrischen Eigenschaften reiner Oberflächen, ferner auch nach ihrem chemischen Verhalten. Von besonderem Interesse wäre es, Verknüpfungen zwischen der Struktur einerseits und den elektrischen und chemischen Eigenschaften andererseits zu finden.

2. Abgrenzung des Stoffes

Experimentelle Beiträge zu diesen Fragen können nur unter Bedingungen gewonnen werden, die den unkontrollierten Einfluß von Fremdatomen ausschließen. Die Anwesenheit von Fremdatomen kann an der Oberfläche wie im Volumen zu lokalisierten Energieniveaus führen. Diese Art von elektronischen Oberflächenzuständen soll im folgenden nicht behandelt werden. Die Eigenschaften „gewöhnlicher", „realer", im allgemeinen mit einer Oxydschicht

*) 2. Physikalisches Institut der Rhein.-Westf. Techn. Hochschule, Aachen.

bedeckter Oberflächen interessieren hier also nicht. Sie sind in verschiedenen zusammenfassenden Berichten behandelt worden [7 – 10].

Die Methoedn zur Herstellung und Untersuchung reiner Halbleiteroberflächen wurden bereits früher diskutiert [11]. Hier ist in den letzten zwei Jahren kein wesentlicher Fortschritt bekannt geworden. Auch die Frage der Reinheit dieser Oberflächen bedarf wohl keiner neuen Erörterung [11]. Jedenfalls erfordern die Experimente Sorgfalt, Erfahrung und Ausdauer. Eine geringe Bedeckung mit Fremdatomen wird sich wohl nie ganz vermeiden lassen, wie ja auch im Volumen „reiner" Kristalle noch Fremdatome vorhanden sind. Die Frage ist nur, ob die jeweils beobachteten Eigenschaften für den reinen Kristall bzw. für die reine Oberfläche typisch sind, oder ob der unvermeidbare Rest an Verunreinigungen einen merklichen Einfluß ausübt. Für das Kristallvolumen kann die Eigenleitung als Beispiel dienen. Die für diesen Bericht wichtigsten Verfahren zur Herstellung reiner Halbleiteroberflächen sind Spalten im Ultrahochvakuum, ferner Beschuß mit Argonionen. Bei der ersten Methode wird der Kristall nach den Spalten nicht mehr erwärmt, bei der zweiten dagegen sind Temperaturen von etwa 800 °K bzw. 1100 °K für Germanium bzw. Silicium nötig, um die in den Kristall eingedrungenen Argonatome zu entfernen und das Gitter an der Oberfläche auszuheilen [66]. Mit Rücksicht auf die Erzeugung von Gitterschäden sollte die Energie der Argonionen nicht wesentlich über 200 bis 300 eV liegen. Als Spaltflächen können allerdings beim Germanium und Silicium nur die (111)-Flächen untersucht werden.

Über die Eigenschaften reiner Halbleiteroberflächen liegen viele neue Meßergebnisse vor. Nur ein Teil der Arbeiten kann hier erwähnt werden. Die Auswahl wurde mit Rücksicht auf die Information über Oberflächenzustände und Oberflächenstruktur getroffen. Dabei handelt es sich ausschließlich um Strukturuntersuchungen und elektrische Messungen an reinen Oberflächen von Germanium und Silicium. Die chemischen Eigenschaften dieser Oberflächen können hier nicht ausführlich behandelt werden. Der Stoff ist zu umfangreich. Der letzten Entwicklung und den eigenen Interessen entsprechend liegt der Schwerpunkt der Darstellung beim Silicium. Damit kann der vorliegende Bericht als eine, im Thema allerdings stark eingeengte, Fortsetzung der vor zwei Jahren erschienenen Zusammenfassung [11] gelten. Trotzdem sind, vor allem bei den Modellvorstellungen, Wiederholungen unvermeidlich, wenn diese Arbeit für sich allein verständlich sein soll.

Auf die Behandlung der „polaren" Flächen von Verbindungshalbleitern wurde verzichtet, obwohl hier einiges über das Verhalten der chemischen Bindung an Oberflächen zu erfahren ist. Das vorliegende Material ist bereits so stark angewachsen und die Entwicklung schreitet so rasch vorwärts, daß bald ein eigener Bericht über dieses Thema gerechtfertigt sein wird.

II. Struktur der reinen Oberflächen

3. Ergebnisse von Farnsworth und Mitarbeitern

Die bewährten Methoden der Strukturuntersuchung, wie Beugung von Röntgenlicht oder von schnellen Elektronen, liefern nur wenig Information über die Anordnung der Atome in Kristalloberflächen. Die Eindringtiefe der Strahlung ist zu groß. Für langsame Elektronen mit Energien unter 200 eV ist diese Schwierigkeit nicht gegeben, weil auch im Falle senkrechter Einstrahlung nur die obersten Atomlagen bei der Streuung mitwirken. Allerdings treten bei der Beugung langsamer Elektronen neue Probleme in der Auswertung auf, da theoretische Grundlagen weitgehend fehlen. Unbekannt sind z. B. Atomformfaktoren und Absorptionskoeffizienten. Dennoch sind gerade im vergangenen Jahr so interessante, zum Teil noch unveröffentlichte Ergebnisse erzielt worden, daß es sinnvoll erscheint, diese zur Diskussion zu stellen. Eine weitere rasche Entwicklung ist auf dem Gebiete des Studiums von Oberflächen mit Hilfe langsamer Elektronen zu erwarten.

Farnsworth und Mitarbeiter haben die Beugung langsamer Elektronen an reinen Oberflächen seit mehreren Jahren untersucht [13, 11]. Bei Einstrahlung senkrecht zur Oberfläche wurden die Reflexe mit einem Faradaykäfig ziemlich mühsam ausgemessen. Die Beobachtungen lassen sich als Beugungsbilder von Flächengittern deuten. Abb. 1 zeigt schematisch das Entstehen der Reflexe

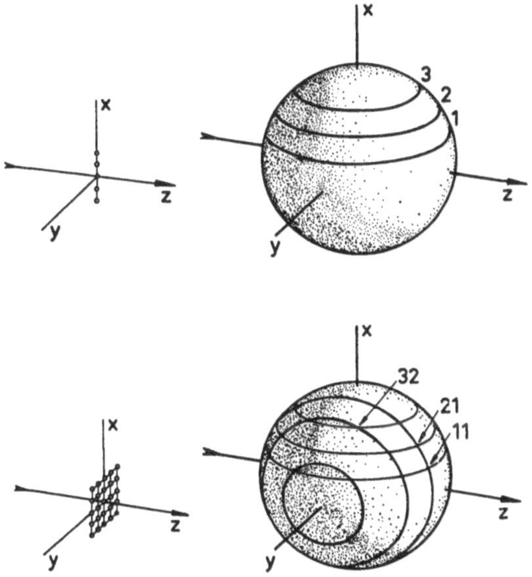

Abb. 1
a) Beugung durch ein lineares Punktgitter. Das links stark vergrößert gezeichnete Gitter ist im Mittelpunkt der Kugel zu denken. Die Interferenzmaxima bilden ein System koaxialer Hohlkegel, die die Kugelfläche in Kreisen schneiden. Die Indizierung entspricht den in Wellenlängen gemessenen Gangunterschieden für benachbarte Punkte. Der Kegel mit der Ordnungszahl Null ist die *yz*-Ebene.
b) Beugung durch ein flächenhaftes Punktgitter. In den Richtungen vom Kugelmittelpunkt (Gitter) zu den Schnittpunkten beider Kreissysteme treten Interferenzmaxima auf. Nach *R. W. Pohl* [12].

und ihre Indizierung. Als wesentliches Ergebnis soll erwähnt werden, daß bei Germanium und Silicium neben den ganzzahligen Ordnungen des ungestörten Gitters auch halbzahlige Ordnungen beobachtet wurden, die auf eine Überstruktur in der obersten Atomlage mit dem doppelten Periodizitätsabstand schließen lassen. Die Oberflächen waren durch Beschuß mit Argonionen und anschließendes Glühen gereinigt. Zuletzt untersuchte *Farnsworth* auch die (111)-Spaltfläche von Germanium und fand hier (bereits ohne Glühbehandlung) ebenfalls halbzahlige Ordnungen [14]. Eine Auswertung der Intensitäten im Sinne einer Strukturanalyse wurde nicht vorgenommen. Zur modellmäßigen Deutung diskutierte *Farnsworth* für die (100)-Fläche das paarweise Zusammenrücken der Atome in der obersten Lage zu Doppelreihen (Abb. 2) unter teilweiser Absättigung der freien Valenzen (Abb. 3), während *Haneman* für die (111)-Fläche ein Anheben bzw. Absenken einzelner Atome unter Aufgabe des tetraedrischen Valenzzustandes in Betracht zog [15, 60].

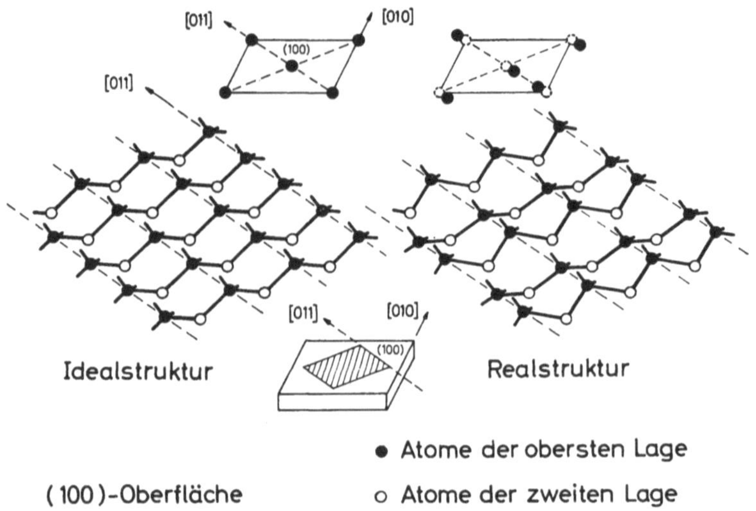

Abb. 2. Modell der (100)-Oberfläche des Diamantgitters zur Deutung der halbzahligen Beugungsordnungen. Umgezeichnet nach *Schlier* und *Farnsworth* [13].

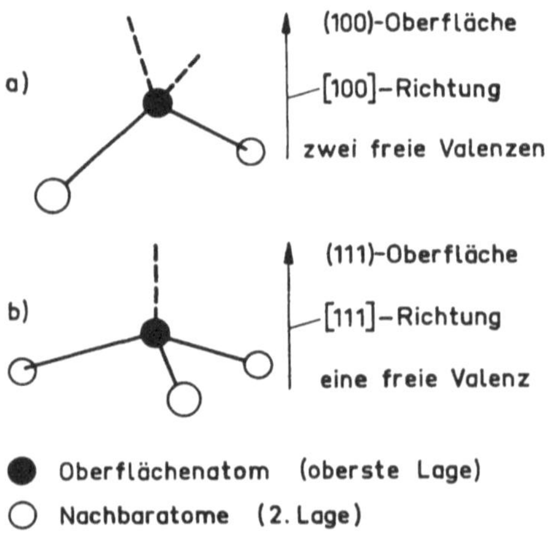

Abb. 3
Modellmäßige Darstellung der freien Valenzen (gestrichelt) für die ideale (100)- und (111)-Oberfläche des Diamantgitters

4. Ergebnisse von Lander und Morrison

Eine wesentlich verbesserte Apparatur wurde in den Bell-Laboratorien entwickelt [16, 17]. Hierbei erfahren die gestreuten Elektronen eine Nachbeschleunigung und sind dadurch im Stande, einen Leuchtschirm anzuregen (Abb. 4). Die Intensitäten der Reflexe können dann über eine Phototzelle registriert werden. Ein Netz mit geeignetem Potential hält die unelastisch gestreuten Elektronen zurück. An dieser Stelle können nur einige Beispiele für die mit der neuen Apparatur erzielten Resultate gebracht werden um zu zeigen, daß an den reinen Oberflächen nicht die idealen, sondern stark veränderte Strukturen vorliegen.

Für Germanium und Silicium wurde das Auftreten halbzahliger Ordnungen bestätigt [18, 19]. Darüber hinaus ergaben sich eingehendere Informationen aus der Beobachtung weiterer Reflexe mit gebrochenen Ordnungszahlen und aus der Messung von Intensitäten als Funktionen der Wellenlänge. Abb. 5

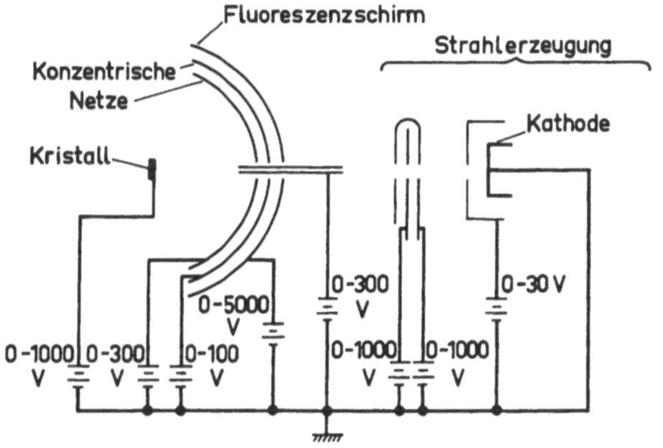

Abb. 4
Schema der in den Bell-Laboratorien entwickelten Apparatur zur Beugung langsamer Elektronen an Kristalloberflächen. Nach *Lander*, *Morrison* und *Unterwald* [17].

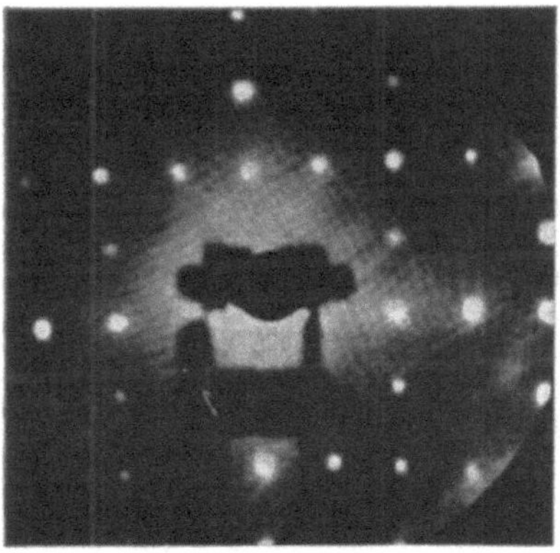

a)

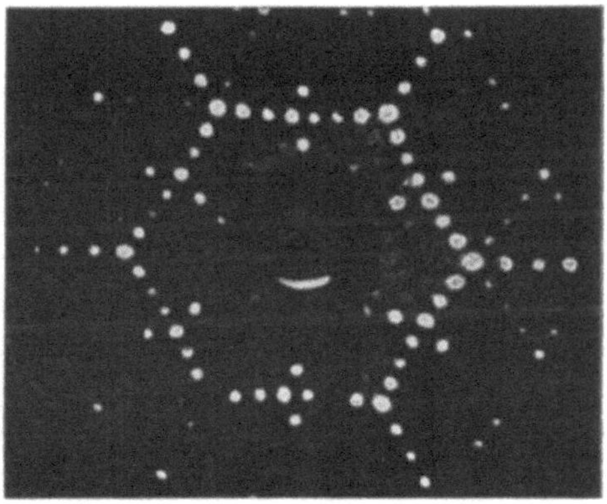

b)

Abb. 5. a) Reflexe der reinen geglühten (100)-Germaniumfläche. Elektronenenergie 120 eV. Starke halbzahlige Ordnungen. Beispiel: Die vier hellsten an den Ecken eines Quadrates liegenden Reflexe sind 3/2 3/2 zu indizieren. Der unterste dieser Reflexe wird von der Bildkante geschnitten. Nach *Lander* und *Morrison* [20]. b) Reflexe einer reinen geglühten (111)-Siliciumfläche. Elektronenenergie 58 eV. 1/7-Ordnungen. Nach *Lander* und *Morrison* [22].

zeigt zwei Aufnahmen des Leuchtschirmes als Beispiele. Auf dem linken Bild sind bei der (100)-Fläche von Germanium kräftige halbzahlige Ordnungen zu sehen, während das rechte Bild für die (111)-Fläche von Silicium 1/7 Ordnungen zeigt. Reflexe und Intensitätskurven wurden versuchsweise gedeutet durch die Annahme eines Flächengitters mit einer Basis, die mehrere Perioden der idealen Fläche und einige Atomlagen übereinander umfaßt. Eine dritte Lauebedingung für eine Periodizität in Richtung senkrecht zur Oberfläche besteht nicht, da nur wenige Atomlagen bei der Streuung mitwirken. Die tieferen Lagen modulieren jedoch über den Strukturfaktor die Intensität der Reflexe. Abb. 6 zeigt ein Beispiel für die gemessenen und gerechneten Intensitäten. Bei der Berechnung des Strukturfaktors wurden die Atome versuchsweise als Punktquellen angenommen. Die Anordnung der Atome in der Elementarzelle ergab sich dann nach einem „trial and error"-Verfahren. Ein inneres Potential, das die Wellenlänge der Elektronen beim Eintritt in

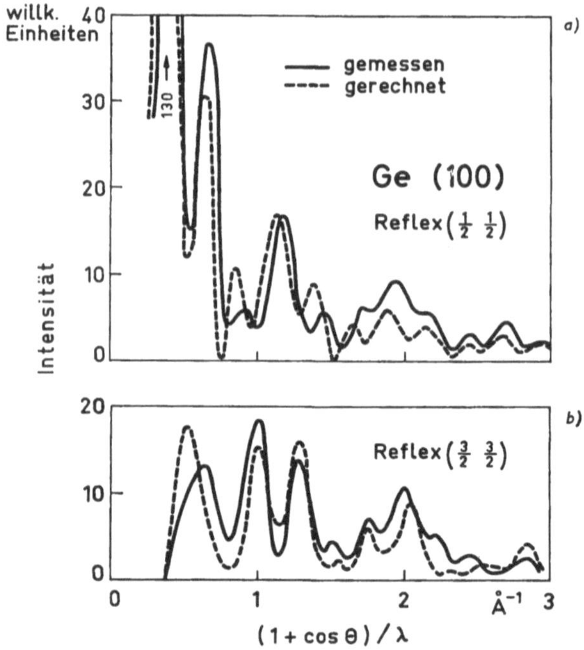

Abb. 6
Beispiel für die gemessenen und gerechneten Intesitäten. Θ ist der Winkel zwischen dem [Einfallslot [(Einstrahlungsrichtung) und der Beobachtungsrichtung. Nach *Lander* und *Morrison* [19].

den Kristall verringert, wurde bisher nicht berücksichtigt. Die Zulässigkeit der verschiedenen bei der Auswertung gemachten Annahmen kann hier nicht diskutiert werden. Jedenfalls sehen *Lander* und *Morrison* die Probleme und versuchen sie zu behandeln, vor allem in ihrer letzten Arbeit [22].

Abb. 7 zeigt die für Germanium und Silicium ermittelte Struktur der reinen, geglühten (100)-Oberfläche. Die oberste Lage ist nur zur Hälfte besetzt. In dieser und der folgenden Lage sind die Atome paarweise etwas zusammengerückt (vgl. Abb. 2). Die Flächendichte der freien Valenzen beträgt dann noch ein Viertel der Dichte für die ideale Oberfläche. Werden bei den Paaren der obersten Lage Doppelbindungen zugelassen, so können alle Valenzen abgesättigt werden. Bei der Struktur nach Abb. 7 ist die eine Flächendiagonale vor der anderen ausgezeichnet. Im Beugungsbild (Abb. 5a) ist diese Bevorzugung nicht zu finden. Es müssen daher auf der (100)-Fläche in dem vom Primärstrahl getroffenen Bezirk Bereiche mit den beiden möglichen Vorzugsrichtungen vorhanden sein. In Abb. 8 wird versucht mit Hilfe eines Modells das Ausmaß der Strukturänderung anschaulich zu machen. Im linken Bild ist die ideale Struktur mit den freien Valenzen an der oben liegenden (100)-Oberfläche gezeigt (vgl. Abb. 3), während bei dem Modell des rechten Bildes die Orte der weißen Kugeln nach den in der Elementarzelle angegebenen Koordinaten gewählt sind. Die Blickrichtung folgt der langen Seite der Elementar-

masche in Abb. 7. Bei den zwei obersten Lagen sind die Abstände senkrecht zur Oberfläche um etwa 10% verringert. Über die chemische Bindung ist nichts bekannt. Die Drähte sind zu den nächsten Nachbarn geführt.
Auch (111)-Flächen wurden untersucht. Besonders interessant ist hier der Vergleich zwischen den durch Ionenbeschuß und Tempern gereinigten und den durch Spalten im Vakuum gewonnenen Oberflächen [21]. Nach Erhitzen

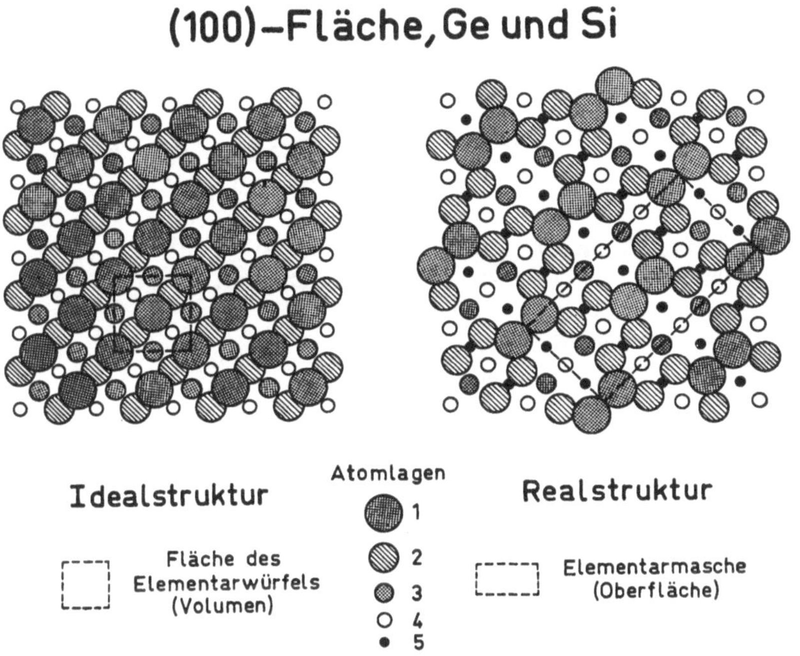

Abb. 7. Struktur der reinen geglühten (100)-Fläche für Germanium und Silicium. Damit können die beobachteten halb- und viertelzahligen Ordnungen erklärt werden, vgl. Abb. 5 a und 6. Nach *Lander* und *Morrison* [18, 19]. Zum Vergleich ist links die der Struktur des Volumens entsprechende „ideale" Oberflächenstruktur dargestellt.

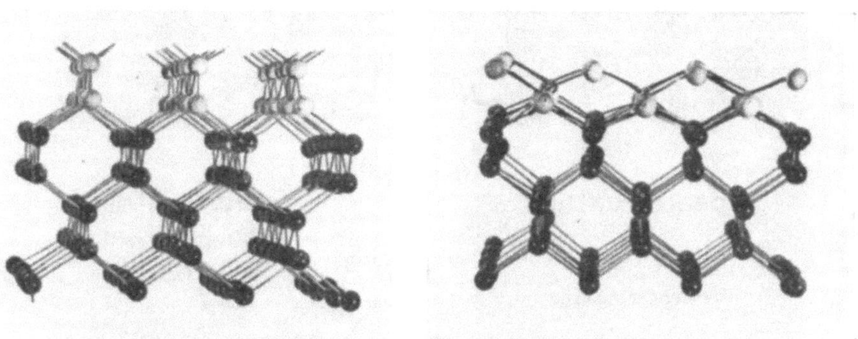

Abb. 8. Modell für die (100)-Fläche von Germanium und Silicium
a) Idealstruktur mit freien Valenzen
b) Realstruktur nach Abb. 7

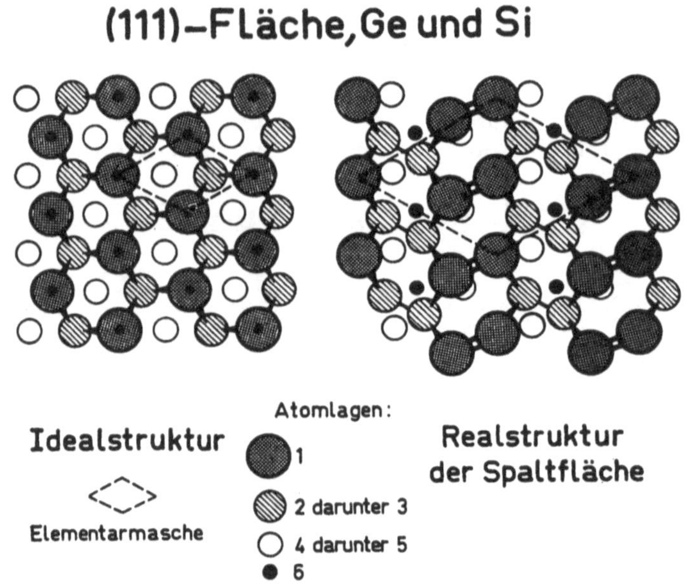

Abb. 9. Struktur der Spaltfläche von Germanium und Silicium. Nach *Lander* und *Morrison* [21]. Zum Vergleich ist links die Idealstruktur dargestellt. Die schwarzen Punkte in den gerasterten Scheiben der ersten Lage bedeuten freie Valenzen, die senkrecht auf der Oberfläche stehen (vgl. Abb. 3).

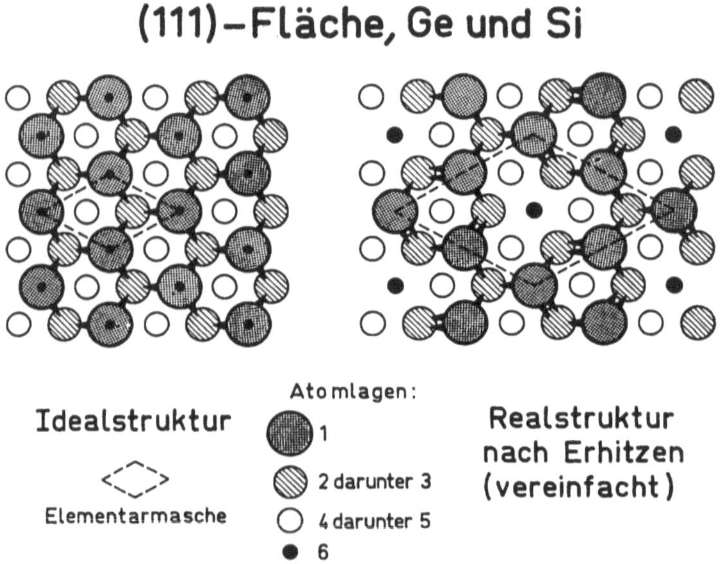

Abb. 10. Prinzip des Aufbaues der Struktur an (111)-Flächen von Germanium und Silicium nach Erhitzen. Nach *Lander* und *Morrison* [19, 21]. Zum Vergleich ist links die Idealstruktur mit freien Valenzen dargestellt.

im Vakuum (Ge über 200 °C, Si über 700 °C) hat die Spaltfläche ihre Struktur irreversibel geändert. Bei entsprechender Temperaturbehandlung entspricht die neue Struktur der nach Ionenbeschuß und Tempern beobachteten. Die beiden Verfahren zur Herstellung reiner Oberflächen führen also schließlich zur gleichen Struktur. Bei verschiedener thermischer Vorgeschichte finden sich verschiedene ähnliche Strukturen, sowohl bei Germanium wie bei Silicium. Während für die Spaltfläche (Abb. 9) wieder Paare angegeben werden, fehlen als Folge des Erhitzens dieser Spaltfläche Atome der obersten Lage (Abb. 10). Es treten dann Sechserringe auf, die allerdings in zwei getrennten Ebenen liegen. Nimmt man Doppelbindungen an, wie sie in Abb. 9 und 10 angedeutet sind, so bleiben keine freien Valenzen mehr übrig. Die Sechsecke in Abb. 10 haben keine gemeinsamen Seiten. *Lander* und *Morrison* ziehen trotzdem eine flächenhafte Leitfähigkeit ähnlich der beim Graphit beobachteten in Betracht für den Fall, daß ein Ladungsaustausch zwischen den getrennten Ringen möglich ist. Die Abb. 10 zeigt nur ein einfaches Schema, durch dessen Erweiterung sich die beim Germanium beobachteten 1/8 Ordnungen deuten lassen. An der (111)-Oberfläche von Silicium werden je nach Glühbehandlung ähnliche Strukturen gefunden mit dem 5-fachen Periodizitätsabstand gegenüber der idealen Struktur nach längerem Tempern bei etwa 600 °C, mit dem 7-fachen Abstand nach rascher Abkühlung von über 700 °C (vgl. Abb. 5b).

Die in Abb. 9 und 10 eingezeichneten Bindungen sind bei dem rechten Teilbild nur als Diskussionsvorschläge aufzufassen. Läßt man die angedeuteten Doppelbindungen zu, so haben auch an der Oberfläche alle Atome vier Valenzen betätigt. Es soll jedoch noch einmal betont werden, daß zunächst nur Informationen über die Orte der Atome vorliegen, dagegen nicht über die Bindungen, die die Atome an diesen Orten festhalten.

5. Diskussion

Es bleibt noch zu prüfen, wie weit die bei der Auswertung gemachten Annahmen über die Wechselwirkung zwischen den langsamen Elektronen und der Kristalloberfläche tragen, ob die Beobachtungen nicht auch durch andere Modelle erklärt werden können, und wie weit die diskutierten Strukturen mit theoretischen Vorstellungen zur chemischen Bindung vereinbar sind. Zur Deutung der gleichen Beobachtungen von *Lander* und *Morrison* hat *R. Seiwatz* andere Oberflächenstrukturen vorgeschlagen [86]. Jedenfalls ist die Struktur der reinen Halbleiteroberfläche gegenüber der Idealstruktur verändert und hängt von der Vorgeschichte ab. Ursache der Strukturänderung sollte die Absättigung wenigstens eines Teiles der freien Valenzen sein. Die veränderte Umgebung der Atome an der Oberfläche kann dabei zur Aufgabe des tetraedrischen Valenzzustandes führen. Die sp^3-Hybridisierung entsteht ja erst durch die Wirkung der Nachbaratome.

Das von den langsamen Elektronen gelieferte Beugungsbild reagiert empfindlich auf Veränderungen an der Oberfläche und eine Bedeckung mit Fremdatomen kann sich schon bei einigen Prozent einer Monoschicht bemerkbar machen. Die Methode ist daher sehr geeignet zum Studium von Oberflächenreaktionen an Kristallen [18, 19, 20]. Im Interesse von Physik und Chemie der Oberfläche sind ein weiterer Ausbau der experimentellen Methoden und vor allem die Entwicklung besserer theoretischer Grundlagen sehr zu wünschen.

III. Modellvorstellungen für Halbleiteroberflächen

6. Raumladungsschichten

Wenn die mit Elektronen besetzbaren Quantenzustände an der Oberfläche ein anderes Energiespektrum aufweisen als im Kristallinneren, so kommt es im allgemeinen zur Ausbildung von Raumladungsschichten. Diese beeinflussen die elektrischen Eigenschaften der Oberfläche, wie z. B. Oberflächenleitfähigkeit (Abschn. 7), Austrittsarbeit [34] und Oberflächenrekombination. Bei einer großen Flächendichte der Zustände ist mit der Ausbildung eines Oberflächenbandes zu rechnen.

In dem zuerst von *J. Bardeen* vorgeschlagenen Modell stehen sich gegenüber eine Flächenladung auf der Kristalloberfläche und eine Raumladung von entgegengesetztem Vorzeichen [23]. Die positive oder negative Flächenladung hat ihren Sitz in den Oberflächenzuständen, während sich die Raumladung von der Oberfläche aus etwa 10^{-6} bis 10^{-3} cm tief in den Kristall hinein ausdehnt und von beweglichen Ladungsträgern sowie von geladenen ortsfesten Störstellen gebildet wird. Für die in diesem Abschnitt behandelten Fragen spielt es keine Rolle, ob die Oberflächenzustände vom Abschneiden des periodischen Potentials herrühren oder ob sie durch Fremdatome verursacht sind.

In der Raumladungsschicht tritt entsprechend der Poissonschen Gleichung eine Krümmung des Makropotentials als Funktion des Ortes auf, die zu einer Potentialdifferenz zwischen Oberfläche und Innerem des Kristalles führt. Die Änderung des Makropotentials mit dem Ort erscheint im Bändermodell als „Verbiegung" der Bandkanten. Zu der Kristallenergie der Elektronen

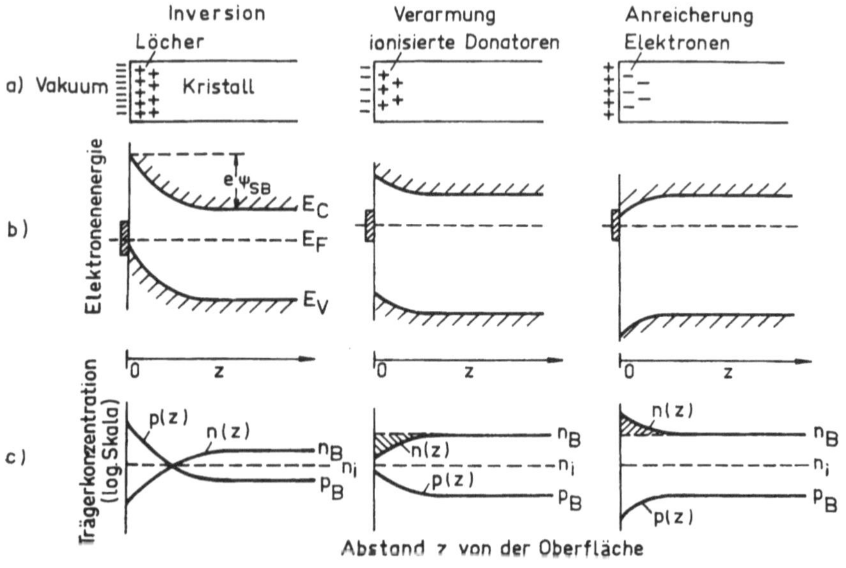

Abb. 11. Drei Beispiele für Raumladungsschichten an der Oberfläche von n-Halbleitern: Inversions-, Verarmungs- und Anreicherungsschicht. a) Verteilung der Flächen- und Raumladungen, b) Energieschema, c) Trägerkonzentration als Funktion des Ortes, n_B, p_B = ortsunabhängige Konzentrationen im Kristallinneren, n_i = Konzentration bei Eigenleitung.

kommt zusätzlich eine elektrostatische Energie, sowohl für die Elektronen in den Bändern, wie für die in Störstellen.
In Abb. 11 sind als Beispiele verschiedene Raumladungsschichten auf einem n-Halbleiter dargestellt; während die oberste Zeile, a), die Verteilung von Flächen- und Raumladungen andeutet, bringt die mittlere Zeile, b), das Bändermodell. Jeweils am linken Rand der Teilbilder befindet sich die Oberfläche. Wenn hinsichtlich der Besetzung mit Elektronen thermisches Gleichgewicht zwischen den Oberflächenzuständen und dem Kristallinneren besteht, so verläuft das Ferminiveau E_F waagerecht durch Raumladungsschicht und Oberfläche. Dieser Fall ist hier stets vorausgesetzt. Die unterste Zeile, c), enthält Skizzen der Verteilung der beweglichen Träger in der Raumladungsschicht. Im Kristallinneren wird die Trägerkonzentration unabhängig vom Ort (n_B und p_B). Drei Beispiele sind in Abb. 11 herausgegriffen: Rechts ist eine Anreicherungsschicht dargestellt. Durch die Wirkung von Oberflächendonatoren liegt hier die Elektronenkonzentration an der Oberfläche höher als im (n-leitenden) Volumen. Die Flächenladung sitzt in den ionisierten Oberflächendonatoren, die Raumladung wird im wesentlichen durch Leitungselektronen gebildet. Die mittlere Spalte zeigt den Fall der Verarmungsschicht. Durch Oberflächenakzeptoren wurde hier die Elektronenkonzentration an der Oberfläche erniedrigt. Die negative Flächenladung ist durch die besetzten Oberflächenzustände gegeben, die positive Raumladung vorwiegend durch die ionisierten Volumdonatoren. Der Fall einer Inversionsschicht ist in der linken Spalte dargestellt. Hier geht die Bandverbiegung so weit, daß sich an der Oberfläche das Valenzband dem Ferminiveau nähert. Das bedeutet wachsende Besetzungswahrscheinlichkeit für Löcher, deren Konzentration schließlich in einer Oberflächenschicht, der Inversionsschicht, die Elektronenkonzentration übertrifft. Zwischen Oberfläche und Volumen liegt eine zur Oberfläche parallele Ebene, in der Eigenleitung ($n = p = n_i$) vorliegt (Abb. 12). Es soll

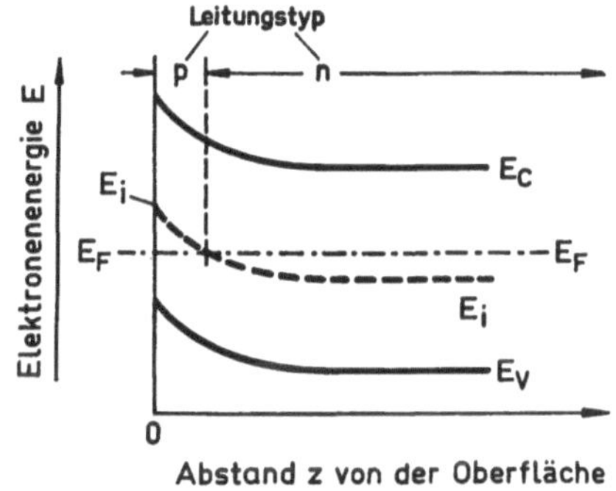

Abb. 12
Energieschema einer Inversionsschicht auf einem n-leitenden Kristall. Für $E_i(z) = E_F$ tritt Eigenleitung auf.

noch einmal ausdrücklich betont werden, daß hier Zustände des thermischen Gleichgewichts hinsichtlich der Elektronenverteilung betrachtet werden.
Bei Anreicherung oder hinreichend starker Inversion ist der Kristall mit einer sehr gut leitenden Schicht überzogen. Ein durch den Kristall geschickter Strom wird dann vorwiegend entlang der Oberfläche fließen, und sogar eine Messung mit zwei Stromkontakten und zwei Potentialsonden führt zu falschen Aussagen über die Volumleitfähigkeit.

Die Berechnung der Raumladungsschichten läßt sich durchführen mit Hilfe der Poissonschen Gleichung, der Fermistatistik und einer Neutralitätsbedingung, die besagt, daß die Flächendichte der Oberflächenladung Q_{ss} entgegengesetzt gleich der der Raumladung Q_{sc} sein muß:

$$Q_{ss} = -Q_{sc} = -\int \varrho(z)\,dz; \quad \varrho = \text{Raumladungsdichte.} \tag{1}$$

Hier kann auch die direkte Verknüpfung zwischen der Flächendichte der Ladung und der elektrischen Feldstärke an der Oberfläche (Randfeldstärke) verwendet werden. Zu lösen ist eine Differentialgleichung für die Abhängigkeit des Potentials oder der Trägerkonzentration von der Ortskoordinate z senkrecht zur Oberfläche. Viel benutzt wird die Arbeit von *Kingston* und *Neustadter* [24]. In dieser ist vollständige Ionisierung der Volumdonatoren und -akzeptoren sowie Gültigkeit der Boltzmannstatistik (nicht zu große Trägerkonzentrationen) vorausgesetzt. Die Differentialgleichung läßt sich nicht geschlossen integrieren, die Resultate der numerischen Auswertung sind jedoch in Diagrammen dargestellt. Verknüpft werden dabei die Werte der Energiedifferenz $(E_F - E_i)/kT = u$ an der Oberfläche sowie im Volumen (Abb. 12 und 13)

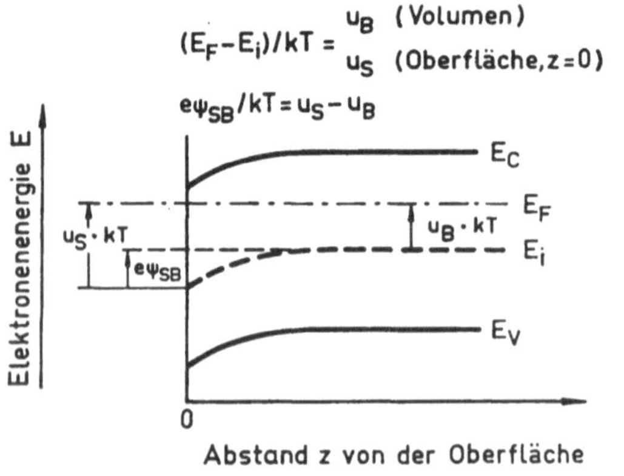

Abb. 13
Erklärung der Größen u_B und u_S, die zur Beschreibung der Lage des Ferminiveaus E_F in Bezug auf das Niveau E_i (Abb. 12) dienen. Ferner wird die Bandverbiegung $e\psi_{SB}$ eingeführt.

mit der Flächendichte der Ladung, der Randfeldstärke und dem Überschuß der beweglichen Träger in der Raumladungsschicht ΔN bzw. ΔP, der gegeben ist durch die Gleichungen

$$\Delta N = \int (n(z) - n_B)\,dz \quad \text{und} \quad \Delta P = \int (p(z) - p_B)\,dz. \tag{2}$$

ΔN und ΔP sind also Flächendichten, gemessen in cm^{-2}. In Abb. 11 ist ΔN in der unteren Zeile durch schraffierte Flächen angedeutet. Entsprechend Gl. (2) kann der Überschuß der beweglichen Träger, ΔN bzw. ΔP, auch negative Werte annehmen (Verarmung, Abb. 11, Mitte). *Frankl* führte Rechnungen mit gleichen Voraussetzungen aber einem erweiterten Bereich der obenerwähnten Energiedifferenz aus. Zugleich gibt seine Arbeit einen Überblick über veröffentlichte Berechnungen der Raumladungsschichten unter anderen Voraussetzungen als den von *Kingston* und *Neustadter* gemachten [25], sh. auch [26, 27].

Bei nicht zu starker Dotierung im Volumen werden die Flächendichten der Träger in der Raumladungsschicht ΔN und ΔP mit zunehmender Bandverbiegung praktisch unabhängig von der Konzentration der Volumstörstellen. Vernachlässigt man den Beitrag dieser Störstellen zur Raumladung, so läßt sich die Differentialgleichung geschlossen integrieren, sowohl für den Fall der Boltzmannstatistik (Nichtentartung), wie für den der starken Entartung [28]. Bei solchen kräftig ausgebildeten Inversions- oder Anreicherungsschichten steigt die Trägerdichte nach der Oberfläche hin sehr stark an. Dabei wird die Schichtdicke, in der sich der überwiegende Teil der Träger aufhält, überraschend gering. In Abb. 14 ist die Schichtdicke z_1 aufgetragen, in der sich, von

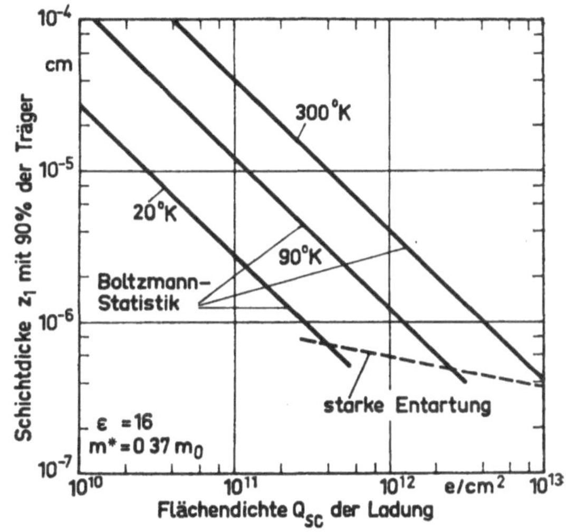

Abb. 14
Schichtdicke z_1, in der sich, von der Oberfläche aus gerechnet, 90% der Träger befinden, als Funktion der Flächendichte Q_{SC} der Ladung. Voraussetzung: Vernachlässigung der zweiten Trägersorte und der Volumstörstellen bei der Raumladung. Nach *Heiland* [11].

der Oberfläche aus gerechnet, 90% aller Träger der Raumladungsschicht befinden. Diese Schichtdicken sind wesentlich geringer als die Reichweiten der Potentialänderung. Mit zunehmender Flächenladung zieht sich die Zone hoher Trägerdichte immer weiter zusammen, bis die Entartung eine Grenze setzt. Für Verarmungsschichten zeigen die Abb. 15 und 16 den Zusammenhang zwischen der Flächendichte Q_{SC} der Raumladung, der Schichtdicke d, der Störstellenkonzentration N_D und der Potentialdifferenz ψ_{SB} über der Raumladungsschicht. Zur Berechnung wurde die Schottkysche Theorie benutzt, die voraussetzt, daß die gesamte Raumladung von den vollständig ionisierten Störstellen gebildet wird [29]:

$$d = \frac{z\varepsilon\varepsilon_0}{e} \cdot \frac{\psi_{SB}}{Q_{SC}} \quad \text{mit} \quad Q_{SC} = N_D \cdot d. \tag{3}$$

Mit Rücksicht auf die an den reinen Oberflächen gefundenen Typen von Raumladungsschichten wurde in Abb. 14 die dielektrische Konstante ε für Germanium eingesetzt, in Abb. 15 und 16 dagegen der für Silicium gültige Wert. Bei großer Flächendichte der Ladung wird nach den beiden letzten Abbildungen auch im Verarmungsfalle die Schichtdicke sehr klein, wenn die Potentialdifferenz nicht zu große Werte annehmen soll.

Auf einige Grenzen und Probleme der Raumladungstheorien soll kurz hingewiesen werden: Bei einer Wärmebehandlung kann durch Diffusionsprozesse die Volumdotierung so beeinflußt werden, daß die Störstellenkonzentration nicht mehr homogen vom Kristallinneren bis zur Oberfläche verläuft. Gelegentlich wird auch eine Wanderung geladener Störstellen in dem hohen Felde

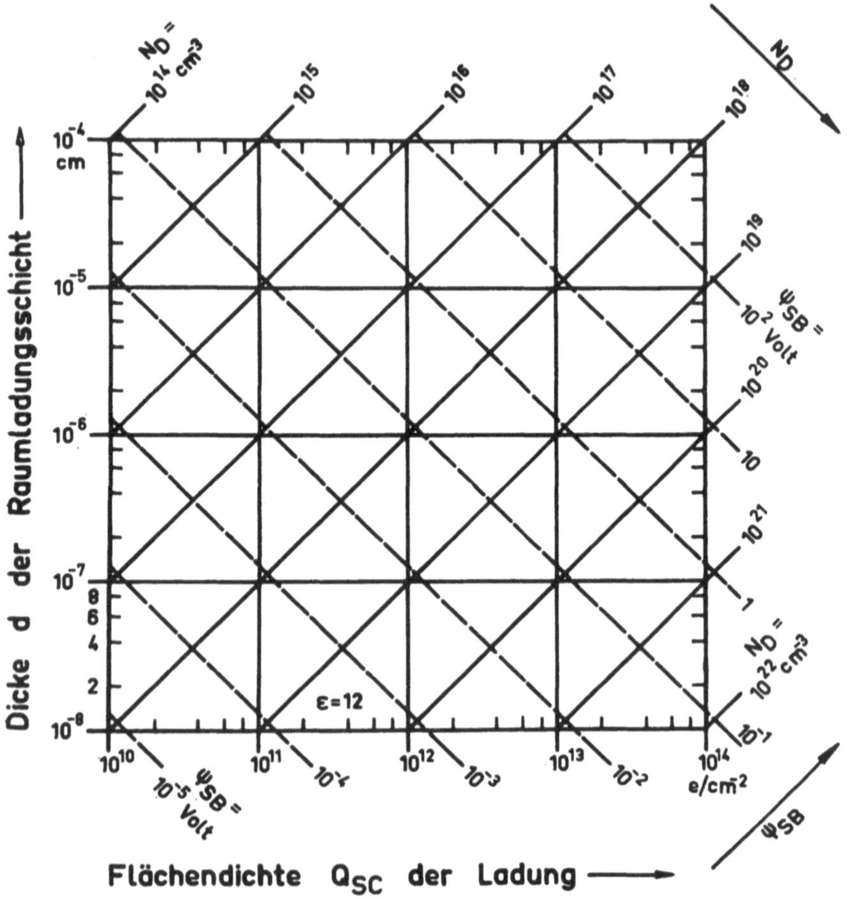

Abb. 15. Nomogramm für die Verarmungsrandschicht nach Gl. (3). Dicke d der Raumladungsschicht als Funktion der Flächendichte Q_{SC} der Ladung bei konstanter Konzentration N_D der vollständig ionisierten Störstellen bzw. bei konstanter Potentialdifferenz ψ_{SB} über der Raumladungsschicht (Abb. 13). Das Vorzeichen der Potentialdifferenz ist positiv für Akzeptoren und negativ für Donatoren als Störstellen. Voraussetzung $e\psi_{SB} > kT$.

der Raumladungsschicht selbst bei Zimmertemperatur in Betracht gezogen. Beide Effekte sind nur von geringer Bedeutung, wenn die beweglichen Träger den entscheidenden Beitrag zur Raumladung liefern.

Die Raumladungsschichten wurden nicht für diskrete Punktladungen sondern mit der Voraussetzung einer kontinuierlichen Ladungsverteilung berechnet. Bei starker Anreicherung oder Inversion wird aber die Schichtdicke vergleichbar mit dem mittleren Abstand zweier Ladungsträger. Für eine Flächendichte der Ladung $Q_{ss} = 10^{12}\, e/\text{cm}^2$ ergibt sich ein mittlerer Abstand von 10^{-6} cm für die Elementarladungen auf der Oberfläche. Die Dicke der Schicht, die von der Oberfläche aus gerechnet 90% der Träger enthält, liegt aber nach Abb. 14 für 90 °K auch nur bei 10^{-6} cm und für 300 °K bei $4 \cdot 10^{-6}$ cm. Bei geringeren Flächendichten der Ladung sind die Verhältnisse günstiger. Entsprechendes gilt für Verarmungsschichten (Abb. 16).

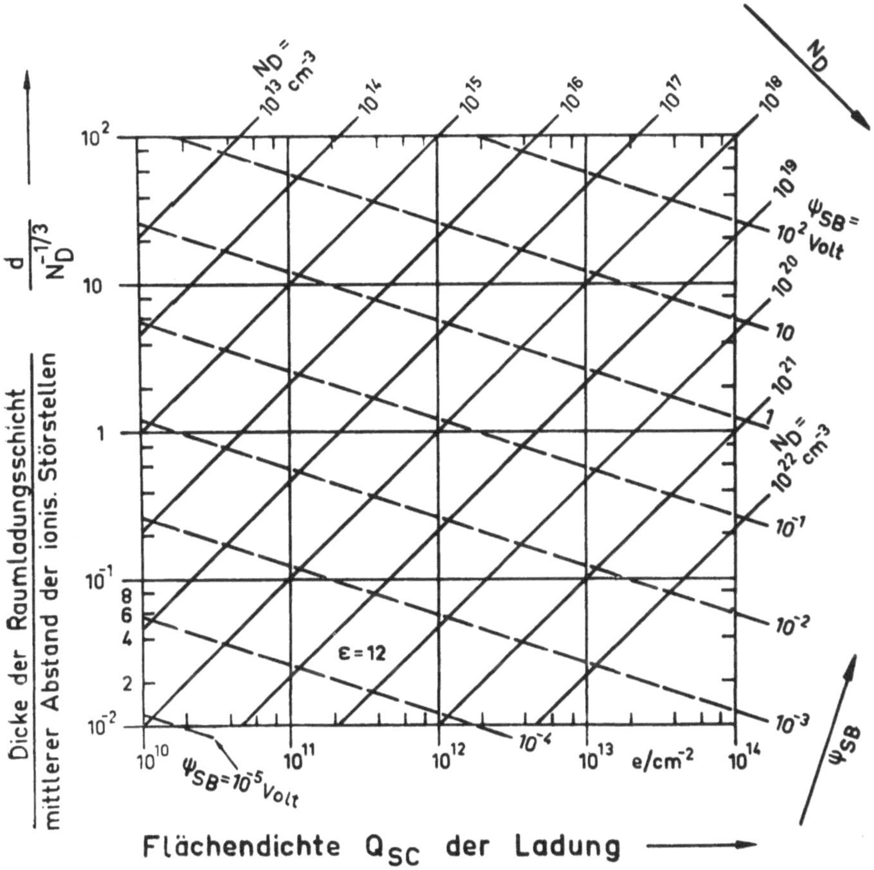

Abb. 16. Nomogramm für die Verarmungsrandschicht. Die in Abb. 15 dargestellte Dicke der Raumladungsschicht ist hier auf den mittleren Abstand der ionisierten Störstellen bezogen.

Durch die Einsperrung der Träger in einem engen Potentialgraben an der Oberfläche ist mit einer zusätzlichen Quantisierung zu rechnen, die zu diskreten Energieniveaus führt. Mit der Randfeldstärke wächst der Abstand dieser Niveaus. *Schrieffer* nimmt allerdings an, daß die Oberflächenstreuung diese diskreten Niveaus verbreitert und wieder ein Kontinuum herbeiführt [30]. Nicht nur das Bändermodell, sondern auch die Statistik kann in Frage gestellt werden, wenn das elektrostatische Potential sehr rasch mit dem Ort variiert [31]. Zusammenfassend kann man sagen, daß Grenzen der Raumladungstheorien und des Bändermodells bei großen Flächendichten der Ladung liegen. Diese Grenzen sind wohl noch nicht ganz klar abgesteckt.

7. Oberflächenleitfähigkeit

Ist die Flächendichte der Träger in der Raumladungschicht hinreichend groß, so kann ein Leitungsprozeß entlang der Kristalloberfläche beobachtet werden. Volum- und Oberflächenleitwert sind dann parallel geschaltet. Eine Flächenleitfähigkeit läßt sich definieren als Leitwert eines quadratischen Flächenstückes beliebiger Seitenlänge. Für die Oberflächenleitfähigkeit $\Delta\sigma$, die durch die Raumladungschicht verursacht wird, gilt dann

$$\Delta\sigma = e(\mu_{ns}\Delta N + \mu_{ps}\Delta P). \tag{4}$$

Hierbei sind ΔN und ΔP durch Gl. (2) definiert. Die Beweglichkeiten μ_{ns} und μ_{ps} können geringere Werte haben als im Volumen infolge diffuser Streuung der Träger an der Oberfläche. Eine Theorie hierzu wurde zuerst von *Schrieffer* [30] veröffentlicht und später von anderen Autoren ergänzt [32, 33]. Je stärker die Bandverbiegung wird, um so mehr werden die Träger eingeengt und um so geringer wird ihre Beweglichkeit. Ähnliche Effekte sind von dünnen Metalldrähten und -schichten bekannt: Wenn die Dicke der Probe vergleichbar mit der freien Weglänge wird, so sinkt die Beweglichkeit der Elektronen mit weiterer Abnahme der Dicke. Für Germanium können die Korrekturen der Trägerbeweglichkeit für Oberflächenstreuung beträchtliche Werte erreichen, für Silicium dagegen sind sie geringer. Beispiele für diese Korrekturen sind in Abb. 20, linke Hälfte, enthalten. Qualitativ sind die theoretischen Korrekturen durch Messungen des Halleffektes und des Feldeffektes am Germanium bestätigt [35, 36, 37].

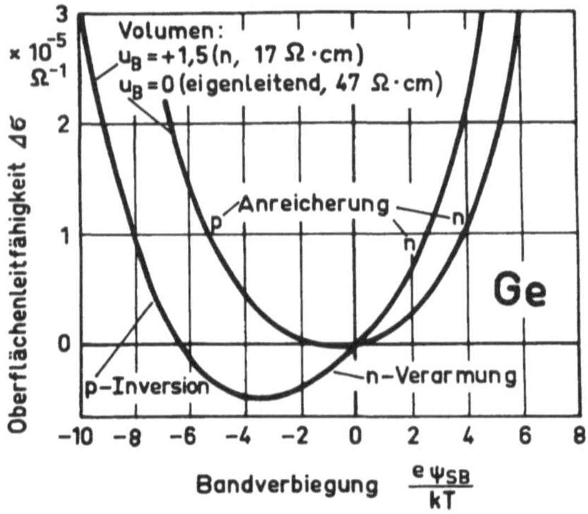

Abb. 17
Berechnete Oberflächenleitfähigkeit $\Delta\sigma$ als Funktion der Bandverbiegung $e\psi_{SB}/kT$ für eigenleitendes und für n-leitendes Germanium. Nach *Schrieffer* [30].

Der berechnete Zusammenhang zwischen der Oberflächenleitfähigkeit $\Delta\sigma$ und der Bandverbiegung $e\psi_{SB}$ (vgl. Abb. 13) ist in Abb. 17 für Germanium und in Abb. 18 für Silicium an Beispielen dargestellt. $\Delta\sigma$ wird Null für $\psi_{SB} = 0$, d.h. für flach verlaufende Bänder. In der rechten Hälfte der Abb. 17 und 18 sind die Bänder nach unten gekrümmt, in der linken Hälfte nach oben (vgl. Abb. 11). Das Minimum der Oberflächenleitfähigkeit ermöglicht die experimentelle Trennung von Volum- und Oberflächenleitwert, die ja parallel geschaltet sind: Bei konstanter und nicht zu hoher Temperatur bleibt der

Volumleitwert konstant, während der Oberflächenleitwert durch Änderung der Gasbeladung oder der influenzierten Ladung (Feldeffekt Abschn. 8) variiert werden kann. Geht bei einem solchen Experiment der Gesamtleitwert des Kristalles durch ein Minimum und wechselt gleichzeitig das Vorzeichen des Feldeffektes, so können an Hand von berechneten Kurven, wie den in Abb. 17 und 18 dargestellten, Absolutwerte für $\Delta\sigma$ und ψ_{SB} angegeben werden. Bei der hier diskutierten Oberflächenleitfähigkeit handelt es sich um einen Ladungstransport innerhalb der Raumladungsschicht im Gegensatz zu der

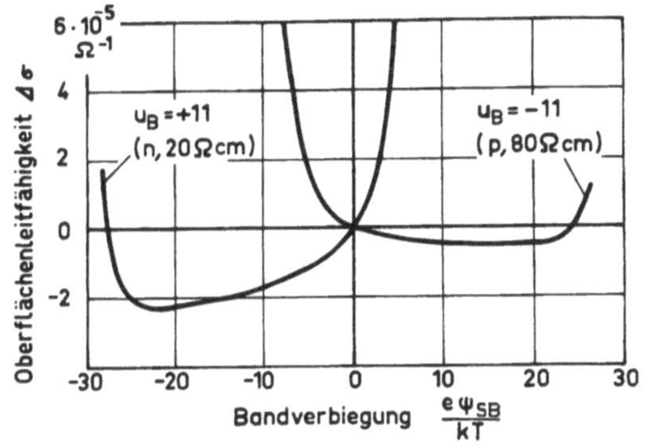

Abb. 18
Berechnete Oberflächenleitfähigkeit $\Delta\sigma$ als Funktion der Bandverbiegung $e\psi_{SB}/kT$ für n- und p-leitendes Silicium

von *Shockley* erwähnten Leitung in einem Oberflächenband. Die Oberflächenzustände sind in dem hier betrachteten Modell nur insofern am Leitungsprozeß beteiligt, als sie die Raumladungsschicht hervorrufen und beeinflußen. Dieses Modell ist weitgehend durch Experimente an realen, nicht gereinigten Oberflächen gesichert [7 – 10].

8. Feldeffekt und Oberflächenzustände

Eine der wichtigsten Methoden zur Untersuchung von Halbleiteroberflächen stellt die Beobachtung des Feldeffektes dar. Hierbei wird eine bekannte Ladungsdichte auf der Halbleiteroberfläche influenziert und die damit bewirkte Änderung der Oberflächenleitfähigkeit (Definition Gl. (4)) gemessen. Abb. 19

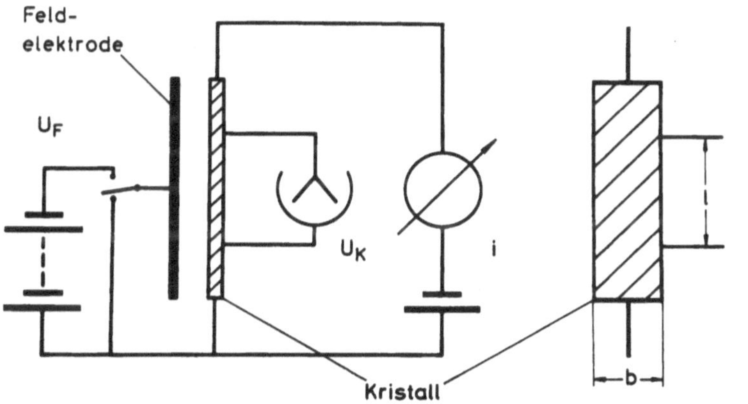

Abb. 19. Schema eines Versuches zur Beobachtung des Feldeffektes

zeigt schematisch eine einfache Versuchsanordnung: Der Kristall ist als flacher und möglichst dünner Streifen präpariert. Vor einer der beiden großen Flächen steht eine ebene Elektrode. Auch Anordnungen mit Zylindersymmetrie sind benutzt worden (Abb. 25). Die Flächendichte Q_{in} der influenzierten Ladung ergibt sich aus der angelegten Spannung U_{F} und der Kapazität zwischen Feldelektrode und Kristalloberfläche. Häufig werden die Ergebnisse in Form der Feldeffektbeweglichkeit μ_{FE} wiedergegeben. Sie ist definiert als Differentialquotient:

$$\mu_{\text{FE}} = -\frac{\text{d}(\Delta\sigma)}{\text{d}Q_{\text{in}}}. \tag{5}$$

Die Änderung $\text{d}(\Delta\sigma)$ der Oberflächenleitfähigkeit ergibt sich aus der Messung des Leitwertes: Der Strom i ruft zwischen den Potentialsonden eine Spannung U_{K} hervor. Daraus folgt ein Leitwert g, der eine Parallelschaltung des Volumleitwertes g_{B} und des Oberflächenleitwertes g_{S} darstellt:

$$g = i/U_{\text{K}} = g_{\text{B}}+g_{\text{S}}. \tag{6}$$

Durch influenzierte Ladungen kann nun die Flächendichte der Träger in der Raumladungsschicht (Gl. (2)) und damit der Oberflächenleitwert geändert werden bei konstantem Volumleitwert.
Es gilt

$$\text{d}g = \text{d}g_{\text{S}} \text{ und } \text{d}(\Delta\sigma) = \text{d}g\, l/b \quad \text{(vgl. Abb. 19, rechts).} \tag{7}$$

Absolutwerte von $\Delta\sigma$ lassen sich allerdings im allgemeinen erst nach Durchlaufen des Minimums ermitteln (vgl. Abschn. 7 und Abb. 17 und 18).
Abb. 20 zeigt als Beispiel den berechneten Feldeffekt an einem eigenleitenden Germanium-Kristall. Zeile a) deutet die Verteilung von Flächen- und Raumladungen an, in Zeile b) ist der Zustand der Kristalloberfläche im Bändermodell wiedergegeben, Zeile c) bringt die Oberflächenleitfähigkeit als Funktion der influenzierten Ladung und Zeile d) die zugehörige Feldeffektbeweglichkeit. Die Kurven bei d) gehen also durch Differenzieren nach Gl. (5) aus den entsprechenden Kurven bei c) hervor. In der linken Hälfte der Figur wird ein idealer Kristall ohne Oberflächenzustände betrachtet, in der rechten Hälfte dagegen ein realer Kristall mit Oberflächenzuständen, z.B. einem Kontinuum mit Umladungscharakter neutral — minus. In dem links dargestellten Falle wird die Oberflächenleitfähigkeit Null bei $Q_{\text{in}} = 0$. Der Anstieg von $\Delta\sigma$ mit zunehmender Bandverbiegung entspricht dem in Abb. 17 dargestellten. Bei Kurve 1 tragen alle influenzierten Ladungsträger mit ihrer vollen Volumbeweglichkeit zum Leitungsvorgang bei. Die Kurve 1 verläuft daher, abgesehen von der Umgebung des Minimums, wo beide Trägersorten gleichzeitig vorhanden sind, linear. Für die Kurven 1 und 2 gilt:

$$Q_{\text{SC}} = e(\Delta P - \Delta N) = Q_{\text{in}} \quad \text{(s. Gl (2)).} \tag{8}$$

Kurve 2 in der linken Hälfte enthält die Korrektur der Beweglichkeit für Oberflächenstreuung der Träger. Dadurch ergibt sich in dem darunter liegenden Feld ein Absinken der Feldeffektbeweglichkeit (Kurve 2), während ohne Oberflächenstreuung (Kurve 1) die Volumwerte μ_{nB} und μ_{pB} gefunden werden, sobald eine Trägersorte überwiegt.
Für den Kristall mit Oberflächenzuständen (rechte Hälfte von Abb. 20) ergibt sich bereits bei $Q_{\text{in}} = 0$ eine endliche Oberflächenleitfähigkeit, da die Besetzung

der Oberflächenzustände bereits ohne äußeres Feld eine Raumladungsschicht hervorruft (Kurve 4). Um den Einfluß der Oberflächenzustände klar zu zeigen, ist als gestrichelte Kurve 3 rechts noch einmal die Kurve 2 aus der linken Hälfte gezeichnet (Oberflächenstreuung, aber keine Oberflächenzustände), während Kurve 4 nun den Verlauf der Oberflächenleitfähigkeit bei Berücksichtigung von Oberflächenstreuung und Oberflächenzuständen darstellt. Die influenzierte Ladung verteilt sich auf Oberflächenzustände und Raumladungsschicht. Die Oberflächenzustände laden sich um und haben so eine abschir-

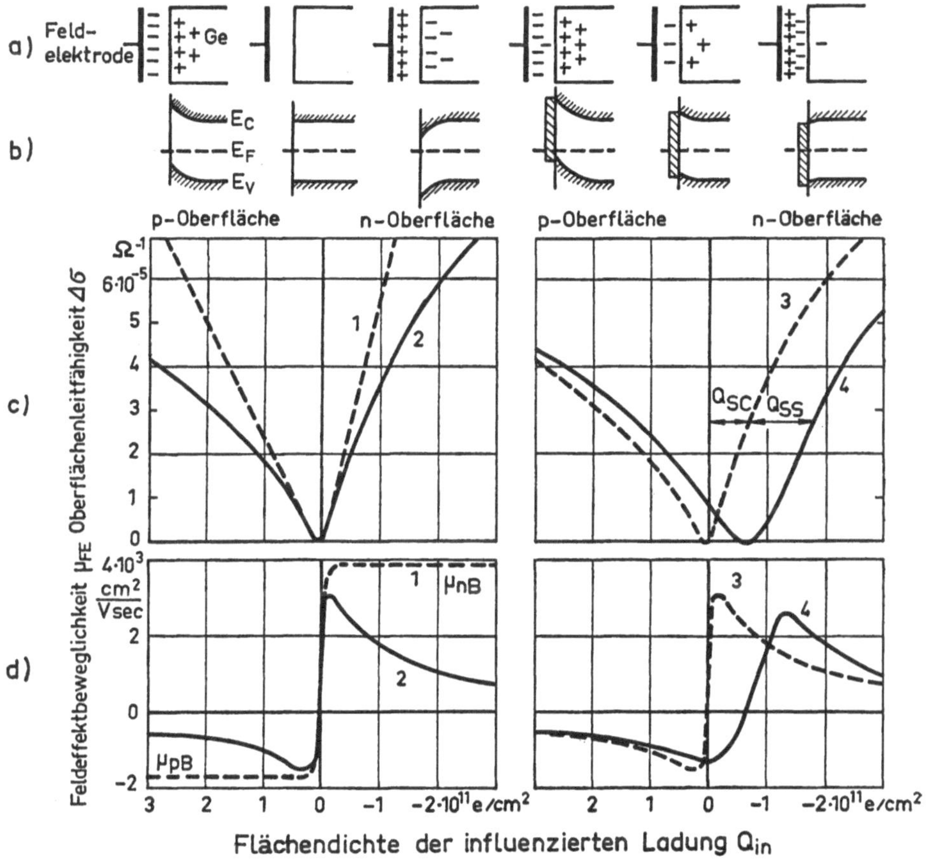

Abb. 20. Darstellung des Feldeffektes bei eigenleitendem Germanium. Linke Hälfte der Abbildung: Keine Oberflächenzustände. Rechte Hälfte: Kontinuierliches Spektrum von Oberflächenakzeptoren, Zustandsdichte $S_E = 2 \cdot 10^{11}$ cm^{-2} eV^{-1} für $E > E_V$.

a) Verteilung der Flächen- und Raumladungen

b) Energieschema

c) Berechnete Oberflächenleitfähigkeit $\Delta\sigma$ als Funktion der influenzierten Ladungsdichte Q_{in}. Kurve 1: Ohne Oberflächenstreuung und Oberflächenzustände. Kurve 2: Mit Oberflächenstreuung, aber ohne Oberflächenzustände (*Schrieffer* [30]). Kurve 3 ≡ Kurve 2. Kurve 4: Mit Oberflächenstreuung und Oberflächenzuständen.

d) Berechnete Feldeffektbeweglichkeit μ_{EF} als Funktion der influenzierten Ladungsdichte Q_{in}. Bedeutung der Ziffern an den Kurven wie unter c).

Q_{SC} = Flächendichte der Ladung in der Raumladungsschicht,

Q_{SS} = Flächendichte der Ladung in den Oberflächenzuständen,

μ_{pB}, μ_{nB} = Beweglichkeiten der Löcher bzw. Elektronen im Kristallinneren.

mende Wirkung für das von außen eindringende Feld. Für einen bestimmten Wert von $\Delta\sigma$ gibt der waagerechte Abstand der Kurven 3 und 4 die in den Oberflächenzuständen sitzende Ladung Q_{SS}, während die Ladung in der Raumladungsschicht Q_{SC} durch den waagerechten Abstand der Kurve 3 von der Ordinate $Q_{in} = 0$ gegeben ist. Es gilt:

$$Q_{in} = Q_{SS} + Q_{SC}. \tag{9}$$

Die zugehörigen Kurven 3 und 4 für die Feldeffektbeweglichkeit sind wieder darunter dargestellt, ebenfalls über der influenzierten Ladungsdichte. Abb. 21

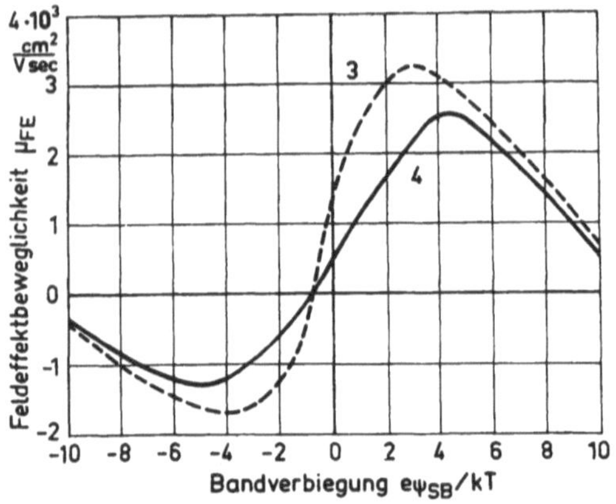

Abb. 21
Berechnete Feldeffektbeweglichkeit μ_{FE} als Funktion der Band verbiegung $e\psi_{SB}/kT$ für eigenleitendes Germanium. Die Kurven 3 und 4 entsprechen den in gleicher Weise bezeichneten Kurve in Abb. 20.

zeigt nun nochmals den Verlauf der Feldeffektbeweglichkeit entsprechend den Kurven 3 und 4 aus Abb. 20, diesmal jedoch als Funktion der Bandverbiegung $e\psi_{SB}$. Hierbei wird deutlich daß bei gegebener Potentialdifferenz ψ_{SB}, d. h. gegebener Oberflächenleitfähigkeit $\Delta\sigma$ (vgl. Abb. 17) die Oberflächenzustände stets eine Erniedrigung der Feldeffektbeweglichkeit hervorrufen. Im Gegensatz zum Feldeffekt ruft eine Änderung der Gasbeladung zwar ebenfalls eine Variation der Bandverbiegung hervor, aber gleichzeitig ändert sich auch das Spektrum der Oberflächenzustände, das beim Feldeffekt unverändert bleiben sollte. Der überstrichene Bereich der Bandverbiegung und damit der Oberflächenleitfähigkeit ist allerdings bei Änderung der Gasbeladung im allgemeinen sehr viel größer als beim Feldeffekt, wo die Spannungsfestigkeit der Versuchsanordnung und die Abschirmung durch die Oberflächenzustände eine enge Grenze setzen.
Die hier erläuterten Modellvorstellungen haben sich zur Beschreibung der Feldeffekt-Experimente an realen, nicht gereinigten Oberflächen gut bewährt. Aus den Messungen konnten vielfach Schlüsse gezogen werden auf Energieniveaus und Flächendichten von Oberflächenzuständen [9, 38]. Dabei wurden sowohl diskrete Niveaus als auch Kontinua gefunden.

IV. Elektrische Eigenschaften der reinen Oberflächen

9. Germanium

Für Germanium ergibt sich aus Leitfähigkeit, Halleffekt und Feldeffekt, daß die Oberfläche nach Reinigung durch Ionenbeschuß sowohl bei (100)- wie bei (111)-Orientierung stark p-leitend ist, auch für n-Dotierung im Volumen

[39, 40, 35, 81]. Zur Bestimmung des Absolutwertes der Oberflächenleitfähigkeit ist es erwünscht, den Leitwert des Kristalles bei konstanter Temperatur durch Beeinflussung der Oberfläche so zu variieren, daß er ein Minimum durchläuft. An Hand von Kurven, wie sie in Abb. 17 dargestellt sind, können dann nach Trennung von Oberflächen- und Volumenbeitrag zum Leitwert die Oberflächenleitfähigkeit und die Bandaufwölbung bestimmt werden. Bei den durch Ionenbeschuß gereinigten Germaniumflächen ist es im allgemeinen nicht gelungen, durch geeignete Oberflächenbehandlung von der p-Seite in Abb. 17 durch das Minimum zur n-Seite zu gelangen. Die Bandaufwölbung wird allerdings durch Sauerstoff und noch stärker durch Wasserdampf verringert [36]. Damit können Mindestwerte für die Oberflächenleitfähigkeit angegeben werden, die wohl dem wirklichen Wert ziemlich nahe kommen.
Günstiger scheint hier die Situation bei Experimenten mit Spaltflächen zu liegen. Abb. 22 zeigt, wie sich Oberflächenleitfähigkeit und Feldeffektbeweglich-

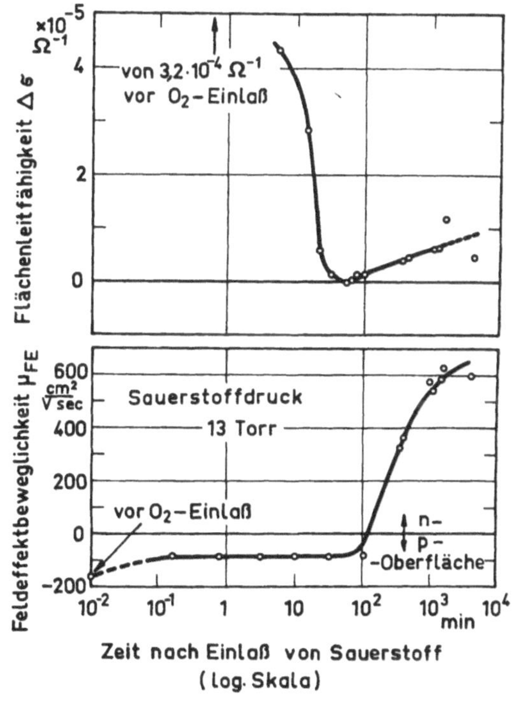

Abb. 22
Feldeffektbeweglichkeit μ_{FE} und Oberflächenleitfähigkeit $\Delta\sigma$ als Funktion der Zeit (log. Skala!) nach Einlaß von Sauerstoff für die (111)-Spaltfläche von Germanium (25 Ω cm, p-leitend). Nach *Palmer* et al. [41].

keit bei einer Spaltfläche nach Einlaß von Sauerstoff ändern [41]. Der Leitwert des Kristalles geht als Funktion der Zeit durch ein Minimum. Gleichzeitig ändert sich das Vorzeichen des Feldeffektes, d. h. an der Oberfläche wechselt der Leitungstyp entsprechend einer Verschiebung in Abb. 17 von dem linken Ast der Kurve auf den rechten. Es bestehen nun allerdings Bedenken, daß sich unter der Einwirkung des Sauerstoffes die Oberflächenleitfähigkeit nicht nur an den frisch abgespaltenen Flächen, sondern auch an den anderen, parallel geschalteten, ändert. Zur Kontrolle unternahm die gleiche Gruppe Channelmessungen an Spaltflächen [42]. Abb. 23 zeigt die verwendete pnp-Struktur.

Auch hier ergaben sich stark p-leitende Oberflächen. Aus einer Oberflächenleitfähigkeit von $10^{-4}\ \Omega^{-1}$ folgt eine Löcherdichte in der Inversionsschicht von etwa $10^{12}\ cm^{-2}$ und daraus eine mindestens gleich große Dichte mit Elektronen besetzter Oberflächenzustände. Das Ferminiveau liegt an der Oberfläche dicht oberhalb der Valenzbandkante (Abb. 24). Aus den Feldeffektmessungen

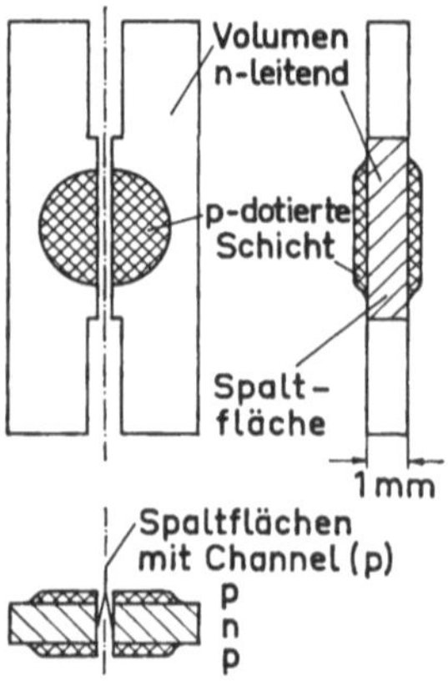

Abb. 23
Schema der für Channelmessungen verwendeten pnp-Struktur. Nach *Palmer* et al. [42].

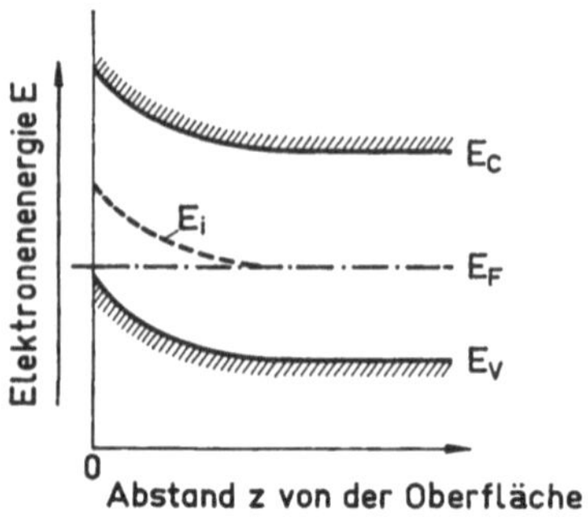

Abb. 24
Energieschema der reinen Germaniumoberfläche. Volumen eigenleitend.

[40, 41] ergibt sich eine Zustandsdichte von etwa $10^{14}\ cm^{-2}\ eV^{-1}$ in der Umgebung des Ferminiveaus [11]. Auch eine Auswertung unter der Berücksichtigung der Existenz leichter und schwerer Löcher wurde unternommen, scheint jedoch bei dem gegenwärtigen Stand von Experiment und Theorie nicht unbedingt erforderlich zu sein [36].

Von der Übereinstimmung der verschiedenen Autoren weicht *Banbury* ab [43, 44]. Er schloß aus dem Feldeffekt auf nahezu eigenleitende Spaltflächen. Allerdings verwendete er als Dielektrikum ein Glimmerblatt, das die Spaltfläche berührte. Eine Nachprüfung ist jedenfalls erwünscht.

Hinsichtlich der Wirkung definierter Verunreinigungen kann hier nur wenig gesagt werden. Ausführlichere Darstellungen über den Einfluß von Sauerstoff und Wasser finden sich in dem Bericht über reine Oberflächen [11], ferner bei *M. Green*, *Sparnaay* u. a. [45 – 49]. Die Haftwahrscheinlichkeit für Sauerstoff ist bereits bei geringer Bedeckung mit $2 \cdot 10^{-3}$ sehr klein ([11], Bild 40). Neue Aufschlüsse über die Reaktion reiner Germaniumoberflächen mit Sauerstoff liefert die Elektronenbeugung [20]. Molekularer Wasserstoff hat bei Zimmertemperatur keinen Einfluß auf die Oberflächenleitfähigkeit [40]. Auch wurde bei Zimmertemperatur weder eine Adsorption [65], noch eine katalytische Spaltung des H_2-Moleküls (H_2-D_2-Austausch, [50]) gefunden. Atomarer Wasserstoff dagegen beeinflußt die Oberflächenleitfähigkeit kräftig und zwar erhöht er die p-Leitfähigkeit im Gegensatz zur Wirkung des Wasserdampfes [40].

Wegen weiterer Ergebnisse an reinen Germaniumoberflächen wird auf die Literatur verwiesen [34, 11].

10. Silicium

Die elektrischen Eigenschaften der reinen Silicium-Oberflächen boten der experimentellen Untersuchung besondere Schwierigkeiten. Vor einigen Jahren hoffte man durch Erhitzen des Siliciums im Ultrahochvakuum bis dicht an den Schmelzpunkt (1683 °K) reine Oberflächen zu erhalten. Es stellte sich jedoch heraus, daß zwar die Oxydschicht auf diese Weise beseitigt wird, aber dafür eine neue andersartige Verunreinigung der Oberfläche in Erscheinung treten kann. Nach dem Glühen wurde eine stark p-leitende Oberfläche beobachtet. Erst nach Abätzen einer Schicht mit einer Dicke bis zu etwa $5 \cdot 10^{-4}$ cm verschwand diese p-Leitfähigkeit [51]. Eine Reihe von Experimenten wies auf das Hartglas der Vakuumapparatur als Quelle von Bor hin. Dieses gelangt unter der Mitwirkung von Wasserdampf, wahrscheinlich als Borsäure, auf die Kristalloberfläche. Bei dem anschließenden Glühen diffundiert dann Bor von den Oberflächen aus in den Kristall und ruft eine Schicht mit großer Akzeptorenkonzentration hervor. Ein direkter Nachweis von Bor an Siliciumoberflächen mit Hilfe einer Aktivierungsanalyse wurde von *Busch* und Mitarbeitern durchgeführt [52]. Vermeiden läßt sich die Eindiffusion von Bor durch Ionenbeschuß des Kristalles nach Abpumpen des Wasserdampfes. Wird dieser Ionenbeschuß erst nach einer Glühbehandlung durchgeführt, so muß infolge der Diffusion eine wesentlich dickere Kristallschicht durch Kathodenzerstäubung abgetragen werden, bis die hohe Oberflächenleitfähigkeit verschwindet. *Dillon* hat dies nicht nur für Silicium, sondern auch für Germanium gezeigt [53].

Wenn man von der Verwendung einer Quarzapparatur und von der Reinigung durch Feldverdampfung [54], die auf feine Spitzen beschränkt ist, absieht, so scheinen zwei Wege gangbar, die diese unerwünschte Dotierung der Oberfläche vermeiden: Ionenbeschuß bereits vor dem ersten Glühen, oder Spalten der Kristalle im Vakuum. Bei dem Ionenbeschuß sollte ein Auftreffen der Ionen auf die Glaswand vermieden werden, denn durch Zerstäubung des Glases kann Bor zur Kristalloberfläche gelangen. Über Resultate, die mit Hilfe dieser beiden Reinigungsmethoden erzielt wurden, soll im folgenden berichtet werden.

Durch Beschuß mit Argonionen und anschließendes Glühen wurden in einer zylindersymmetrischen Anordnung (Abb. 25) schwach p-dotierte Siliciumstäbe gereinigt [55]. Bei einem Kristalldurchmesser von etwa 0,3 mm erzeugte eine zwischen Gitter und Kristall angelegte Spannung von einigen tausend Volt eine hohe Feldstärke an der Kristalloberfläche. Der Feldeffekt hatte bei der gereinigten Oberfläche stets das Vorzeichen für p-Leitung. Da die mit Argon beschossene Oberfläche n-leitend ist, durchlief der Leitwert der Kristalle bei dosiertem Ionenbeschuß der reinen Oberfläche ein Minimum. Gleichzeitig wechselte der Feldeffekt das Vorzeichen (vgl. Kurve 4 in Abb. 20 und 21). Dadurch ist es möglich einen Absolutwert für die Oberflächenleitfähigkeit anzugeben. Er liegt bei einigen $10^{-6}\ \Omega^{-1}$. Die Oberflächenleitfähigkeit wurde für die gegebene Volumdotierung und Temperatur (89 °C) als Funktion der Bandverbiegung berechnet und in Abb. 26 dargestellt (vgl. Abschn. 6). Der gereinigten Oberfläche muß nach dem Vorzeichen des Feldeffektes ein Ort auf dem linken Ast der Kurve zugeordnet werden. Nach der gemessenen Oberflächenleitfähigkeit liegt dieser Ort etwas oberhalb vom Nullpunkt. Das entspricht einer Bandverbiegung nach oben um 4 bis 5 kT (p-Anreicherung). Aus dem Betrag der Feldeffektbeweglichkeit von 10^{-1} cm^2/Vsec folgt eine

Zustandsdichte S der Oberflächenzustände in der Umgebung des Ferminiveaus an der Oberfläche, also etwa 7 bis 8 kT unterhalb der Mitte der verbotenen Zone, von $1{,}5 \cdot 10^{15}\ \mathrm{cm}^{-2}\,\mathrm{eV}^{-1}$. Die integrierte Dichte der Oberflächen-

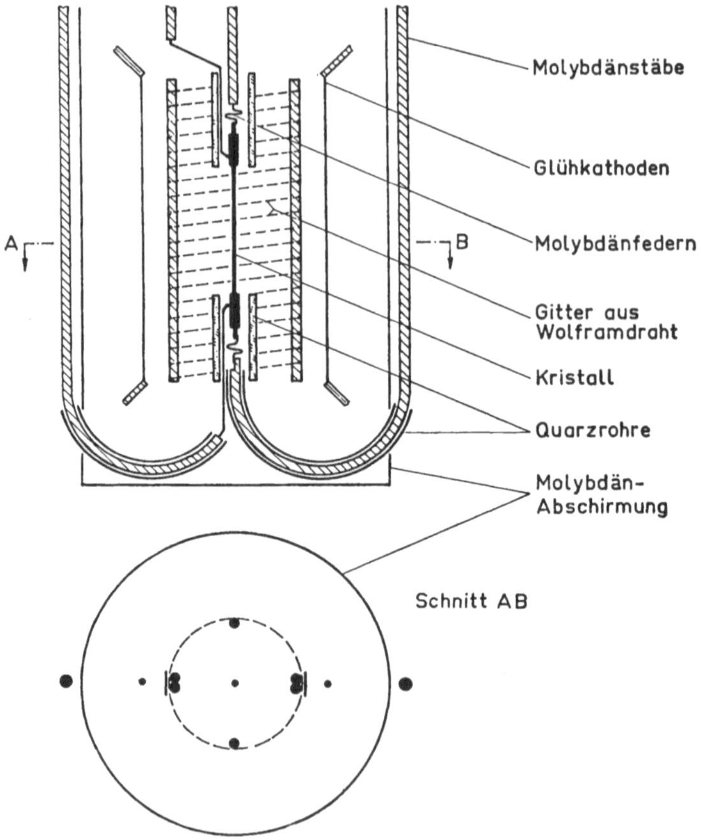

Abb. 25. Schema der Versuchsanordnung zur Reinigung von Siliciumstäben durch Ionenbeschuß und zur Messung des Feldeffektes. Die Längsachse des Kristalles hat die Orientierung [111]. Erhöhte Temperatur während der Messungen sichert gute Kontakte (89 °C). Nach *Heiland* und *Lamatsch* [55].

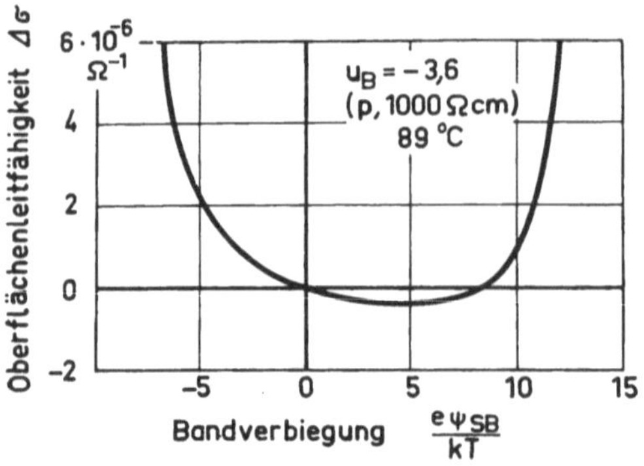

Abb. 26
Berechnete Oberflächenleitfähigkeit $\Delta\sigma$ al Funktion der Bandverbiegung $e\psi_{SB}/kT$ für p-leitendes Silicium von hohem spezifischem Widerstand bei 89 °C. Nach *Heiland* und *Lamatsch* [55].

zustände beträgt mindestens $10^{14} cm^{-2}$. Nach den Ergebnissen von *Heiland* und *Lamatsch* ist die reine Siliciumoberfläche bei der gegebenen Versuchsanordnung (Abb. 25) und Dotierung (p, 1000 Ω cm) also schwach p-leitend. Spaltflächen dagegen erwiesen sich im Feldeffekt als n-leitend sowohl bei p- wie bei n-Dotierung im Volumen [56]. Channelmessungen (vgl. Abb. 23) ergaben, daß die Oberflächenleitfähigkeit der Spaltflächen kleiner als $10^{-8}\ \Omega^{-1}$ sein sollte. Vor einer Diskussion der Diskrepanz zu den obenerwähnten Messungen (Abschn. 11b) sollen noch weitere an Spaltflächen von Silicium erhaltene Resultate erwähnt werden. Hierbei handelt es sich um die Ergebnisse einer Gruppe, die seit vielen Jahren in den Bell-Laboratorien die Eigenschaften reiner Silicium-Oberflächen untersucht.

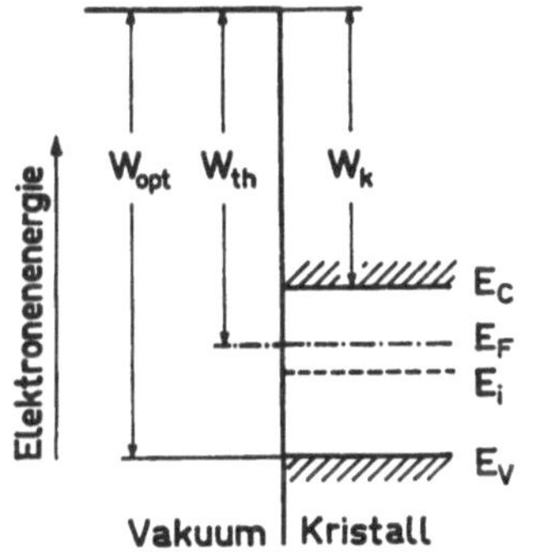

Abb. 27
Energieschema zur Definition der Begriffe optische und thermische Austrittsarbeit W_{opt} und W_{th}, wie sie in diesem Bericht verwendet werden. Ferner ist die Elektronenaffinität W_K eingetragen.

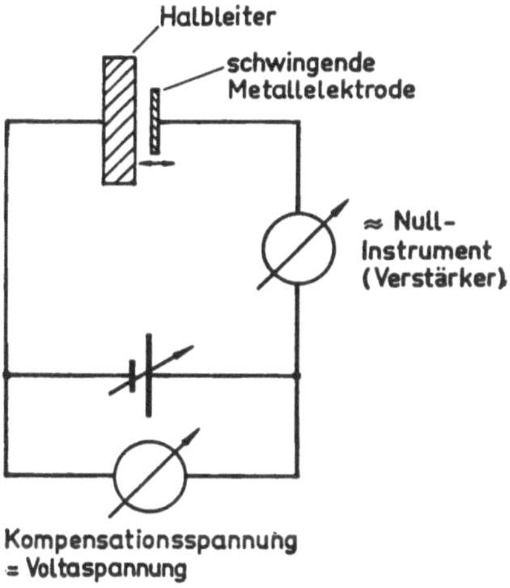

Abb. 28
Schema eines Versuchs zur Messung der Voltaspannung nach der Kelvinmethode. Durch Multiplikation mit der Elementarladung ergibt sich die Differenz der Austrittsarbeiten W_{th} beider Oberflächen. Zu absoluten Werten gelangt man durch lichtelektrische Eichung der Metallelektrode, für die ja gilt $W_{th} = W_{opt}$.

Bereits in früheren Arbeiten, bei denen die Voltaspannung bzw. die „Austrittsarbeit W_{th}" an Spaltflächen nach der Kelvinmethode (Abb. 27 u. 28) gemessen wurde, hatte sich herausgestellt, daß der gefundene Wert nahezu unabhängig von der Dotierung im Volumen war [57]. Theoretisch ist zunächst zu erwarten, daß sich die Austrittsarbeit um den gleichen Energiebetrag ändert wie die Lage des Ferminiveaus im Volumen (Abb. 27, 34 a und 30, Kurve „W_{th} ohne Oberflächenzustände"). Das von dieser Vorstellung abweichende experimentelle Ergebnis läßt sich durch die Wirkung von Oberflächenzuständen folgendermaßen erklären: Werden durch verschiedene Dotierung die Bandkanten im Volumen gegen das Ferminiveau verschoben, dann ist diese Verschiebung an der Oberfläche sehr viel geringer (Abb. 32). Sie bewirkt hier nämlich eine Änderung der Oberflächenladung Q_{SS}, die nur durch eine entsprechende Variation der Raumladung Q_{SC} kompensiert werden kann entsprechend Gl. (1). Die damit verknüpfte Änderung der Bandverbiegung erfolgt stets im Sinne einer „Gegenkopplung". Die Bandkanten an der Oberfläche werden sich gegen das Ferminiveau umso weniger verschieben, je größer die Dichte der Oberflächenzustände ist. Diese Vorstellung findet sich bereits bei *J. Bardeen* [23], der auch das im folgenden eingeführte Neutralniveau E_0 schon verwendete (vgl. Abb. 34).

Allen und *Gobeli* haben aus Messungen der spektralen Verteilung der Ausbeute bei der Photoemission für Siliciumspaltflächen eine optische Austrittsar-

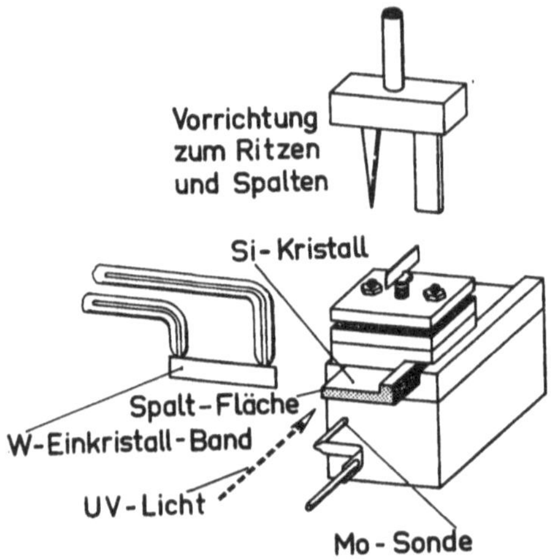

Abb. 29
Apparatur zum Spalten von Siliciumkristallen im Vakuum und zum anschließenden Messen der Voltaspannung nach der Kelvinmethode und der spektralen Verteilung der Ausbeute bei der Photoemission. Mit der Molybdän-Sonde wird die Voltaspannung gegen die Spaltfäche und gegen das geglühte Wolfram-Band gemessen und verglichen. Nach *Allen* und *Gobeli* [59].

beit $W_{\text{opt}} = 5{,}15$ eV bestimmt (Abb. 27) [58]. Durch Kombination mit den Ergebnissen für die Voltaspannung (Abb. 29) war es nun bei Kenntnis der Lage des Ferminiveaus im Volumen möglich die Bandverbiegung an der Oberfläche zu berechnen [59] (vgl. Abb. 13 u. 27):

$$e\psi_{\text{SB}} = (u_{\text{S}} - u_{\text{B}})kT = (W_{\text{opt}} - W_{\text{th}}) - (E_{\text{F}} - E_{\text{v}})_{\text{B}}. \tag{10}$$

Mit Hilfe der Raumladungstheorie folgt hieraus die Flächendichte Q_{SC} der Ladung in der Raumladungsschicht bzw. die Flächendichte Q_{SS} der Ladung in den Oberflächenzuständen ($Q_{\text{SS}} = -Q_{\text{SC}}$). Durch eine Variation der Volumdotierung von entartet p bis entartet n war es möglich die Lage der Bandkanten an der Oberfläche in Bezug auf das Ferminiveau in einem kleinen Energiebereich zu verschieben. Die dabei auftretende Änderung der Oberflächenladung liefert einige Aufschlüsse über das Spektrum der Oberflächenzustände. Abb. 30 zeigt die gemessenen Austrittsarbeiten als Funktionen der Dotierung im Volumen. Da die Photoelektronen auch aus tieferen Schichten kommen (25 Å), wird die optische Austrittsarbeit durch die Bandverbiegung beeinflußt [61, 58]. Zur Auswertung nach Gl. (10) diente daher für alle Dotierungen der bei angenäherter „Flachbandsituation" gefundene Wert $W_{\text{opt}} = 5{,}15$ eV. Der Verlauf der Kurve für W_{opt} in Abb. 30 geht also in die Auswertung nicht ein.

Abb. 31 gibt die berechnete Flächenladung als Funktion der Lage des Ferminiveaus an der Oberfläche wieder, während die Volumdotierung hier den Parameter liefert. Schon in Abb. 30 zeigt der Verlauf der Kurve „W_{th} (exp)",

daß sich die Bandkanten an der Oberfläche in Bezug auf das Ferminiveau praktisch nicht verschieben, solange die Dotierung nicht sehr hohe Konzentrationen erreicht, d.h. solange das Ferminiveau im Volumen noch einige kT Abstand von den Bandkanten hat. Aus Abb. 31 wird diese Aussage noch deutlicher: Es existiert ein Neutralniveau E_0 an der Oberfläche, das in Bezug auf die Bandkanten festliegt und zwar 0,23 eV, also etwa 9 kT, unterhalb E_i. Wird die Dotierung so gewählt, daß im Volumen das Ferminiveau um den gleichen Betrag unter E_i bleibt ($u_B = -9$; 500 Ωcm, p-leitend), so verschwinden die Oberflächenladung und die Raumladungsschicht (Flachbandsituation, $u_S = -9$). Die Größen u_B und u_S werden in Abb. 13 erläutert.
Das Energieschema der reinen Silicium-Spaltfläche ist in Abb. 32 für drei verschiedene Dotierungen im Volumen dargestellt. Hierbei verläuft das Ferminiveau praktisch durch E_0 solange die Dotierung nicht extreme Werte

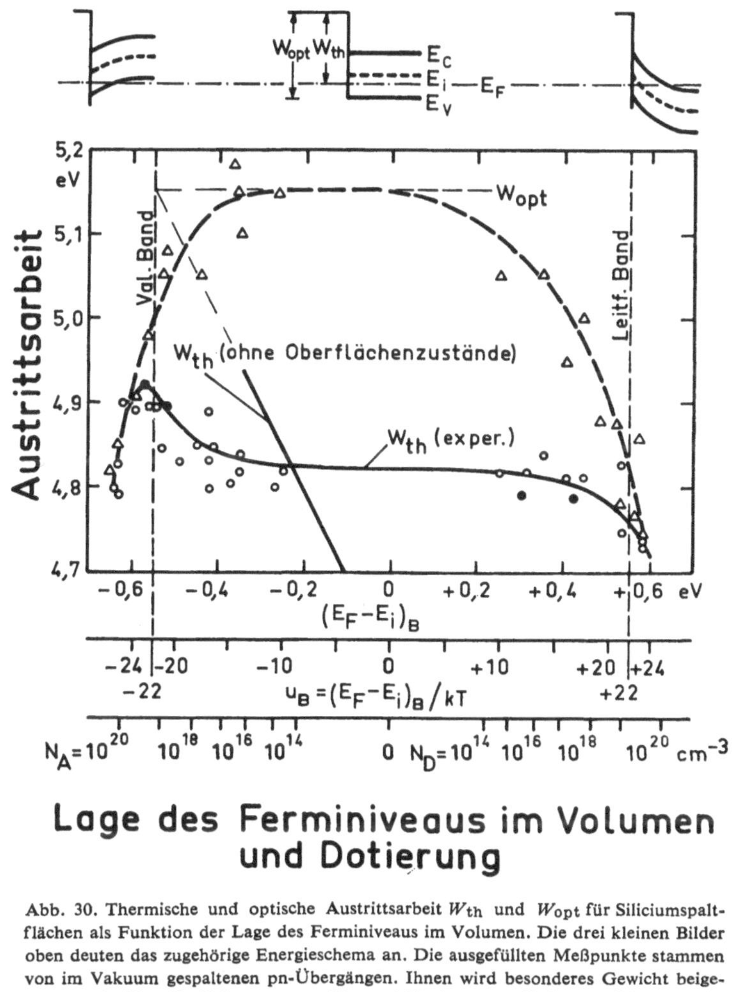

Abb. 30. Thermische und optische Austrittsarbeit W_{th} und W_{opt} für Siliciumspaltflächen als Funktion der Lage des Ferminiveaus im Volumen. Die drei kleinen Bilder oben deuten das zugehörige Energieschema an. Die ausgefüllten Meßpunkte stammen von im Vakuum gespaltenen pn-Übergängen. Ihnen wird besonderes Gewicht beigemessen, da hier die Voltaspannung für zwei Dotierungen direkt verglichen wurde. Nach *Allen* und *Gobeli* [59].

annimmt. Die Oberfläche ist also bei allen Dotierungen p-leitend. Eine ausführliche Besprechung der Abbildungen 30 und 31 kann hier unterbleiben, da die Elektronenemission aus Halbleitern in diesem Bande bereits behandelt wird [34]. Dagegen sollen die Ergebnisse weiter unten im Hinblick auf Informa-

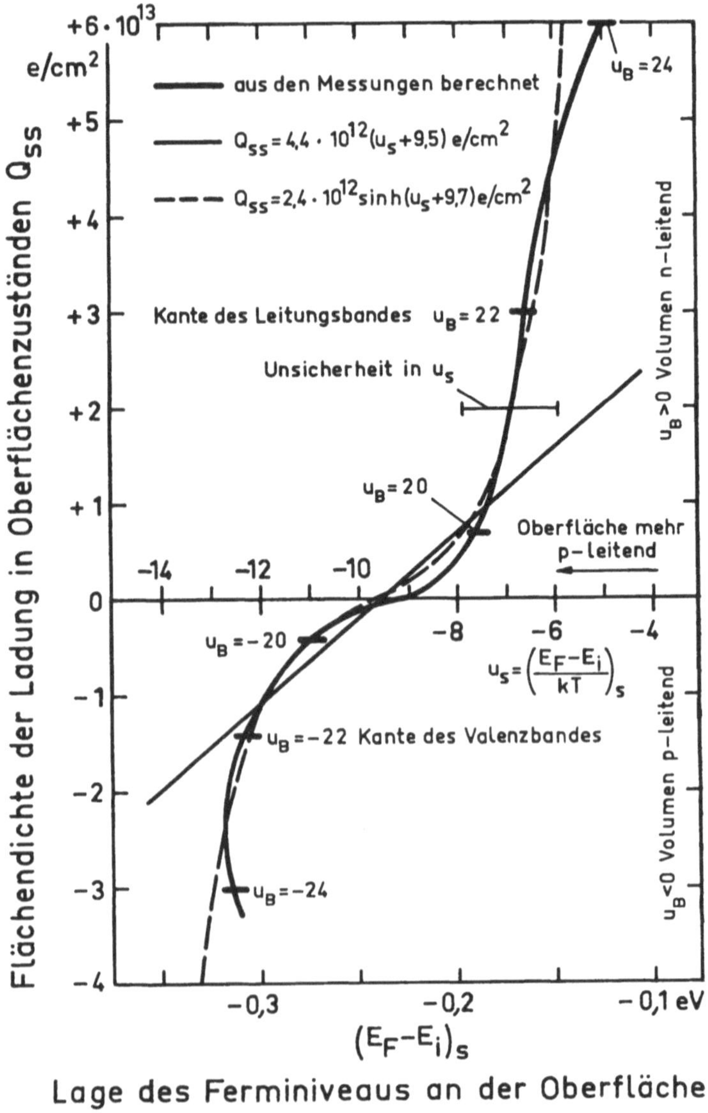

Abb. 31. Flächendichte der Ladung in Oberflächenzuständen Q_{ss} als Funktion der Lage des Ferminiveaus an der Oberfläche, berechnet aus den Daten von Abb. 30 unter Benutzung der Gl. (10) und der Raumladungstheorie (Abschn. 6). Parameter ist die Lage des Ferminiveaus im Volumen (u_B). Die gestrichelte Kurve und die Gerade werden in Abschn. 11 für die Diskussion des Energiespektrums der Oberflächenzustände dienen. Nach *Allen* und *Gobeli* [59].

tionen über Oberflächenzustände an den Silicium-Spaltflächen betrachtet werden (Abschn. 11b).
Für die Bestimmung der Oberflächenleitfächigkeit an Spaltflächen hat *Handler* eine neue Methode vorgeschlagen [88]. Hierbei wird der Leitwert des Kristalles vor dem Spalten verglichen mit der Summe der Leitwerte beider Kristallhälften nach dem Spaltem im Vakuum. Genauere Ergebnisse fehlen noch. Bei der kleinen Oberflächenleitfähigkeit von Silicium werden hohe Ansprüche an die Konstanz der Temperatur gestellt.
Über die Reaktionen reiner Siliciumflächen mit Jod und mit Phosphor liegen neue Resultate vor, die mit der Beugung langsamer Elektronen erzielt wurden [18]. Auf die gleiche Weise wurde ferner die Reaktion mit Sauerstoff

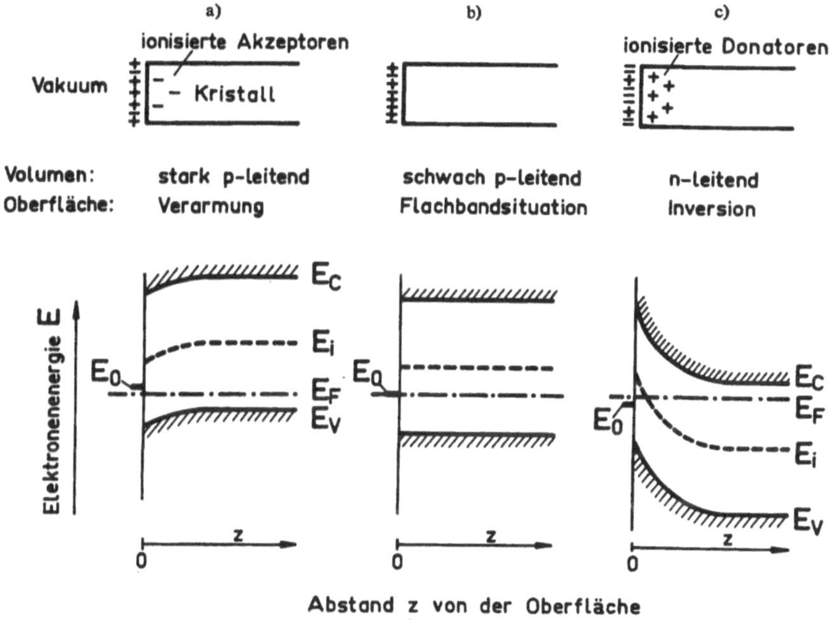

Abb. 32. Energieschema der Siliciumspaltfläche nach den in Abb. 30 dargestellten Meßergebnissen. In der oberen Reihe ist die Ladungsverteilung im Kristall angedeutet, die drei Spalten a), b) und c) entsprechen drei verschiedenen Dotierungen. Für den Fall b) beträgt der spezifische Widerstand 500 Ωcm. In den Fällen a) und c) liegt eine Verarmung der Oberfläche an Trägern vor.

studiert [20]. Auch die Oberflächenzustände werden hierbei beeinflußt. So steigt die Feldeffektbeweglichkeit durch Sauerstoffadsorption bei 89 °C etwa auf das 20-fache ohne größere Änderungen der Oberflächenleitfähigkeit und geht erst durch Glühen im Vakuum auf den alten Wert zurück [55]. Die Zustandsdichte wird also durch die Reaktion mit Sauerstoff um mehr als eine Größenordnung verringert, ohne daß sich die Bandaufwölbung wesentlich ändert.
Die Zunahme der Austrittsarbeiten W_{th} und W_{opt} durch Sauerstoffadsorption um etwa 0,5 eV [67, 59] ist also wohl nicht durch eine Änderung der Bandverbiegung, sondern durch eine Zunahme der Elektronenaffinität W_k zu erklären (Abb. 27). Die Haftwahrscheinlichkeit für geringe Bedeckung liegt bei 10^{-2} [20, 11 Bild 40].

Von großem Interesse sind neben der Beobachtung von Oberflächenleitfähigkeit und Feldeffekt, sowie Voltaspannung und chemischem Verhalten die Messungen von Photoemission [58, 62, 34], Feldemission [54, 76, 34], und Augereffekt [48]. Doch ist die spezielle Information über Oberflächenzustände hierbei vorläufig gering.

Die Physik der Halbleiteroberflächen wurde gerade in ihren Anfängen stark beeinflußt durch den Wunsch, den Metall-Halbleiterkontakt zu verstehen [29]. Diese alte Frage ist jetzt neu aufgegriffen worden: *Atalla* und *Archer* dampften auf frische Siliciumspaltflächen, ohne sie vorher an Luft zu bringen, verschiedene Metalle auf [63]. Sie fanden einen Einfluß der Austrittsarbeit des Metalls auf den Kontakt im Sinne der Schottkyschen Theorie der Verarmungsrandschicht [29], jedoch ohne quantitative Übereinstimmung. Es darf hier daran erinnert werden, daß die richtungweisende Arbeit von *J. Bardeen* angeregt wurde durch Experimente zur Gleichrichtung am Metall-Halbleiter-Kontakt [23]. *Meyerhof* hatte damals beim Aufsetzen von Metallspitzen auf reale Siliciumoberflächen keinen Einfluß der Austrittsarbeit des Metalls auf die Gleichrichtung gefunden [77].

Ähnliche Beobachtungen anderer Autoren an verschiedenen Halbleitern lagen vor. Zur Deutung dieser Experimente nahm *Bardeen* an, daß die Raumladungsschicht nicht erst bei Herstellung des Kontaktes entsteht, sondern daß sie bereits auf der freien Halbleiteroberfläche ausgebildet ist, verursacht durch Oberflächenzustände (vgl. Abschn. 6 und 8). Für die Theorie ist es dabei gleichgültig, ob diese Zustände von Fremdatomen herrühren oder ob sie der reinen Oberfläche zuzuordnen sind. Bei einer hinreichenden Flächendichte (10^{13} cm^{-2}) sollte der Einfluß des Metalls auf die Raumladungsschicht verschwinden. An der reinen Silicium-Spaltfläche liegen mindestens $2 \cdot 10^{13}$ Oberflächenzustände/cm^2 vor (Abschn. 11b). Nach dem Modell von *Bardeen* kann der Einfluß des Metalls also nur zur Geltung kommen, wenn die Oberflächenzustände beim Aufdampfen des Metalls ihre Wirkung auf die Raumladungsschicht weitgehend verlieren, z.B. durch Verschiebung ihrer Niveaus auf der Energieskala. Nach den Ergebnissen von *Atalla* und *Archer* über den Einfluß von Sauerstoff, der vor dem Aufdampfen des Metalles an der Spaltfläche adsorbiert wurde, liegen die Verhältnisse wohl noch etwas komplizierter. Im Gegensatz zu den Experimenten an realen Oberflächen handelt es sich bei diesen Versuchen an reinen Spaltflächen um die Herstellung eines besonders innigen und sauberen Kontaktes ohne mechanische Störungen des Kristallgitters, wie sie durch das Aufsetzen von Spitzen entstehen könne. Es ist daher zu hoffen, daß bald weitere Ergebnisse und eine ausführliche Auswertung folgen.

11. Diskussion

a) Germanium

Während also die reine Siliciumoberfläche eine sehr niedrige Leitfähigkeit zeigt, wird an der reinen Germaniumoberfläche für verschiedene Orientierungen und Reinigungsmethoden eine stark p-leitende Randschicht gefunden. Aus $\Delta P = 10^{12}$ cm^{-2} folgt $u_s = -11{,}5$. Das Ferminiveau liegt an der Oberfläche also etwa 0,29 eV unter dem Niveau E_i (vgl. Abb. 12). Bei einer Breite der verbotenen Zone von 0,67 eV (300 °K) ist noch nicht mit Entartung zu rechnen, wenn sich auch das Ferminiveau dem Valenzband nähert (Abb. 24).

Unter der Voraussetzung, daß die aus dem Feldeffekt bestimmte Zustandsdichte S im Bereich einiger kT um das Ferminiveau konstant ist, läßt sich die Lage eines Neutralniveaus abschätzen: Aus $\Delta P = 10^{12}$ cm^{-2} und $S = 10^{14}$ cm^{-2} eV^{-1} folgt, daß ein Absinken des Ferminiveaus um 10^{-2} eV genügen würde, um die Oberfläche neutral zu machen. Das Neutralniveau E_0 für die reine Germaniumoberfläche sollte also etwa 0,3 eV unterhalb E_i liegen und damit nahe an der Kante des Valenzbandes. Dieses ist das einfachste Modell. Kompliziertere Vorstellungen sind möglich, aber zunächst nicht nötig. Es besteht wenig Aussicht für einen experimentellen Nachweis des Neutralniveaus, es sei denn nach der Methode, die *Allen* und *Gobeli* beim Silicium verwandten [59, 87]. Die Wirkung der Oberflächenzustände auf die Austrittsarbeit ist in Abb. 34b am Beispiel eines p-n-Überganges erläutert. Ähnlich wie beim Silicium wurde auch beim Germanium ein nur geringer Einfluß der Dotierung auf die Voltaspannung gefunden [69].

Das Auftreten freier Valenzen muß nicht nur für reine Oberflächen in Betracht gezogen werden, sondern auch für Leerstellen und Versetzungen. In diesem Zusammenhang ist die Beobachtung von Interesse, daß die plastische Verformung von Germanium p-Leitung hervorruft [2, 78], ebenso wie eine mechanische Beschädigung des Gitters durch Schleifen oder Sandstrahlen [79]. Weiterhin sollten an idealen Korngrenzen freie Valenzen vorliegen. Bei Germanium-Bikristallen wurde z.B. für einen Winkel der beiden Gitter von 20° aus galvanomagnetischen Messungen auf eine p-leitende Schicht entlang der Korngrenze geschlossen [74]. Die Löcherdichte ergab sich zu $5 \cdot 10^{12}$ cm^{-2}. Die Analogie zur reinen Oberfläche ist sehr interessant, aber es fehlen bei der Korngrenze eben doch manche Möglichkeiten der Beeinflussung und Untersuchung, die sich an der Oberfläche bieten.

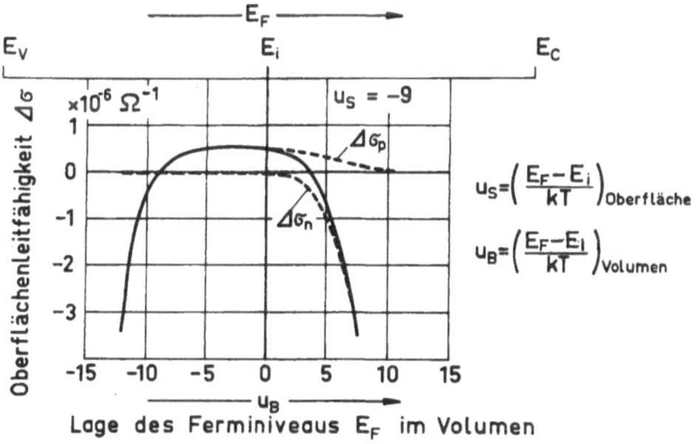

Abb. 33
Berechnete Oberflächenleitfähigkeit $\Delta\sigma$ für Siliciumspaltflächen als Funktion der Lage des Ferminiveaus im Volumen. Angenommen ist hierbei ein konstanter Abstand der Bandkanten an der Oberfläche vom Ferminiveau: $u_s = -9$.

b) Silicium, Spaltflächen

Entsprechend dem neu vorliegenden experimentellen Material wird sich die weitere Diskussion fast ausschließlich mit Silicium befassen. Nach einem Vergleich der experimentellen Ergebnisse sollen Schlüsse auf Oberflächenzustände gezogen werden.

Das Ferminiveau an der Silicium-Spaltfläche liegt, wenn man von extremen Dotierungen absieht, bei dem Neutralniveau E_0 etwa 9 kT unter dem Eigenleitungsniveau E_i. (vgl. Abb. 34c). Es gilt also $u_s = -9$ [59]. Abb. 33 zeigt die unter dieser Voraussetzung berechnete Oberflächenleitfähigkeit von Silicium als

Funktion der Lage des Ferminiveaus im Volumen. Es zeigt sich, daß nur für Kristalle von hohem spezifischem Widerstand ($+3 > u_B > -9$) mit einem positiven Wert zu rechnen ist. Bei stärkerer n-Dotierung wird die Verarmung an Elektronen nicht durch den Zuwachs an Löchern ausgeglichen (Abb. 33, $u_B > 4$ und Abb. 32, rechtes Teilbild). Die Oberflächenleitfähigkeit nimmt negative Werte an. Ebenso bildet sich für starke p-Dotierung (Abb. 33, $u_B < -9$

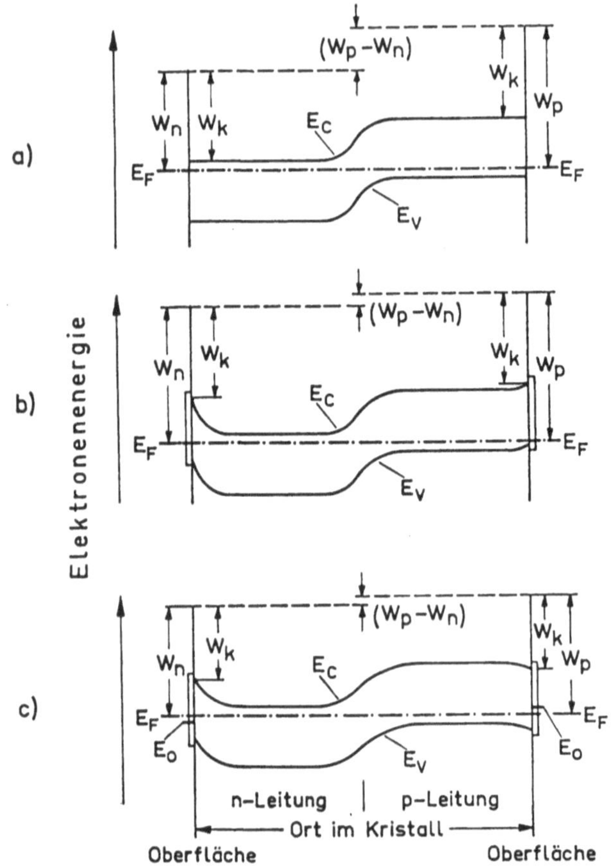

Abb. 34
Energieschema für einen pn-Übergang, a) ohne Oberflächenzustände b) mit Oberflächenzuständen, ähnlich wie beim Germanium c) mit Oberflächenzuständen und einem Neutralniveau E_0, ähnlich wie beim Silicium. W_n und W_p sind die Austrittsarbeiten auf der n- bzw. p-dotierten Seite des Kristalles, wie sie durch die Voltaspannung gemessen werden (W_{th} in Abb. 27 und 28). Der Beitrag W_K zur Austrittsarbeit wird als unabhängig von der Dotierung angenommen.

und Abb. 32, linkes Teilbild) eine an Löchern verarmte Oberfläche aus, deren Leitwert parallel zu dem des Volumens nicht nachzuweisen ist. Für die Diskussion der Channelmessungen sind in Abb. 33 die Beiträge von Elektronen und Löchern einzeln gestrichelt eingetragen. Es gilt

$$\Delta\sigma = \Delta\sigma_n + \Delta\sigma_p. \tag{11}$$

Die Ergebnisse von *Palmer* und Mitarbeitern lassen sich an Hand dieser Abbildung hinsichtlich der Leitfähigkeit verstehen, während bei den Messungen des Feldeffektes Fragen offen bleiben. (Abschn. 10, [56]). Die Dotierungen waren so gewählt, daß galt: $u_B = +11$ bzw. $= -11$. Nach Abb. 33 lag also in beiden Fällen eine Verarmungsschicht vor, und es konnte keine Oberflächenleitfähigkeit gefunden werden. Auch das Ergebnis der Channelmessungen

($\Delta\sigma < 10^{-8}\ \Omega^{-1}$) ist verständlich: Für $u_B = -11$ ist der Beitrag der Elektronen zur Oberflächenleitfähigkeit $\Delta\sigma_n$ ebenso verschwindend klein wie für die anderen Dotierungen, und auch bei $u_B = +11$ ist die Oberflächenleitfähigkeit $\Delta\sigma_p$ bereits auf einen unmeßbar kleinen Wert abgesunken. Die Ergebnisse der Feldeffektmessungen (stets n, $\mu_{FE} = 50$ cm²/Vsec) können mit Hilfe der Abb. 18 und 33 diskutiert werden. Nimmt man mit *Allen* wieder $u_S = -9$ an, so ergibt sich für die beiden Dotierungen mit $u_B = +11$ bzw. $= -11$ eine Bandverbiegung von $e\psi_{SB}/kT = u_S - u_B = -20$ bzw. $= +2$. Das Vorzeichen des Feldeffektes ist hier durch die Steigung der Kurven in Abb. 18 bestimmt, nämlich n für $u_B = +11$ und p für $u_B = -11$. Es bleibt daher für den p-leitenden Kristall unverständlich. Schätzt man aus den Ergebnissen von *Allen* und *Gobeli* den Betrag der Feldeffektbeweglichkeit ab, indem man setzt (Abb. 31):

$$dQ_{SS}/du_S = -2{,}44 \cdot 10^{12} e/\text{cm}^2, \tag{12}$$

so ergeben sich Beträge um 1 cm²/Vsec, die also um den Faktor 50 niedriger liegen als der von *Palmer* und Mitarbeitern ebenfalls an Siliciumspaltflächen beobachtete Wert. *Handler* zieht in Betracht, daß das elektrische Querfeld streute und auch auf den nicht abgespaltenen Kristalloberflächen Ladungen influenzierte [70]. An diesen Flächen kann die Feldeffektbeweglichkeit erfahrungsgemäß größere Werte annehmen [71, 73]. Jedenfalls ist es wünschenswert, weitere Messungen des Feldeffektes an Spaltflächen durchzuführen.

Die Untersuchungen von *Allen* und *Gobeli* [59] liefern viele neue Informationen über die Spaltfläche von Silicium. Die Genauigkeit in der Bestimmung des Oberflächenpotentials u_S wird allerdings nur zu $\pm 4\ kT = 0{,}1$ eV angegeben mit Rücksicht auf die Unsicherheit im Wert der optischen Austrittsarbeit W_{opt}. Hoffentlich ist es möglich, die Auswertung zur Bestimmung dieser Größe zu verbessern (sh. ferner [61, 34]). Aus Abb. 32 und 33 ist zu ersehen, daß an der Silicium-Spaltfläche für stärkere Dotierungen eine Verarmungsschicht vorliegen sollte. Für die in Abb. 31 eingetragenen großen Ladungsdichten ergeben die Abb. 15 und 16, daß die Raumladungsschicht bereits sehr dünn wird. Bei dieser Auswertung kann noch mit herangezogen werden, daß die Potentialdifferenz zwischen Oberfläche und Volumen $\psi_{SB} = (u_S - u_B) \cdot kT/e$ zwischen $-0{,}8$ V (extreme n-Dotierung) und $+0{,}3$ V (extreme p-Dotierung) liegen sollte (Abb. 31). Daraus folgt, daß sich die Dicke der Raumladungsschicht dem mittleren Abstand der geladenen Störstellen, die die Raumladung bilden, annähert. Die Randfeldstärke erreicht hierbei Werte bis zu 10^7 V/cm [11, Bild 9]. Mit solchen extremen Bedingungen dürfte wohl die Grenze der Anwendbarkeit für die Raumladungstheorie erreicht sein. Die Frage, inwiefern die Größen $(E_C - E_V)$ und W_k (Abb. 27), sowie das Energiespektrum der Oberflächenzustände, direkt durch die Dotierung beeinflußt sein können, wird von den Autoren diskutiert.

Auf dieses Energiespektrum können aus Abb. 31 Schlüsse gezogen werden [59]. Hier ist die Oberflächenladung als Funktion der Lage des Ferminiveaus an der Oberfläche dargestellt. Die Frage ist nun, wie muß die Zustandsdichte der Oberflächenniveaus auf der Energieskala verteilt sein, um diese Ladungskurve zu erzeugen? Schließt man zunächst die starken Dotierungen aus, so läßt sich der mittlere Bereich der Kurve mit guter Näherung durch eine von der Energie unabhängige Zustandsdichte $S = 1{,}76 \cdot 10^{14}$ cm^{-2} eV^{-1} beschreiben. In dem vom Ferminiveau überstrichenen Bereich liegen dann etwa $2 \cdot 10^{13}$

Zustände/cm². Das kontinuierliche Spektrum kann sich beiderseits des erfaßten Bereiches weiter ausdehnen. Darüber ist keine Aussage möglich. Zieht man die sehr stark dotierten Proben heran, so scheint die Darstellung der Ladungsdichte durch einen Hyperbelsinus zweckmäßig (in Abb. 31 gestrichelt). Die Zustandsdichte sollte dann bei der Energie E_0 gering sein, aber oberhalb und unterhalb beträchtliche Werte annehmen. In Abb. 35 sind verschiedene

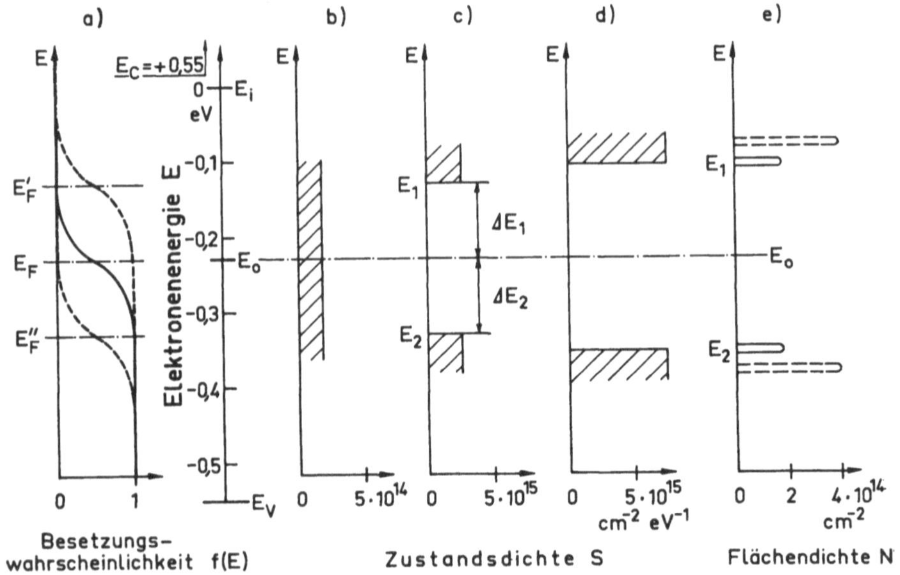

Abb. 35. Beispiele für Energiespektren der Oberflächenzustände an Silicium-Spaltflächen zur Beschreibung der Ladungskurve in Abb. 31.
a) Besetzungwahrscheinlichkeit nach der Fermistatistik. E_F' und E_F'' markieren die höchste und tiefste vorkommende Lage des Ferminiveaus.
b) Zustandsdichte ohne Lücke entsprechend der Geraden in Abb. 31. $S = 1,8 \cdot 10^{14}$ cm^{-2} eV^{-1}
c) Zwei Oberflächenbänder. $\Delta E_1 = \Delta E_2 = 0,1$ eV. $S_1 = S_2 = 2,6 \cdot 10^{15}$ cm^{-2} eV^{-1}
d) Zwei Oberflächenbänder. $\Delta E_1 = \Delta E_2 = 0,125$ eV. $S_1 = S_2 = 7,3 \cdot 10^{15}$ cm^{-2} eV^{-1}
e) Zwei diskrete Niveaus. $\Delta E_1 = \Delta E_2 = 0,125$ eV. $N_1 = N_2 = 1,8 \cdot 10^{14}$ cm^{-2} bzw. $\Delta E_1 = \Delta E_2 = 0,15$ eV. $N_1 = N_2 = 4 \cdot 10^{14}$ cm^{-2}
Nach *Allen* und *Gobeli* [59].

Möglichkeiten für die Verteilung der Oberflächenzustände auf der Energieskala dargestellt. Während unter b) die obenerwähnte konstante Zustandsdichte angedeutet ist, zeigen die Teilbilder c) und d) je zwei Oberflächenbänder, ein fast vollbesetztes unterhalb des Ferminiveaus und ein fast leeres oberhalb des Ferminiveaus. Entsprechend den Überlegungen in Abschn. 12 ist auch hier eine konstante Zustandsdichte angenommen. Unter der Voraussetzung, daß für die Besetzung der Bänder noch Boltzmannstatistik gilt, ergibt sich zwischen den Abständen der Bandkanten von dem Neutralniveau ΔE_1 bzw. ΔE_2 und den Zustandsdichten S_1 bzw. S_2 folgender Zusammenhang:

$$S_1 \cdot e^{-\Delta E_1/kT} = 4,9 \cdot 10^{13}\ \mathrm{cm^{-2}\ eV^{-1}} = S_2 \cdot e^{-\Delta E_2/kT}. \qquad (13)$$

Da das Ferminiveau die Bandkanten nicht erreichen soll, müssen diese mindestens $4\,kT$ von E_0 entfernt sein, d.h. die Zustandsdichten liegen mindestens bei $2,6 \cdot 10^{15}$ cm^{-2} eV^{-1}. Nimmt man ΔE_1 und ΔE_2 größer an, so steigen auch

S_1 und S_2. Zur Beschreibung von Abb. 31 ist keineswegs nötig, daß beide Werte gleich sind, wenn nur Gl (13) erfüllt ist. Bei $S_1 \neq S_2$ ist allerdings zu erwarten, daß die Lage des Neutralniveaus, $(E_i - E_0)$, von der Temperatur abhängt. Über die Ausdehnung der Bänder liefern die Experimente keine Aussage. Zur Beschreibung der Resultate genügt bereits eine Breite von einigen kT. Erst Annahmen für die integrierte Flächendichte aller Zustände ergeben eine Begrenzung der Bandbreite. Nach den Theorien von *Tamm* und von *Shockley* könnte man hier einfach die Flächendichte der Atome in der obersten Lage einsetzen [3 – 5]. Nach den in Kap. II behandelten Ergebnissen der Strukturuntersuchungen muß man doch wohl kompliziertere Modelle in Betracht ziehen.
Auch mit diskreten Niveaus ist eine Beschreibung der Abb. 31 möglich (Abb. 35, e). Die Bedingung für die Flächendichten N_1 bzw. N_2 dieser Niveaus lautet:

$$N_1 \cdot e^{\Delta E_1/kT} = 1{,}22 \cdot 10^{12}\ \mathrm{cm}^{-2} = N_2 \cdot e^{\Delta E_2/kT}. \tag{14}$$

Für $\Delta E_1 = \Delta E_2 > 5kT$ folgt $N_1 = N_2 > 1{,}8 \cdot 10^{14}\mathrm{cm}^{-2}$.

Die Aussagen über Oberflächenzustände sind also trotz der ausführlichen experimentellen Daten noch ziemlich ungewiß. Eine Auswahl unter den diskutierten Modellen würde durch die Beobachtung des Einflusses der Temperatur auf die Austrittsarbeit erleichtert werden.

c) Silicium, geglühte Flächen

Nach den Ergebnissen der Beugung langsamer Elektronen ändert sich die Struktur der Spaltflächen von Silicium durch kurzes Erhitzen (einige sec) auf etwa 1000 °K (Abb. 9 und 10). Die interessante Frage, wie sich Voltaspannung und Photoemission bei dieser Strukturänderung verhalten, haben *Allen* und *Gobeli* neuerdings untersucht [75]. Sie fanden, daß sowohl die thermische wie die optische Austrittsarbeit (vgl. Abb. 30) durch vorübergehendes Erhitzen nach dem Spalten auf 4,6 eV gesunken war für einen p-leitenden Kristall von hohem spezifischem Widerstand. Die Beobachtung $W_{\mathrm{opt}} = W_{\mathrm{th}}$ weist ebenso wie der gefundene Betrag auf eine Oberflächenschicht mit Entartung des Löcher- bzw. Elektronengases hin. Das Ergebnis entspricht annähernd den früheren Messungen von *Dillon* und *Farnsworth* [67]. Nach Ionenbeschuß und Glühen ergab sich hier für die (111)-Fläche $W_{\mathrm{th}} = 4{,}73$ eV (Dotierung p, 2000 Ω cm). Ein Vergleich mit Abb. 30 zeigt, daß dieser Wert ebenfalls nicht zu der angegebenen Volumendotierung nahe der Mitte der Abszisse paßt, sondern im entarteten Bereich zu suchen ist ($|u_B| > 22$).
Zusammenfassend läßt sich zu diesen Experimenten an geglühten Flächen sagen: Schließt man die Möglichkeit aus, daß sowohl bei *Dillon* und *Farnsworth* wie bei *Allen* und *Gobeli* eine chemische Beeinflussung der Oberfläche mit anschließender Diffusion stattgefunden hat (Abschn. 10, Anfang), so kann man der reinen geglühten (111)-Oberfläche eine große Leitfähigkeit zuschreiben im Gegensatz zu der annähernd eigenleitenden (111)-Spaltfläche. *Allen* schlägt jedoch für seine Messungen ein anderes Modell vor, bei dem auch die geglühte Oberfläche nahezu eigenleitend ist [75].
Das Problem ist offen und eine experimentelle Nachprüfung sehr erwünscht. Hier kann die Beantwortung der in der Einleitung gestellten Frage nach dem Zusammenhang zwischen der Struktur der Oberfläche und ihren elektrischen Eigenschaften in Angriff genommen werden.

Auch *Heiland* und *Lamatsch* finden nach Glühen von p-leitenden Kristallen mit hohem spezifischem Widerstand eine Schicht großer p-Leitfähigkeit, sofern nicht ein hinreichender Ionenbeschuß vorausging [55]. Ist diese Schicht aber einmal beseitigt, so wird sie auch durch Glühen im Vakuum bei 1200 °K während 28 Stunden nicht wieder erzeugt. Diese Ergebnisse an Siliciumoberflächen, welche durch Ionenbeschuß (220 eV) gereinigt wurden, lassen sich allerdings nur bedingt mit den an Spaltflächen erzielten Resultaten vergleichen. Die Stäbchen sind zylindrisch und haben die [111]-Richtung als Längsachse, während es sich bei den Spaltflächen stets um (111)-Flächen handelt. Nach *Lander* und *Morrison* tritt sowohl bei Germanium wie bei Silicium an den Spaltflächen durch einmaliges Glühen eine Strukturänderung ein (Abschn. 4). Andererseits stimmen bei Germanium die Beobachtungen an Spaltflächen und an beschossenen und geglühten Flächen, sogar bei verschiedener Orientierung, ganz gut überein. Auch bei Silicium sind die Eigenschaften der Zylinderflächen der Stäbchen in guter qualitativer Übereinstimmung mit denen der Spaltflächen nach *Allen*: Die Oberfläche ist p-leitend, der Betrag der Oberflächenleitfähigkeit ergibt sich zu einigen $10^{-6}\ \Omega^{-1}$. In Abb. 33 liegen die hier verwendeten Kristalle etwa bei $u_B = -3$, wobei die Temperatur allerdings 89 °C beträgt. Nimmt man an, daß durch diese Temperatursteigerung das Neutralniveau E_0 nicht verschoben wird, so sind die Änderungen in Abb. 33 nicht sehr groß. Bei $u_B = -3$ befindet sich dann etwa das Maximum der Kurve mit $1 \cdot 10^{-6}\ \Omega^{-1}$. Der Betrag der Feldeffektbeweglichkeit liegt an den durch Ionenbeschuß gereinigten Kristallen etwa eine Größenordnung niedriger als der aus Abb. 31 für Spaltflächen berechnete Wert. Entsprechend ergibt sich auch eine größere Zustandsdichte für die Oberflächenzustände von etwa $2 \cdot 10^{15}\ \text{cm}^{-2}\ \text{eV}^{-1}$ gegenüber $2 \cdot 10^{14}$ bei den Spaltflächen unter der Annahme eines einzigen Oberflächenbandes (Abb. 35, b). In diesem Zusammenhang sollen noch die Ergebnisse von *Law* erwähnt werden, der für p-Silicium (280 $\Omega \cdot$ cm) nach Ionenbeschuß (1000 eV) und Glühen eine p-Oberflächenleitfähigkeit von $3 \cdot 10^{-5}\ \Omega^{-1}$ fand ($u_s = -17$). Er beobachtete keinen Feldeffekt und schloß auf den Leitungstyp an der Oberfläche aus der Änderung des Oberflächenpotentials bei Lichteinstrahlung [73]. Daher enthält die Arbeit keine Information über Zustandsdichten von Oberflächenzuständen.

V. Schluß

12. Oberflächenzustände und Oberflächenbänder

Die beim Germanium und Silicium experimentell nachgewiesenen Dichten der Oberflächenzustände liegen bei 10^{12} bis etwa $10^{14}\ \text{cm}^{-2}$, während die Angaben für die Zustandsdichten von 10^{14} bis zu einigen $10^{15}\ \text{cm}^{-2}\ \text{eV}^{-1}$ reichen. Dabei ist zu bedenken, daß mit Hilfe der hier diskutierten elektrischen Messungen nicht die Oberflächenzustände direkt beobachtet werden, sondern die von ihnen gesteuerte Raumladungsschicht. Man erhält daher im allgemeinen nur zwei verschiedene Informationen:

Aus der Bandverbiegung $e\psi_{SB}$, bestimmt durch Messung der Oberflächenleitfähigkeit oder der thermischen und optischen Austrittsarbeit, ergibt sich nur die resultierende Oberflächenladung als Differenz von positiver und negativer Ladung in verschiedenen Oberflächenzuständen. Genauere Angaben über das Energiespektrum der Zustände sind daraus nicht zu erhalten.

Aus dem Feldeffekt oder aus der Abhängigkeit der Voltaspannung von der Dotierung folgt die zweite Information, die auf die Zustandsdichte in der Umgebung des Ferminiveaus beschränkt ist. Dabei werden alle Zustände erfaßt, die sich im Laufe des Experimentes umladen, also im Gegensatz zur obenerwähnten Auswertung der Bandverbiegung gegebenenfalls auch neutrale Zustände. Die Verschiebung der Bandkanten gegen das Ferminiveau kann allerdings wegen der großen Zustandsdichte nur einen verhältnismäßig engen Energiebereich überstreichen. Für den Feldeffekt folgt hier ein typisches Zahlenbeispiel: Bei einer Zustandsdichte von 10^{14} cm^{-2} eV^{-1} und einer Influenzladung von 10^{11} e/cm^2 tritt eine Änderung der Bandverbiegung um 10^{-3} eV $=$ $= 4 \cdot 10^{-2}$ kT auf. Fast die gesamte Influenzladung wird von den Oberflächenzuständen aufgenommen und die Veränderung der Raumladungsschicht bleibt hierdurch sehr gering (sh. Abb. 20 und Gl. (9)). Es besteht also keine Hoffnung mit Hilfe des Feldeffektes das Energiespektrum der Oberflächenzustände in einem größeren Bereich abzutasten. Nur für die an der reinen Oberfläche bereits ohne Feld vorliegende Bandverbiegung kann man eine Zustandsdichte in der Umgebung des Ferminiveaus ermitteln. Auch bei der schönen Methode von *Allen* und *Gobeli* (Abschn. 10 und 11) sind durch die großen Zustands- und Ladungsdichten Grenzen gesetzt. Der überstrichene Energiebereich umfaßt nur $\pm 0{,}1$ eV. In Abschn. 10 ist erklärt, wie durch eine große Zustandsdichte die Verschiebung der Bandkanten an der Oberfläche gegen das Ferminiveau „abgebremst" wird (vgl. auch Abb. 34). Größere Änderungen des Oberflächenpotentials lassen sich durch Bedeckung mit Fremdstoffen erzielen. Dabei werden allerdings die Oberflächenzustände verändert (vgl. Abschn. 13).

Die gesamte Flächendichte und das vollständige Energiespektrum der Oberflächenzustände an den reinen Oberflächen von Germanium und Silicium sind also noch unbekannt. Vielleicht führen andere experimentelle Methoden, z.B. paramagnetische Resonanz, noch einmal weiter als die elektrischen Messungen allein.

Unter dem Einfluß der Theorien von *Tamm* und *Shockley* wird die zu erwartende Dichte der Oberflächenzustände oft gleich der der Atome in der obersten Lage gesetzt. Die Flächendichten sind: Für Germanium (100) $6{,}3 \cdot 10^{14}$ cm^{-2}, (111) $7{,}2 \cdot 10^{14}$ cm^{-2}, für Silicium (100) $6{,}8 \cdot 10^{14}$ cm^{-2}, (111) $7{,}8 \cdot 10^{14}$ cm^{-2}. Die Dichte der freien Valenzen liegt bei der Idealstruktur für die (100)-Flächen um den Faktor zwei höher, während sie für die (111)-Flächen gleich der Dichte der Atome ist (vgl. Abb. 3).

Sowohl *Tamm* als auch *Shockley* betrachten eindimensionale Modelle. Für den dreidimensionalen Fall ergeben sich auf Grund der Strukturuntersuchungen (Abschn. 3 – 5) zusätzlich folgende Überlegungen: Die Bandstruktur im Volumen ist direkt mit der Kristallstruktur verknüpft. Wenn in den obersten Atomlagen die Struktur verändert ist, so muß in Betracht gezogen werden, daß sich hier auch das Energiespektrum der mit Elektronen besetzbaren Quantenzustände von dem im Volumen vorliegenden unterscheidet. Dabei können Zustände aus dem Leitungs- und Valenzband in den Energiebereich der vorbotenen Zone gelangen und als Oberflächenzustände in Erscheinung treten. Zur „Oberfläche" sind dann mehrere Atomlagen zu rechnen und die Zahl der verfügbaren Zustände ist entsprechend größer. Damit ergibt sich aufs neue die Frage nach dem Zusammenhang zwischen der Oberflächenstruktur und dem Termschema, bzw. den damit verknüpften elektrischen und optischen Eigenschaften. Einen experimentellen Beitrag hierzu bedeutet die Beobachtung der Oberflächeneigenschaften vor und nach einer Änderung der Struktur, z.B. durch eine Glühbehandlung. Dieses interessante Problem wurde von *Allen* und *Gobeli* durch Erhitzen von Kristallen mit Spaltflächen in Angriff genommen, bedarf aber noch weiterer Bearbeitung [75].

In Abb. 35 wurden die Zustandsdichten S in den Oberflächenbändern als unabhängig von der Energie E eingezeichnet. Dafür soll hier eine kurze Begründung gegeben werden. Berechnet man in bekannter Weise die Zustandsdichte durch Abzählung der Zellen im Phasenraum, so erhält man für den dreidimensionalen Fall den Anstieg mit $E^{1/2}$. Bei Beschränkung auf zwei Dimensionen fällt die Abhängigkeit von der Energie heraus und es gilt:

$$S = 4\pi m^*/h^2; \quad h = \text{Plancksche Konstante.} \tag{15}$$

Über die effektive Masse m^* in einem zweidimensionalen Band weiß man nichts [80]. Mit der Masse freier Elektronen folgt: $S = 4{,}2 \cdot 10^{14}\ \text{cm}^{-2}\ \text{eV}^{-1}$. Für einen Leitungsprozeß in einem solchen Band gibt es bis heute keinen experimentellen Beweis. Alle Erscheinungen der Oberflächenleitung lassen sich durch Ladungstransport in der Raumladungsschicht erklären. Auch die Oberflächenbänder wirken hiernach nur durch Steuerung der Raumladungszone. Einen Beitrag zu dieser Frage liefert das in Abschn. 11 diskutierte Channelexperiment von *Palmer* und Mitarbeitern [56]. Hierbei ergab sich an Silicium-Spaltflächen eine obere Grenze für die Oberflächenleitfähigkeit von $10^{-8}\ \Omega^{-1}$. Größer kann die Leitfähigkeit in einem Oberflächenband nicht gewesen sein. Mit plausiblen Annahmen über die Besetzung der Bänder nach Abb. 35 kann man abschätzen, daß die Beweglichkeit der Träger dann sehr klein sein muß.

13. Die ideale Oberfläche

Als man die Untersuchung reiner Halbleiteroberflächen begann, erwartete man, daß die im Volumen vorliegende Struktur auch noch die oberste Atomlage bestimmt, z.B. [39]. Entsprechend den hier durchtrennten Bindungen sollten an dieser „idealen Oberfläche" freie Valenzen auftreten, wie es in den Abb. 3, 8a, 9 und 10 gezeigt ist. Experimentell hat man zwar, wie erwartet, große Dichten von Oberflächenzuständen gefunden, aber die Kristallstruktur an der Oberfläche ist so verändert, daß wahrscheinlich mindestens ein Teil der freien Valenzen abgesättigt wird.

Das chemische Verhalten der reinen Oberflächen steht nicht im Widerspruch zu dieser Vorstellung: Die Haftwahrscheinlichkeit für Sauerstoff ist bei Germanium und Silicium mit 10^{-3} bis 10^{-2} überraschend klein. Ferner lassen sich an der reinen Germaniumoberfläche weder ein H_2-D_2-Austausch noch eine Adsorption bei Einwirkung von molekularem Wasserstoff nachweisen (Abschn. 9). Als Prüfung hinsichtlich des Auftretens freier Valenzen könnte die Beobachtung der Ortho-Para-Umwandlung des Wasserstoffes an reinen Halbleiteroberflächen dienen. Die Wiederholung der bisherigen, nur an aufgestäubten Germaniumschichten durchgeführten Experimente ist aus diesem Grunde erwünscht [82].

In den letzten Jahren haben *Brattain* und *Boddy* bei Germanium im Elektrolyten „perfekte" Oberflächen gefunden, die bei Kapazitätsmessungen keinen Einfluß von Oberflächenzuständen zeigen [83]. Diese Kapazitätsmessungen entsprechen weitgehend den in diesem Bericht behandelten Untersuchungen des Feldeffektes. Zur Deutung nimmt man an, daß bei den perfekten Oberflächen die freien Valenzen durch OH-Gruppen gebunden sind [85]. Vielleicht wird dadurch eine Strukturänderung der obersten Atomlagen als mögliche Ursache für Oberflächenzustände verhindert. Weiterhin scheint auch die Bindung der OH-Gruppen nicht zum Auftreten von Oberflächenzuständen zu führen, die in dem durchlaufenen Bereich des Oberflächenpotentials umgeladen werden. *H. U. Harten* berichtet in diesem Band über perfekte Oberflächen [49]. Im gleichen Zusammenhang soll die Beobachtung erwähnt werden, daß die starke Bandaufwölbung bei reinen Germaniumoberflächen (Abb. 24) durch Einwirkung von Wasserdampf nahezu völlig zurückgeht [36]. Doch fehlen hier Messungen des Feldeffektes. Eine interessante Ergänzung würden Untersuchungen des Einflusses von Wasserdampf auf die Struktur reiner Germaniumoberflächen bilden. Nicht jede Reaktion mit fremden Substanzen führt zu einer perfekten Oberfläche, wie z.B. die Experimente mit Sauerstoff bei Germanium [36] und Silicium [55] zeigen. Doch geht im ersten Falle die Bandverbiegung etwas zurück, und im zweiten Falle nimmt die Zustandsdichte am Ferminiveau um mehr als eine Größenordnung ab (Abschn. 10).

Die perfekte Oberfläche wurde zunächst nicht beim Germanium sondern beim Zinkoxyd im Elektrolyten gefunden [84]. Im Vakuum dagegen zeigen Zinkoxyd-Kristalle eine große Dichte von Oberflächenzuständen [38].

Zusammenfassend kann man zum Thema dieses Berichtes sagen, daß trotz der vorliegenden mannigfaltigen Ergebnisse noch viele Fragen offen sind. Es läßt sich noch kein Energieschema einer reinen Oberfläche mit einiger Sicherheit aufstellen und die unmittelbare Ursache für das Auftreten der Oberflächenzustände bleibt noch ungeklärt. Das Ziel dieser Arbeit besteht daher auch weniger darin, Bekanntes zu berichten, als vielmehr darin, auf die Lücken unserer Kenntnis hinzuweisen. Der Zufluß an Information über die hier behandelten Fragen hat allerdings ständig zugenommen, und so ist zu hoffen, daß man in einiger Zeit zu einem besseren Verständnis des Begriffes Kristalloberfläche gelangen wird. Ein gewisser Fortschritt zeichnet sich auf zwei Gebieten ab, dem der reinen und dem der perfekten Oberfläche. Die reine Oberfläche ist allerdings nicht perfekt und die perfekte nicht rein. Die ideale Oberfläche gibt es wohl nicht.

Für ständige Hilfe mit Rechnungen, Zeichnungen und Diskussionen möchte ich Herrn Stud. Ref. *M. Henzler* herzlich danken. Die Entstehung des Berichtes wurde sehr gefördert durch die Überlassung unveröffentlichter Manuskripte, sowie durch mündliche oder schriftliche Diskussionen. Dafür schulde ich folgenden Herren großen Dank: Dr. *F. G. Allen* (Bell Telephone Laboratories), Prof. *G. Busch* und Dr. *T. Fischer* (ETH Zürich), Prof. *H. E. Farnsworth* und Prof. *J. A. Dillon* (Brown University), Prof. *P. Handler* (University of Illinois), Dr. *D. Haneman* (University of N.S.W., Australien), Dr. *H. U. Harten* (Philips Zentrallaboratorium, Hamburg), Dr. *J. J. Lander* und Dr. *J. Morrison* (Bell Telephone Laboratories), Dr. *J. J. Scheer* und Dr. *M. J. Sparnaay* (Philips Research Laboratories, Eindhoven).

Literatur

[1] *W. Shockley*, Phys. Rev. **91**, 228 (1953).
[2] *W. T. Read* jr. und *G. L. Pearson* in „Conference on Defects in Crystalline Solids", The Physical Society, London, S. 143 (1955).
[3] *I. Tamm*, Phys. Z. SU. **1**, 733 (1932).

[4] *W. Shockley*, Phys. Rev. **56**, 317 (1939).
[5] *I. M. Lifschiz* und *S. I. Pekar*, Fortschr. Phys. **4**, 81 (1956).
[6] *J. Koutecký*, Phys. stat. sol. **1**, 554 (1961).
[7] *H. U. Harten* und *W. Schultz* in „Halbleiterprobleme", herausgegeben von *W. Schottky*, Verlag Vieweg, Braunschweig, **3**, 76 (1956). Bericht.
[8] *J. Bardeen* in „Halbleiter und Phosphore", herausgegeben von *M. Schön* und *H. Welker*, Verlag Vieweg, Braunschweig, S. 81 (1958).
[9] *A. Many*, J. Phys. Chem. Solids **8**, 87 (1959).
[10] *H. Flietner*, Phys. stat. sol. **2**, 221 (1962). Bericht.
[11] *G. Heiland*, Fortschr. Phys. **9**, 393 (1961). Bericht.
[12] *R. W. Pohl*, Optik und Atomphysik, 9. Aufl. Springer (1954).
[13] *R. E. Schlier* und *H. E. Farnsworth* in „Semiconductor Surface Physics", herausgegeben von *R. H. Kingston*, Verlag University of Pennsylvania Press, Philadelphia, S. 3 (1957).
[14] *H. E. Farnsworth*, Conference on Clean Surfaces, Ann. N. Y. Acad. Sci. **101**, Art. 3, 658 (1963).
[15] *D. Haneman*, Phys. Rev. **121**, 1093 (1961).
[16] *L. H. Germer* und *C. D. Hartman*, J. Phys. Chem. Solids **14**, 75 (1960).
[17] *J. J. Lander, J. Morrison* und *F. C. Unterwald*, Rev. Sci. Instr. **33**, 782 (1962).
[18] *J. J. Lander* und *J. Morrison*, J. Chem. Phys. **37**, 729 (1962).
[19] *J. J. Lander* und *J. Morrison*, J. Appl. Phys. **34**, 1403 (1963).
[20] *J. J. Lander* und *J. Morrison*, J. Appl. Phys. **33**, 2089 (1962). (Si), **34**, 1411 (1963) (Ge).
[21] *J. J. Lander, G. W. Gobeli* und *J. Morrison*, J. Appl. Phys. **34**, 2298 (1963).
[22] *J. J. Lander* und *J. Morrison*, J. Appl. Phys. **34**, 3517 (1963).
J. J. Lander, Surf. Science **1**, 125 (1964). Bericht.
[23] *J. Bardeen*, Phys. Rev. **71**, 717 (1947).
[24] *R. H. Kingston* und *S. F. Neustadter*, J. Appl. Phys. **26**, 718 (1955).
[25] *D. R. Frankl*, J. Appl. Phys. **31**, 1752 (1960).
[26] *C. E. Young*, J. Appl. Phys. **32**, 329 (1961).
[27] *V. O. Mowery*, J. Appl. Phys. **29**, 1753 (1958).
[28] *G. Heiland*, Z. Phys. **148**, 28 (1957).
[29] *W. Schottky*, Z. Phys. **113**, 367 (1939).
[30] *J. R. Schrieffer*, Phys. Rev. **97**, 641 (1955).
[31] *C. Herring* und *M. H. Nichols*, Rev. Mod. Phys. **21**, 254 (1949).
[32] *R. F. Greene, D. R. Frankl* und *J. Zemel*, Phys. Rev. **118**, 967 (1960).
R. F. Greene, J. Phys. Chem. Solids **14**, 291 (1960); **23**, 425 (1962).
[33] *N. B. Grover, Y. Goldstein und A. Many*, J. Appl. Phys. **32**, 2538 (1961).
Y. Goldstein, N. B. Grover, A. Many und *R. F. Greene*, J. Appl. Phys. **32**, 2540 (1961).
[34] *G. Busch*, dieser Band.
[35] *R. Missman* und *P. Handler*, J. Phys. Chem. Solids **8**, 109 (1959).
[36] *S. Eisenhour* und *P. Handler*, Private Mitteilung.
[37] *A. Many, Y. Goldstein, N. B. Grover* und *E. Harnik* in „Proceedings of the International Conference on Semiconductor Physics", Verlag Chechoslovak Academy of Sciences, Prag, S. 498 (1961).
[38] *G. Heiland*, J. Phys. Chem. Solids **22**, 227 (1961).
[39] *P. Handler* in „Semiconductor Surface Physics", s. Zitat [13], S. 23 (1957).
[40] *G. Heiland* und *P. Handler*, J. Appl. Phys. **30**, 446 (1959).
[41] *D. R. Palmer, S. R. Morrison* und *C. E. Dauenbaugh*, J. Phys. Chem. Solids **14**, 27 (1960).
[42] *D. R. Palmer, S. R. Morrison* und *C. E. Dauenbaugh*, Phys. Rev. **129**, 608 (1963).

[43] *G. A. Barnes* und *P. C. Banbury*, J. Phys. Chem. Solids **8**, 111 (1959).
[44] *P. C. Banbury*, *E. A. Davies* und *G. W. Green*, Proceedings of the International Conference on Physics of Semiconductors, Exeter, Verlag Inst. of Phys. and Phys. Soc. London, S. 813 (1962).
[45] *M. Green* und *A. Liberman*, J. Phys. Chem. Solids **23**, 1407 (1962).
[46] *M. J. Sparnaay* und *J. van Ruler*, Physica **27**, 153 (1961).
[47] *M. J. Sparnaay*, Conference on Clean Surfaces, Ann. N. Y. Acad. Sci. **101**, Art. 3, 973 (1963).
[48] *H. D. Hagstrum*, J. Appl. Phys. **32**, 1015, 1020 (1961).
[49] *H. U. Harten*, dieser Band.
[50] *D. Shooter* und *H. E. Farnsworth*, J. Phys. Chem. **66**, 222 (1962).
[51] *F. G. Allen*, *T. M. Buck* und *J. T. Law*, J. Appl. Phys. **31**, 979 (1960).
[52] *G. Busch*, *H. Schade*, *A. Gobbi* und *P. Marmier*, J. Phys. Chem. Solids **23**, 513 (1962).
[53] *J. A. Dillon* jr. und *R. M. Oman*, Proc. Prague Conf., s. Zitat [37], S. 533 (1961).
[54] *F. G. Allen*, J. Phys. Chem. Solids **19**, 87 (1961).
[55] *G. Heiland* und *H. Lamatsch*, International Conference on the Physics and Chemistry of Solid Surfaces, Providence, 1964, erscheint in Surface Science.
[56] *D. R. Palmer*, *S. R. Morrison* und *C. E. Dauenbaugh* Phys. Rev. Let. **6**, 170 (1961).
[57] *G. W. Gobeli* und *F. G. Allen*, J. Phys. Chem. Solids **14**, 23 (1960).
[58] *G. W. Gobeli* und *F. G. Allen*, Phys. Rev. **127**, 141 (1962).
[59] *F. G. Allen* und *G. W. Gobeli*, Phys. Rev. **127**, 150 (1962).
[60] *D. Haneman*, Proc. Exeter Conf., s. Zitat [44], S. 842 (1962).
[61] *J. van Laar* und *J. J. Scheer*, Philips Res. Repts. **17**, 101 (1962).
[62] *J. J. Scheer* und *J. van Laar*, Phys. Let. **3**, 246 (1963).
[63] *R. J. Archer* und *M. M. Atalla*, Conference on Clean Surfaces, Ann. N. Y. Acad. Sci. **101**, Art. 3, 697 (1963).
[64] *G. W. Gobeli* und *F. G. Allen*, Private Mitteilung.
[65] *M. Green* und *K. H. Maxwell*, J. Phys. Chem. Solids **11**, 195 (1959).
[66] *H. E. Farnsworth*, *R. E. Schlier*, *T. H. George* und *R. M. Burger*, J. Appl. Phys. **26**, 252 (1955) **29**, 1150 (1958).
[67] *J. A. Dillon* und *H. E. Farnsworth*, J. Appl. Phys. **29**, 1195 (1958).
[68] *J. A. Dillon* und *H. E. Farnsworth*, J. Appl. Phys. **28**, 174 (1957).
[69] *A. B. Fowler*, J. Appl. Phys. **30**, 556 (1959).
[70] *P. Handler*, Phys. Rev. **126**, 971 (1962).
[71] *M. F. Millea*, *T. C. Hall* und *J. O. Kopplin*, J. Phys. Chem. Solids **23**, 611 (1962).
[72] *D. Gerlich*, J. Phys. Chem. Solids **23**, 837 (1962).
[73] *J. T. Law*, J. Phys. Chem. Solids **14**, 9 (1960).
[74] *G. Landwehr* und *P. Handler*, J. Phys. Chem. Solids **23**, 891 (1962).
[75] *F. G. Allen* und *G. W. Gobeli*, J. Appl. Phys. **35**, 597 (1964).
[76] *G. Busch* und *T. Fischer*, Phys. kond. Mat., erscheint demnächst.
[77] *W. E. Meyerhof*, Phys. Rev. **71**, 727 (1947).
[78] *P. Haasen* und *A. Seeger* in „Halbleiterprobleme", herausgegeben von *W. Schottky*, Verlag Vieweg, Braunschweig, **4**, 68 (1958).
[79] *E. N. Clarke* und *R. L. Hopkins*, Phys. Rev. **91**, 1566 (1953).
[80] *P. Handler*, J. Phys. Chem. Solids **14**, 1 (1960).
[81] *Y. Margoninski*, Phys. Rev. **132**, 1910 (1963).
[82] *Y. L. Sandler* und *M. Gazith*, J. Phys. Chem. **63**, 1095 (1959),
[83] *W. H. Brattain* und *P. J. Boddy*, J. Electrochem. Soc. **109**, 574 (1962).
[84] *J. F. Dewald*, J. Phys. Chem. Solids **14**, 155 (1960).

[85] *M. Hoffmann-Pérez* und *H. Gerischer*, Z. Elektrochemie **65**, 771 (1961).
[86] *R. Seiwatz*, International Conference on the Physics and Chemistry of Solid Surfaces, Providence, 1964, erscheint in Surface Science.
[87] *W. G. Gobeli* und *F. G. Allen*, wie [86].
[88] *P. Handler*, Appl. Phys. Let. **3**, 96 (1963).

P. HAASEN*

Versetzungen und Plastizität von Germanium und InSb

Mit 33 Abbildungen

Einleitung

Im Jahre 1957 haben *P. Haasen* und *A. Seeger* auf der Heidelberger Physikertagung über die plastische Verformung von Halbleitern und ihren Einfluß auf die elektrischen Eigenschaften berichtet (*Haasen* und *Seeger* 1958, im folgenden mit HS zitiert). Die Verformbarkeit von Kristallen mit Diamantstruktur bei erhöhten Temperaturen war damals erst wenige Jahre bekannt und noch kaum systematisch untersucht worden. In dem Bericht wurde die Theorie der Versetzungen auf diese Struktur angewandt und zur Deutung der Verformungsexperimente herangezogen. Die Halbleitermaterialien besaßen in dieser Hinsicht besonderes Interesse, weil es bei ihnen erstmals gelungen war, (dekorierte) Versetzungen im Kristallinnern direkt sichtbar zu machen. Auch ließen sich starke elektrische Wirkungen (Beeinflussung von Trägerzahl, -Beweglichkeit und -Lebensdauer) der Gitterfehler beobachten, die bei der plastischen Verformung entstehen. Diese Effekte wurden modellmäßig analysiert, obwohl die seinerzeit vorliegenden Ergebnisse manche entscheidende Frage offenließen.

Im Hinblick auf die elektrischen Wirkungen der Verformung von Halbleitern ist die Situation seit 1957 leider kaum klarer geworden (vgl. den Bericht von *Bardsley* 1959). Hier wirken Verunreinigungseffekte außerordentlich störend. Die Versetzung im Diamantgitter hat man dagegen in den letzten Jahren sehr viel besser kennen gelernt und die plastische Verformung der Halbleiter eingehend untersucht, so daß es an der Zeit erscheint, den Beriche aus dem Jahre 1957 in dieser Richtung zu ergänzen. Man kann den Einfluß der Versetzungen in Halbleitern jetzt umso deutlicher erkennen, als es in diesen Materialien erstmals möglich geworden ist, auch vollkommen versetzungsfreie Kristalle herzustellen.

Als methodischen Fortschritt in experimenteller Hinsicht soll auf erste direkte Versetzungsbeobachtungen in elektronenmikroskopischer Durchstrahlung eingegangen werden sowie auf neuere röntgenographische Beobachtungen. *Chaudhuri* et al. (1962) haben die Geschwindigkeit von Versetzungen in Halbleiterkristallen als Funktion der Spannung und Temperatur mittels Ätzgrübchen gemessen. Ihre Ergebnisse ermöglichen die Aufstellung einer mikroskopischen Theorie der Plastizität gemäß der allgemeinen Beziehung für die plastische Dehnungsgeschwindigkeit, Gl. (3), wenn man die Multiplikation und Wechselwirkung der Versetzungen in ihrer Wirkung auf die Versetzungsdichte als Funktion der Spannung berücksichtigt.

Auf dieser Grundlage läßt sich der Anfangsbereich der plastischen Verformung von Ge und InSb im dynamischen und statischen Versuch als Funktion der

*) Institut für Metallphysik der Universität Göttingen

Spannung und Temperatur quantitativ in guter Übereinstimmung mit dem Experiment beschreiben. Für InSb wurde die vorausgesagte Anisotropie der Verformung in Abhängigkeit von der Biegerichtung (d.h. dem Vorzeichen der Überschußversetzungen) experimentell gefunden.

Alle diese Beobachtungen lassen die Bewegung der Versetzungen auf den Gleitebenen des Diamantgitters (im Gegensatz zur metallischen Struktur) als diffusionsbestimmt und quasi-viskos erscheinen, was in der Struktur des Versetzungskerns begründet ist. Über erste Versuche zur theoretischen Berechnung der Kernstruktur der Versetzung im Diamantgitter wird berichtet.

A. Röntgenographische Beobachtung von Versetzungen

Neben den klassischen Methoden des Anätzens von Versetzungen in ihren Durchstoßpunkten durch die Oberfläche und der direkten Beobachtung (kupfer)dekorierter Versetzungen bei der Durchstrahlung im infraroten Licht wurden in HS verschiedene röntgenographische Verfahren beschrieben, mit denen Versetzungen in Halbleiterkristallen sichtbar gemacht werden können. Diese Untersuchungen sind in neuerer Zeit von *Gerold* und *Meier* (1959, 1962 a, b) und von *Bonse* und *Kappler* (1959, 1962) erweitert und zu quantitativen Beobachtungen an Versetzungen in Germanium benutzt worden. Die Deformation der die Röntgenstrahlen reflektierenden Netzebenen in der Umgebung einer Versetzung führt zu einer Änderung der reflektierten Intensität, die die Versetzung als Kontrast auf einem in der Nähe befindlichen Film sichtbar werden läßt. Die lokale Änderung des Reflexionsvermögens kann in Durchstrahlung oder Rückstrahlung beobachtet werden. Versetzungen können bis zu einer Dichte von $10^4\,cm^{-2}$ röntgenographisch unterschieden und im Verhältnis von etwa 1:1 abgebildet werden. Der Kontrast beruht auf zwei Effekten, nämlich

1. der primären *Extinktion* von Röntgenstrahlen durch Mehrfachreflexion. Diese ergibt im verzerrten Gitter immer eine größere reflektierte Intensität als im Idealkristall;

2. der *anomalen Absorption* von Röntgenstrahlen (*Borrmann*-Effekt), mit deren Hilfe ein dicker, perfekter Kristall für Röntgenstrahlen durchlässig ist, während diese im gestörten Gitter absorbiert werden.

Meyer (1962 a) vergleicht diese Abbildungsverfahren zusammenfassend unter verschiedenen Annahmen für Reflexion, Ordnungszahl und Dicke des Kristalls, Wellenlänge der Strahlung hinsichtlich der zu erwartenden Kontraste. Die Gitterverzerrung wird maximal röntgenographisch wirksam, wenn der Burgersvektor $\boldsymbol{b}$ der Versetzung in Richtung der Netzebenennormalen liegt; im anderen Grenzfall ($\boldsymbol{b}$ innerhalb der reflektierenden Netzebene) werden Versetzungen nicht abgebildet. Solche Burgersvektor-Bestimmungen wurden von *Gerold* und *Meyer* (1959) durchgeführt mit der Methode der anomalen Absorption an eingewachsenen Versetzungen in Germanium. Die Versetzungen lagen danach zumeist in ihren Gleitebenen. Unter dem Einfluß von inhomogenen Wärmespannungen beobachtete *Meyer* (1962 b) die Entstehung konzentrischer Versetzungsringe nach Art von *Frank-Read*-Quellen. Aus dem zeitlichen Ablauf der Versetzungsbewegung werden Geschwindigkeiten abgeschätzt, die größenordnungsmäßig mit den an anderer Stelle in diesem Bericht angegebenen übereinstimmen.

Das Reflexionsverfahren von *Bonse* (1959, 1962) arbeitet mit paralleler Strahlung in einem Doppelkristallspektrometer, bei dem der auf Versetzungen zu untersuchende Kristall einem versetzungsfreien gegenübersteht. Der Kontrast wird dabei nicht, wie oben beschrieben, von der integralen Intensitätsänderung geliefert, sondern durch die Winkelstellung des verzerrten Kristallbereichs zum Primärstrahl. Auf diese Weise wird nicht nur die Versetzung überhaupt sichtbar, sondern es gelingt, das Verzerrungsfeld um die Versetzung bis zu Abständen von 50 μm quantitativ auszumessen und mit der Versetzungstheorie zu vergleichen. Zur Untersuchung eignen sich insbesondere solche Versetzungen, die über größere Strecken dicht unter der Oberfläche verlaufen. *Bonse* et al. finden, daß eingewachsene Versetzungen in Germanium-Kristallen (Dichte $N_0 \approx 10^3\,\text{cm}^{-2}$) vorzugsweise in ausgezeichneten kristallographischen Richtungen vom Typ $\langle 110 \rangle$ und $\langle 100 \rangle$ und oft in $\{111\}$-Ebenen liegen. Aber auch nicht-kristallographisch ausgerichtete Versetzungen werden beobachtet. Die Intensitätsänderung ΔI durch die Versetzung wird von deren Verzerrungsfeld in der Kristalloberfläche, ausgedrückt durch die relative Gitterkonstantenänderung δ_d und die relative Orientierungsänderung δ_Θ der reflektierenden Netzebenen relativ zur Goniometerachse, bestimmt nach

$$\Delta I \sim (\delta_d \cdot \tan \Theta + \delta_\Theta) \tag{1}$$

wo Θ der Braggsche Winkel der Netzebene ist. Schraubenversetzungen werden nicht abgebildet. Zum Vergleich der gemessenen Verzerrung mit der elastizitätstheoretisch berechneten müssen Orientierung und Burgersvektor der Versetzung bekannt sein. Der einzige freie Parameter der Rechnung ist die Tiefe, in der die Versetzung unterhalb der Oberfläche liegt. In einfachen Fällen wird gute Übereinstimmung zwischen der gemessenen und (isotrop) berechneten Gitterverzerrung von Versetzungen mit $\boldsymbol{b} \sim \langle 110 \rangle$ gefunden, obwohl manche Intensitätsprofile theoretisch nicht erwartete Züge aufweisen.

B. Versetzungsbeobachtung in elektronenmikroskopischer Durchstrahlung

Die direkte Beobachtung von Versetzungen bei der Durchstrahlung dünner Kristalle im Elektronenmikroskop wird seit den Arbeiten von *Hirsch* und Mitarb. (1956) in steigendem Maße zur Untersuchung des plastischen Verhaltens der Metalle herangezogen. Das Verfahren ist von *Alexander* und *Mader* (1962) zur Beobachtung von Versetzungen in Germanium angewandt worden. Im Gegensatz zu röntgenographischen Methoden werden zur Elektronentransmission sehr dünne Proben (2 000 Å) benötigt. Die Ausdehnung des Versetzungskontrastes in der Bildebene ist hier von der Größenordnung 100 Å, also viel kleiner als bei Röntgenstrahlung. (Zur Interpretation elektronenmikroskopischer Kontraste vgl. den Bericht von *Alexander* (1960)). Daher ist die Elektronentransmissionsmikroskopie nur für Versetzungsdichten von 10^6 bis $10^{12}\,\text{cm}^{-2}$ praktikabel, also für N-Werte oberhalb des Bereichs röntgenographischer Methoden. Will man aus den an dünnen Filmen gewonnenen Bildern Schlüsse auf die Versetzungsanordnung im massiven Material ziehen, muß man Versetzungsbewegungen während des Dünnens und unter dem Einfluß der nahen Folienoberfläche (Bildkräfte) verhindern. Das ist bei Metallen schwer möglich, und deshalb werden die mit dieser Methode begründeten Modelle des verfestigten Zustandes oft nicht als repräsentativ für den kompakten Kristall angesehen. Diese Schwierigkeiten werden vermieden bei der Untersuchung von Kristallen mit Diamantstruktur, die eine Versetzungsbewegung nur bei stark erhöhter Temperatur gestatten, während die Versetzungen bei der Dünnung und Durchstrahlung praktisch eingefroren sind. Man kann deshalb bei diesen Materialien zum ersten Mal und in idealer Weise Versetzungsanordnungen beobachten, die für massive Proben mit Sicherheit repräsentativ sind. Wegen der gleichen Translationstruktur sollten die bei Ge beobachteten Versetzungsanordnungen typisch auch für kub. flächenzentrierte Metalle sein — mit Ausnahme von Versetzungen, die bei kleinen inneren Spannungen in ihrer Lage kinematisch, durch die Gitterreibung bestimmt sind. Zu beachten ist ferner, daß i.a. nur relaxierte Versetzungsanordnungen beobachtet werden, da die Kristalle nicht unter voller äußerer Spannung abgekühlt werden können.

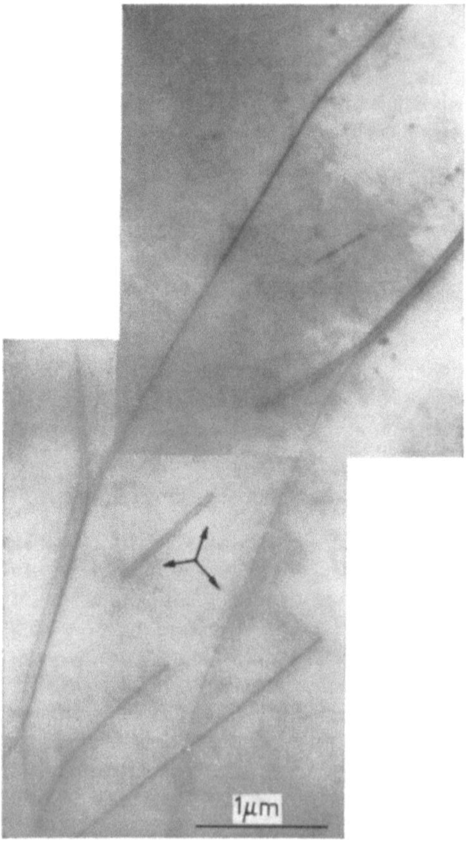

Abb. 1
Versetzungen in der Gleitebene eines bei 600 °C bis zur unteren Streckgrenze verformten Ge-Kristalls (*Alexander* und *Mader* 1962). Pfeile parallel zu ⟨110⟩-Richtungen.

Die von *Alexander* und *Mader* (1962) in dieser Weise untersuchten Kristalle aus Germanium wurden nach Verformung in Einfachgleitung meist parallel zur Hauptgleitebene in Scheiben geschnitten, welche dann geschliffen und chemisch gedünnt wurden. Bei der Durchstrahlung im Elektronenmikroskop wurde im Gegensatz zu Metallen keinerlei Versetzungsbewegung beobachtet. Es zeigten sich verhältnismäßig selten im Bild endende Versetzungslinien, d.h. die meisten Versetzungen liegen, abgesehen von Sprüngen, in der Hauptgleitebene. Schnitte parallel zu anderen Ebenen bestätigten diesen Eindruck. Es gab selten Versetzungen, die über längere Strecken (etwa 3 μm) gerade und in kristallographisch niedrig indizierten Richtungen, insbesondere ⟨110⟩, verliefen. Unregelmäßig gekrümmte Versetzungslinien herrschten vor (Abb. 1). Das steht im Gegensatz zu Beobachtungen von *Dash* (vgl. HS Abb. 12) an dekorierten Versetzungen in Si und zeigt, daß die *Peierls*energie der Versetzung immer noch klein ist gegen ihre Linienenergie in Ge (vgl. Abschnitt K). Allerdings könnte hier die Kinkenausbreitung gegenüber der -Bildung stark erschwert sein, im Gegensatz zu den Erwartungen.

Man beobachtete bei allen Verformungsgraden zahlreiche lange Versetzungsschleifen, mit der langen Achse vorzugsweise in Stufen-⟨112⟩-Orientierung. Aus Stabilitätsgründen müssen diese Versetzungsschleifen aus zwei Stufenversetzungen entgegengesetzten Vorzeichens auf verschiedenen parallelen (111)-Ebenen bestehen, die an den beiden Enden durch (mehrere 100 Å) lange Sprünge verbunden sind. Die Schleifen stellen also Versetzungsdipole mit einem Spannungsfeld kurzer Reichweite dar. Auch einzelne Versetzungen scheinen sich grob parallel zur Schleifenrichtung zu orientieren (Abb. 3). Falls diese denselben Burgersvektor haben, läßt sich der verfestigte Zustand von Ge im Bereich II der Verfestigungskurve (s. Abschnitt H) durch eine Anordnung von parallelen Stufenversetzungen (oder Paaren von diesen) beschreiben. Schraubenversetzungen kommen danach relativ selten vor. Das wäre nach dem Versetzungsmodell von *Haasen* (1957) zu erwarten, in dem die Bewegung einer 60°-Versetzung in der Diamantstruktur durch gerissene Bindungen im Kern stärker behindert wird. Es wird weiter beobachtet, daß Schraubenversetzungen (aus noch ungeklärten Gründen große) Sprünge enthalten, an denen sich Stufenversetzungsschleifen ausziehen, wie bei kleinen Verformungen deutlich zu erkennen ist (Abb. 2). Diese Sprünge erscheinen zu groß, als daß sie beim Schneiden des Versetzungswaldes aufgesammelt worden sein könnten. Sie sind aber beim Fehlen von Quergleitung notwendig, um einen Kristall kleiner Ausgangsversetzungsdichte im Verlauf der Abgleitung homogen mit Versetzungen zu füllen (soweit noch kein Klettern stattfindet). Es ist allerdings fraglich, ob die Mehrzahl der langen Schleifen auf diese Weise entstehen oder ob sich nicht rein zufällig Stufenversetzungen entgegengesetzten Vorzeichens auf verschiedenen Gleitebenen zu Dipolen zusammenlagern. Solche Schleifen werden in allen möglichen Substanzen und Strukturen beobachtet. Schleifen können sich durch Klettern abschnüren, wie es hier als dynamischer Erholungsmechanismus von Ge postuliert wird (vgl. Abschnitt H). Allerdings werden solche geschlossenen Schleifen schon bei kleinen Verformungen beobachtet (s. Abb. 2). Vielleicht haben sich diese Schleifen durch „konservatives Klettern" abgeschnürt, bei dem nur Diffusion entlang der Versetzungen nötig ist, so daß das Volumen der Schleife erhalten bleibt (*Groves* und *Kelly* 1962).

Als möglichen Mechanismus der Versetzungsmultiplikation hat *H. Alexander* (unveröff.) beobachtet, daß in einigen Fällen die Partner eines Stufenversetzungsdipols einander passiert haben (s. Abb. 3 bei A). Eine solche übergeschlagene Schleife genügender Länge kann sich zu einem vollen Versetzungsring entwickeln und damit als Quelle wirken. Voraussetzung für diesen Quellmechanismus ist ein genügend langer Sprung am Ende der Schleife oder eine genügend hohe Spannung, welcher der „Passierabstand" zweier Versetzungen ja umgekehrt proportional ist (vgl. HS). Der neugebildete Ring kann selbst wiederum Sprünge erhalten und Schleifen in seinen Schraubenteilen ausziehen, womit ein exponentielles Anwachsen der Versetzungsdichte nach Art der Gl. (6) begründet wäre. Diese selbst erwartet noch eine eingehende Prüfung, welche im Elektronenmiskroskop allerdings recht schwierig ist, da bei kleinen Verformungen über größere Probengebiete gemittelt werden muß.

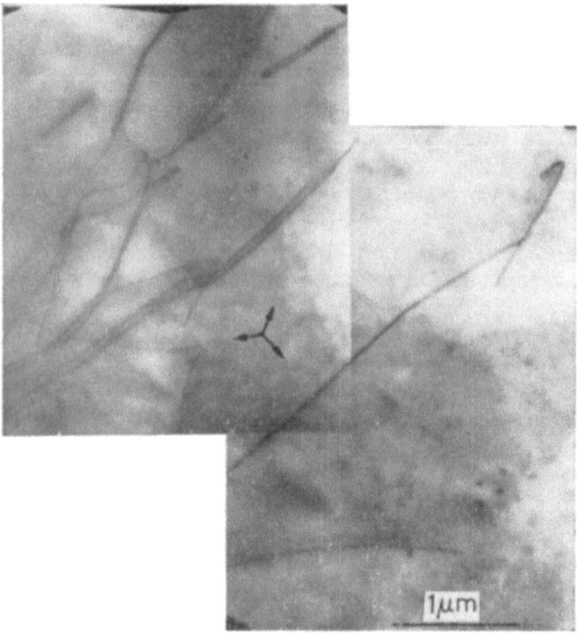

Abb. 2
Legende s. Abb. 1

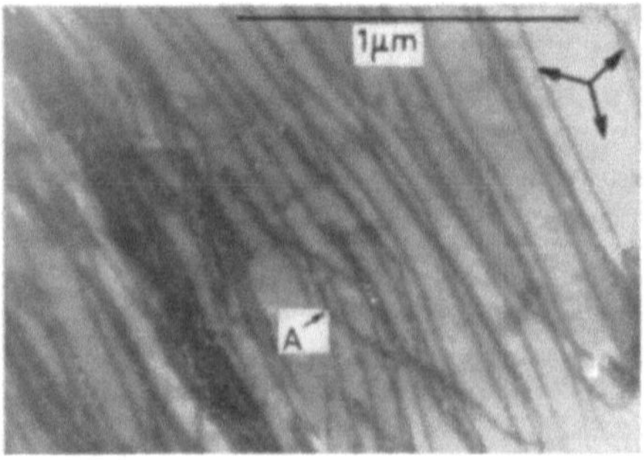

Abb. 3
Versetzungen in der Gleitebene eines bei 600 °C in den Bereich II der Verfestigungskurve (a = 0,42) verformten Ge-Kristalls (*Alexander* und *Mader* 1962). Pfeil parallel zu ⟨110⟩-Richtung. Bei *A* „übergeschlagene" Versetzungsschleife

Auch das Verfestigungsgesetz der Gl. (4) ist für Ge noch nicht mit dieser Methode untersucht worden. Hierbei müßte zwischen einzelnen Versetzungen und Dipolen unterschieden werden, weil die letzteren wenig zu τ_i beitragen. Die bisher elektronenmikroskopisch ermittelten Versetzungsdichten (10^9 cm^{-2} am Beginn von Bereich I, 10^{10} an dem von Bereich II in Ge) liegen jedenfalls höher als die von *Patel* und *Alexander* (1956) mit Ätzgruben bestimmten. Diese Autoren fanden eine Art Sättigungsdichte von $N \approx 10^8/\text{cm}^2$, die allerdings wohl nur durch ein Überlappen der Ätzgruben bei lichtmikroskopischer Beobachtung vorgetäuscht ist.

Nach HS sollte die Stapelfehlerenergie in der Diamantstruktur relativ klein sein, weil die kovalente Bindung weitgehend zwischen nächsten Nachbaratomen konzentriert ist. Es sollten sich damit breite Stapelfehlerbänder an den Versetzungen bilden können. Solche wurden kürzlich von *Aerts* et al. (1962) in verformtem Silicium beobachtet, bei Germanium hingegen nur, wenn nach der Verformung (bei 850 °C) noch längere Zeit (bis zu 15 Std. bei 600 °C) geglüht wurde (*Art* et al. 1963). Siliciumstäbe wurden bei 1200 °C stark um eine ⟨111⟩-Achse tordiert. Bei der Durchstrahlung von senkrecht zu dieser Achse geschnittenen Scheiben wurden Versetzungs-Netzwerke mit ausgedehnten Knoten beobachtet (Abb. 4). Aus der Weite der Stapelfehler in diesen

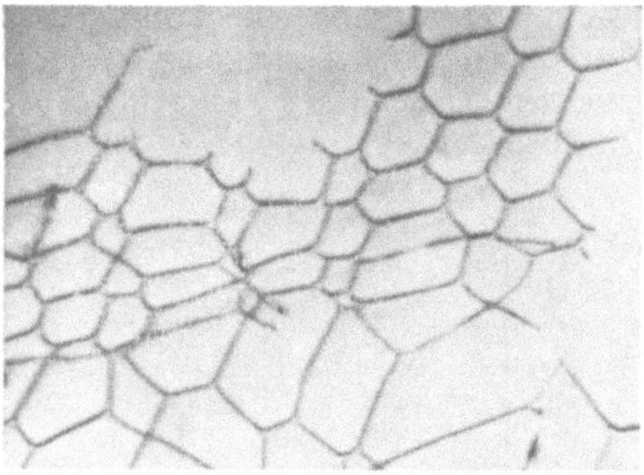

Abb. 4
Stapelfehler an Versetzungen in der Gleitebene eines bei 1200 °C tordierten Silicium-Kristalls; (diese Aufnahme wurde freundlicherweise von Herrn Dr. *S. Amelinckx* zur Verfügung gestellt) 13 000 fach

Knoten ergibt sich für die Stapelfehlerenergie von Silicium $\gamma = 50 - 60$ erg/cm²*). Hier ist also die elektronenmikroskopische Beobachtung schon zu quantitativen Ergebnissen gelangt, für die man hinsichtlich anderer Meßgrößen noch auf weniger direkte Beobachtungsmethoden angewiesen ist, wie z.B. Ätzgruben.

C. Messung der Versetzungsgeschwindigkeit

Chaudhuri, *Patel* und *Rubin* (1962) haben mit Hilfe von Ätzgruben die Geschwindigkeit von Versetzungen in Germanium und anderen Halbleitern als Funktion von Spannung und Temperatur gemessen. Die benutzte Methode wurde von *Johnston* und *Gilman* (1959) am LiF entwickelt: Wird ein Kristall mit bekannter Ätzgrubenanordnung für eine Zeit Δt einer Spannung τ (im Gleitsystem) ausgesetzt, so zeigt ein neues Ätzbild eine mittlere Verschiebung der Versetzungen um Δx. Die Versetzungsgeschwindigkeit $v = \Delta x/\Delta t$ ist innerhalb gewisser Grenzen unabhängig von der Wahl von Δt, also stationär, aber abhängig von τ und der Temperatur T. (Dabei ist τ als effektive Spannung $\tau_{\text{eff}} = (\tau_{\text{aussen}} - \tau_i)$ anzusehen, wobei τ_i die inneren Spannungen durch andere

*) Für die wie oben beschrieben tordierten und geglühten Germaniumstäbe wird von *Art* et al. (1963) in analoger Weise $\gamma = 90$ erg/cm² abgeschätzt.

Anmerkung bei der Korrektur: *Alexander* und *Siethoff* (phys. stat. sol. im Druck) haben kürzlich die Stapelfehlerenergie von Germanium an ausgedehnten Schraubenversetzungsknoten gemessen, die durch Torsion um ⟨111⟩ bei 700 °C erzeugt wurden (ohne weitere Wärmebehandlung!). Es ergab sich mit dem von *McSkimmin* (J. Acoust. Soc. Am. **31**, 287, 1959) gemessenen, auf 20 °C extrapolierten Schubmodul ein von *Art* et al. abweichender Wert $\gamma = 66$ erg/cm².

im Kristall vorhandene Versetzungen berücksichtigt). Die von *Chaudhuri* et al. gemessenen Geschwindigkeiten liegen zwischen 10^{-6} und 10^{-1} cm/sce im Temperaturbereich zwischen (0,5 – 0,8) T_S (T_S = absolute Schmelztemperatur). Die Ausgangsverteilung der Versetzungen wird von den Autoren durch einen Kratzer mit einer Saphir-Nadel bei Zimmertemperatur erzeugt. Aus diesem Kratzer laufen während des Spannungsstoßes Versetzungen in den unverformten Kristall hinein, wie die folgende Ätzung zeigt. Der größte beobachtete Versetzungs-Laufweg, vom Kratzer aus gemessen, wurde mit Δx identifiziert. In einem Dreischneidenbiegeversuch ist die Spannung τ (in einer allerdings nur schlecht übersehbaren Weise) ortsveränderlich, so daß mit einem einzigen Kratzer und Stoß die Versetzungsgeschwindigkeit über einen beträchtlichen Spannungsbereich bestimmt werden kann. Es wurden aber auch Geschwindigkeiten unter homogenen Kompressionsspannungen gemessen. *Chaudhuri* et al. schließen aus ihren Beobachtungen, daß sie die Geschwindigkeit von 60°-Versetzungen bestimmen.

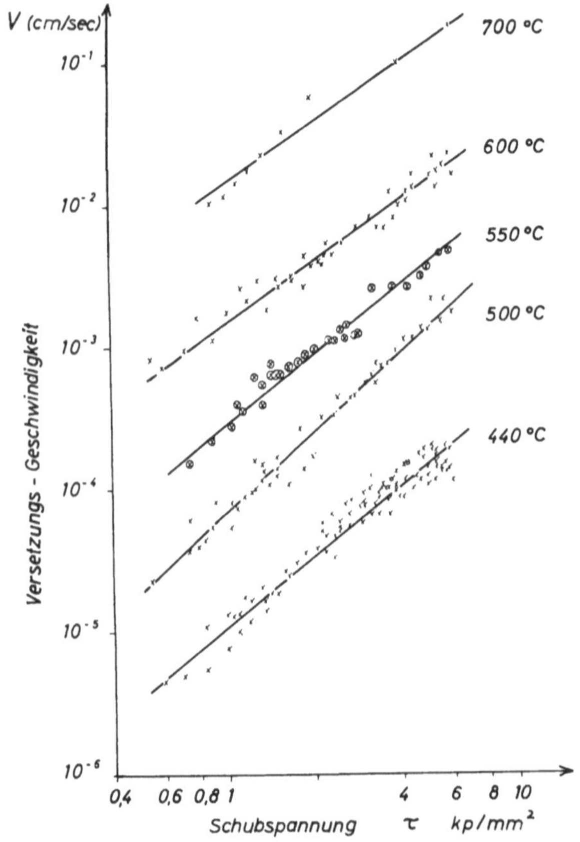

Abb. 5
Versetzungsgeschwindigkeit in Germanium in Abhängigkeit von der Schubspannung (nach *Chaudhuri* et al. 1962)

Die *Abhängigkeit* der Versetzungsgeschwindigkeit in Ge *von der Spannung* zeigt für verschiedene Temperaturen Abb. 5. Die Kurven entsprechen einem Zusammenhang der Form

$$v = B_m \tau^m \exp\,(- U/kT) \qquad (2)$$

mit $m = 1{,}5 \pm 0{,}2$, unabhängig von der Temperatur. (Für LiF ist v wesentlich spannungsempfindlicher: $m \approx 16$ bei Zimmertemperatur, was praktisch einen exponentiellen Zusammenhang darstellt). Die in (2) angegebene Temperaturabhängigkeit von v ergibt sich aus Abb. 6 für verschiedene Halbleiter, von denen allerdings allein Germanium ausführlich untersucht wurde. Für dieses ist $U = 1{,}60 \pm 0{,}05$ eV, wobei die untere Grenze des Streubereichs bei den höchsten gemessenen Spannungen, die obere bei den kleinsten τ angenommen wird. Die Aktivierungsenergien der anderen Halbleiter sind ebenfalls in Abb. 6

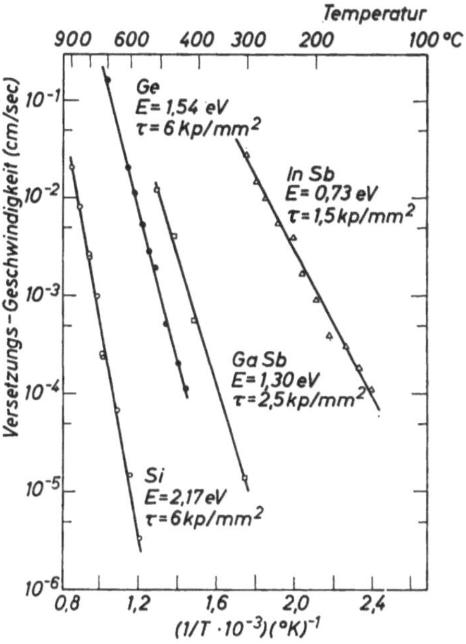

Abb. 6
Temperaturabhängigkeit der Versetzungsgeschwindigkeit in verschiedenen Halbleitern (*Chaudhuri* et al. 1962)

angegeben. Es werden ähnliche m-Werte wie für Ge beobachtet. Die Aktivierungsenergien der Versetzungsgeschwindigkeit in Ge, Si, InSb, GaSb verhalten sich zu den mittleren Aktivierungsenergien der Selbstdiffusion wie 0,54 : 0,55 : 0,38 : 0,4. Die Vorfaktoren von v („Beweglichkeiten") liegen für $m = 1{,}5$ bei Ge in der Größenordnung $B_{1,5} = 6 \cdot 10^7$ mm^4/kp$^{3/2}$ · sec, für InSb $B_{1,5} = 6 \cdot 10^5$ mm^4/kp$^{3/2}$ · sec. Für gleiche T/T_S und τ ist die Geschwindigkeit der Versetzungen in den III-V-Verbindungen höher als in Ge und Si wegen der größeren relativen Aktivierungsenergie bei den letzteren.

Die Versetzungen in diesen Halbleiterkristallen bewegen sich also *quasi-viskos* auf ihren Gleitebenen, während sie das bei Metallen nur beim Klettern aus der Gleitebene heraus tun. Die „Viskosität" weicht schwach von einer Newtonschen ($m = 1$) ab und wird durch eine Aktivierungsenergie bestimmt, die etwa die Hälfte derer der Selbstdiffusion beträgt. Die relativ geringe Spannungsabhängigkeit der Versetzungsgeschwindigkeit in den Halbleiterkristallen erlaubt es im Gegensatz zu kub. flz. Metallen, die Plastizität dieser Substanzen relativ ungestört von unvermeidlichen inneren Spannungen, Spannungsinhomogenitäten usw. zu studieren.

Die Messungen von *Chaudhuri*, *Patel* und *Rubin* (1962) sollten unter übersichtlicheren Spannungszuständen, als sie die Dreischneidenbiegung darstellt, und an anderen Halbleitern als Ge ausführlich wiederholt werden. Ferner wäre für die Theorie die Geschwindigkeitsmessung an Schraubenversetzungen von größtem Interesse. Zu einem wenig geklärten Einfluß der Dotierung des Kristalls siehe Abschnitt F 3a.

D. Die Versetzungsdichte während der Verformung

Nach der allgemeinen Versetzungskinematik (HS, Gl. (4)) ergibt sich die plastische Abgleitgeschwindigkeit $\dot{a}$ des Kristalls aus der mittleren Geschwindigkeit v der Versetzungen einer Flächendichte N (Burgersvektor vom Betrag b) zu

$$\dot{a} = Nbv\,(\tau). \tag{3}$$

Das mechanische Verhalten des Kristalls im *statischen* ($\tau = \text{const}$) oder *dynamischen* ($\dot{a} = \text{const}$) Versuch ist also vollkommen bekannt, wenn neben der oben beschriebenen Versetzungsgeschwindigkeit auch die Versetzungsdichte N als Funktion der Spannung und Dehnung ermittelt werden kann. N nimmt während der Verformung, beginnend von einer Ausgangsdichte N_0, durch Multiplikation der Versetzungen zu, vermindert sich aber dadurch, daß Versetzungen aus der Oberfläche austreten oder (durch Wechselwirkung untereinander) im Kristallinneren liegenbleiben. N ist stets die Dichte der beweglichen Versetzungen, die von der Dichte N_{tot} der zu jedem Zeitpunkt insgesamt im Kristall vorhandenen Versetzungen verschieden sein kann. Die letztere Größe bestimmt z.B. die mittleren Eigenspannungen im Kristall nach der in HS (Gl. (1)) begründeten Beziehung

$$\tau_i = \alpha G b \cdot \sqrt{N_{\text{tot}}} = A \cdot \sqrt{N_{\text{tot}}} \tag{4}$$

wo G der Schubmodul, α eine Zahl zwischen 0,1 und 0,5 ist. N selbst ist keine Zustandsgröße und hängt nicht allein von der Fließspannung, sondern vom zeitlichen Ablauf der Versetzungsmultiplikation ab. Diese wird zunächst durch Versetzungswechselwirkung nach (4) wenig beeinflußt. Für diesen Anfangsbereich der Verformung ist die Abhängigkeit $N(a)$ modellmäßig wie folgt beschrieben worden:

a) Feste Quellen (*van Bueren* 1959) der Volumendichte M, Länge l_0, entwickeln nach *Frank* und *Read* (HS Abb. 11) beginnend zur Zeit $t = 0$ Versetzungsringe in der Gleitebene; dann ist

$$N - N_0 = M\frac{v^2 t^2}{l_0} = \left(\frac{9M}{l_0 b^2}\right)^{1/3} \cdot a^{2/3} \tag{5}$$

b) Elektronenmikroskopische Beobachtungen (s. Abschnitt B) zeigen, daß Schraubenversetzungen an langen Sprüngen Stufenversetzungsdipole ausziehen, deren Partner bei genügend hoher Spannung einander passieren, „überschlagen" können. Dann wird ein neuer Versetzungsring gebildet, der wiederum Sprünge aufsammeln kann usw. Nach *Peissker*, *Haasen* und *Alexander* (1962) multipliziert sich in diesem Modell (wie in dem von *Johnston* und *Gilman* (1959), *Dew-Hughes* (1961)) die Versetzungsdichte exponentiell zufolge

$$\mathrm{d}N = N v \mathrm{d}t \cdot \delta \tag{6a}$$

Dabei ist δ^{-1} der Weg, den eine Schraubenversetzung zurücklegen muß, bis sie einen Sprung hinreichender Höhe aufgesammelt hat, mit dessen Hilfe eine Schleife überschlagen kann. Diese Höhe ist, wie der „Passierabstand" zweier Stufenversetzungen, umgekehrt proportional zur Spannung, und damit ist $\delta = K\tau$, wobei K eine Konstante ist (vgl. *Peissker* et al. 1962). Mit Gl. (3) ergibt sich aus (6a)

$$\mathrm{d}N = \frac{K}{b} \cdot \left(\tau - A\sqrt{N}\right) \mathrm{d}a \qquad (6b)$$

Eine Entscheidung zwischen Gl. (5) und (6b) läßt sich mittels Ätzgrubenbeobachtungen auf einer unter konstantem τ bis zu verschiedenen Dehnungen a verformten Probe treffen. Dabei wäre insbesondere im Bereich kleiner Dehnungen zu prüfen, ob $N \cong N_{\text{tot}}$ gilt, d.h. ob nicht ein wesentlicher Bruchteil der Versetzungen aus der Oberfläche getreten oder im Inneren durch Wechselwirkung liegengeblieben ist.
Solche Messungen wurden wiederholt, wenn auch nicht in befriedigender Weise durchgeführt. *Chaudhuri* et al. (1962, 1963) finden $N_{\text{tot}} \sim a^{1,2}$ im dynamischen Zugversuch bis zu 6% Dehnung. (Hier sollte allerdings Gl. (17) statt (6b) angewandt werden.) Die nach Gl. (3) berechnete bewegliche Versetzungsdichte N stimmt danach größenordnungsmässig mit N_{tot} überein, bei ungünstiger Orientierung und höheren Spannungen sinkt N/N_{tot} allerdings bis auf 20%. Frühere Messungen von *Patel* und *Alexander* (1956) mit stufenweiser Belastung sowie von *Dew-Hughes* (1961) im statischen Versuch wurden durch $N_{\text{tot}} \sim a^{1,5}$ dargestellt. *Abrahams* und *Liebmann* (1962) finden bei dynamischer Verformung von InSb bis zur unteren Streckgrenze: $N_{\text{tot}} = 6 \cdot 10^8 \cdot a$. Eine erneute Untersuchung dieses Zusammenhangs unter definierten Bedingungen wäre wünschenswert. Interpretiert man diese Messungen zufolge Gl. (6b), so ergibt sich $\delta \approx 100\,\text{cm}^{-1}$ bei Spannungen τ von etwa einem kp/mm². (*Johnston* und *Gilman* (1959) finden für LiF $\delta = 40\,\text{cm}^{-1}$).
Die Versetzungsmultiplikation entsprechend den oben beschriebenen kinematischen Vorstellungen verlangsamt sich, wenn die einer Versetzungsdichte N_{tot} entsprechende innere Spannung τ_i (nach (4)) etwa vergleichbar der äußeren geworden ist. *Haasen* (1962) nimmt an, daß sich der Kristall allgemein so verformt, als ob er unter einer Spannung $\tau_{\text{eff}} = \tau - \tau_i(N)$ stände, wobei näherungsweise $N = N_{\text{tot}}$ gilt, die Verfestigung also durch bewegliche Versetzungen bewirkt wird*). Dann wird das mechanische Verhalten des Kristalls nach (3) (4) (6a) allgemein durch

$$\dot{a} = bN \cdot v(\tau - A \cdot \sqrt{N}) \qquad (7a)$$

beschrieben, wobei $N(t, \tau)$ die Lösung der Gleichung

$$\dot{N} = N \cdot \delta(\tau - A \cdot \sqrt{N}) \cdot v(\tau - A\sqrt{N}) \qquad (7b)$$

ist.
Diese Gleichungen werden im folgenden für spezielle experimentelle Bedingungen diskutiert.

*) Diese Näherung wird sicher mit zunehmender Verfestigung schlechter, bis (am Beginn von Teil I der Verfestigungskurve, s. Abschnitt H 3), wie bei den kub.flz. Metallen die Fließspannung wesentlich durch die Eigenspannungen der *liegengebliebenen* Versetzungen ($N_{\text{tot}} - N$) bestimmt wird.

E. Statischer Versuch: Kriechen von Ge und InSb

1. Theorie

Beansprucht man einen Kristall, der eine nicht zu große Ausgangsdichte N_0 von Versetzungen enthält, für $t > 0$ durch eine konstante Schubspannung τ, so verläuft die plastische Dehnung a S-förmig als Funktion der Zeit t. Während einer Inkubationsperiode nimmt die Kriechgeschwindigkeit $\dot{a}$ mit der Zeit zu, erreicht einen stationären Wert $\dot{a}_w$ und nimmt im Verfestigungsbereich wieder

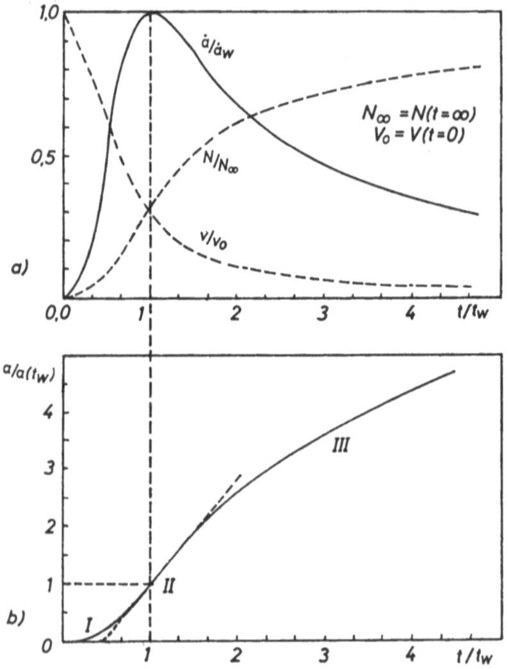

Abb. 7
Berechnete Kriechkurve $a(t)$ b) und Aufteilung der Kriechgeschwindigkeit $\dot{a}$ in ihre Faktoren: Versetzungsdichte N und Versetzungsgeschwindigkeit v a); I Anfangsbereich, II stationärer Bereich, III Verfestigungsbereich der Kriechkurve (*Peissker* et al. 1962)

auf Null ab (vgl. HS Abb. 6). Abb. 7 zeigt schematisch eine auf die Abgleitung a_w und Zeit t_w im Wendepunkt normierte Kriechkurve und die Aufteilung der Kriechgeschwindigkeit auf ihre Faktoren N und v gemäß Gl. (7a). Die Versetzungsdichte nimmt durch Multiplikation auf einen durch Versetzungswechselwirkung bestimmten Grenzwert N_∞ zu, während die Geschwindigkeit v entsprechend der Verminderung der effektiven Spannung kontinuierlich abnimmt. Diese Kurven sind von *Peissker*, *Haasen* und *Alexander* (1962) durch Integration von (7) (für einen gewissen Wertebereich des Verhältnisses $A \cdot \sqrt{N_0}/\tau$) gewonnen worden. Die komplizierten Rechnungen sollen hier nicht im einzelnen durchgeführt, sondern nur die Abhängigkeit der Bestimmungsgrößen der Kriechkurve von τ, T und N_0 hergeleitet werden.

a) Für *kleine Zeiten* ist der Effekt der Verfestigung zu vernachlässigen: für $N_0 \ll 10^6$ cm^{-2} ist $\tau_i \ll \tau$. Dann ergibt Gl. (6) ein *exponentielles Anfangskriechen*

$$a = bN_0(e^{\delta v t} - 1)/\delta \tag{8a}$$

unter der Bedingung $a\ (t = 0) = 0$ (die elastische Dehnung sei abgezogen). Die Anstiegszeit der e-Funktion ist

$$t_e = 1/\delta\nu = \tau^{-(m+1)} \exp(U/kT)/KB_m \tag{8b}$$

unter Berücksichtigung der oben angegebenen Spannungsabhängigkeiten von δ und ν.

b) Der *stationäre Wert von* $\dot{a}$ ist ebenfalls direkt aus (7) erhältlich. Aus

$$\frac{d\dot{a}}{dt} = \frac{d\dot{a}}{dN}\dot{N} = 0 \text{ ergibt sich wegen } \dot{N}(t_w) \neq 0 : N(t_w) = \left(\frac{2}{m+2}\frac{\tau}{A}\right)^2 \tag{9a}$$

$$\text{und } \dot{a}_w = \frac{bB_m}{A^2 C_m}\tau^{m+2} \cdot \exp\left(-\frac{U}{kT}\right) \text{mit } C_m \equiv \left(1+\frac{2}{m}\right)^{m+2} \cdot \left(\frac{m}{2}\right)^2 \tag{9b}$$

c) Durch Integration von Gl. (6b) ergibt sich der Zusammenhang zwischen Abgleitung a_w und Versetzungsdichte $N(t_w)$ in Wendepunkt der Kriechkurve. Für $A\sqrt{N_0} \ll \tau$ folgt daraus mit Gl. (9a)

$$a_w = a(t_w) = \frac{b}{KA^2} 2\tau \left(\ln\frac{m+2}{m} - \frac{2}{m+2}\right) \tag{10}$$

Die *Dehnung im Wendepunkt* sollte also unabhängig von der Temperatur und direkt proportional der Spannung sein. Dasselbe gilt nach den Rechnungen von *Peissker* et al. auch für Dehnungen zu anderen Zeiten t/t_w für einen weiten Bereich von t/t_w (allerdings nicht bei kleinen Zeiten $t/t_w < 0{,}1$, wie (8a) zeigt). Es ist also zweckmäßig, die bei verschiedenen τ, T gemessenen Kriechkurven auf die Wendepunktdehnung und -zeit zu normieren, um theoretischen und experimentellen Verlauf zu vergleichen. Die Spannungs- und Temperaturabhängigkeit dieser Normalkurven wird dann durch die von $\dot{a}_w$, a_w (bzw. t_w) beschrieben.

d) Die Integration der Gl. (7) ergibt für die *Zeit bis zum Wendepunkt* t_w dieselbe Spannungs- und Temperaturabhängigkeit wie für t_e, die Zeitkonstante des exponentiellen Anfangsverlaufs (Gl. 8b). Das Verhältnis $t_w/t_e \approx (1{,}6+1/3\ \ln \cdot (\tau/A\sqrt{N_0})) \approx 6$ für $\tau \approx 30 \cdot A \cdot \sqrt{N_0}$ und $m = 1{,}5$*). Daraus folgt, daß die drei Parameter der Kriechkurve verknüpft sind durch die Beziehung $\dot{a}_w \cdot t_w/a(t_w) = \text{const}$ ($= 1{,}9$ für die genannten m, τ, N_0). Normalerweise wird eine Inkubationszeit t_i wie in Abb. 7 definiert, für die wegen $\dot{a}_w \cdot (t_w - t_i) = a(t_w)$ unter derselben Bedingung gilt $t_w/t_i \approx 2$.

Mit Hilfe von a) bis d) kann die Kriechkurve in ihren wesentlichen Stücken konstruiert werden.

2. Vergleich mit statischen Experimenten

a) *Peissker* et al. (1962) haben das Kriechen von InSb in Dreipunktbiegung in Abhängigkeit von τ und T experimentell untersucht und mit der oben skizzierten Theorie beschrieben. Die Spannungsverteilung in einem solchen Biegeversuch ist leider relativ kompliziert, ein Biegeversuch war jedoch zur Beobachtung des unter G. beschriebenen Anisotropieeffektes notwendig. *Alexander* und *Hewing* (1963) haben experimentell Biegung und einachsigen

*) Für $m = 1$ ist $t_w/t_e = (2{,}7+\ln(\tau/A\sqrt{N_0}))$ größer als für $m = 1{,}5$.

Druck für Germanium im statischen Versuch verglichen und das Kriechverhalten dieser Substanz im Rahmen der obigen Theorie beschrieben. Es ergeben sich bei beiden Beanspruchungen dieselben funktionellen Abhängigkeiten für die Kriechkurve; die mittleren Schubspannungen und Abgleitungen in Dreischneiden-Biegung sind nur um konstante Faktoren von denen im homogenen einachsigen Druckversuch verschieden (s.u.). Diese Korrekturen wurden im folgenden auch an den Ergebnissen von *Peissker* et al. (1962) an InSb angebracht. Frühere Kriechversuche an Ge (*Patel* und *Alexander* 1956, *van Bueren* 1958, *Penning* und *de Wind* 1959, *Dew-Hughes* 1961) wurden von *Peissker* et al. ausgewertet. Die Ergebnisse an InSb und Ge sind in guter Übereinstimmung mit der unter **1.** beschriebenen Theorie, wie im folgenden gezeigt werden soll.

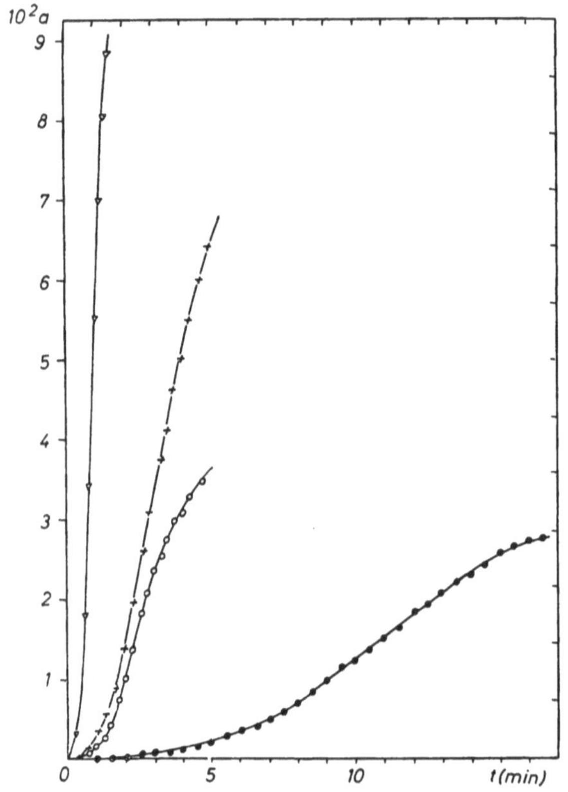

Abb. 8
Typische Kriechkurven von InSb in Biegung nach *Peissker* et al. (1962), umgerechnet auf die mittlere Abgleitung a, für verschiedene Temperaturen bzw. mittlere Schubspannungen: (●) 323 °C/0,29 kp/mm²; (○) 370 °C/0,29 kp/mm²; (+) 300 °C/0,58 kp/mm²; (△) 300 °C/0,94 kp/mm²

b) Abb. 8 zeigt vier typische Biege-*Kriechkurven von InSb* für verschiedene τ und T. Diese werden von *Peissker* et al. in Abb. 9 in normierter Form mit der Normalkurve verglichen ($m = 1{,}5$, $N_0 \approx 2 \cdot 10^4\ \text{cm}^{-2}$). Merkliche Abweichungen von der Theorie lassen sich nur bei größeren Zeiten beobachten, wo die experimentellen Kurven eine etwas stärkere Verfestigung zeigen als die berechneten. Die Temperatur- und Spannungsabhängigkeiten der die Kriechkurven bestimmenden Parameter ist in Abb. 10, 11, 12 dargestellt in der durch die Gl. (8b), (9b) und (10) nahegelegten Form. Es ergeben sich die theoretisch geforderten linearen Zusammenhänge. Der Vergleich von Theorie und Experiment ergibt für InSb

$$U = (0{,}88 \pm 0{,}02)\ \text{eV aus } \dot{a}_w \text{ und } t_w(T);$$

$$(2+m) = 3{,}3 \text{ aus } \dot{a}_w(\tau); \ (m+1) = 2{,}6 \text{ aus } t_w(\tau)$$

$$\text{also im Mittel } m = 1{,}5.$$

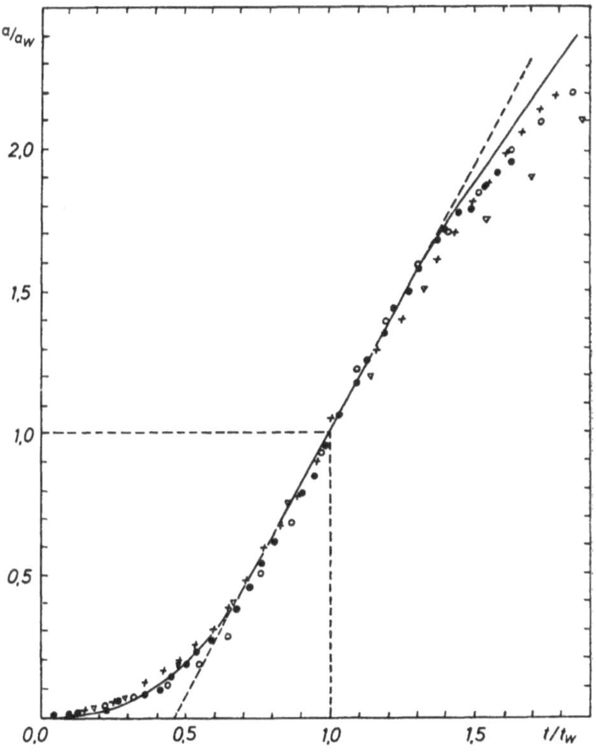

Abb. 9
Vergleich der Kriechmessungen an InSb aus Abb. 8 mit der Theorie (ausgezogene Kurve)

Während m mit dem aus $v(\tau)$ direkt gemessenem Wert übereinstimmt, liegt U nach Kriechmessungen um 20% höher als der von *Chaudhuri* et al. gemessene Wert 0,73 eV. Aus den Absolutwerten von $\dot{a}_w$, a_w, t_w folgt mit Hilfe der direkt gemessenen „Versetzungsbeweglichkeit" $B_{1,5} = 6 \cdot 10^5\ \text{mm}^4/\text{kp}^{3/2}\ \text{sec}$ für die Konstanten K, A, größenordnungsmäßig $K = 1$ cm/kp, d.h. für ein mittleres $\tau = 1\ \text{kp/mm}^2$ ergibt sich $\delta = K\tau = 100\ \text{cm}^{-1}$, in Übereinstimmung mit Ätzgrubenzählungen an Ge, s.o.; $A = \alpha G b = 5 \cdot 10^{-3}$ kp/cm, d.h. $\alpha = 0{,}5$ ist nur wenig größer, als für elastische Wechselwirkung von Versetzungen zu erwarten ist. *Peissker* et al. haben die Konstante A auch nach Gl. (9a) aus einer Ätzgrubenzählung von $N(t_w)$ näherungsweise zu 10^{-2} kp/cm bestimmt. Eine weitere Bestätigung der Theorie ergibt sich aus einer Statistik der gemessenen Werte der Größen $(\dot{a}_w t_w / a_w)$ und (t_i/t_w), die nach den Histogrammen der Abb. 13 gut mit den theoretischen Werten (vgl. Abschnitt E1d) übereinstimmen. In der Theorie von *van Bueren* (1959), die u. a. auf dem linearen Multiplikationsgesetz der Versetzungen (Gl. 5) fußt, ergibt sich dagegen $\dot{a}_w t_i / a(t_i) =$

$= 6{,}75$, d.h. umgerechnet mit der Normalkurve $\dot{a}_w t_w / a_w = 2{,}2$. Ferner sollte danach das anfängliche Zeitgesetz des Kriechens kubisch sein statt exponentiell, was nicht mit den Beobachtungen an InSb von *Peissker* et al. verträglich ist. Die beobachtete Spannungsabhängigkeit von $\dot{a}_w$ bzw. $1/t_w$ ist bei InSb auch nicht exponentiell, wie *van Bueren* voraussetzt.

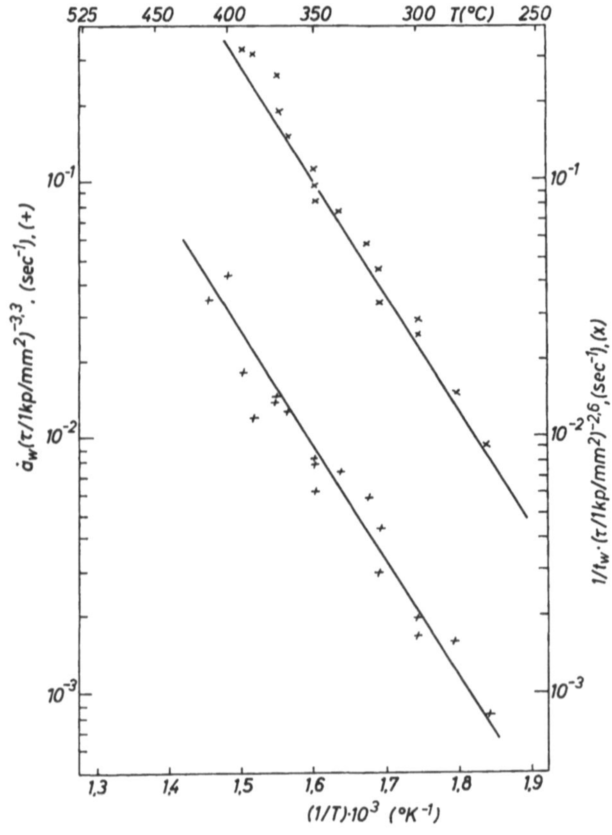

Abb. 10
Temperaturabhängigkeit der Inkubationszeit t_w und stationären Kriechgeschwindigkeit $\dot{a}_W$ von InSb nach *Peissker* et al. (1962), korrigiert auf mittlere Schubspannungen und Abgleitungen (siehe Text).

c) Die analoge Auswertung von *Kriechkurven an Germanium* aus der Literatur (s. o.) durch *Peissker* et al. gibt ebenfalls befriedigende Übereinstimmung mit der in Abschnitt E 1. dargestellten Theorie. Die im Biegeversuch bei 440 °C von *Penning* und *de Wind* (1959) gemessene Spannungsabhängigkeit von $\dot{a}_w$ läßt sich gut nach Gl. (9b) in der Form $\dot{a}_w \sim \tau^{(2+m)}$, $m = 1{,}7$ darstellen (Abb. 14). Die Autoren selbst haben $\dot{a}_w(\tau)$ als aus zwei Exponentialfunktionen (oberhalb und unterhalb einer „Übergangsspannung") zusammengesetzt beschrieben, die in der Theorie von *van Bueren* (1959) gedeutet werden. Aus der Temperaturabhängigkeit der Inkubationszeit im Kompressionsversuch (*Patel* 1956) ergibt sich für Ge: $U = 1{,}69$ eV nach Gl. (8b). Diese Werte von m und U sind mit denen aus $v(\tau)$ verträglich.
Eine ausführliche Untersuchung des Kriechens von Ge in Biegung und einachsigem Druckversuch stammt aus neuerer Zeit von *Alexander* und *Hewing* (1963). Ihre Ergebnisse lassen sich wie folgt zusammenfassen: $\dot{a}_w(T, \tau)$ folgt

einem Gesetz der Form der Gl. (9b) mit $m = 1{,}2$ und $U = 1{,}72$ eV sowohl bei Stauchung als auch für Dreischneidenbiegung*). Die Inkubationszeit t_w zeigt in Kompressions-Messungen eine erhebliche Streuung wegen (nachweisbarer) Unterschiede in der Ausgangsversetzungsdichte N_0. Aus $t_w(T, \tau)$ ergibt

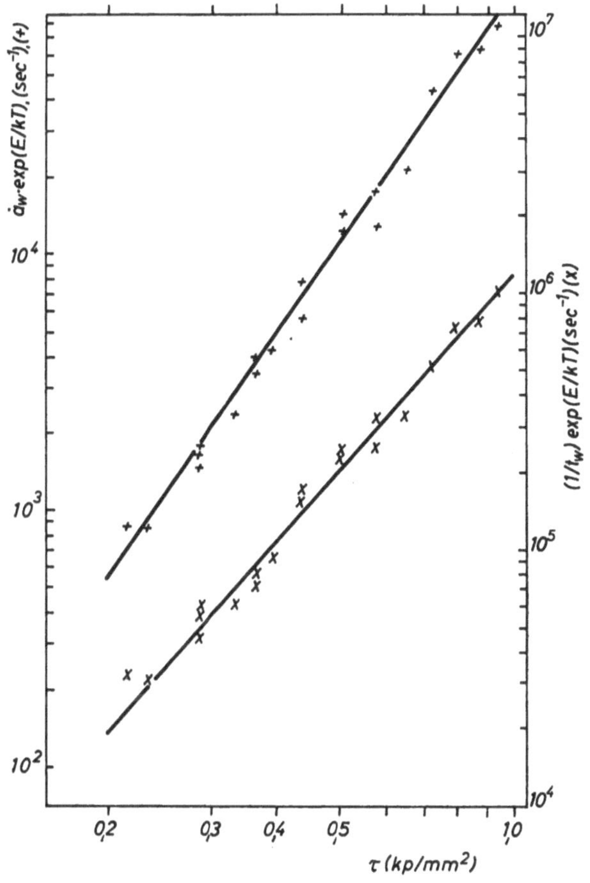

Abb. 11
Spannungsabhängigkeit von t_w und $\dot{a}_w$ für InSb wie in Abb. 10, bezogen auf gleiche Temperatur.

*) Die Absolutwerte $a(t)$ sind jedoch unter den beiden Beanspruchungen schwer zu vergleichen, weil Abgleitung und Schubspannung in der Biegeprobe inhomogen verteilt sind und nur grob abgeschätzt werden können. *Alexander* und *Hewing* (1963) folgern aus dem Vergleich der von ihnen an Ge gemessenen Kriechkurven in Dreischneidenbiegung und im einachsigen Druckversuch, daß die mittlere Schubspannung in der Biegeprobe um einen Faktor 1,7 kleiner, die mittlere Abgleitung um einen Faktor 7 größer ist als die nach der elastischen Balkenbiegung berechneten Maximalwerte unter der Biegeschneide (Gl. (1a) und (1b) bei *Peissker* et al. (1962)). Dementsprechend wurden in der vorliegenden Darstellung die Kriechkurven dieser Autoren an InSb mit den angegebenen Faktoren korrigiert. Da die Korrekturfaktoren unabhängig von der Temperatur und äußeren Spannung sind, bleibt die oben beschriebene Auswertung der im Biegeversuch gewonnenen Kriechkurven gültig.

sich nach Gl. (8b) $U = 1{,}8$ eV und $m = 2 \pm 0{,}5$. In Übereinstimmung mit der dargestellten Theorie wird $(\dot{a}_w t_w / a_w) \approx 1{,}7$ gefunden (ebenfalls im Stauchversuch). Die Versetzungsdichte $N(t_w)$ wurde bei $\tau = 0{,}65$ kp/mm² zu etwa $1{,}8 \cdot 10^7$/cm² gezählt. Daraus folgt nach Gl. (9a) $A = 8{,}7 \cdot 10^{-3}$ kp/cm und $\alpha = 0{,}4$ (für $m = 1{,}5$). Damit ergibt sich nach Gl. (9b) aus dem Absolutwert von $\dot{a}_w$ im Stauchversuch $B_{1,5} = 1{,}8 \cdot 10^8$ mm⁴/kp$^{3/2}$ · sec.

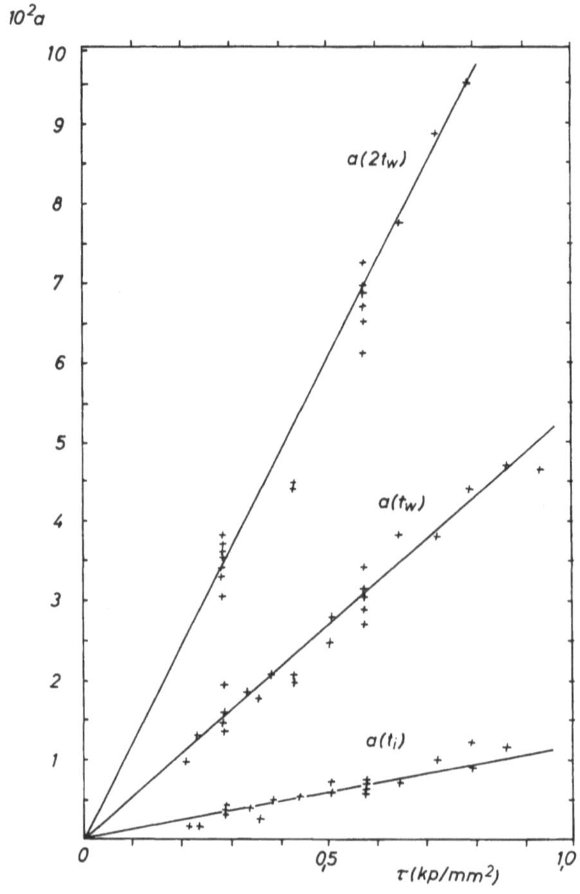

Abb. 12
Schubspannungsabhängigkeit charakteristischer (mittlerer) Abgleitungswerte aus Kriechkurven von InSb (nach *Peissker* et al. 1962)

Besonders bemerkenswert sind in diesem Zusammenhang neuere Ergebnisse von Kriechversuchen an Silicium in Kompression (*Reppich* 1963). Stationäre Kriechgeschwindigkeit und Inkubationszeit lassen sich auch für Si bei Temperaturen zwischen 750 und 1050 °C und unter Schubspannungen von (0,1 – 1) kp/mm² sehr gut durch die Beziehungen (8b) und (9b) darstellen, wobei sich m exakt zu eins ergibt; die Aktivierungsenergie $U = (2{,}40 + 0{,}05)$ eV für Si. Nahezu versetzungsfreie Si-Einkristalle zeigten in Übereinstimmung mit der Darstellung in Abschnitt E 1d) eine wesentlich größere Inkubationszeit als Kristalle mit $N_0 \cong 10^4$/cm² eingewachsenen Versetzungen, aber dieselbe stationäre Kriechrate. Die Versetzungsdichte im Wendepunkt wurde mit Ätzgruben zu $N(t_w) \approx 10^7/\text{cm}^2$ gezählt. Daraus ergibt sich nach (9a), wie erwartet, eine Wechselwirkungskonstante $A = 10^{-2}$ kp/cm und $\alpha = 0{,}4$. Unter Benutzung von (10) folgt aus $a_w(\tau)$ weiterhin die Multiplikationskonstante $K = 0{,}42$ cm/kp etwa wie für InSb. Schließlich ergibt sich aus dem Absolutwert von $\dot{a}_w$ nach (9b) mit $m = 1$ die Geschwindigkeitskonstante $B_{1,0} = 7{,}8 \cdot 10^8$ mm³/kp sec.

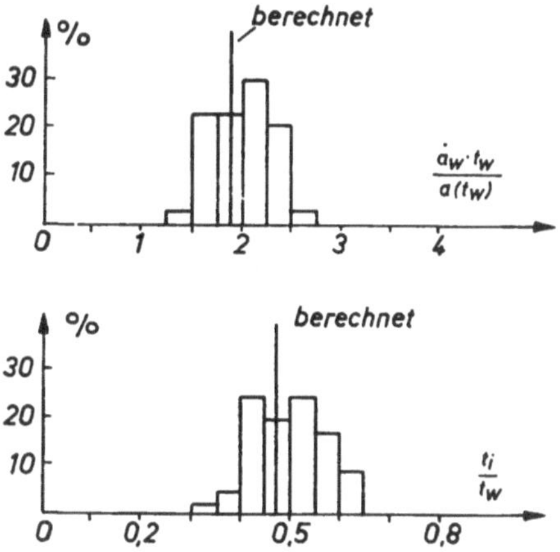

Abb. 13
Histogramme der an InSb beobachteten Kriechparameter (*Peissker* et al. 1962)

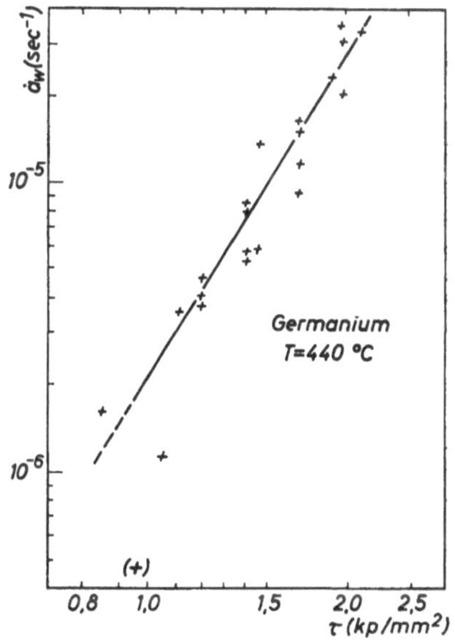

Abb. 14
Abhängigkeit der (nominellen) Kriechrate von Ge von der (nominellen) Schubspannung nach *Penning* und *de Wind* (1959)

Beim Vergleich der verschiedenen Halbleiter zeigt sich ein systematischer Gang im Spannungsexponenten m mit dem Bindungscharakter. Versetzungen im kovalent gebundenen Silicium bewegen sich zufolge einer rein Newtonschen Viskosität ($m=1$), bei Germanium ist m nach den oben beschriebenen Kriechexperimenten deutlich größer als 1, am stärksten aber bei InSb mit einem ionischen Bindungsanteil ($m = 1{,}5$)*). Die Spannungsexponenten der direkten Geschwindigkeitsmessung von *Chaudhuri* et al. (1962) sind durchweg etwas größer als die der Kriechmessungen, zeigen aber denselben Gang unter den Halbleitern. Das von diesen Autoren für Silicium angegebene $m = 1{,}4$ erlaubt keinen direkten Vergleich mit den oben beschriebenen Kriechmessungen von *Reppich* (1963), die $m = 1$ ergaben. *Chaudhuri* et al. (1962) messen für Silicium $U = 2{,}2$ eV.

F. Dynamischer Versuch: Streckgrenze von Ge und InSb

1. Im dynamischen Versuch wird die Spannung als Funktion der Dehnung gemessen, während ein Kristall mit konstanter Geschwindigkeit $\dot{a}$ verformt wird. $\dot{a}$ setzt sich zusammen aus einem plastischen ($\dot{a}_v$) und einem elastischen Anteil $\dot{a}_e = \dot{\tau}/G$. Der letztere verschwindet im statischen Versuch. Bei Gültigkeit einer mechanischen Zustandsgleichung ist die Verfestigungskurve $\tau = \tau(\dot{a}, a, T)$ die Umkehrung des Kriechversuchs $\dot{a} = \dot{a}(a, \tau, T)$ und kann ebenfalls durch Integration von Gl. (7) gewonnen werden. Im Zusammenwirken mit $\dot{a}_e$ entsteht dabei das Phänomen der (ausgeprägten, oberen und unteren) Streckgrenze (vgl. HS S. 73), das im folgenden zunächst analysiert werden soll. Der weitere Verlauf der Verfestigungskurve bei höheren Dehnungen wird in Abschnitt H besprochen werden.

2. Die bei $t = 0$ mit $\tau = 0$, $N = N_0$ und der Geschwindigkeit $\dot{a}$ einsetzende Verformung, wird zunächst zufolge

$$\dot{a} = \frac{\dot{\tau}}{G} + bNv(\tau) = \text{const} \tag{11}$$

rein elastisch getragen mit $\dot{\tau} > 0$. Dabei werden Versetzungen beschleunigt und multipliziert; das zweite Glied übernimmt somit einen wachsenden Anteil

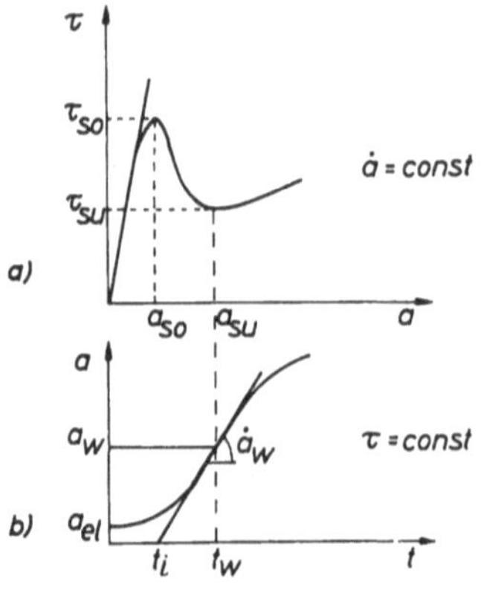

Abb. 15
Schematischer Verlauf des Beginns der dynamischen a) und statischen Verformung b) von Ge.

*) Die Stapelfehlerenergie von InSb hat allerdings einen nach obiger Reihenfolge überraschend kleinen Wert: Sie wurde kürzlich von *Alexander* und *Siethoff* (phys. stat. sol. im Druck) aus elektronenmikroskopischen Knotenbeobachtungen zu $\gamma = 31$ erg/cm² bestimmt. Dieser Wert ist in Einheiten von $G \cdot b_p$ kleiner als der von Ge, wenn auch größer als γ/Gb_p für Si (vgl. Abschnitt B; $b_p = \frac{a}{6}\langle 112\rangle$).

an $\dot{a}$, und $\dot{\tau}$ kann kleiner werden. Schließlich wird $\dot{\tau}$ null und negativ, um die Konstanz von $\dot{a}$ bei zunehmendem N zu garantieren. Der sich aus diesen, zuerst von *Johnston* und *Gilman* (1959) am LiF angestellten Überlegungen ergebende qualitative Verlauf $\tau(a)$ ist in Abb. 15a gezeigt. Er entspricht dem Anfangsverlauf der Kriechkurve, Abb. 15b, wie er in Abschnitt E besprochen wurde. Die Spannung steigt nach Durchlaufen des Streckgrenzenmaximums durch Verfestigung wieder an. Aus dem Zusammenwirken von Multiplikation und Verfestigung ergibt sich ein Spannungsminimum τ_{su}, das dem stationären Kriechen entspricht. Die Streckgrenze wird dann quantitativ wie folgt beschrieben:

a) *Für kleine Spannungen* und $N_0 \ll 10^6\,\text{cm}^{-2}$ ist $\dot{a}_v$ vernachlässigbar klein. Damit folgt aus

$$\dot{a} = \frac{1}{G}\frac{d\tau}{dN}\dot{N} + \dot{a}_v \tag{12}$$

mit Gl. (6a)

$$\frac{d\tau}{dN} = \frac{1-\dot{a}_v/\dot{a}}{FN\tau^{m+1}} \approx \frac{1}{FN\tau^{m+1}}. \tag{13}$$

mit $$F \equiv \frac{KB_m}{G\dot{a}}\exp(-U/kT)$$

Die Näherung (13) versagt an der oberen Streckgrenze, wo $\dot{a}_e$ und $d\tau/dN$ verschwinden.

Die Lösung von (13) ist $$\tau = \left(\frac{m+2}{F}\ln\frac{N}{N_0}\right)^{1/(2+m)} \tag{14}$$

eine mit N monoton steigende Funktion. In diesem Bereich wird der Zusammenhang zwischen Spannung und Dehnung in derselben Näherung noch durch die elastische Grade $\tau/a = G$ beschrieben.

b) Im *stationären Bereich* der Verfestigungskurve ist umgekehrt die elastische Dehnung klein gegen die plastische, die inneren Spannungen der erzeugten Versetzungen kompensieren zu einem merklichen Bruchteil die äußere Spannung (s. Gl. (4)).

Damit ergibt sich (aus (7a)) der Zusammenhang

$$\tau = A\sqrt{N} + (\dot{a}e^{U/kT}/NbB_m)^{1/m} \tag{15}$$

τ durchläuft danach ein Minimum in Abhängigkeit von N, und wegen $dN/da \neq 0$ auch als Funktion von a, für $N = N(t_w)$, (Gl. 9a) vom Betrage

$$\tau_{su} = \left(\frac{A^2C_m}{bB_m}\right)^{1/(2+m)} \cdot \dot{a}^{1/(2+m)} \cdot \exp(U/(2+m)kT) \tag{16}$$

Der Zusammenhang zwischen Versetzungsdichte und Dehnung ergibt sich in diesem Bereich aus (6a), (3) und (15)

zu $$a = \frac{bm}{K(m+1)}\left(\frac{bB_m}{\dot{a}}\right)^{1/m} \cdot N^{(m+1)/m} \cdot \exp(-U/mkT) \tag{17}$$

Nach (15) und (17) verläuft somit die Verfestigungskurve für $a > a_{su}$ angenähert wie $\tau \sim a^{m/2(m+1)}$, für $a < a_{su}$ wie $\tau \approx a^{-1/(m+1)}$.

c) Im *Zwischengebiet der oberen Streckgrenze*, in dem $a_e \approx a_v$ gilt, läßt sich die Lösung $\tau(a)$ nur durch numerische Rechnung angeben (*H. Alexander*, Physikertagung Pyrmont 1963). Abb. 16 zeigt, wie der $\tau(N)$ Verlauf von kleinen und großen N her interpoliert wird. Es ergibt sich daraus in 1. Näherung

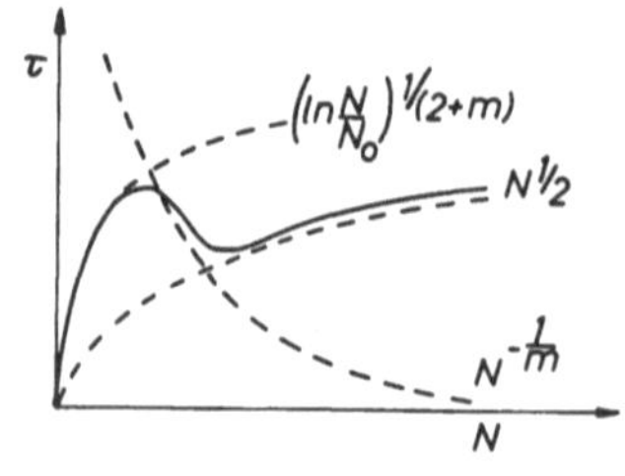

Abb. 16
Verlauf der Versetzungsdichte N mit der Schubspannung τ im Bereich der Streckgrenze ($N_0 \ll N$)

$$\tau_{so} = \left(\frac{G\dot{a}(m+2)}{KB_m}\right)^{1/(m+2)} \cdot \exp(U/(m+2)kT) \left(\ln \frac{N_{so}}{N_0}\right)^{1/(m+2)} \tag{18}$$

wobei $N_{so} = \dfrac{\dot{a}\exp(U/kT)}{bB_m \tau_{so}^m}$ die Versetzungsdichte an der oberen Streckgrenze ist. Obwohl diese noch von T, $\dot{a}$ abhängt, ist ihr Einfluß auf τ_{so} über den logarithmischen Faktor vergleichsweise gering. Die Abgleitung an der oberen Streckgrenze ist näherungsweise $a_{so} = \tau_{so}/G$. Für $\tau_i \ll \tau$ ergibt sich der Anstieg der Verfestigungskurve allgemein zu

$$\frac{d\tau}{da} = G\left(1 - \frac{N}{N_{so}}\left(\frac{\tau}{\tau_{so}}\right)^m\right) \tag{19}$$

d) Der *Streckgrenzenquotient* τ_{so}/τ_{su} ergibt sich nach (16) und (18) als in erster Näherung unabhängig von T, $\dot{a}$. Diese Entartung ist aber mehr oder weniger „zufällig", da der Exponent $(m+2)$ in beiden Fällen verschiedener Herkunft ist: während m aus $v(\tau)$ zufolge (2) stammt, leitet sich der Summand 2 bei τ_{su} aus (4) her, dem Verfestigungsgesetz, bei τ_{so} aus $\delta = K\tau$, der Multiplikationsrate der Versetzungen. In zweiter Näherung nimmt τ_{so}/τ_{su} zufolge dem log-Term in

$$\left(\frac{\tau_{so}}{\tau_{su}}\right)^m = \frac{1}{Ka^2Gb(m+2)} \cdot \left(\frac{2}{m(m+2)}\right)^m \ln \frac{N_{so}}{N_0} \tag{20}$$

schwach mit wachsender Temperatur ab.

e) *Die Äquivalenz von dynamischer und statischer Verformung* wurde bereits für den stationären Bereich der Kriechkurve, bzw. die untere Streckgrenze aufgezeigt. Hier sind $N(t_w) = N_{su}$, $\tau = \tau_{su}$ und $\dot{a} = \dot{a}_w$ Zustandsgrößen, von denen die letztgenannten beiden ihre Rolle als abhängige bzw. unabhängige Variable beim Übergang vom statischen zum dynamischen Versuch vertauschen. Aus Gl. (9a) und (17) ergibt sich ferner für die untere Streckgrenze

$$a_{su} = \frac{b}{KA^2} \frac{4\tau_{su}}{(m+1)(m+2)} \tag{21}$$

in direkter Analogie zu Gl. (10), der Beziehung $a_w(\tau)$ für die Dehnung im Wendepunkt der Kriechkurve. (Der geringe Unterschied im Zahlenfaktor

zwischen (10) und (21) ist auf die bei der Herleitung von (17) verwendete Näherung ($\dot{a} = \dot{a}_v$) zurückzuführen).
Für $a < a_{su}$, $t < t_w$ verläuft die Verformung je nach Versuchsführung recht verschieden: im dynamischen Versuch bewegen sich wegen des hier von der Zeit abhängigen elastischen Anteils der Abgleitung a_e die Versetzungen (beginnend bei $\tau = 0$) anfangs unter einer kleineren, später unter einer größeren Spannung (bis τ_{so}) als in einem entsprechenden statischen Versuch ($\tau = \tau_{su}$). Der dynamische Versuch ist in dieser Beziehung komplizierter, wenn auch der in ihm erreichte stationäre Zustand dem in statischen Versuch wegen der Versetzungswechselwirkung weitgehend entspricht. Eine angenäherte Äquivalenz zur oberen Streckgrenze läßt sich aus der anfänglichen statischen Abgleitgeschwindigkeit $\dot{a}_{stat}$ (t, τ) nach (8a) herleiten: Diese wird bei einer zum Erreichen der oberen Streckgrenze im dynamischen Versuch benötigten Zeit $t = a_{so}/\dot{a}_{dyn}$ unter der Spannung $\tau = \tau_{so}$ etwa so groß wie die dynamische Abgleitgeschwindigkeit $\dot{a}_{dyn}$.

3. Vergleich mit dynamischen Experimenten

a) Eine ausgeprägte Streckgrenze am Anfang der Verfestigungskurve von Ge und InSb ist in neuerer Zeit von einer Reihe von Autoren ausführlich untersucht worden (*Alexander* 1961; *Goworkow* und *Regel* 1961, *Bonfield* 1961, *Abrahams* 1962, *Schäfer* 1963). Die Ergebnisse stimmen hinsichtlich der Temperatur- und Geschwindigkeitsabhängigkeit zumeist gut mit der oben entwickelten Theorie und den vorher besprochenen statischen Messungen überein, wie im folgenden gezeigt werden wird. Eine andere seinerzeit in HS gegebene Deutung des Streckgrenzeneffektes nach *Seitz* (1952) als Verankerung der Versetzungen durch Fremdatome stützte sich auf die damals vorliegenden Beobachtungen an sauerstoffhaltigem Silicium von *Pearson*, *Read* und *Feldman* (1957). Diese Autoren fanden, daß die ausgeprägte Streckgrenze *nach einer Vorverformung* durch eine Glühung bei mäßig hohen Temperaturen vollständig wiederhergestellt werden konnte (analog der Reckalterung bei α-Eisen). *Alexander* (1961) zeigte dagegen, daß die ausgeprägte Streckgrenze von vorverformtem Germanium durch eine Alterungsbehandlung nur zu einem kleinen Bruchteil des Betrages wiedergewonnen werden kann, den sie bei der Erstverformung (im versetzungsarmen Zustand) aufwies. *Bonfield* (1961) findet darüber hinaus, daß sich die Streckgrenze von Ge nach Verformung nur durch Glühung wenig unterhalb des Schmelzpunktes und in dem Maße wiederherstellen läßt, in dem die durch die Vorverformung erhöhte Versetzungsdichte wieder abnimmt. Vgl. dazu auch *Goworkow* und *Papkow* (1962). *Patel* (1961) beobachtet die in Abb. 17 gezeigte (etwa logarithmische) Abhängigkeit des Streckgrenzeneffektes von der eingewachsenen Versetzungsdichte N_0. Darüber hinaus soll die Streckgrenze aber von der Dotierung des Halbleitermaterials abhängen, wobei nach Abb. 18 p-Dotierung τ_{so} gegenüber eigenleitendem Material erhöht (*Patel* et al. 1961). Ein entsprechender Einfluß der Dotierung wurde von *Patel* auch in der Geschwindigkeitskonstanten B_m gefunden: 10^{19} Ga, (also Defektelektronen) pro cm^3 erniedrigen B_m um einen Faktor 3 gegenüber Eigenleitung; das Umgekehrte passiert bei n-Dotierung. Dieser Verunreinigungszusatz wirkt also auf die Streckgrenze über die Versetzungsreibung, nicht als Verankerung. Die Abhängigkeit von der Versetzungsdichte weist ansonsten die Streckgrenze der Halbleiterkristalle als Multiplikationsstreckgrenze nach *Gilman* aus. (Vgl. dazu aber *Sylwestrowicz* (1962)). Dafür spricht auch die abgerundete Form des Spannungsmaximums (im Gegensatz zu dem abrupten Spannungsabfall bei α-Eisen), die neuerdings auch bei Silicium (bei gegenüber Ge um etwa 250 °C höheren Temperaturen) beobachtet wurde (*Goworkow* 1961). Im übri-

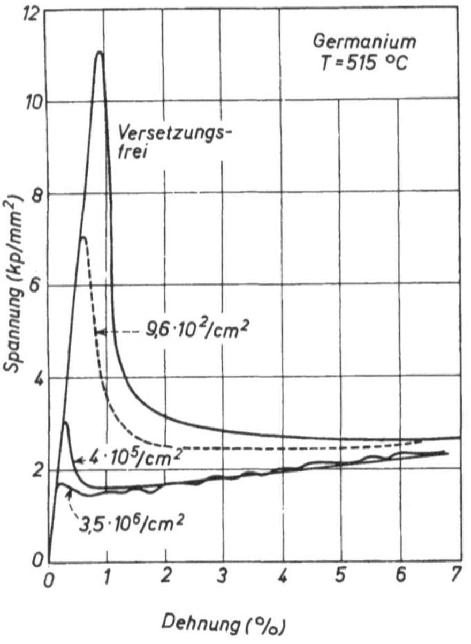

Abb. 17
Streckgrenze von Germanium für verschiedene eingewachsene Versetzungsdichten N_0 bei 500 °C (*Patel* (1961)). Die Orientierung der Zugachse ist in Abb. 18 angegeben.

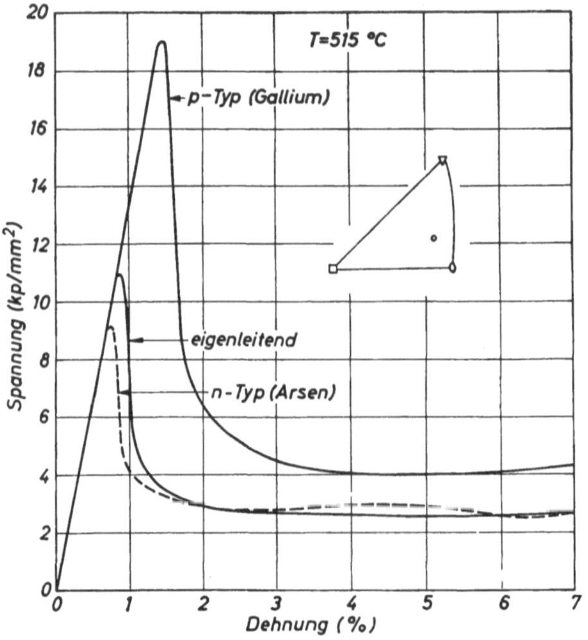

Abb. 18
Streckgrenze von versetzungsfreiem Germanium mit verschiedenen Dotierungen: $7 \cdot 10^{18}$ As/cm³, eigenleitend, $2{,}6 \cdot 10^{18}$ Ga/cm³ (*Patel* et al. (1961)); Orientierung im stereographischen Dreieck angegeben.

gen kann die oben entwickelte Theorie der Multiplikationsstreckgrenze die Messungen weitgehend quantitativ beschreiben, etwa wie folgt:
b) *Die Temperaturabhängigkeit von* τ_{su} für Ge und InSb gehorcht einem Exponentialgesetz von der Form der Gl. (16), wie Abb. 19 nach *Schäfer* (1963) für Ge im Druckversuch zeigt. Tab. 1 gibt die daraus und aus anderen Messungen an Ge und InSb entnommenen Aktivierungsenergien und ihre Auswertung entsprechend Gl. (16) an. Die *Geschwindigkeitsabhängigkeit* im Druckversuch, Abb. 20, $\tau_{su} \sim \dot{a}^{1/(2+m)}$ läßt sich für Ge und InSb nach Gl. (16) mit

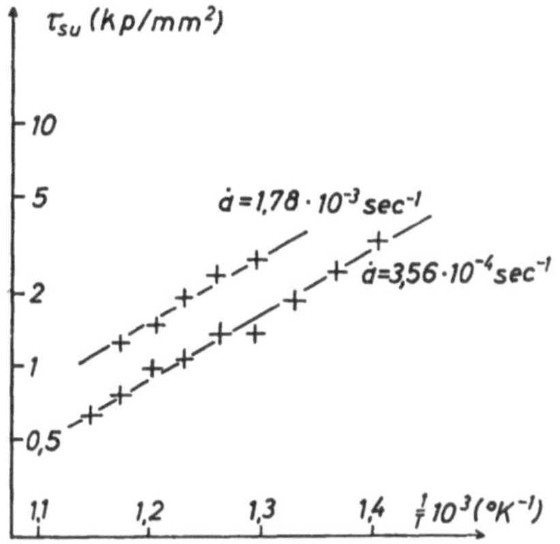

Abb. 19
Temperaturabhängigkeit der unteren Streckgrenze von Germanium im Druckversuch (*Schäfer* 1963).

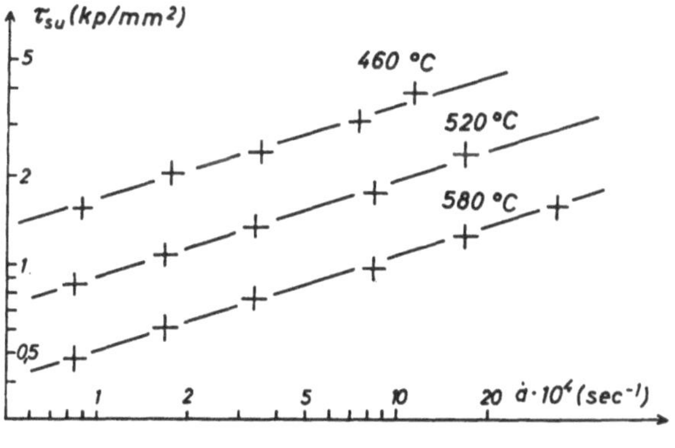

Abb. 20
Geschwindigkeitsabhängigkeit der unteren Streckgrenze von Germanium (*Schäfer* 1963).

$m = 1,1 \ldots 1,3$ beschreiben. Demgegenüber ergeben die Messungen im dynamischen Zugversuch von *Alexander* (1961) und *Bonfield* (1961) τ_{su} bzw. die (in dieser Hinsicht äquivalente) kritische Schubspannung τ_0 proportional zu log $\dot{a}$ bzw. $\dot{a}^{1/7}$. Eine Erklärung dieser Diskrepanz steht noch aus; vielleicht ist sie an eine Inhomogenität der Verformung im Gebiet der plastischen Instabilität an der Streckgrenze geknüpft (Lüdersband-Ausbreitung), die sich bei langen Zugproben stärker auswirken sollte als bei kurzen Druckproben. Aus Temperatur- und Geschwindigkeitsabhängigkeit ergeben sich m und U in befriedigender Übereinstimmung mit Ergebnissen statischer Versuche und direkter Geschwindigkeitsmessungen. (Lediglich bei InSb liegt das direkt gemessene U deutlich unterhalb des Streubereichs der Verformungsergebnisse).

Tabelle 1. Kenngrößen der Versetzungsbewegung in der Diamantstruktur (abgeleitete Ergebnisse in Klammern)

Material	Autoren	Versuch	aus $\frac{\tau_{SU}(T)}{U/(2+m)}$ (eV)	aus $\frac{\tau_{SU}(\dot{a}) \text{ bzw } \dot{a}_W(\tau)}{m}$	U(eV)
Ge	*Patel* und *Alexander* (1956) *nach Haasen* (1957)	dyn. Stauchung	0,56 (τ_0)	–	–
	Alexander (1961)	dyn. Zug	0,53 (aus τ_0)	–	–
	Goworkow und *Regel* (1961)	dyn. Stauchung	0,6 - 0,75*)	–	–
	Schäfer (1963)	dyn. Stauchung	0,53	1,1	(1,64)
	Alexander und *Hewing* (1963)	stat. Druck	(0,52)	1,2	1,72
	Chaudhuri et. al. (1962)	direkte v-Messung	–	1,5	1,6
InSb	*Schäfer* (1963)	dyn. Stauchung	0,31	1,1	(0,96)
	Peissker et. al. (1962)	stat. Biegung	(0,27)	1,5	0,88
	Chaudhuri et. al. (1962)	direkte v-Messung	–	1,8	0,7
Si	*Reppich* (1963)	stat. Druck	–	1,0	2,40
	Chaudhuri et. al. (1962)	direkte v-Messung	–	1,4	2,2

*) Auswertung der Messungen durch *Schäfer* (1963). Diese Kristalle waren im Gegensatz zu den anderen in der Tabelle angeführten hochsymmetrisch für Vielfachgleitung orientiert. Die Absolutwerte der Spannungen liegen bei *Goworkow* und *Regel* um einen Faktor 10 höher als bei anderen Autoren. Die Aktivierungsenergie hängt von der Orientierung ab.

Aus dem von *Schäfer* für Ge gemessenen Absolutwert von τ_{su} ergibt sich nach Gl. (16) mit dem direkt gemessenen B_m (Abschnitt C) die Wechselwirkungskonstante $A = 6{,}2 \cdot 10^{-3}$ kp/cm, also $\alpha \approx 0{,}3$, wie für die Wechselwirkung einzelner Versetzungen zu erwarten ist (vgl. HS). Die Ergebnisse der dynamischen Messungen an Ge stimmen damit im *stationären Fließbereich* (innerhalb eines Faktors zwei) mit denen statischer Versuche im gleichen Temperatur- und Spannungsbereich überein (vgl. Abschnitt E 2c), wie es die Theorie nach Gl. (9b) und (16) erwarten läßt.

c) Die Temperatur- und Geschwindigkeitsabhängigkeit der *oberen Streckgrenze* ist nach Messungen von *Schäfer* an Ge und InSb fast dieselbe wie die von τ_{su}. Die Meßwerte streuen, wie schon wegen der Abhängigkeit von N_0 in Gl. (18) zu erwarten ist, bei τ_{so} stärker als bei τ_{su}, vgl. Abb. 21 für Ge. Aus

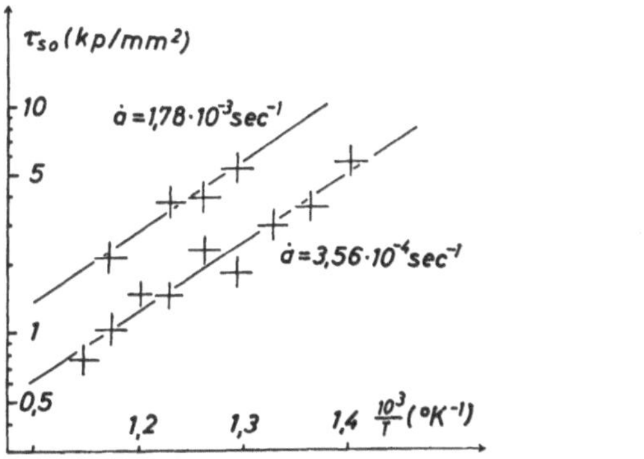

Abb. 21
Temperaturabhängigkeit der oberen Streckgrenze von Germanium (*Schäfer* 1963)

$\tau_{so}(T)$ ergibt sich für *Ge*: $U/(m+2) = 0{,}59$ eV, für InSb $= 0{,}36$ eV, also eine merklich größere Aktivierungsenergie als für τ_{su} (vgl. Tab. 1). Andererseits folgen aus der Geschwindigkeitsabhängigkeit von τ_{so} für Ge($m = 0{,}9 \pm 0{,}3$) und für InSb ($m = 0{,}7 \pm 0{,}2$) kleinere m-Werte, so daß sich im Rahmen der Meßgenauigkeit (10% bei τ_{su}, 20% bei τ_{so}) für τ_{su} und τ_{so} dasselbe U ergibt.*) Der Streckgrenzenquotient ist nahezu temperaturunabhängig $\tau_{so}/\tau_{su} = 1{,}5$ für Ge, $N_0 = 5 \cdot 10^3$ cm^{-2} (460° $\leqslant T \leqslant$ 580 °C), etwa gleich 1,25 für InSb, $N_0 = 2 \cdot 10^4$ cm^{-2} (300 ° $\leqslant T \leqslant$ 500 °C), in beiden Fällen für $\dot{a} \approx 3 \cdot 10^{-4}$ sec^{-1}. Über größere Temperatur- und Geschwindigkeitsbereiche hinweg ist dagegen eine deutliche Abnahme von τ_{so}/τ_{su} mit wachsender Temperatur, abnehmendem $\dot{a}$ festzustellen (*Alexander* 1961), wie wegen der Verschiedenheit der m-Werte für τ_{so} und τ_{su} durchaus zu erwarten ist. Numerisch ergibt sich nach Gl. (20) stets ein größerer Streckgrenzenquotient, als er gemessen wurde (falls $N_{so} > N_0$ ist, vgl. dazu *Bonfield* 1961). Das liegt einerseits natürlich an der bei der Herleitung von (20) benutzten Interpolation. Andererseits können experimentelle Spannungsinhomogenitäten zu einer Abflachung des Streckgrenzenmaximums führen.

d) Die *Abgleitung* bis zur unteren Streckgrenze a_{su} sollte nach Gl. (21) proportional der Spannung τ_{su} sein mit einer temperatur- und geschwindigkeitsunabhängigen Proportionalitätskonstanten. Das ist nach Abb. 22 näherungsweise erfüllt mit einem Anstieg $a_{su}/\tau_{su} = 2{,}3 \cdot 10^{-2}$ mm^2/kp für Ge, $5{,}0 \cdot 10^{-2}$

*) Aus den τ_{so}-Messungen von *Goworkow* und *Regel* (1961) entnimmt *Schäfer* $U/(m+2) = 0{,}63$ eV, $m = 1{,}2$, vgl. aber dazu die Fußnote zu Tabelle 1.

mm²/kp für InSb (*Schäfer* 1963). Die letztere Zahl ist direkt mit der Spannungsabhängigkeit der stationären Kriechdehnung von InSb in Abb. 12 zu vergleichen: $a_w/\tau = 5{,}3 \cdot 10^{-2}$ mm²/kp. Die Übereinstimmung zwischen dynamischen und statischen Ergebnissen ist wiederum sehr befriedigend. Allerdings ist der Anstieg der Verfestigungskurve bis zur *oberen* Streckgrenze bei Ge um einen Faktor 6 kleiner als der Schubmodul. Wahrscheinlich trägt hierzu aber auch plastische Verformung, besonders an den mehrachsig beanspruchten Endflächen der Druckproben bei.

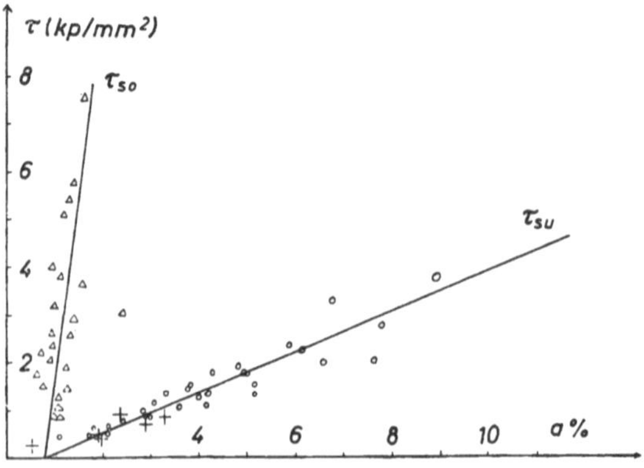

Abb. 22
Proportionalität zwischen oberer und unterer Streckgrenzenspannung und -abgleitung von Ge im gesamten Temperatur- und Geschwindigkeitsbereich (*Schäfer* 1963).

4. Die Theorie der Streckgrenze und Inkubationsperiode bei der plastischen Verformung der Halbleiterkristalle hat damit eine experimentell fundierte und modellmäßige durchschaubare Geschlossenheit erreicht, wie sie bisher wohl noch für keine andere kristalline Substanz existiert. Das beruht wesentlich auf der quasi-viskosen Natur der Versetzungsbewegung in der Diamantstruktur, die zusammen mit der besonderen Perfektion der Ausgangskristalle zu stark ausgeprägten, thermisch aktivierten Anlaufeffekten der plastischen Verformung führt. Die Theorie von *van Bueren* (1959, 1960 b) für das Kriechen der Diamantstrukturen trägt demgegenüber mit dem Ansatz einer spannungs- (und neuerdings auch exponentiell temperatur-) abhängigen Aktivierungsenergie der viskosen Natur der Versetzungsbewegung offenbar weniger gut Rechnung; (weitere Unterschiede zwischen *van Buerens* Theorie und unserer bestehen, wie an anderer Stelle dieses Berichtes ausgeführt wird, in der Berücksichtigung der Versetzungswechselwirkung beim stationären Kriechen (Abschn. G 1) und im Multiplikationsgesetz der Versetzungen, Gl. (5) und (6)).
Nicht verträglich mit der in den vorangegangenen Abschnitten dargestellten Theorie und den oben beschriebenen Ergebnissen anderer Autoren (insbesondere *Schäfer* (1963)) sind allein die dynamischen Experimente an InSb von *Abrahams* und *Liebmann* (1962). Diese Autoren finden eine (allen Erfahrungen der Kristallplastizität widersprechende) *lineare Abnahme* einer „elastischen Grenzspannung" sowie der oberen und unteren Streckgrenze mit der Temperatur ($T > 300$ °C) *auf die Spannung Null am Schmelzpunkt* für alle Dehngeschwindigkeiten. Das soll mit einer linearen Abnahme der Breite des verbotenen Bandes von InSb auf Null am Schmelzpunkt zusammenhängen. Es wird eine Anomalie der Streckgrenze oberhalb 450 °C in solchen Kristallen festgestellt, die eine höhere Sauerstoffkonzentration (≈ 6 ppm) haben. In einer zweiten Arbeit von *Abrahams* (1962), die zum gleichen Zeitpunkt veröffentlicht wurde,

wird eine ausgeprägte Streckgrenze in InSb überhaupt nur gefunden, wenn der Kristall vorher im Sauerstoff geglüht wurde. Eine Glühung in CO bei 400 °C soll die ausgeprägte Streckgrenze unverformter Kristalle beseitigen. Nach einer Vorverformung und anschliessender Glühung in Sauerstoff bei 400 °C wird wieder ein großes Streckgrenzenmaximum beobachtet. Diese Versuche, die die Streckgrenze auf einen Verankerungsmechanismus nach *Cottrell* zurückführen würden, konnten jedoch von *Schäfer* (1963) nicht reproduziert werden. Weder ließ sich eine ausgeprägte Streckgrenze unverformter Kristalle durch CO-Glühung beseitigen noch eine solche vorverformter Kristalle durch Sauerstoffglühung wieder erzeugen. Beide Untersuchungen von *Abrahams* ließen sich somit bisher nicht bestätigen und zur Prüfung der Theorie heranziehen.

G. Geometrische Effekte

Probendimension und -orientierung sollten das Verformungsverhalten der Halbleiterkristalle in besonderer Weise beeinflußen. Beide Einflüsse sind im statischen Versuch an InSb von *Peissker* et. al. (1962) untersucht worden:

1. Einfluss der Probenabmessungen

Nach der Theorie von *van Bueren* (1959) wird der Zustand stationären Kriechens dann erreicht, wenn ebensoviele Versetzungen erzeugt werden wie den Kristall durch die Oberflächen verlassen. Diese Vorstellung ergibt bei linearer Versetzungsmultiplikation (Gl. 5) für die Abhängigkeit vom Probendurchmesser (Gleitweg der Versetzungen) folgende Beziehungen:

$$\dot{a}_w \sim d^2, \quad t_w \sim d, \quad a_w \sim d^3 \tag{22}$$

Abb. 23 zeigt nach *Peissker* et al. den Einfluß der *d* entsprechenden Probenhöhe *h* zwischen den Biegeschneiden auf die Kriechkurve von InSb. Die Unter-

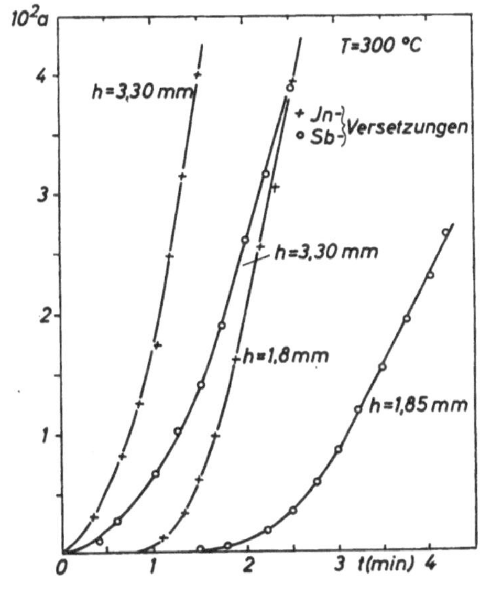

Abb. 23
Abhängigkeit des Kriechens von InSb von der Probenhöhe *h* zwischen den Biegeschneiden bei einer mittleren Schubspannung von 0,72 kp/mm² (nach *Peissker* et al. 1962).

schiede zwischen Proben, die in verschiedenem Sinne gebogen wurden, werden zunächst nicht beachtet, Kristalle gezeichnet „In-Vers." und „Sb-Vers." also für sich betrachtet. Man erkennt, daß in erster Näherung entgegen Gl. (22) $t_w \sim 1/h$ ist, andererseits $\dot{a}_w$ und a_w etwa proportional zu h zunehmen. Nur das letztgenannte Ergebnis passt zu *van Buerens* Modell. Nach der in dieser Arbeit dargestellten Theorie wird der stationäre Bereich dagegen durch ein Gleichgewicht von Versetzungsmultiplikation und -wechselwirkung bestimmt. Eine h-Abhängigkeit wie die gemessene ist in diesem Modell zu erwarten, wenn (relativ wenige) *Volumenquellen* vorhanden sind. In diesem Fall wächst die Wahrscheinlichkeit, eine Quelle im Querschnitt der Probe zu finden, und damit die Multiplikationsrate $\sim 1/t_w$ linear mit der Probenhöhe. Die spannungsmäßig beanspruchte Oberfläche unter den Schneiden wird dagegen mit h nicht verändert, so daß Oberflächenquellen in diesem Versuch keine Rolle spielen. Einschränkend muß allerdings darauf hingewiesen werden, daß die Geometrie der Dreipunktbiegung für eine stichhaltige Prüfung der Dimensionsabhängigkeit eigentlich zu kompliziert ist.

2. Einfluß der Probenorientierung (Polarität von InSb)

a) Besonders deutlich wird die im Versetzungskern lokalisierte Reibung bei der Versetzungsbewegung in Halbleiterkristallen in einer *Abhängigkeit der Verformung von InSb von der Biegerichtung. Haasen* (1957) hatte aus dem „dangling bond"-Modell einer 60°-Versetzung im Zinkblende-Gitter hergeleitet, daß sog. „In"-und „Sb"-Versetzungen verschiedene Beweglichkeiten

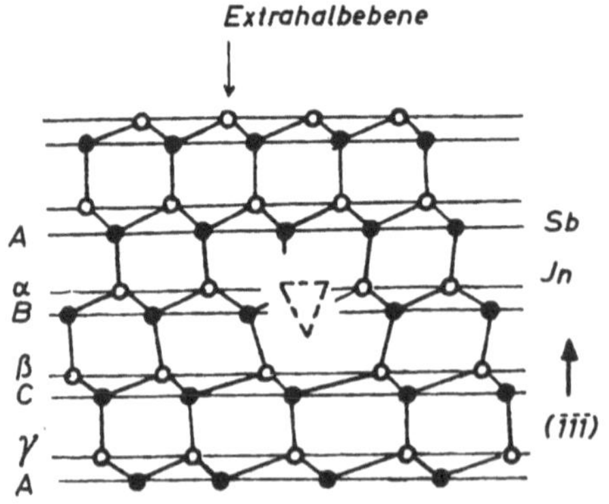

Abb. 24
Modell einer positiven 60°-(„Sb"-)Versetzung in InSb (*Haasen* 1957)

haben sollten. Abb. 24 zeigt die in diesem Modell angenommene Struktur des Kerns einer 60°-Versetzung in InSb. Aus energetischen Gründen sollten Versetzungen leichter eine Scherung zwischen den Ebenen $A\alpha$ als zwischen αB verursachen (siehe Abschnitt K). Dann endet eine von oben in den Kristall eingeführte Extrahalbebene einer „positiven" Versetzung mit einer Reihe von Sb-Atomen („Sb-Versetzung"), die einer negativen Versetzung mit In-Atomen („In-Versetzung"). Die Struktur des Versetzungskerns und damit die Versetzungsbeweglichkeit hängt also vom Vorzeichen der Versetzungen ab, da sich die Elektronenzahlen von In und Sb auch im Kristall unterscheiden. Diese Verschiedenheit der Beweglichkeiten sollte in einem Biegeexperiment makroskopisch sichtbar werden, bei dem ein Überschuß jeweils eines Versetzungstyps bei geeigneter Biegerichtung eingeführt wird. Das zeigt Abb. 25 für zwei gleich orientierte, aber in entgegengesetzter Richtung gebogene InSb-Kristalle. Solche Experimente sind von *Peissker* et al. (1962) durchgeführt worden und sollen im folgenden beschrieben werden.

b) Dabei ist es zunächst erwünscht, die eingeführten Überschußversetzungen als *In- oder Sb-Versetzungen zu identifizieren.* Das kann bei einem polar aufgebauten Gitter wie InSb durch Ätzgrübchen erfolgen. Nach *Allen* (1957) sei die positive [111]-Richtung durch den Einheitsvektor von einem Sb-Atom

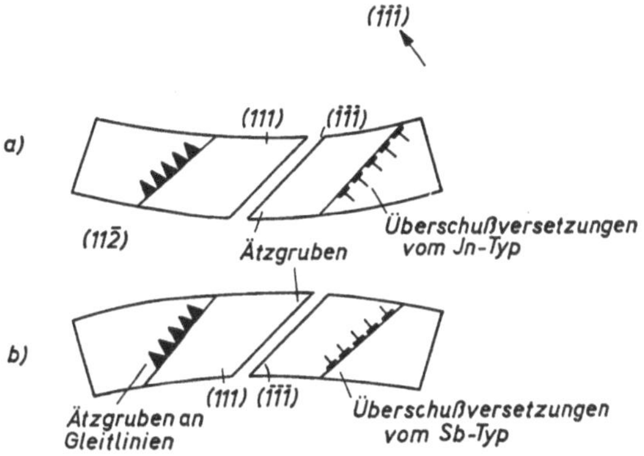

Abb. 25
Zur Erläuterung der plastischen Anisotropie von InSb im Biegeversuch (s. Text)

in Richtung auf das nächste In-Atom definiert. [111] und $[\bar{1}\bar{1}\bar{1}]$ können dann röntgenographisch im Gebiet der anomalen Dispersion unterschieden werden (*Roth* und *White* 1959, *Metzger* und *Warekois* 1959). Ferner lassen sich Ätzgrübchen mit oxidierenden Reagentien nach *Faust* und *Sagar* (1960) nur auf den $(\bar{1}\bar{1}\bar{1})$-Flächen der InSb-Kristalle, nicht auf (111) erzeugen; (diese sind kreisförmig; elliptische Ätzgrübchen entstehen auch auf Ebenen, die Winkel $< 20°$ mit $(\bar{1}\bar{1}\bar{1})$ einschließen). Damit ist es möglich, die Orientierung der zu biegenden Kristalle durch eine Ätzung zu bestimmen. Abb. 25 zeigt schematisch die angeätzten (111)-, $(\bar{1}\bar{1}\bar{1})$- und $(11\bar{2})$-Flächen (die letzteren senkrecht zur Biegeachse und Richtung der Stufenversetzungen) und die daraus bestimmten Vorzeichen der Überschuß-Versetzungen. Die Ätzung der $(11\bar{2})$-Seitenflächen erweist sich als besonders bequem, wobei die Spitzen der elliptischen Ätzgruben dort stets radial von $[11\bar{1}]$ *wegzeigen* (Allen 1957).

c) Die in Abschnitt E 2. besprochenen *Kriechexperimente* wurden in Biegung mit Überschuß-In-Versetzungen ausgeführt. Abb. 23 zeigt bereits, daß Kristalle mit Überschuß-In-Versetzungen schneller fließen als solche mit Überschuß-Sb–Versetzungen (bei gleichen Abmessungen). In Abb. 26 sind die charakteristischen Kriechparameter $\dot{a}_w$ und $1/t_w$ für verschiedenen Biegesinn in Abhängigkeit von der Temperatur einander gegenübergestellt. Diese Parameter sind danach für In-Versetzungen im Mittel um 50% größer als für Sb-Versetzungen. Auf der anderen Seite ist a_w unabhängig vom Biegesinn der Probe. Daraus ergibt sich, daß die *Geschwindigkeit* der In-Versetzungen größer als die der Sb-Versetzungen sein muß. Das ist qualitativ unmittelbar verständlich: Ein Sb-Atom mit ursprünglich 5 Valenzelektronen wird an der Kante der Extrahalbebene, wo nur 3 Bindungen betätigt werden können, eine stärkere Störung hervorrufen als ein In-Atom, welches nur 3 Valenzelektronen mitbringt.

Die quantitative Beschreibung dieses Unterschieds der Versetzungsbeweglichkeiten bedarf einer genaueren Theorie für die Struktur des Versetzungskerns, in der sich dann die Aktivierungsenergie U der Versetzungsgeschwindigkeit im InSb-Gitter „lokalisieren" lassen muß. Man kann im Rahmen der Meßgenauigkeit den Unterschied der Geschwindigkeiten von In- und Sb-Versetzungen durch ein um 1 – 2% größeres U für Sb-Versetzungen deuten. Die Aktivierungsenergie der Sb-Diffusion in InSb ist nach Messungen von *Birchenall* und *Eisen* (1957) (bei gleichem Vorexponentialfaktor) um 6% größer als

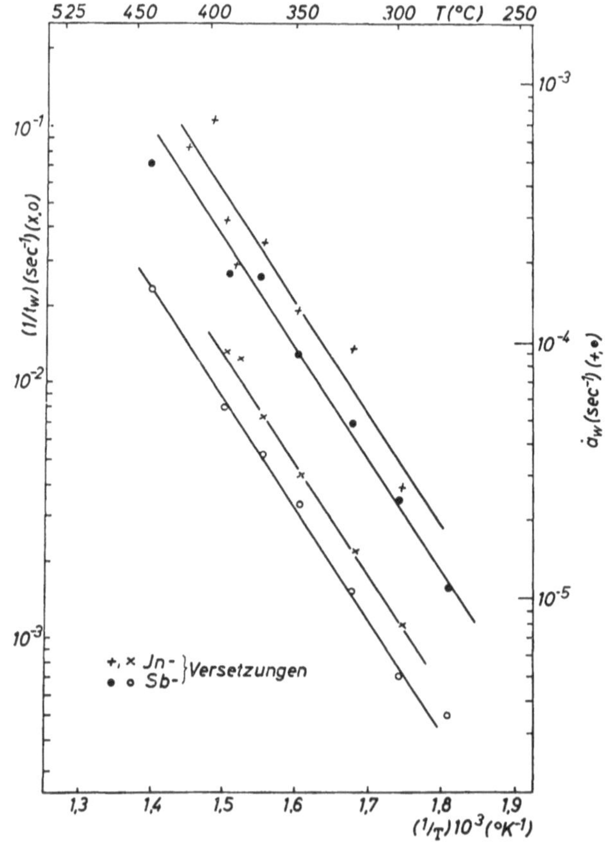

Abb. 26
Unterschiede in der stationären Kriechrate $\dot{a}_W$ und Inkubationszeit t_W von InSb bei verschiedenen Biegerichtungen (Typen von Überschussversetzungen). Mittlere Schubspannung $\tau = 0{,}29$ kp/mm² (nach *Peissker* et al. 1962).

die der In-Diffusion. Ein Zusammenhang dieses Unterschieds mit dem in den Versetzungsgeschwindigkeiten ist z. Zt. theoretisch unklar. Man muß erwarten, daß ein Beweglichkeitsunterschied von 60 °-In- und Sb-Versetzungen durch die bei der Biegung stets auftretenden „Minoritätsversetzungen" vom anderen Vorzeichen sowie durch Schraubenversetzungen in seiner Wirkung auf die makroskopischen Kriechparameter „verdünnt" wird.

H. Verfestigungskurven bei größeren Abgleitungen

1. Bisher wurde die Verfestigung nur in ihrer Wirkung auf die untere Streckgrenze bzw. das Kriechen im stationären Bereich behandelt. Für größere

Abgleitungen läßt sich die Verfestigung am einfachsten im dynamischen Experiment untersuchen, weil das Kriechen dann recht schwach und in seiner Zeitabhängigkeit kompliziert wird. Bei a_{su} ist die Versetzungsdichte $N \approx \approx 10^7/cm^2$ in der Größenordnung der bei normalen unverformten Metallkristallen üblichen. Da die Translationsstruktur des Diamantgitters und damit die Versetzungskristallographie eine kubisch-flächenzentrierte ist, wird eine weitgehende Analogie der Verfestigungskurve für $a > a_{su}$ z.B. für Ge und Cu erwartet und auch beobachtet. Das stellt eine starke Stütze für die Versetzungstheorie dar, ermöglicht es auch, die Verfestigungskurven von Ge und InSb hier in Anlehnung an die der ausgezeichnet untersuchten und beschriebenen kub. flz. Metalle (vgl. *Seeger* 1958) relativ kurz zu behandeln. Dabei soll auf einige quantitative Unterschiede im Verformungsmechanismus der beiden Kristallklassen eingegangen werden, wie sie auf Grund energetischer Verhältnisse (z.B. in der Stapelfehlerenergie) auch bei gleicher Translationsstruktur und Schmelztemperatur versetzungstheoretisch durchaus zu erwarten sind. Abb. 27 zeigt schematisch den Verlauf der Verfestigungskurve von

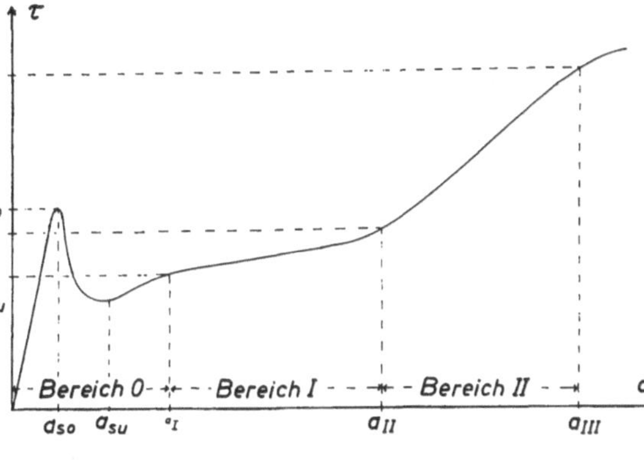

Abb. 27
Verfestigungskurve von Ge—schematisch.

Ge und InSb mit der Definition der sie beschreibenden Kenngrößen. Neu gegenüber der kub. flz. Verfestigungsterminologie ist hier der sich an die untere Streckgrenze anschliessende, zur Abgleitungsachse konkave Verfestigungsbereich 0 zwischen den Punkten (τ_{su}, a_{su}) und (τ_I, a_I).

2. Für den *Bereich 0* wurde bereits im Abschnitt F 2b) ein Verlauf wie

$$\tau \sim (\dot{a} e^{U/kT})^{\frac{1}{2m+2}} \cdot a^{\frac{m}{2m+2}} \tag{23}$$

begründet. Abb. 28 zeigt in doppelt-logarithmischer Darstellung nach *Schäfer* (1963), daß die Verfestigungskurve für $a_{su} < a < a_I$ tatsächlich einem Gesetz $\tau \sim a^{1/3,3}$ gehorcht, wie es sich aus Gl. (23) mit $m = 1{,}5$ ergibt. Auch die aus der Theorie folgende Temperatur- und Geschwindigkeitsabhängigkeit wird durch die in Abb. 28 aufgetragenen Beispiele recht gut bestätigt. Die Form der Verfestigungskurve im Bereich 0 ist somit eine direkte Folge der Versetzungskinematik in dieser Struktur und der allgemeinen elastischen Wechselwirkung.

Die weiteren Bereiche der Verfestigungskurve lassen sich nicht mehr im Rahmen der hier dargestellten Theorie beschreiben, weil dann die Voraussetzung: $N \approx N_{tot}$ ihrer Grundgl. (7) nicht mehr erfüllt ist, wenn ein wesentlicher

Teil der den Kristall verfestigenden Versetzungen durch Wechselwirkung liegengeblieben ist (vgl. Fußnote S. 177).

3. Der *Bereich I* des „easy glide" ist bei Ge (und InSb) wesentlich länger ($a_{II} = 40\%$ für $T = 600\,°C$, $\dot{a} = 4 \cdot 10^{-4}$ sec^{-1}) als z.B. bei Cu bei einer vergleichbaren Temperatur. Seine Länge ($a_{II} - a_I$) nimmt wie a_{II} und a_I mit der Temperatur T ab, mit $\dot{a}$ zu. Das entspricht dem Verhalten kub. flz. Metalle.

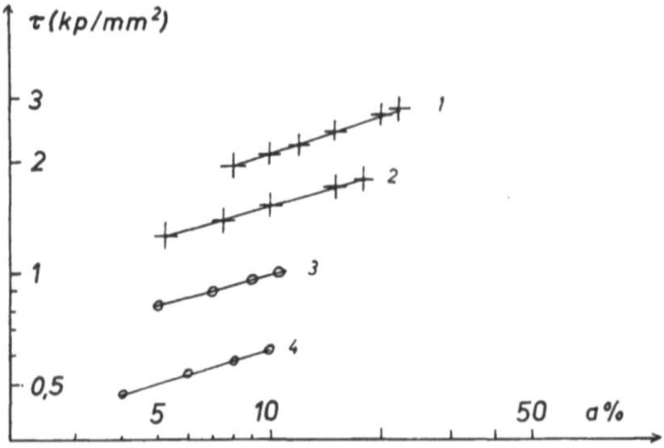

Abb. 28
Verfestigungskurven im Bereich 0 doppelt-logarithmisch aufgetragen
Kurven 1 und 2 für Ge, $T = 540\,°C$ bzw. $580\,°C$, $\dot{a} = 1{,}8 \cdot 10^{-3}$ sec^{-1} Anstiege $(2m+2)/m = 3{,}6$ bzw. 3,1; Kurven 3 und 4 für InSb, $T = 390\,°C$, $\dot{a} = 1{,}37 \cdot 10^{-2}$ bzw. $2{,}75 \cdot 10^{-3}$ sec^{-1}, $(2m+2)/m = 3{,}4$ (*Schäfer* 1963)

Der Anstieg Θ_I/G dagegen nimmt, jedenfalls bei Ge, mit zunehmender Temperatur ab, ist bei InSb im Rahmen der Meßgenauigkeit konstant, während diese Größe bei kub.flz. Metallen, wenn überhaupt, dann schwach zunimmt mit wachsender Temperatur (*Alexander* 1961, *Schäfer* 1963).

Die Länge des Bereichs II hängt ähnlich von T und $\dot{a}$ ab wie a_{II} selbst. Die Steigung im linearen Verfestigungs-*Bereich II* soll als Prüfstein der *Seeger*schen Verfestigungstheorie unabhängig von T und $\dot{a}$ gleich G/460 sein. Nach den Messungen von *Alexander* und *Schäfer* an Ge ergibt sich $G/\Theta_{II} = 410 - 450$ und von *Schäfer* an InSb = 490 für alle Temperaturen und Geschwindigkeiten. Diese Übereinstimmung ist theoretisch recht befriedigend und zeigt, daß ein z.B. von *Patel* und *Alexander* (1956), *Gilman* (1959), *van Bueren* (1960 a) betonter wesentlicher Unterschied in der Verfestigung der Halbleiter und Metalle weder in ihrer Stärke und Temperaturabhängigkeit noch von der die Verfestigung bewirkenden Versetzungsdichte her vorhanden ist (vgl. Abschnitt B*).

4. Der *Bereich III der dynamischen Erholung* wird bei den kub.flz. Metallen durch Quergleitung von Schraubenversetzungen bestimmt. Dieser Prozeß hängt stark von der Weite der mit den Versetzungen verbundenen Stapelfehlerbänder und damit der Stapelfehlerenergie γ des Materials ab. Man kann die Einsatzspannung $\tau_{III}(T, \dot{a})$ der dynamischen Erholung geradezu zur Messung von γ verwenden (*Haasen* 1958, *Seeger* et al. 1959). Die Quergleitung ist bei kleinem γ stark behindert. Auch ein langer Teil I der Verfestigungskurve und ein „Überschießen" der Orientierung der Zugachse lassen auf breite Stapelfehler schließen. Beide Erscheinungen wurden bei Ge beobachtet (*Alexander* 1961), so daß es naheliegt, die Halbleiterkristalle zu den

*) Mit dieser Analogie zu den kub. flz. Metallen läßt sich eine Orientierungsabhängigkeit der Verfestigungskurve der Diamantstruktur, wie sie von verschiedenen Autoren beschrieben wurde, durchaus erwarten.

Materialien mit kleinem γ zu rechnen. Das ist in Übereinstimmung mit theoretischen Überlegungen von HS (S. 91) und Elektronentransmissions-Beobachtungen an Si (und an Germanium), die in Abschnitt B besprochen wurden. Unter diesen Umständen kann ein zweiter möglicher thermischer Prozeß, das von der Spannung unterstützte *Klettern von Stufenversetzungen*, die dynamische Erholung bestimmen. (Klettern wurde auch oberhalb von 300 °C in Ni 50% Co Legierungen (mit sehr kleinem γ) elektronenmikroskopisch beobachtet (*Pfaff* 1962)). Dieser Prozeß ließ sich in der Tat auf Oberflächenabdrücken von in den Teil III verformten Germanium-Kristallen im Elektronenmikroskop nachweisen (*Alexander* und *Haasen* 1961).

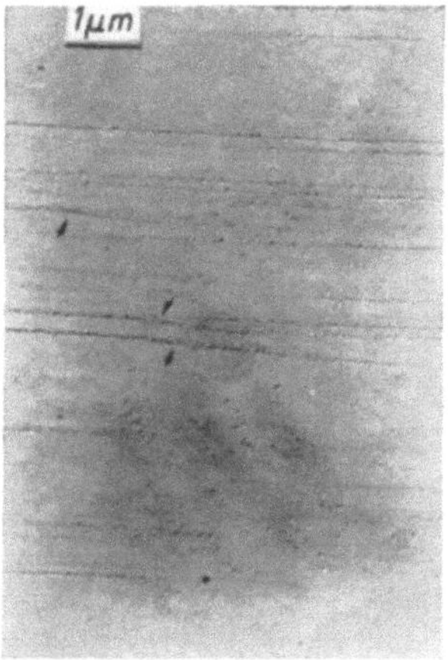

Abb. 29
Elektronenmikroskopischer Abdruck der Seitenfläche eines bei 600 °C bis in den Bereich III verformten Ge-Kristalls. Klettern an den mit Pfeil bezeichneten Stellen. 7000 fach (*Alexander* und *Haasen* 1961).

Abb. 29 zeigt, daß ein Teil der im Bereich III der Verfestigungskurve auf der Seitenfläche eines Ge-Kristalles neu entstandenen Stufenversetzungs-Gleitlinien deutlich ihre Gleitebene verlassen. Das wird auch bei Zink beobachtet, wenn Stufenversetzungen klettern (*Seeger* und *Träuble* 1960)*). Demgegenüber sind die Gleitlinien auf den die Durchstoßpunkte von Schraubenversetzungen zeigenden Stirnflächen der Ge-Kristalle streng gerade, zeigen keine Quergleitung.

Man kann die gemessenen Spannungen τ_{III} am Beginn der dynamischen Erholung von Germanium und InSb in Abhängigkeit von Temperatur und Abgleitgeschwindigkeit quantitativ durch den Vorgang des Kletterns beschreiben (*Alexander* und *Haasen* 1961). Dazu wird eine von *Weertman* (1955) ausgearbeitete Theorie für das stationäre Kriechen durch Klettern von Versetzungen benutzt, die im Grenzfall kleiner Spannung für die Kriechgeschwindigkeit $\dot{a}_c$ ergibt

$$\dot{a}_c = \frac{D\tau^n}{kT} \exp\left(-U_{SD}/kT\right) \tag{24}$$

U_{SD} ist die Aktivierungsenergie der Selbstdiffusion und D eine Konstante, in die Schubmodul, Aktivierungsentropie, Versetzungs- und Probengeometrie

*) Schon früher war darauf hingewiesen worden, daß bei Germanium statt Rekristallisation stets (statische) Erholung durch Polygonisation beobachtet wird (vgl. HS). Auch danach ist das von uns angenommene Klettern leicht möglich.

sowie die Debyefrequenz eingehen. Der Exponent n ergibt sich theoretisch und experimentell für verschiedene Metalle zu etwa 4,5. Bei gegebener Abgleitgeschwindigkeit $\dot{a}$ und Temperatur T sollte also das Klettern neben der Gleitung bemerkbar werden, wenn $\dot{a}_c/\dot{a}$ einen bestimmten, von der Meßgenauigkeit abhängigen Bruchteil η erreicht, wofür gerade die Spannung $\tau_{\rm III}$ erforderlich ist. Dafür folgt aus Gleichung (24)

$$\tau_{\rm III} = \left(\frac{\eta k T}{D}\right)^{1/n} \cdot \dot{a}^{1/n} \exp\left(U_{\rm SD}/nkT\right) \qquad (25)$$

Man kann danach sowohl $U_{\rm SD}$ wie n aus Temperatur- und Geschwindigkeitsabhängigkeit von $\tau_{\rm III}$ ermitteln. Abb. 30 und 31 zeigen eine der Beziehung (25) entsprechende Auftragung der $\tau_{\rm III}(T, \dot{a})$-Messungen von *Schäfer* (1963)

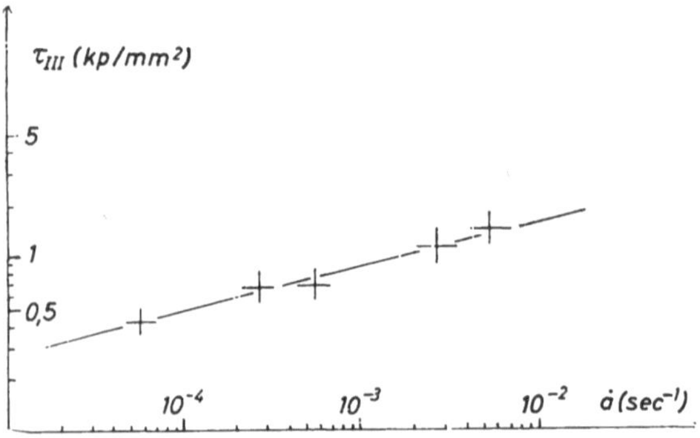

Abb. 30
Geschwindigkeitsabhängigkeit von $\tau_{\rm III}$ für InSb bei 390 °C (*Schäfer* 1963).

für InSb. Aus der Geschwindigkeitsabhängigkeit, Abb. 30, ergibt sich $n = 4{,}1 \pm 0{,}4$, aus der Temperaturabhängigkeit, Abb. 31, mit einem mittleren $U_{\rm SD} = 1{,}87$ eV (nach *Birchenall* und *Eisen* 1957) $n = 5{,}0 \pm 0{,}2$. Für Germa-

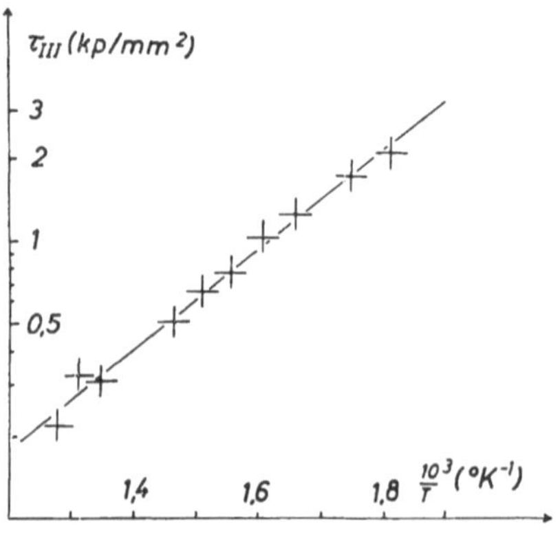

Abb. 31
Temperaturabhängigkeit von $\tau_{\rm III}$ bei InSb für $\dot{a} = 2{,}75 \cdot 10^{-4}\,{\rm sec}^{-1}$ (*Schäfer* 1963).

nium erhalten *Alexander* und *Haasen* (1961) aus der Temperaturabhängigkeit entsprechend $n = 4{,}2$, was mit einigen Messungen der Geschwindigkeitsabhängigkeit verträglich ist. Die starke Temperaturabhängigkeit von $\tau_{\rm III}$ bei den Halbleitern läßt sich auf diese Weise mit dem Klettern von Stufenversetzungen verständlich machen.

I. Verformung bei tieferen Temperaturen

In HS wurde an Hand von Härteeindruckmessungen von *Churchman* at al. (1956) eine Übergangstemperatur zwischen sprödem und duktilem Verhalten der Diamant- und Zinkblendestrukturen definiert, die etwa 65% der absoluten Schmelztemperatur betrug. Aber auch zwischen 0,65 T_s und 0,45 T_s wurden von diesen Autoren Gleitspuren gefunden, ferner mechanisch gebildete Zwillinge. *Alexander* (1961) beobachtet im einachsigen dynamischen Zugversuch an Germanium unterhalb 450 °C Sprödbruch ohne makroskopische Verformung bei allen verwendeten Geschwindigkeiten; von 470 ° bis 500 °C ist langsame Verformung möglich, bei schnelleren erfolgt sofort Bruch; von 500 ° bis 650 °C erfolgt Bruch nach mehr oder weniger Verformung; oberhalb 650 °C wird in keinem Fall Sprödbruch, dagegen aber verfestigungsfreies Fließen unter einer (Normal-) Spannung σ_e im Bereich III beobachtet. Abb. 32

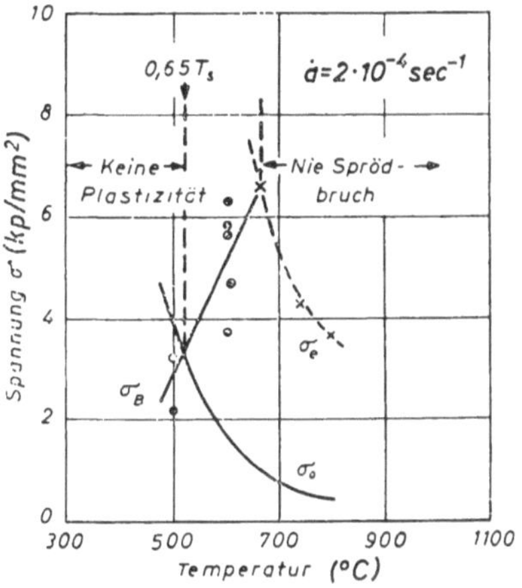

Abb. 32
Zur Temperaturabhängigkeit des Bruchs von Germanium (*Alexander* 1961, s. Text).

zeigt den Verlauf der kritischen Normalspannung σ_0 ($\approx 2\tau_0$), der Spannung σ_e und der Bruchspannung σ_B in Abhängigkeit von der Temperatur. Aus dem Schnitt von $\sigma_0(T)$ und $\sigma_B(T)$ ergibt sich die Übergangstemperatur bei $\dot{a} = 2 \cdot 10^{-4}$ sec $^{-1}$ zu 520 °C = 0,66 T_s. Interessanterweise war plastische Verformung möglich auch für $\sigma_B < \sigma_{s0}$. Der unverformte Germanium-Kristall hat also sicher eine höhere Bruchspannung als der vorverformte, was mit den heutigen Vorstellungen von der Keimbildung von Mikrorissen an Versetzungen übereinstimmt.

Höhere Spannungen können bis zum Bruch bei einer *Druckbeanspruchung* getragen werden, weil der kritische Schritt beim Bruch meist nicht die Keimbildung, sondern die Ausbreitung eines Risses ist. In dem dadurch nach unten erweiterten Temperaturbereich der Verformung der Halbleiterkristalle wurde von *Schäfer* (1963) nach mechanischer Zwillingbildung unter eindeutigeren Spannungsverhältnissen gesucht, als sie bei einem Härteeindruck bestehen. Nach Beobachtungen von *Blewitt* et. al. (1959) an Kupfer ist die Schubspannung im Zwillingssystem für eine Orientierung nahe ⟨111⟩ am größten, Zwillinge erscheinen am leichtesten. Für eine solche Orientierung beobachtete *Schäfer* in der Tat nach 30% Verformung bei 560 °C mit $\dot{a} = 1{,}8 \cdot 10^{-4}$ sek^{-1} eine Lamellenstruktur parallel zur erwarteten Zwillingsebene nach Anschleifen und Ätzen. Ein röntgenographischer Nachweis einer etwaigen Zwillingsorientierung gelang bisher nicht. *H. Suzuki* (persönliche Mitteilung) führte Druckversuche an mittelorientierten Germaniumkristallen bei Raumtemperatur bis zu Schubspannungen von 50 kp/mm² aus. Auf der achsial verlaufenden, unregelmäßigen Bruchfläche waren bei optischer und elektronenmikroskopischer Beobachtung Bänder einer lokalen und homogenen Scherung zu erkennen. Röntgen-Schwenkaufnahmen zeigten zusätzliche Reflexe, die z.T. durch Rotation um eine $\langle 112 \rangle$-Achse zu erklären sind, nicht jedoch durch eine Zwillingsrotation. Die Grenzflächen der Lamellen waren parallel zu $\{123\}$ und $\{113\}$. *Suzuki* erklärt die Bänder analog dem in HS (S. 91) besprochenen Modell von *Bullough* (1957) mit einer mikroskopisch homogenen Scherung durch vollständige, $\langle 110 \rangle$-Versetzungen. Eine Extrapolation der weiter oben besprochenen Geschwindigkeitsmessungen und Verformungsdaten auf Raumtemperatur würde allerdings keine solche Versetzungsbeweglichkeit bei dieser Temperatur erwarten lassen. Die Entstehung von Versetzungen bei hohen Spannungen in Ge bei Raumtemperatur wurde auch von *Johnston* et al. (1958) beobachtet, wenn ein Kristall in Dreipunktbiegung unter einer CP4-Ätzlösung zerbrochen wurde. Oberflächen-Lamellen parallel zu $\{111\}$ und $\{123\}$ wurden dabei ebenfalls erzeugt und als Zwillingsspuren gedeutet. Versetzungsspuren auf bei Raumtemperatur gebogenem InSb beobachtete *Allen* (1957).

K. Theoretische Ansätze zur Beschreibung der Versetzungsbeweglichkeit in der Diamantstruktur

In HS war ein Modell von *Haasen* (1957) für den Kern der 60°-Versetzung in der Diamantstruktur beschrieben worden, dessen wesentlicher Zug ein atomarer Bindungsriß im Versetzungskern ist (vgl. Abb. 24). Damit sich eine solche Versetzung bewegen kann, müssen Atome diffusionsartig über den Riß springen. Das führt auf eine Versetzungsgeschwindigkeit von der Form (2) mit $m = 1$ und $B_1 = D_0 b^2/kT$. Aus den v-Messungen von *Chaudhuri* et al. (1962) folgt dann für Germanium $D_0 \approx 1\ \mathrm{cm^2/sec}$. Ein Verhältnis $U/U_{SD} \approx 1/2$ erscheint ebenfalls für die Diffusion im gestörten Versetzungskern durchaus vernünftig. Tatsächlich liegen die gemessenen m zwischen 1 und 1,5, das Reibungsverhalten der Versetzung weicht (schwach) von einem Newtonschen ab. Man kann das Rißdiffusions-Modell aber mit der nichtlinearen Form der Einsteinschen Beziehung auf größere Spannungen erweitern und erhält

$$v = \frac{D_0}{b} e^{-\frac{U}{kT}} \sinh\left(\frac{\tau b^2 l}{kT}\right) = e^{-\frac{U}{kT}} \sum_{n=0}^{\infty} \frac{B_{2n+1}}{(2n+1)!} \tau^{2n+1} \tag{26}$$

Dabei ist l der Abstand der Sprungstellen entlang der Versetzung. Damit bei Spannungen von einigen kp/mm² Glieder mit $n \neq 0$ bei Ge und 600 °C in Gl. (26) wirksam werden, muß l einige b lang sein. Es bleibt aber unverständlich, wieso über einen relativ großen Spannungsbereich $(2n+1)_{\mathrm{eff}} = m - 1{,}5$ gefunden wird. Für $\tau b^2 l \gg kT$ geht Gl. (26) in den Ansatz von *van Bueren* (1959) über, der offenbar auch für ein exponentiell temperaturabhängiges l (*van Bueren* 1960 b) den Meßergebnissen nicht gerecht wird. In *van Buerens* Model müssen zur Bewegung einer Versetzung elektronische und Atomumlagerungen im Versetzungskern (thermisch aktiviert) rückgängig gemacht werden, welche dort nach *Hornstra* (1958) eine energetisch günstigere Gleichgewichtskonfiguration erzeugen. Nach *van Bueren* sollen Atomverlagerungen ein Losreißen von Versetzungen an der oberen Streckgrenze erklären, Bindungsumlagerungen die Bewegung freier Versetzungen.

Holt (1962) hat kürzlich *Hornstras* kristallographische Konstruktionen für den Versetzungskern im Diamantgitter auf das Zinkblende-Gitter erweitert, in dem wegen der Polarität verschiedene Versetzungstypen zu unterscheiden sind. Es werden a) Bindungsumlagerungen im Versetzungskern und b) die Assoziation von Versetzungen mit Stapelfehlern diskutiert. Bei letzterem treten, wie in jeder geordneten AB-Struktur, falsche (BB-) Bindungen auf, die Stapelfehler energetisch ungünstiger als in der Diamantstruktur erscheinen lassen. Vgl. aber die Anm. b.d. Korr. im Abschn. E2c). *Holt* schließt daraus, daß die Verfestigung von InSb schwächer als die von Ge sein sollte, was sich aus den oben dargestellten experimentellen Ergebnissen allerdings nicht ergibt. *Holt* schätzt die Energieänderungen bei a) und b) in grober Weise ab und kommt dabei zu dem Schluß, daß Bindungsumlagerungen nach *Hornstra* (besonders bei Schraubenversetzungen, wo sie keine BB-Bindungen erzeugen) zu einer energetisch günstigeren Kernstruktur der Versetzungen führen als die Bildung von *Haasens* atomarem Riß. Auf der anderen Seite zeigt das unterschiedliche Ätzverhalten von In- und Sb-Versetzungen in InSb, daß nicht alle gebrochenen Bindungen im Versetzungskern durch Bindungsumlagerungen beseitigt werden. Ein ionogener Bindungsanteil sollte jedenfalls die Tendenz zu gerichteten und damit, im Versetzungskern, zu gebrochenen Bindungen vermindern. Zur Klärung dieser Fragen sind genauere energetische Berechnungen dringend erforderlich, wie sie neuerdings für die Leerstelle im Diamantgitter erfolgt sind (*Swalin* 1961, *Scholz* 1963).

Grundlage einer exakten theoretischen Beschreibung der Versetzungsbewegung in der Diamantstruktur ist die Berechnung des energetischen Unterschieds zwischen der Gleichgewichts- und der aktivierten Lage einer in dichtestgepackter Richtung verlaufenden Versetzung, d.h. in der Sprache der Versetzungstheorie, die Berechnung des *Peierls*-Potentials (vgl. *van Bueren* 1960 a). Seine größte Steigung ist die *Peierls* (*-Nabarro*)-„Kraft" τ_p, die bei $T = 0$ zur Bewegung einer solchen Versetzung aufgebracht werden muß. Die „Ausdehnung" der Versetzung ist wegen der gerichteten Natur der Bindungen in

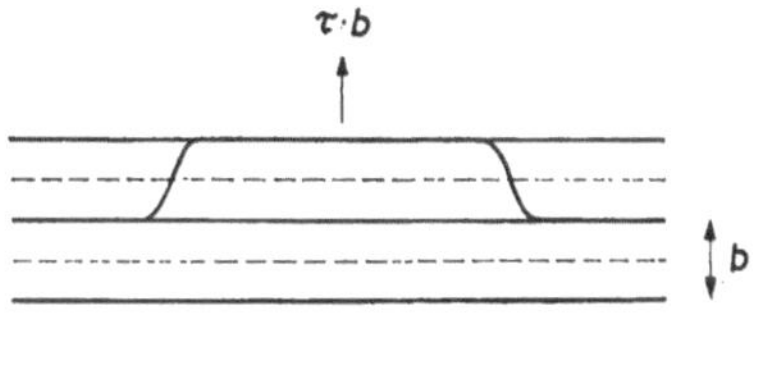

Abb. 33
Bewegung einer Versetzung im Peierlspotential (ausgezogene Geraden: Potentialminima, gestrichelte Potentialmaxima) mit Hilfe von Kinken unter einer Kraft τb/cm

der Diamantstruktur sehr klein und damit die erwartete Peierlskraft groß. Ein ionogener Bindungsanteil (in InSb) verschmiert die Versetzung, erniedrigt τ_p. Bei endlichen Temperaturen werden nach *Seeger* (1956) „Kinken" im thermischen Gleichgewicht gebildet, die die Versetzung lokal in das nächste Peierlstal werfen (Abb. 33). Diese Kinken breiten sich dort unter der Wirkung einer geeignet orientierten Spannung lateral aus, womit eine thermisch aktivierte Versetzungsbewegung beschrieben wird. *H. Suzuki* (1963) hat erstmals einen Versuch zur Berechnung der *Peierls*kraft und Kinkenbildungsenergie in der Diamantstruktur unternommen. Dazu wird die Änderung der Bindungsenergie zwischen zwei parallelen {111}-Ebenen (*Aα* in Abb. 24) der Diamantstruktur mit ihrer relativen Verschiebung in ⟨110⟩-Richtung und die dabei auf jedes Atom der einen Netzebene durch die der anderen ausgeübte Kraft *f* geeignet (nach *Leman* und *Friedel* (1962)) approximiert (besser als nach *Peierls* durch ein Sinus-Potential). Die bei der Einführung einer Versetzung in die beiden, durch die Netzebenen begrenzten Halbkristalle entstehenden Atomverschiebungen *u* werden aber durch die *Peierls*sche Lösung beschrieben. Dann läßt sich die zur Verschiebung der Längeneinheit der gesamten Versetzung um δx notwendige Kraft τb berechnen aus der Variation

$$\sum_i f_i \delta u_i = \tau \delta x b \tag{27}$$

wobei *i* die Atome der einen Netzebene durchläuft. *Suzuki* erhält daraus für Silicium eine maximale oder *Peierls*-„Kraft" von $\tau_p = 460$ kp/mm² und für Germanium von $\tau_p = 250$ kp/mm². Die Kinkenenergie berechnet sich dann aus *Peierls*kraft und Linienenergie der Versetzung nach *Seeger* (1956) zu 2,30 eV für Silicium, zu 1,67 eV für Germanium. Diese Werte stimmen unerwartet gut mit den Aktivierungsenergien *U* der Versetzungsbewegung in diesen Kristallen überein. Die Details der Rechnung sind allerdings bisher nicht bekannt, nach denen man z.B. Unterschiede zwischen 60 °- und Schraubenversetzung diskutieren könnte.

Anmerkung bei der Korrektur: *Labusch* (unveröffentlicht) hat kürzlich die *Peierls*energie von Germanium neu berechnet. Er leitet die Kräfte über die Gleitebene hinweg aus einem Potential kurzer Reichweite her, das den elastischen Konstanten, dem Gitterschwingungs-Spektrum und der Dissoziationsenergie angepaßt ist. Außerhalb der Gleitebene wird elastisch gerechnet. Die *Peierls*energie von Ge ergibt sich zu etwa 0,5 eV für 60°-Versetzungen. Zusammen mit der Linienenergie der Doppelkinke ergibt sich deren Bildungsenergie, die mit *U* in Gl. (2) identifiziert wird, zu ~ 1,5 eV. Die Übereinstimmung ist befriedigend.

Der Verfasser ist seinen Mitarbeitern Dr. *H. Alexander* und Dipl. Phys. *E. Peissker* für anregende Diskussionen und ihre Beiträge zu diesem Bericht, Dipl. Phys. *S. Schäfer*, *J. Hewing* und *B. Reppich* für die Überlassung unveröffentlichter Ergebnisse sehr dankbar. Die Deutsche Forschungsgemeinschaft hat die Arbeiten des Institutes über Halbleiterverformung in dankenswerter Weise gefördert. Die Forschungslaboratorien der Siemens-Schuckert AG und der AEG haben freundlicherweise InSb- und Silicium-Kristalle zur Verfügung gestellt. Herrn Dr. *J. Diehl* sei für die Durchsicht des Manuskriptes herzlich gedankt.

Literatur

M. S. Abrahams, Acta Met. **10**, 989 (1962).
M. S. Abrahams und *W. K. Liebmann*, Acta Met. **10**, 941 (1962).
E. Aerts, *P. Delavignette*, *R. Siems* und *S. Amelinckx*, J. Appl. Phys. **33**, 3078 (1962).
H. Alexander, Z. Metallkde **51**, 202 (1960).
H. Alexander, Z. Metallkde. **52**, 344 (1961).

H. Alexander und *P. Haasen*, Acta Met. **9**, 1001 (1961).
H. Alexander und *J. Hewing*, Vortrag Physikertagg. Pyrmont (1963); Veröffentlichung demnächst.
H. Alexander und *S. Mader*; Acta Met. **9**, 887 (1962).
J. W. Allen, Phil. Mag. **2**, 1475 (1957).
A. Art, E. Aerts, P. Delavignette und *S. Amelinckx*, Appl. Phys. Lett. **2**, 40 (1963).
W. Bardsley, Progr. Semicond. **4**, 156, London/Heywood (1959).
C. E. Birchenall und *F. H. Eisen*, Acta Met. **5**, 265 (1957).
T. H. Blewitt, R. R. Coltman und *J. K. Redman*, J. Appl. Phys. **28**, 651 (1957).
W. Bonfield, Diss. London (1961); *R. L. Bell* und *W. Bonfield*, Phil. Mag. **9**, 9 (1964).
U. Bonse, E. Kappler und *F. J. Simon*, Z. Naturf. **14a**, 1079 (1959).
U. Bonse, in „Direct Observation of Imperfections in Crystals" Interscience/New York, p. 431 (1962).
H. G. van Bueren, Physica **24**, 831 (1958).
H. G. van Bueren, Physica **25**, 775 (1959).
H. G. van Bueren, „Imperfections in Crystals", North Holland Publ. Co/Amsterdam (1960a).
H. G. van Bueren, Physica **26**, 997 (1960b).
R. Bullough, Proc. Roy. Soc. *A* **241**, 568 (1957).
A. R. Chaudhuri, J. R. Patel und *L. G. Rubin*, J. Appl. Phys. **33**, 2736 (1962); **34**, 240 (1963).
A. T. Churchman, G. A. Geach und *J. Winton*, Proc. Roy. Soc. *A* **238**, 194 (1956).
D. Dew-Hughes, IBM Journal **5**, 279 (1961).
J. W. Faust jr. und *A. Sagar*, J. Appl. Phys. **31**, 331 (1960).
V. Gerold und *F. Meyer*, Z. Physik **155**, 387 (1959).
J. J. Gilman, in „Fracture", J. Wiley/New York p. 193 (1959).
W. G. Goworkow, Kristallographie (russ.) **6**, 789 (1961).
W. G. Goworkow und *W. S. Papkow*, Festkörperphysik (russ.) **4**, 1846 (1962).
W. G. Goworkow und *W. R. Regel*, Festkörperphysik (russ.) **3**, 1324 (1961).
G. W. Groves und *A. Kelly*, J. Appl. Phys. **33**, 456 (1962).
P. Haasen, Acta Met. **5**, 598 (1957).
P. Haasen, Phil. Mag. **3**, 384 (1958).
P. Haasen, Z. Phys. **167**, 461 (1962).
P. Haasen und *A. Seeger*, Halbleiterprobleme **4**, Vieweg/Braunschweig, S. 68 (1958).
P. B. Hirsch, R. W. Horne und *M. J. Whelan*, Phil. Mag. **1**, 677 (1956).
D. B. Holt, J. Phys. Chem. Sol. **23**, 1353 (1962).
J. Hornstra, J. Phys. Chem. Sol. **5**, 129 (1958).
W. G. Johnston und *J. Gilman*, J. Appl. Phys. **30**, 129 (1959).
T. L. Johnston, R. C. Stokes und *C. H. Li*, Acta Met. **6**, 713 (1958).
G. Leman und *J. Friedel*, J. Appl. Phys. **33**, 281 (1962).
P. H. Metzger und *E. P. Warekois*, J. Appl. Phys. **30**, 960 (1959).
F. Meyer, Z. Physik **168**, 10 (1962 a); ibid. **168**, 29 (1962 b).
J. R. Patel, Phys. Rev. **101**, 1436 (1956).
J. R. Patel, private Mitteilung (1961); vgl. *J. R. P* und *A. R. Chaudhuri*, J. Appl. Phys. **34**, 2788 (1963).
J. R. Patel und *B. H. Alexander*, Acta Met. **4**, 385 (1956).
J. R. Patel, R. F. Tramposch und *A. R. Chaudhuri*, in „Metallurgy of Elem. and Compound Semiconductors" Interscience, New York, p. 45 (1961).
G. L. Pearson, W. T. Read jr. und *W. L. Feldmann*, Acta Met. **5**, 181 (1957).
E. Peissker, P. Haasen und *H. Alexander*, Phil. Mag. **7**, 1279 (1962).
P. Penning und *G. de Wind*, Physica **25**, 765 (1959).
F. Pfaff, Z. Metallkde **53**, 466 (1962).

B. Reppich, Diplomarbeit Göttingen (1963); *B. Reppich, P. Haasen* und *B. Ilschner*, Acta Met. im Druck.

W. C. Roth und *J. G. White*, J. Appl. Phys. **30**, 946 (1959).

S. Schäfer, Diplomarbeit Göttingen (1963); *S. Schäfer. H. Alexander* und *P. Haasen*, Phys. Stat. Sol. **5**, 247 (1964).

A. Scholz, Phys. Stat. Sol. **3**, 42 (1963).

A. Seeger, Phil. Mag. **1**, 651 (1956).

A. Seeger, in Handbuch d. Physik, Bd. VII, 2, S. 1, Springer/Berlin-Göttingen-Heidelberg (1958).

A. Seeger, R. Berner und *H. Wolf*, Z. Phys. **155**, 247 (1959).

A. Seeger und *H. Träuble*, Z. Metallkde **51**, 435 (1960).

F. Seitz, Phys. Rev. **88**, 722 (1952).

H. Suzuki, J. Phys. Soc. Japan **18**, Suppl. I, 182 (1963).

R. A. Swalin, J. Phys. Chem. Sol. **18**, 290 (1961).

W. D. Sylwestrowicz, Phil. Mag. **7**, 1825 (1962).

J. Weertman, J. Appl. Phys **26**, 1213 (1955).

A. GOETZBERGER*

Avalanche Breakdown in Silicon**)

With 25 Figures

Abstract

A review of recent theoretical and experimental work in the field of avalanche breakdown in silicon is given. By using *Baraff's* [1] theoretical curves, one can interpret measurements of current multiplication. The majority of junctions contain points of lower breakdown voltage, the so-called microplasmas. It can be shown that these microplasmas are correlated with crystal imperfections, most likely oxide precipitates. Multiplication measurements with very small light spots can be used to determine the effective area of microplasmas. A model describing most properties of microplasmas has been developed. Techniques for the fabrication of microplasma-free junctions have also been developed. It has been shown that there is no basic difference in the mechanism governing breakdown in microplasmas and microplasma-free junctions. Striations of resistivity in the *crystal* material were discovered by means of light emission from microplasma-free junctions.

I. Introduction

The reverse characteristic of a pn junction (see Fig. 1) consists of two distinctly different regions, a blocking region and a breakdown region. At low voltages reverse currents are very small and mostly caused by space charge recombination [2] and surface effects. A very rapid increase of current is observed at the breakdown voltage. Avalanche breakdown, which in most cases dominates the second region, is the subject of this paper. In the avalanche breakdown mode current is generated by impact ionization. Another breakdown mechanism is the internal field effect which is a quantum mechanical tunnelling process occuring only in junctions having very narrow space charge layers. Tunnelling junctions have breakdown voltages below six volts.

Originally it was believed that all the junctions were breaking down by the field effect mechanism [3], which led to the misnomer of *Zener* diodes for voltage regulating diodes (*Zener* [4] had first postulated this breakdown mechanism). *McKay* and *McAffee* [5] found in 1953 that avalanche breakdown prevails in most practical junctions. Criteria for the two mechanisms are given in Table 1.

---

*) Shockley Laboratory of |Clevite Transistor Palo Alto, California, present Adress: Bell Telephone Laboratories, Murray Hill, New Jersey.

**) A considerable part of the research reported here was supported by Air Force Cambridge Laboratories and Diamond Ordnance Fuze Laboratories, U.S.A.

Table 1. Criteria for Field Effect and Avalanche Effect

	Field Effect	Avalanche Effect
Multiplication	None	Yes
Breakdown Voltage V_B	0 – 6 volts	> 4 volts
Temperature Coefficient of V_B	Negative	Positive
V-I Characteristic	Soft	Hard

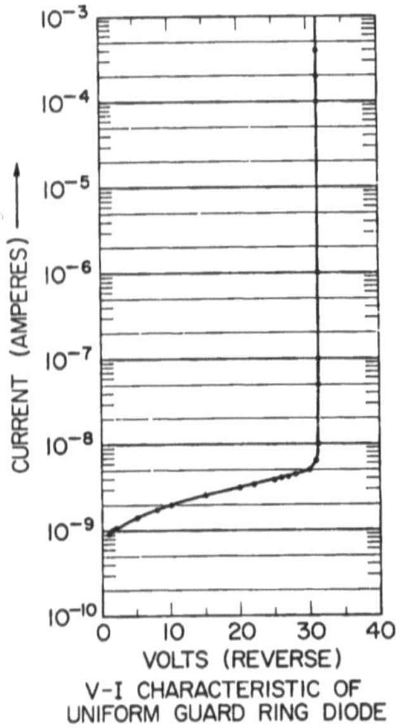

Fig. 1
Reverse V-I characteristic of structurally perfect junction.

The most important criterion for determining whether avalanche effect is present or not is the measurement of carrier multiplication. In a junction exhibiting avalanche multiplication, the injected carrier current I_0 is multiplied by a voltage dependent multiplication factor $M(V)$, as given by

$$I(V) = I_0 M(V) \tag{1.1}$$

$M(V)$ is 1 at low voltage and goes to infinity at the breakdown voltage V_B. A generally used approximation for M is [6]

$$M = \frac{1}{1-\left(\frac{V}{V_B}\right)^n} \tag{1.2}$$

where n is a constant between 1 and 5. For voltages close to the breakdown voltage, a simpler expression holds [7]:

$$\frac{1}{M} = \frac{n}{V_B}(V_B - V) \tag{1.3}$$

McKay [8] applied the same principles that had been developed earlier for ionized gases by *Townsend* [9] to ionization in pn junctions, and derived the following dependence of multiplication factor on ionization coefficient α:

$$1-\frac{1}{M}=\int_0^w \alpha \mathrm{d}x \tag{1.4}$$

where w = width of space charge layer. This relation is only valid for low multiplication and equal ionization rates of holes and electrons.

Considerable difficulties were encountered in theoretical interpretation of experimental results. The contributions of *Wolff* [10], *Shockley* [7], and *Baraff* [1] to ionization theory will be discussed in Section II of this paper. Experimental work in the field of avalanche breakdown centered around the fabrication of junctions approaching ideal behavior on one hand, and understanding and controlling imperfections on the other. Most practical junctions have small, light emitting regions of lower breakdown voltage, so-called microplasmas. Recent studies of microplasma behavior have resulted in a new model [11] describing many aspects of the microplasma itself and elucidating breakdown in general. From the current fluctuations found in microplasmas, interesting conclusions regarding built-in traps and triggering of avalanche pulses can be drawn. Section III of this paper deals with these phenomena.

Junctions without microplasmas can only be made with very refined fabrication techniques. Two laboratories have thus far reported success in producing junctions without microplasmas [12], [13]. Results obtained on such junctions are reported in Section IV of this paper. Junctions without microplasmas nevertheless show nonuniformity of light emission, due to statistical fluctuations of donors and acceptors, as predicted by *Shockley* [7]. Superimposed on these statistical fluctuations one finds in most cases striations of light emission that arise from nonuniform incorporation of impurities during crystal growth. In Section IV-B these observations will be treated in greater detail.

II. Secondary Ionization

A. Background

A theory of secondary ionization has to describe the dependence of ionization rates per cm of holes and electrons upon the electric field. Experimental measurements of this dependence have been carried out by a number of workers [5, 6, 8, 14, 15], usually by determining the multiplication of injected carriers (see Section II-B), versus voltage in pn junctions. Capacitance versus voltage is measured for the same junction and if the distribution of impurities in the junction is known, the electric field within the space charge layer can be calculated. Evaluation of experimental data is complicated by the fact that the electric field in most junctions is not uniform but is either linear for a step junction or parabolic for a linearly graded junction or a combination of both. Usually the experimental ionization factors are obtained as a function of the maximum field E_{max} in the junction. Approximations have to be made to arrive at this result, and better data can be expected when p-i-n junctions having a nearly uniform field are used for the measurement of ionization. Only recently have such structures been made with satisfactory characteristics [16].

Fig. 2 shows available experimental data on ionization coefficients versus field reported by *Chynoweth* [15]. There is a considerable scatter but all of the curves have in common that the logarithm of the ionization rates is linear with the reciprocal electric field over a wide range of fields.

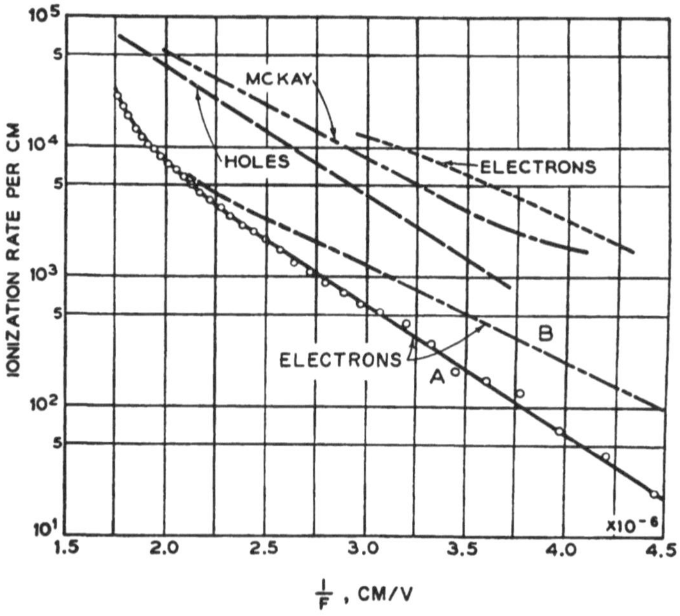

Fig. 2
Logarithm of ionization coefficients of holes and electrons versus reciprocal electric field after **Chynoweth** [15]

B. Theory

The theoretical treatment of secondary ionization starts from the distribution function for hot electrons. The band structure of the silicon is generally neglected. Different approximations have been introduced at this stage by different workers and the results obtained depend crucially on these approximations. *Wolff* [10] assumes an isotropic distribution of momentum. This assumption is equivalent to a diffusion theory approximation in which the electrons undergo many collisions in transport from one energy to another. *Wolff's* theory results in the following field dependence of α:

$$\alpha(F) = a \exp\left(-\frac{c}{F^2}\right) \tag{2.1}$$

where F = electric field, a, c = constants. This dependence is obviously not observed in silicon (see Fig. 2), but it was recently found [17] that it describes the conditions in GaAs correctly.

Shockley [7] uses a different approach to calculate ionization rates. He assumes that only those electrons which have achieved high energy without collision are important for ionization. The distribution function for these electrons is a spike in the direction of the field. The field dependence of α in this case is given by

$$\alpha \approx b \exp(-E_i/q\lambda F) \quad (2.2)$$

where E_i = ionization energy, q = elementary charge, λ = mean free path of electrons, b = constant. Relation (2.2) provides a reasonable fit for the silicon data, particularly when the theory is modified to account for the carriers that are scattered at intermediate energy and do not return to zero energy [18].

A further advance in ionization theory was made by *Baraff* [1]. He could show that *Wolff's* theory is valid for relatively high fields and *Shockley's* for relatively low fields. The criterion for the validity of the two theories is

$$F \leqslant E_R/q\lambda \ : \ \textit{Shockley}$$

$$F \geqslant E_R/q\lambda \ : \ \textit{Wolff}$$

where E_R = energy of optical phonon.

In many cases the fields of interest are of intermediate strength, so neither of the two theories is applicable.

$$T(E,0) = Q^{-1} \exp(-E/Q).$$

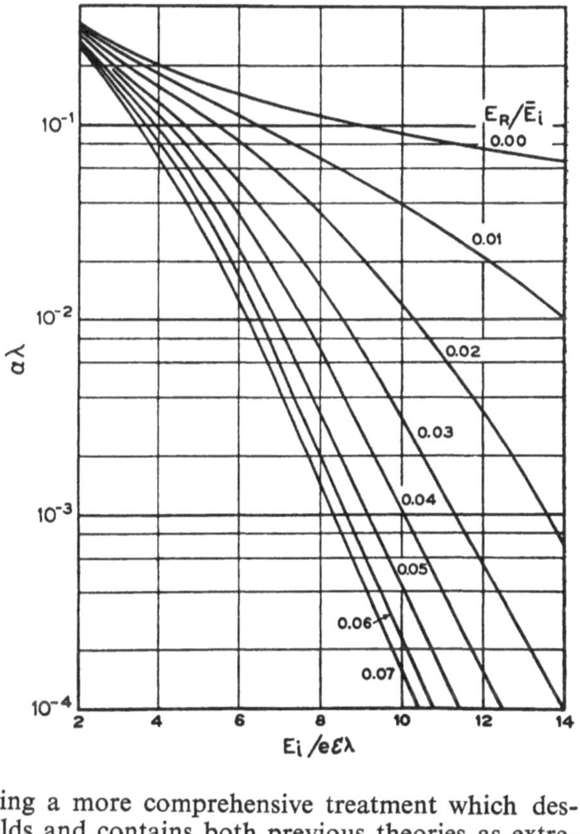

Fig. 3
Universal plot of logarithm of ionization coefficient versus reciprocal electric field after Baraff [1]

Baraff succeeded in developing a more comprehensive treatment which describes the entire range of fields and contains both previous theories as extremes. He starts from an integral equation for the collision density of electrons. The integral equation is numerically solved to obtain the set of curves given in Fig. 3. Experimental data can be fitted to those curves and mean free path λ and ionization energy E_i can be determined when E_R is known. The parallel straight lines in the lower portion of the figure correspond in their slope to the predictions of *Shockley's* theory, the concave downward curves in the upper part of the figure have a form suggesting *Wolff's* theory.

C. Multiplication Measurements

1. Experimental Technique

Electron or hole multiplication is usually measured by injecting minority carriers into the pn junctions. Current with and without applied bias is compared after the effects of leakage current have been subtracted. For meaningful measurements, the injected current has to be large compared to the leakage current because in general the leakage current consists of surface and space charge contributions, both of which do not follow the usual multiplication law.

Different means of injection of minority carriers have been used. *McKay* [8] irradiated *with light or* alpha particles and *Miller* [6] used injection from another junction in a transistor structure. The most widely used technique employs light that is falling onto a shallow junction [6, 14, 15]. Electron hole pairs are generated by absorption of photons and those minority carriers that are produced within a diffusion length from the space charge layer are drawn across the junction and multiplied. An important criterion for a properly working experimental arrangement is independence of measured multiplication factors from light intensity. Best results are obtained when the incident light is chopped with a constant frequency and the multiplied current is amplified

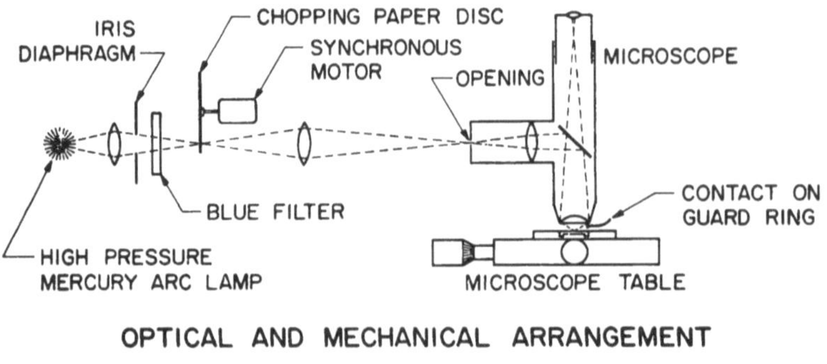

Fig. 4
Experimental setup for multiplication measurement. Chopped light is used. Very small light spot results from focussing small illuminated spot through microscope optics.

using a filter that passes only the chopping frequency. A practical experimental arrangement is shown in Fig. 4 [19]. The setup in Fig. 4 permits the use of light spots as small as $1-2$ µm for the multiplication measurements, which is important for determining local variations of breakdown voltage.

2. Significance of 1/M Plots

As mentioned in Section I, the dependence of multiplication upon voltage can be described by the simplified law (1.3) for the voltage range approaching breakdown voltage. Considerable information about junction properties can be gained by plotting reciprocal multiplication versus voltage. From (1.3) we expect $1/M$ to be a straight line intersecting the voltage axis at $V = V_B$. Plots like this have been obtained, as illustrated in Fig. 5 (only hole multiplication can be used for these experiments because the electron multiplication curve shows a bend at high voltage, probably because of the influence of the

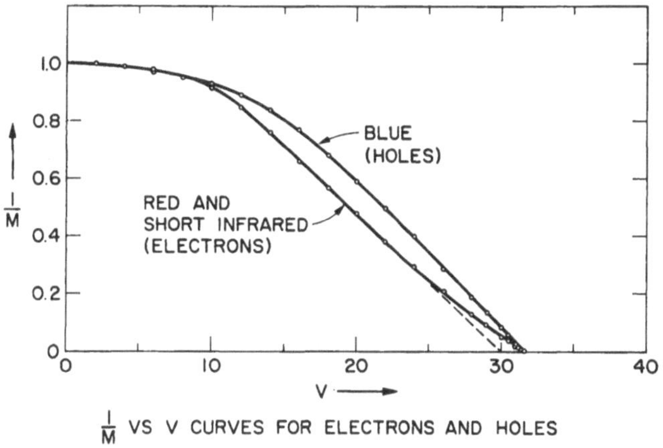

Fig. 5
Reciprocal multiplication factor versus voltage for structurally perfect junction. Electron and hole multiplication are measured separately by using different wavelengths of light. Only hole multiplication curve is straight.

lower ionization rate of holes). In order to obtain a $1/M$ plot that is linear all the way, breakdown voltage has to be uniform throughout the illuminated area. If there is a localized region of lower breakdown voltage, — for instance, a microplasma — within the area covered by the light spot, the $1/M$ curve will be modified to have two slopes, one associated with the uniform breakdown voltage, the other one with that of the localized region. The following simple consideration shows that the two slopes can be used to determine the effective area of the low breakdown region.

Let the multiplication factor in the large uniform region be M_u, in the much smaller low breakdown region be M_m. The corresponding areas are A_u and A_m with

$$\frac{A_m}{A_u} = a_m \tag{2.3}$$

The fraction a_m of the light area falls upon the local region.

When a current I_0 of photocarriers is generated uniformly over the area A_L, then a fraction a_m flows across the local region and a fraction a_u across the uniform region (evidently $a_m + a_u = 1$). The total current flowing across the junction is then given by

$$I = MI_0 = (M_m a_m + M_u a_u) I_0 \tag{2.4}$$

where M is the observed multiplication of the photocurrent.

In the uniform region $1/M$ is given by Eq. (1.3):

$$1/M = (V_u - V)n_u/V_u \tag{2.5}$$

where V_u is the breakdown voltage and n_u the slope factor in the uniform area. For the low breakdown region we have

$$1/M = (V_m - V)n_m/V_m \tag{2.6}$$

with $V_m < V_u$. For voltages substantially below V_m the multiplication is dominated by the uniform region on which most of the light falls. As V_m is approached the smaller region will dominate and we may write

$$M \approx M_m a_m \tag{2.7}$$

for V in the neighborhood of V_m (Fig. 6). The slope in the low voltage region is given by

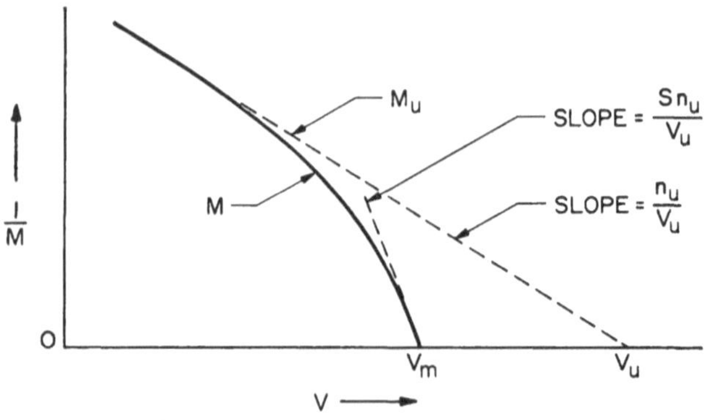

DEFINITION OF TERMS USED IN ANALYSING INHOMOGENEOUS CASE

Fig. 6
Reciprocal multiplication factor modified by microplasma.

$$-d(1/M)/dV = n_u/V_u \tag{2.8}$$

and in the high voltage region by

$$-d(1/M)/dV = n_m/V_m a_m. \tag{2.9}$$

The ratio S of the two slopes is then

$$S = (n_m/V_m a_m)(V_u/n_u) \tag{2.10}$$

If the lowering of the breakdown voltage from that of the uniform region is not very large, then n_m will be approximately equal to n_u, and we may solve (2.10) for a_m

$$a_m \approx \frac{V_u}{V_m S} \tag{2.11}$$

From a_m the area of the low breakdown region can be calculated, provided the area of the light spot is known.

Equation (2.11) can be used to determine the active areas of microplasmas. Areas between less than one micron and five microns have been found [19]. Another application of $1/M$ plots is the determination of the ideal breakdown voltage of imperfect junctions. It is almost always possible to find a larger undisturbed region within a junction whose multiplication can be measured up to a voltage close to the breakdown voltage of the first microplasma in the junction. Even though the breakdown voltage of the uniform region cannot be reached electrically, it can be determined by extrapolating the $1/M$ plot to zero. Plots of this kind give very useful information on how far below the bulk breakdown voltage the microplasmas occur—in other words, on the degree of perfection of a given junction.

The variation of breakdown voltage associated with resistivity striations described in Section IV-B was measured by scanning with a light spot and measuring multiplication.

III. Microplasmas

A. Background

The fact that microplasmas emit visible light has first been noticed by *Newman* [20]. Fig. 7a and b shows the same area of a diffused junction at

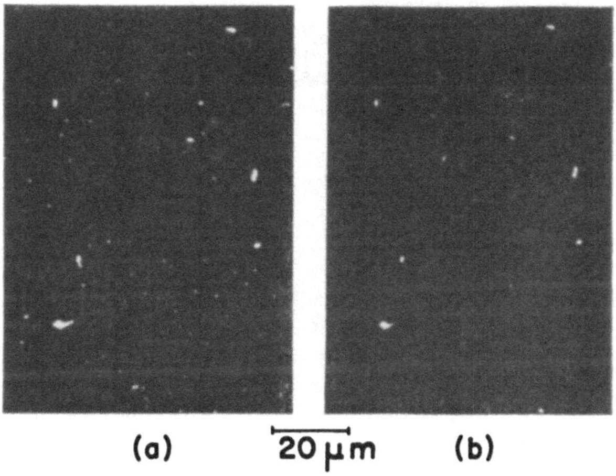

Fig. 7
Light emission from junction containing microplasmas:
a) low voltage;
b) high voltage.

different voltages. The increase in the number of microplasmas with increasing voltage can easily be seen. Microplasmas of different sizes can also be recognized. The junction is very close to the surface to make observation of light emission possible (see Fig. 19). The spectral distribution as measured by *Chynoweth* and *Pearson* [21] indicates that the light is generated by recombination of hot carriers. The quantum efficiency of light output is very small, usually less than 10^{-8}.

B. Microplasmas and Crystal Defects

Experimental evidence indicates that microplasmas are caused by localized high field regions within the junction. It was found that microplasmas are associated with various crystal imperfections. *Chynoweth* and *Pearson* [21] presented evidence that they occur at dislocations. *Goetzberger* and *Stephens* [22] confirmed this finding by investigations on low angle grain boundaries, but they also showed that there is no one-to-one correspondence between dislocations and microplasmas. Fig. 8 shows a string of microplasmas along the grain boundary. The dislocations is this 7° grain boundary are only 40 Å apart, whereas the closest spacing between microplasmas is 7000 Å. Therefore, one concludes that less than 1% of the dislocations participate in microplasma breakdown. Since after all that is known about dislocations in grain boundaries there is no significant difference between the dislocations, we have to assume

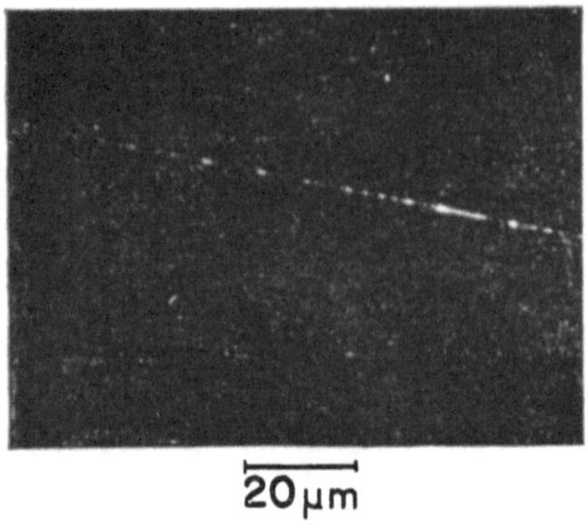

Fig. 8
Microplasmas on a grain boundary with 7° misfit.

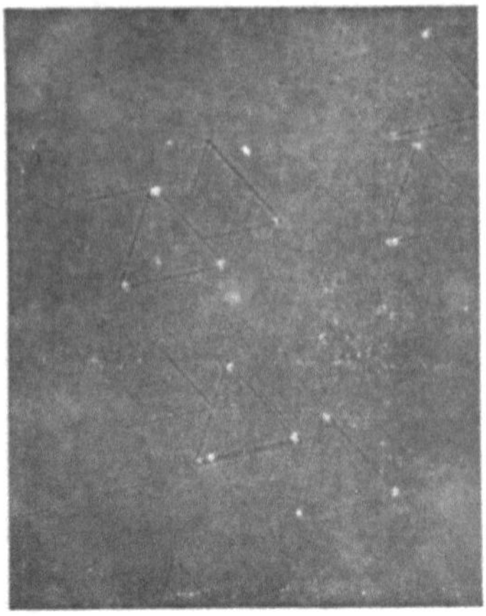

Fig. 9
Microplasmas at bends of stacking faults in epitaxial silicon.

that dislocations are not the immediate cause of microplasma breakdown. It has also been demonstrated recently [23] that microplasmas occur preferentially at the bends of stacking faults in epitaxial silicon (Fig. 9). These bends are associated with stair rod partial dislocations. Multiple microplasmas at the corners of the stacking fault triangles were due to several bends of the stacking faults which have previously been found by electron microscopy [24]. In this case too it was found that not all the stair rod dislocations are associated with microplasmas.

A very attractive hypothesis explaining these observations has been suggested by *Shockley* [7]. According to his model, field enhancement is caused by precipitates of dielectrics, for instance SiO_2 or SiC. The field distribution a-

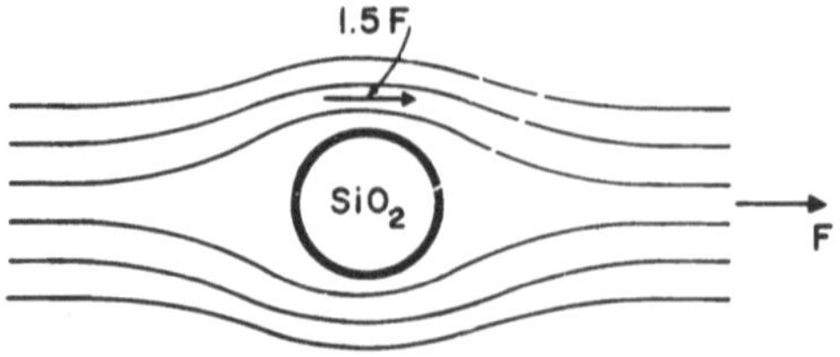

Fig. 10
SiO_2 precipitate model of microplasma.

round such a precipitate is shown in Fig. 10. (A spherical shape is assumed for simplicity). Because the dielectric constant of the spherical precipitate is much lower than that of silicon, the field will be about 1.5 times stronger around the periphery than in the surrounding material. Precipitates are nucleated preferentially at dislocations; therefore the experimental facts are in accordance with this model. In dislocation-free junctions, microplasmas are randomly distributed (Fig. 7). *Goetzberger* and *Stephens* [22] measured the number of microplasmas versus voltage and found the behavior depicted in Fig. 11

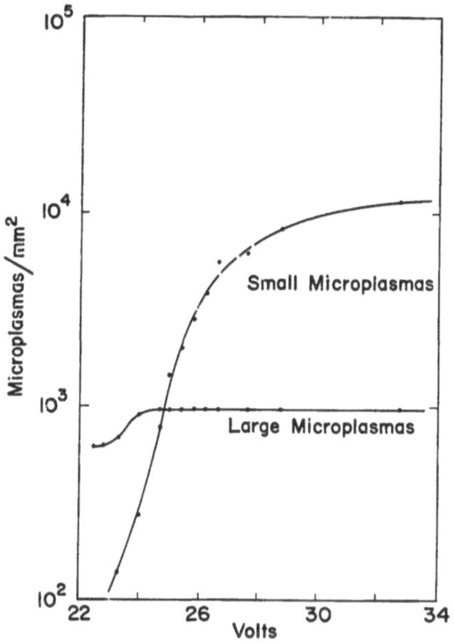

Fig. 11
Dependence of microplasma density on voltage. Large and small microplasmas are plotted separately.

clearly indicating a saturation of the number of microplasmas. The conclusion drawn from curves like this is that there is an upper limit of the number of possible microplasma sites, which is again in agreement with the oxide precipitate hypothesis. It should be noted here, however, that no direct proof of the correlation of precipitates and microplasmas has yet been found.

Another hypothesis not involving precipitates has been suggested by *Chynoweth* and *Pearson* [21]. They propose that the deformation potential of about 0.2 μV near a dislocation can have an important influence on microplasma formation. *Shockley* [7] has shown that this voltage is not sufficient to influence motion of carriers in the space charge region appreciably.

It has also been proposed [25] that field enhancement should be caused by enhanced diffusion along dislocations. This diffusion effect is illustrated in Fig. 12 [26] where a diffusion spike can be seen at a grain boundary. But the conclusion that a lower breakdown voltage results at the spike is questionable, because if the surface concentration of the diffusant is uniform, the impurity gradient will be less at the spike, owing to the further penetration. Therefore, breakdown voltage should be higher at the spike.

It has also been noticed that microplasmas are associated with regions of chemical attack on the surface [13]. This can be explained if it is assumed that the attack occurs during diffusion. In this case, in the regions where pits are forming, diffusion is governed by a moving boundary, resulting in a higher gradient at the junction, and thus a lower breakdown voltage. Part of the microplasmas observed at dislocations could thus also be explained by preferential thermal etching during diffusion.

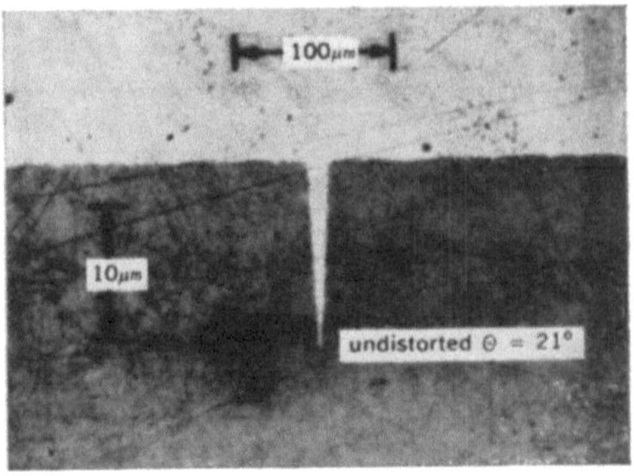

Fig. 12
Diffusion spike at grain boundary, made visible by angle lapping and staining. Note different scale in two dimensions. Θ is angle at the tip of the spike.

C. Electrical Behavior of Microplasmas

The electrical behavior of microplasmas has been puzzling for many years. The most significant fact about microplasmas is the characteristic current instability at breakdown, which is illustrated in Fig. 13. If the diode is operated

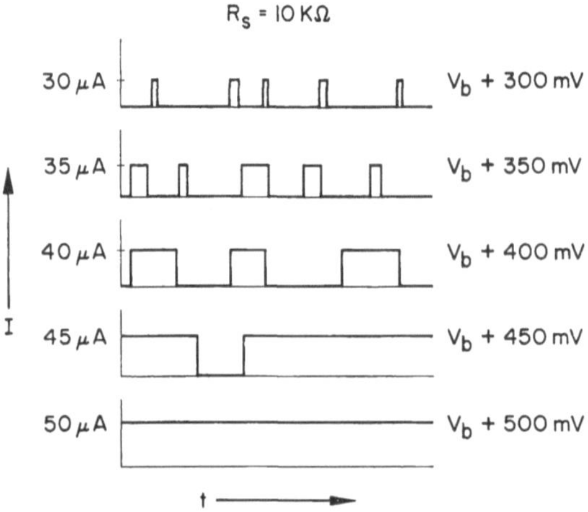

Fig. 13
Current pulses of typical microplasma for five different voltages. Note increase of pulse length and pulse height with increasing voltage.

with a low resistance in series, the microplasma passes current as square pulses. The length and repetition rate of the pulses fluctuate statistically around an average value corresponding to the dc current flowing through the microplasma [8]. The pulse height is fixed for each voltage but increases with increasing voltage. The repetition rate of pulses fluctuates widely from one microplasma to another. It is evident that the same average current can be made up by various sets of repetition rate and pulse length. Some microplasmas, in fact, have such a high repetition rate that it is necessary to use very high frequency equipment for the detection of the pulses. The rise time and fall time of the pulses is extremely short, probably of the order of the transit time through the space charge layer [27].

Champlin [28] and *McIntyre* [25] have developed a phenomenological theory describing the statistics of microplasma pulses. According to these authors, microplasma noise is characterized by turn-on probability p_{01} and turn-off probability p_{10}.

Turn-on probability is mainly determined by the number of minority carriers entering the microplasma region and generating a pulse. Thus it is possible to enhance the pulse rate by illuminating the junction. There is, however, in some cases a numerical discrepancy between number of pulses and number of minority carriers than can be resolved by the trap model to be discussed below.

Turn-off probability, on the other hand, depends only on current. In Fig. 14 turn-off probability per second versus pulse current is given for a typical microplasma for a range of more than 10 decades [11].

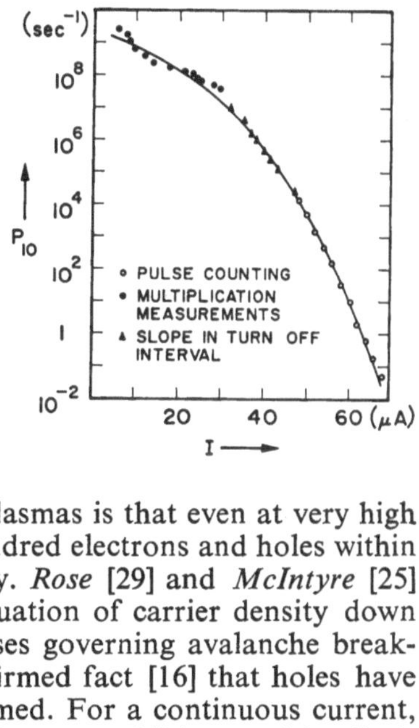

Fig. 14
Turn-off probability per second versus pulse current for a typical microplasma. Three different techniques were used for measurement in different regions.

One of the most puzzling properties of microplasmas is that even at very high pulse currents, which correspond to several hundred electrons and holes within the plasma, there is a finite turn-off probability. *Rose* [29] and *McIntyre* [25] tried to explain the turn-off by a chance fluctuation of carrier density down to zero. A better understanding of the processes governing avalanche breakdown might result from the very recently confirmed fact [16] that holes have much lower ionization rates than usually assumed. For a continuous current, both holes and electrons have to ionize in order to establish a positive feedback cycle. If the ionization rate of holes is much lower than that of electrons, a large number of holes have to be present to produce one or two secondary electrons. Thus it may be possible to explain the high pulse currents.

An improved model for the electrical behavior of a microplasma has been worked by *Haitz* [11]. The microplasma is characterized by three components, namely two constants and one continuous function. The constants are breakdown voltage V_B and series resistance r_s, the continuous function is the dependence of turn-off probability on current. *Haitz's* model is illustrated in Fig. 15. The breakdown V_B can be determined in two ways: 1) by extrapolation of $1/M$ to zero (the left curve in Fig. 15 shows this extrapolation); 2) by extrapolation of the resistive part of the V-I characteristic to zero current, as demonstrated on the right side of Fig. 15. Both values are equal within the experimental accuracy. V_B is fixed by the condition that the field strength in the central part of the junction has to be equal to the breakdown field. If the applied voltage is raised above V_B, the voltage across the plasma in the on-condition itself does not change appreciably because a very small increase of voltage

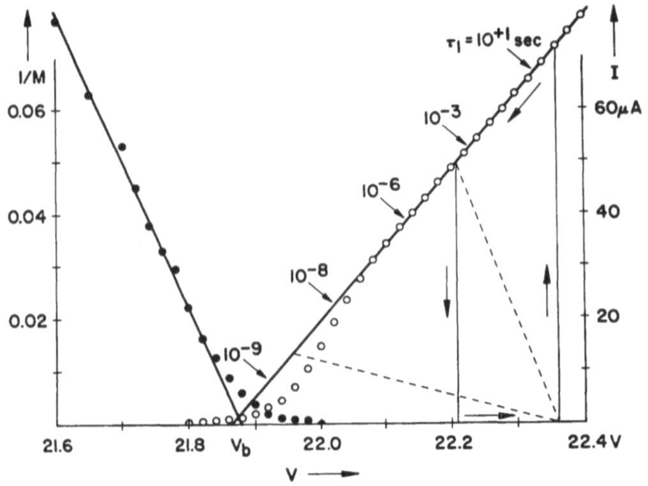

Fig. 15.
Left side shows dependence of 1/M on voltage, right side current through microplasma on same voltage scale. Numbers of turn-off probabilities are given for several points along the curve. Cycle indicated by arrows corresponds to one current pulse.

causes an enormous increase of current. Practically all of the voltage drop above V_B is therefore across the series resistance. This resistance is made up of two parts:

1. Space charge resistance. As shown by *Shockley* [7], carriers of one sign moving through the outer parts of the depletion layer are setting up a field that tends to reduce the field in the center part of the junction. This leads to an effective series resistance R_{sc}, given by

$$R_{sc} = (W^2/A)(1/3\, K v_d) = (W^2/A) \cdot 16{,}000\ \Omega$$

with W = depletion layer width, A = area of microplasma, K = dielectric constant for silicon, v_d = limiting drift velocity.

2. Spreading resistance from the microplasma. Since in most practical junctions one side of the junction has a very low resistivity, only spreading into the higher resistivity part has to be considered. Under these conditions the spreading resistance is given by

$$R_{sp} = \varrho/2D$$

where D = diameter of microplasma, ϱ = resistivity.

In most cases the contribution from the space charge resistance is higher than that from the spreading resistance.

In *Haitz's* microplasma model (Fig. 15), each point along the resistive part is associated with a turn-off probability by a curve like the one in Fig. 14.

Pulses are extremely short in the neighborhood of V_B; therefore, this part of the curve cannot be measured accurately and V_B has to be extrapolated. The pulses grow longer as voltage is increased, until the microplasma is continuously in the on-condition.

The importance of traps for microplasma behavior has been pointed out by *Shockley* [7] and was experimentally confirmed by *Haitz* [30]. *Haitz* observed pulse groups (Fig. 16) when microplasmas were operated at low temperature.

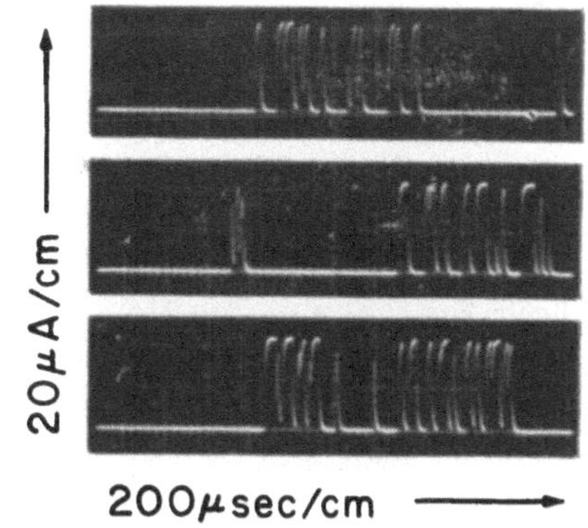

Fig. 16
Current pulses caused by traps in microplasma. Observed at temperature of liquid nitrogen.

This can be explained by traps in the microplasma getting charged during one pulse and then causing subsequent pulses by release of carriers. Haitz could show that turn-on probability drops strongly with the time elapsed after the last pulse. Obviously charge is leaking off the traps, thus reducing turn-on probability. These effects cannot be so clearly observed at room temperature because there are more thermal carriers initiating pulses. Naturally the trap density varies considerably from one microplasma to the other, which accounts for the difference of turn-on probability that is observed in different microplasmas. The above-mentioned discrepancy, that there can be many more pulses than thermal carriers passing through the microplasma, is resolved by assuming the presence of traps.

Traps may also be responsible for the interaction between different microplasmas that has been observed by *Haitz* [30] and *Ruge*, and *Keil* [31]. If there are

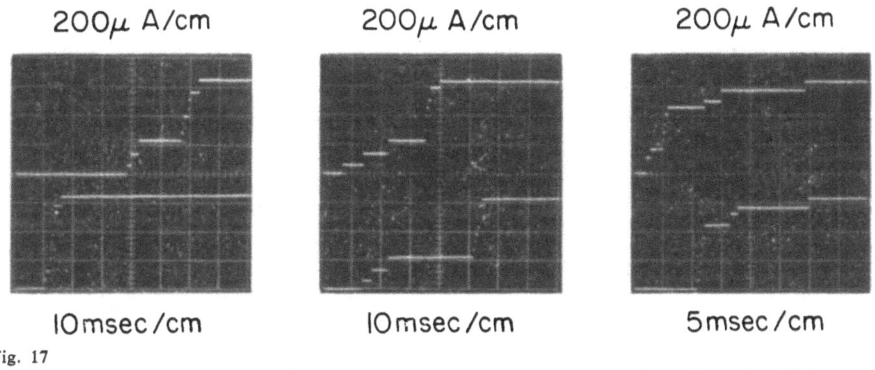

Fig. 17
Current through junction containing 10 microplasmas. Vertical axis current, horizontal axis time. Voltage pulse across diode and oscilloscope trace were triggered at the same time.

several microplasmas with approximately the same breakdown voltage is one diode, then the turn-on probability of all other, microplasmas is increased when one microplasma is in the on-condition. Fig. 17 was obtained from such a diode containing 10 microplasmas. When a voltage pulse of sufficient amplitude to turn on all the microplasmas is applied, then nothing happens during a certain time interval. As soon as the first microplasma switches on, all the others follow within a time short compared to the waiting time until the first pulse occurred. The location of the various microplasmas from Fig. 17 are shown in Fig. 18. This interaction obviously takes place over distances of more than

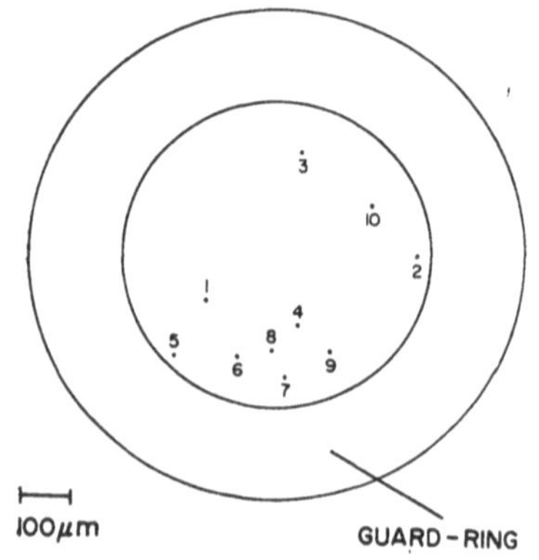

Fig. 18
Locations of microplasmas corresponding to preceding figure on guard ring diode.

100 µm. At present the mechanism by which this interaction occurs is not known. It may be caused by release of carriers from traps by infrared light or phonons emitted from conducting microplasmas. Another possibility is back scatter of hot carriers, which are then reaching other microplasmas [32].

IV. Uniform Junctions

A. Basic Concepts and Experiments

From the theoretical point of view, a junction without imperfections that breaks down uniformly over its entire area is of maximum interest. Such junctions were produced by *Batdorf* and coworkers [12], and later by *Goetzberger* and coworkers [13]. Great care has to be taken to avoid microplasma breakdowns. In the absence of disturbances over the area of a junction, the most likely location for breakdown is the intersection of the junction with the surface. Therefore, a so-called guard ring structure is employed for uniform junctions in which the actual junction area is enclosed by a ring-shaped region of higher breakdown voltage. An example of such a structure is shown in Fig. 19. The difference in breakdown voltage is achieved by two diffusions, first a long deep diffusion for the guard ring, resulting in a low gradient of impurities and thus a high breakdown voltage, and then a short, shallow diffusion for the active diode part. The use of a guard ring, however, does not assure uniform breakdown because numerous disturbances can occur in the area enclosed by the guard ring. The active junction has to be very shallow because uniformity of breakdown can best be judged by inspection of light emission. It seems that such shallow junctions are easily attacked from the surface during diffusion. Even with great precautions, the percentage of microplasma free junctions is quite low. Fortunately, most microplasmas occurring in these guard ring junctions have breakdown voltages close to the bulk breakdown, and due to their high series resistance, it is possible to raise the applied voltage above bulk breakdown. Interesting features of bulk breakdown can thus be observed without interference, except in the immediate vicinity of microplasmas. Light emission from a microplasmafree diode is depicted in

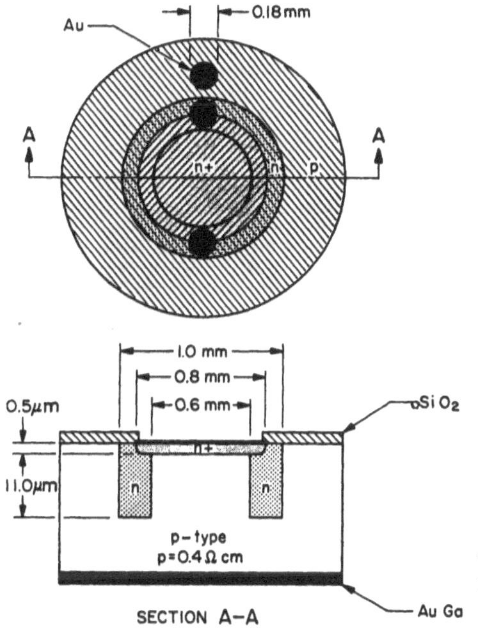

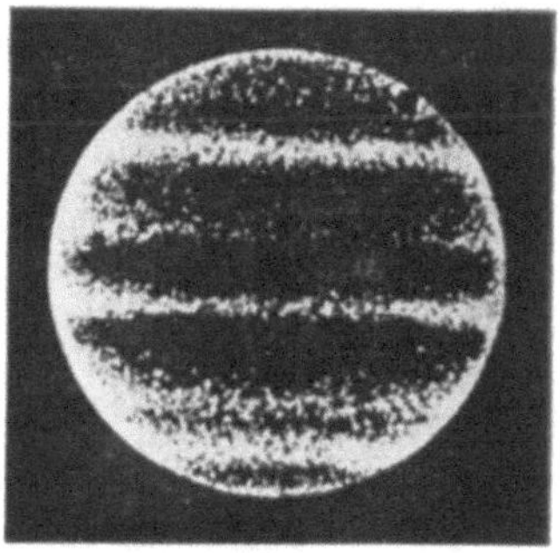

(a)

Fig. 20
Light emission from microplasma-free diode.

Fig. 19
Top view and cross section of guard ring structure. Black dots are evaporated gold contacts.

Fig. 20. From Fig. 20 it becomes obvious that it is not very appropriate to call such a junction a uniform junction, but because that name has been introduced it will also be used in this paper.

We notice two types of nonuniformity in the light emission, large scale striations, and small light-emitting dots making up the striations. The striations are due to striations of resistivity of the bulk crystal and will be further discussed in the following subsection.

The second type of nonuniformity is of a very basic nature, as was pointed out by *Shockley* [7].

Even if a junction is entirely free from crystal imperfections, there will be fluctuations of breakdown voltage due to the statistical distribution of donors and acceptors. For purposes of calculation, the depletion layer of a step junction is divided into cubes and the statistical distribution of the number of donors or acceptors in each cube is evaluated. (Fig. 21). The breakdown voltage depends on the number of impurities, as outlined on top of Fig. 21. (The breakdown field F_B is assumed to be independent of breakdown voltage.) If the average number of donors per cube is m, then the probability of finding a donor in a cube is given by a Poisson distribution

$$P(a) = m^a e^{-m}/a! \approx (2\pi m)^{-1/2} \exp\,[-(a-m)^2/2m] \tag{4.1}$$

where the last expression is the Gaussian approximation for very large m's. From the calculation, it follows that the mean deviation of voltage is practically independent of breakdown voltage, and is approximately

$$V_B = \frac{E_B W}{2} = \frac{E_B^2 K}{2qN_d} = \frac{E_B^2 K \mu_n \rho_n}{2} \cong 100 \rho_n$$

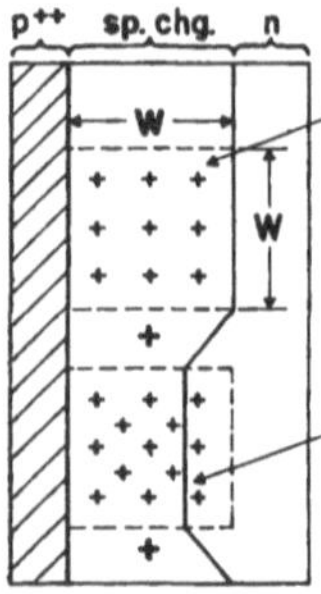

$$m = N_d W^3 = \left(\frac{K E_B}{q}\right) W^2 = \frac{4 K V_B^2}{qE} \cong 50 V^2$$

$$V_B(m+\delta m) = m V_B(m) / (m+\delta m)$$

$$P(n) = e^{-m} \frac{m^n}{n!} \doteq \frac{1}{\sqrt{2\pi m}} \exp - \frac{(\delta m)^2}{2m}$$

$$-\frac{\delta V_B}{V_B} = \frac{\delta m}{m} = \frac{1}{\sqrt{m}} = \frac{\sqrt{qE/4K}}{V_B} = \frac{0.14 \text{ Volt}}{V_B}$$

Fig. 21
Parameters for calculation of statistical fluctuations.

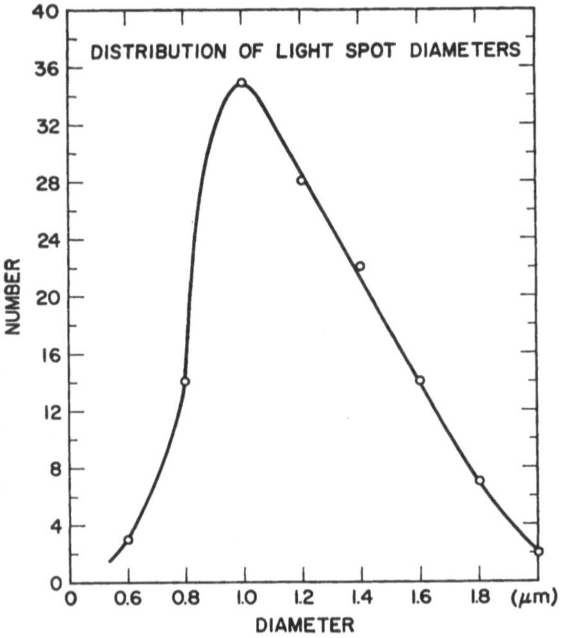

Fig. 22
Statistical distribution of diameters of breakdown areas.

$$V_B = 0.14 \text{ volts} \tag{4.2}$$

Equation (4.2) has to be modified if there is appreciable compensation of impurities in the depletion layer [7].

We now ask for the breakdown voltage of the cube having the lowest breakdown voltage. *Shockley* finds by applying the principles of the statistics of extremes that for a typical junction of an area of 10^{-3} cm², the lowest breakdown voltage is 0.7 volts below the average breakdown voltage.

As the voltage is raised above the extreme minimum, progressively increasing numbers of areas reach the sustaining condition in accordance with the statistical distribution. If we assume that each volume element carries the same current, the V-I characteristic in the breakdown region can be calculated. It is given by

$$I = I_0 \exp \frac{(V-V_1)(2m \ln N)^{1/2}}{V_{\mathrm{B}}} \tag{4.3}$$

where V_1 = breakdown voltage of the first cube, V_{B} = average breakdown voltage. The V-I characteristic of a uniform junction in Fig. 1 demonstrates the rapid increase of current after breakdown.

Further proof of *Shockley's* statistical breakdown theory is derived from the average size of light-emitting elements in a uniform junction. Shockley assumes separate elements of the dimensions of the space charge layer width. A statistical evaluation of the diameters of a large number of such breakdown spots is shown in Fig. 22. The maximum of the distribution is at 1 μm in a junction with a space charge layer thickness of 1.4 μm. The agreement is very satisfactory if one considers that the electric field in the edges of the space charge layer is not strong enough to cause ionization.

The following criteria should be applied if it is necessary to decide whether there is uniform breakdown:

1. Light Emission

Optical observation of light emission is a simple but not very reliable means of deciding whether breakdown is uniform, because uniform light emissions can also be caused by injection [33]. For a good check a plot like that in Fig. 22 can be employed and the maximum should be somewhat lower than the expected depletion layer width.

2. V-I Characteristic in the Breakdown Region

In the case of uniform breakdown, this characteristic has to follow (4.3), but evaluation is sometimes complicated by the presence of striations.

3. Multiplication Measurements

A $1/M$ plot that is linear from medium voltages to the immediate neighborhood of breakdown voltage has been found to be the most reliable criterion for uniform breakdown. Any disturbance of breakdown behavior manifests itself in a deviation from the linearity of this curve. Fig. 5 gives an example of uniform breakdown.

B. Results Obtained with Uniform Junctions

1. Striations

The striations of uniform light emission mentioned above can be shown to be correlated with properties of the original crystal. Many diodes on the same slice of silicon show a consistent pattern that can best be seen by mapping the direction of striations for each diode. Fig. 23 represents a typical map obtained in a slice cut perpendicular to the pull axis of the crystal. The striations are arranged along concentric circles around a point close to the center of the crystal. A different pattern is observed on a slice cut parallel to the pull axis (Fig. 24). Here the striations are concave towards the seed end of the crystal with the curvature and spacing of the striations varying somewhat for different crystals. Fig. 23 and 24 together lead to the conclusion

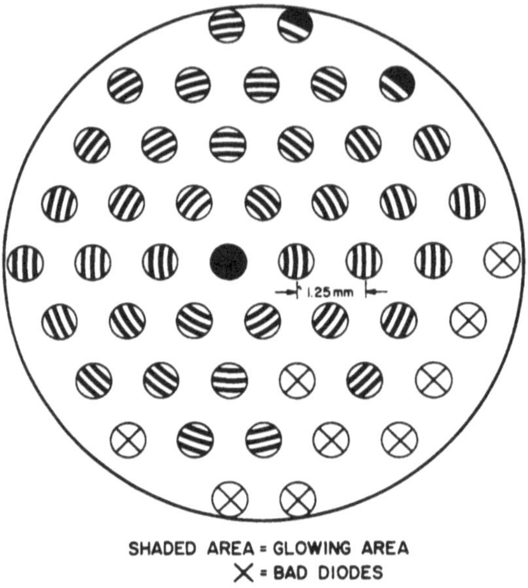

Fig. 23
Map of striations on silicon slice. Each circle is one diode.

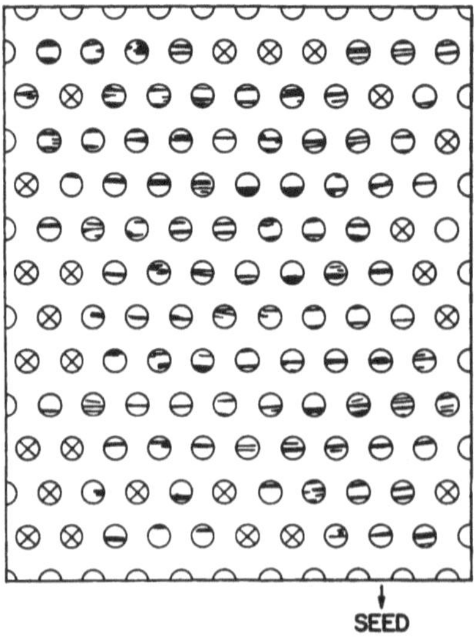

Fig. 24
Same map for slice cut parallel to pull axis.

that the striations delineate spherical surfaces concave toward the seed of the crystal. The most likely explanation for the striations is that they are caused by very small fluctuations of impurity concentration that occur during crystal growth. Small variations of temperature during pulling could easily account for a slight difference of local impurity concentration. The striations thus delineate surfaces of crystallization. Information about the magnitude of the fluctuations of impurity density can be obtained by measuring multiplication with a small light spot across a diode showing striations and extrapolating $1/M$ curves to obtain the breakdown voltage from point to point. In Fig. 25

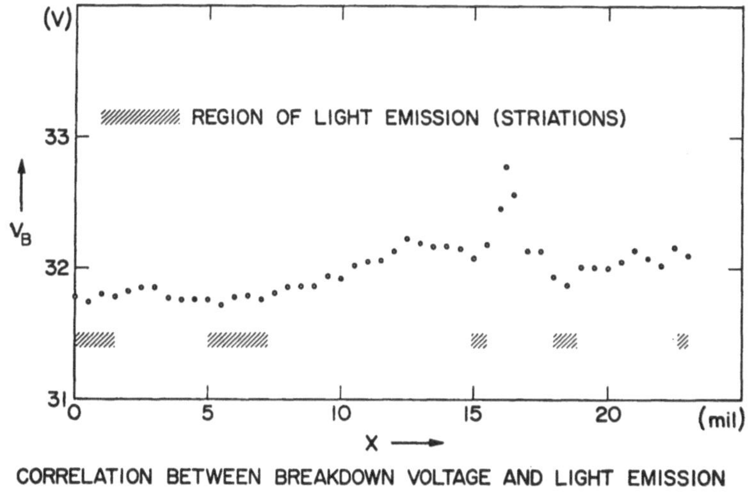

Fig. 25
Correlation of regions of low breakdown voltage and light emission in striated diode. Breakdown voltage was calculated from multiplication measurements with small light spot.

the breakdown voltage is plotted vs. distance and correlation between points of low breakdown voltage and striations is observed. From the variation of breakdown voltage, the magnitude of impurity fluctuations can be calculated. It follows that for the observed average difference of 0.5 volts, the variations of doping level are 1.5%. Light emission at breakdown is thus a very good tool for studying small changes of resistivity at a very high resolution of dimensions.

2. Noise in Uniform Junctions

The first uniform junctions produced by *Batdorf* and coworkers [12] exhibited high leakage current and a soft appearance of the V-I characteristic. No noise similar to that produced by microplasmas could be found. *Later* [13], diodes were made with improved technology exhibiting very hard characteristics (Fig. 1). Interestingly these junctions had noise pulses very similar to microplasmas. The only detectable difference was a higher amplitude of the noise pulses. This result is very significant in that it makes it impossible to define the difference between microplasmas and uniform junctions. Recent measurements [34] confirm that there is a continuous transition from one to the other with respect to brekdown voltage and area. The following points shall serve to underline this statement:

a. $1/M$ plots of different diodes show that there is a large spread of breakdown voltages of microplasmas with some microplasmas breaking down so close to the bulk breakdown that the difference cannot be resolved. This is also contradictory to the finding of *Batdorf* and coworkers, who report that microplasmas lower the breakdown voltage to about one half of its bulk value. It is likely that this conclusion is based on the erroneous measurement of breakdown field mentioned below.

b. Microplasmas, as well as uniform junctions of different sizes, have been investigated and overlapping properties regarding their noise behavior have been noticed [34]. It could be shown that the noise in uniform diodes originates in an area of about 20 – 50 μ diameter. Scanning this area with a light spot enhances the frequency of noise pulses just like shining light on a microplasma. From the facts outlined above it appears that the basic breakdown mechanism is the same in both cases. This can be expected if the origin of the pulse lies in the difference between ionization rates for holes and electrons as outlined in Section III-B.

3. Ionization Rates

The experimentally measured ionization rates for holes and electrons in Fig. 1 have a considerable spread. The upper curves represent older data by *McKay* and *Chynoweth*, obtained on junctions with microplasmas. The lower two curves, labelled „Electrons", represent two alternative ways used by *Chynoweth* [15] for plotting ionization data values measured on *Batdorf's* uniform junctions. It appeared difficult to explain the considerable lowering of ionization coefficients in uniform junctions. Later measurements also utilizing uniform junctions [3, 4, 13] gave values very close to the older results. From these results and a critical review of *Chynoweth's* original data, it is now established that the exceptionally low ionization curve for electrons is erroneous [36, 36]. The error in this data was probably due to the influence of a large guard ring capacity that was neglected in computing the electric field from capacity data.

References

[1] *G. A. Baraff*, Phys. Rev. **128**, 2507 (1962).

[2] *C. T. Sah*, *R. N. Noyce* and *W. Shockley*, Proc. IRE **45**, 1228 (1957).

[3] *K. B. McAffee*, *E. J. Ryder*, *W. Shockley* and *M. Sparks*, Phys. Rev. **83**, 650 (1951).

[4] *C. Zener*, Proc. Royal Soc. (London), **145**, 523 (1934).

[5] *K. G. McKay* and *K. B. McAffee*, Phys. Rev. **91**, 1079 (1953).

[6] *S. L. Miller*, Phys. Rev. **105**, 1246 (1957).

[7] *W. Shockley*, Solid State Electronics **2**, 35 (1961).

[8] *K. G. McKay*, Phys. Rev. **94**, 877 (1954).

[9] See *L. B. Loeb*, Fundamental Processes of Electrical Discharge in Gases, (John Wiley and Sons, Inc., New York, 1939, p. 372 ff).

[10] *P. A. Wolff*, Phys. Rev. **95**, 1415 (1954).

[11] *R. H. Haitz*, Bull. Am. Phys. Soc. II, **7**, 603 (1962).

[12] *R. L. Batdorf*, *A. G. Chynoweth*, *G. C. Dacey* and *P. W. Foy*, J. Appl. Phys. **31**, 1153 (1960).

[13] *A. Goetzberger*, *B. McDonald*, *R. H. Haitz* and *R. M. Scarlett*, J. Appl. Phys., **34**, 1591 (1963).

[14] *A. G. Chynoweth*, Phys. Rev. **109**, 1537 (1958).

[15] *A. G. Chynoweth*, J. Appl. Phys. **31**, 1161 (1960).

[16] *C. A. Lee, R. A. Logan, R. L. Batdorf, J. J. Kleimack* and *W. Wiegmann*, Bull. Am. Phys. Soc. II, **7**, 536 (1962).
[17] *R. A. Logan, A. G. Chynoweth* and *B. G. Cohen*, Phys. Rev. **128**, 2518 (1962).
[18] *J. J. Moll* and *N. I. Meyer*, Solid State Electronics **3**, 155 (1961).
[19] *R. H. Haitz, A. Goetzberger, R. M. Scarlett* and *W. Shockley*, J. Appl. Phys. **34**, 1581 (1963).
[20] *R. Newman*, Phys. Rev., **100**, 700 (1955).
[21] *A. G. Chynoweth* and *G. L. Pearson*, J. Appl. Phys. **29**, 1103 (1958).
[22] *A. Goetzberger* and *C. Stephens*, J. Appl. Phys. **32**, 2646 (1961).
[23] *H. J. Queisser* and *A. Goetzberger*, Phil. Mag. **8**, 1063 (1963).
[24] *R. Finch, H. J. Queisser, G. Thomas* and *J. Washburn*, J. Appl. Phys. **34**, 406 (1963).
[25] *R. J. McIntyre*, J. Appl. Phys. **32**, 983 (1961).
[26] *H. J. Queisser, K. Hubner* and *W. Shockley*, Phys. Rev. **123**, 1245 (1961).
[27] *B. Senitzky* and *J. L. Moll*, Phys. Rev. **110**, 612 (1958).
[28] *K. S. Champlin*, J. Appl. Phys. **30**, 1039 (1959).
[29] *D. J. Rose*, Phys. Rev. **105**, 413 (1957).
[30] *R. H. Haitz*, Bull. Am. Phys. Soc. II, **7**, 536 (1962).
[31] *I. Ruge* and *G. Keil*, Rev. Sc. Instr. **34**, 390 (1963).
[32] *W. Shockley*, personal communication.
[33] *A. Goetzberger*, J. Appl. Phys. **31**, 2260 (1960).
[34] *R. H. Haitz* and *A. Goetzberger*, Solid State Electronics **6**, 678 (1963).
[35] *J. L. Moll* and *R. van Overstraeten*, Solid State Electronics **6**, 147 (1963).
[36] *A. G. Chynoweth*, personal communication.

W. KLEMM

Untersuchungen an Halbmetallen und die Radien ihrer einfach negativ geladenen Ionen

Mit 34 Abbildungen

I. Halbmetalle[1]

Schon seit langer Zeit habe ich mich mit der Frage beschäftigt, wie der Übergang von den Metallen zu den Halbmetallen erfolgt, d.h. ob es sich um einen allmählichen oder um einen sprunghaften Übergang handelt. Der naheliegendste Weg, das *elektrische Leitvermögen* zu betrachten, führt hier nicht zum Ziel, denn dieses verläuft unregelmäßig: In der dritten Gruppe finden sich metallische Leiter, die Elemente der vierten Gruppe ($C_{Diamant}$, Si, Ge, Sn_{grau}) sind keine metallischen Leiter, sondern Isolatoren bzw. Halbleiter, in der fünften Gruppe leiten schwarzer Phosphor, Arsen, Antimon und Wismut metallisch, in der sechsten Gruppe finden sich wiederum keine metallischen Leiter, sondern Isolatoren oder Halbleiter. Dagegen erwies sich der *Gitterbau* im festen Zustand für eine Einteilung als brauchbar. Man hat hier zu unterscheiden zwischen den nicht-metallischen Strukturen mit niedriger Koordinationszahl (1 – 4), bei denen der Unterschied zwischen den Abständen zu den nächsten und denen zu den übernächsten Nachbarn groß ist, und den Metallen mit hohen Koordinationszahlen (12 oder 8). Betrachtet man einen *Ausschnitt aus dem Periodensystem* (Abb. 1), so erkennt man, daß die Elemente sich nach

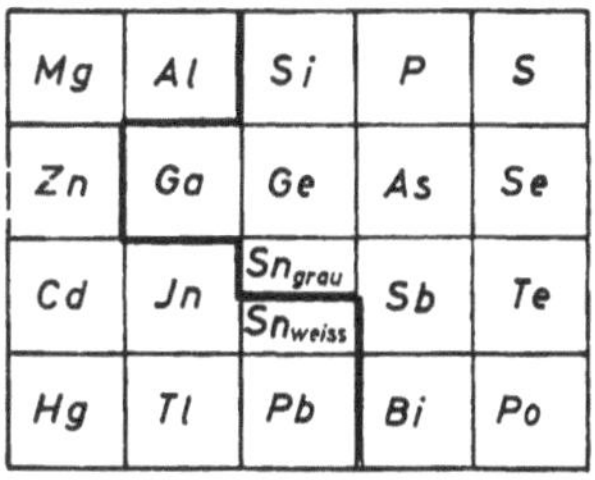

Abb. 1
Grenze zwischen metallischen und nichtmetallischen Strukturen.

ihren Kristallstrukturen durch eine zickzackförmig verlaufende Linie trennen lassen. Diese Trennungslinie kann u.U. zwischen zwei Modifikationen des gleichen Elements (Sn) verlaufen. Man kann ferner die Elemente mit nichtmetallischer Struktur nach ihrer Leitfähigkeit in Halbmetalle und Nichtmetalle unterteilen; bei den Metallen zeigen sich an der Nähe der Grenze besondere Eigenschaften, indem statt der Koordinationszahl 12 gelegentlich

[1]) Vgl. dazu *W. Klemm* und Mitarbeiter, Angew. Chem. **62**, 133 (1950); **72**, 985 (1960); **75**, 508 (1963); Proc. chem. Soc. (London) 1958, 329; *O. Kubaschewski*, Trans. Faraday Soc. **45**, 931 (1949).

eine Unterteilung in 8+4 oder 6+6 eintritt; diese Elemente wurden daher von mir als „Meta"-Metalle bezeichnet.
Die Untersuchungen in unserem Institut in Münster, die gemeinsam mit *H. Spitzer* und *H. Niermann* durchgeführt wurden, beschäftigen sich mit den Halbmetallen rechts der oben erwähnten Trennungslinie. Hier fällt zunächst auf, daß fast alle Elemente beim Schmelzen eine Abnahme des Volumens zeigen (Ga 3%, Si 10%, Ge 5%, Bi 3%). Auch der Übergang von grauem zu weißem Zinn ist mit einer Volumenabnahme (21%) verbunden. Diese Volumenabnahme beim Schmelzen von Ga, Si, Ge und Bi ist darauf zurückzuführen, daß der Schmelzpunkt gleichzeitig ein Umwandlungspunkt ist, bei dem die locker gepackte nichtmetallische Struktur in eine enger gepackte, den Metallen nahestehende Struktur übergeht. Das zeigt sich auch in der elektrischen Leitfähigkeit. Für die Elemente Ga, Sb und Bi war schon lange bekannt, daß sie im festen Zustand schlechter leiten als in der Schmelze. Für Si und Ge ist das in neuerer Zeit von russischen Autoren ebenfalls nachgewiesen worden, wie Abb. 2 für Ge in Erinnerung bringen möge.

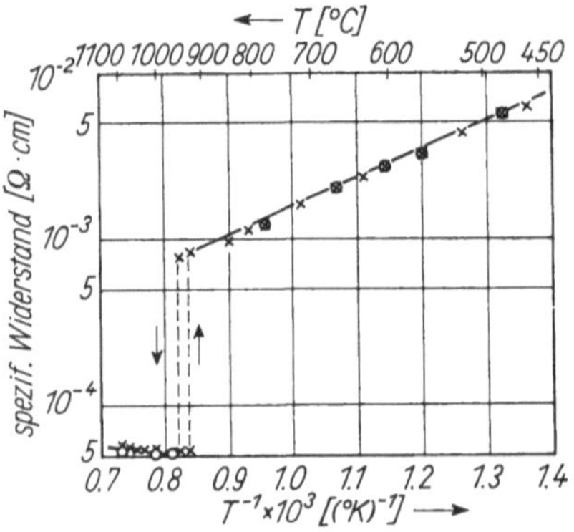

Abb. 2
Elektrischer Widerstand von Germanium (nach Gmelins-Handbuch der anorganischen Chemie, Syst. Nr. 45, Erg.-Bd. S. 146).

Freilich dürfte der Zustand in der Schmelze seinem strukturellen Aufbau nach noch nicht völlig dem metallischen Zustand mit Koordinationszahlen zwischen 8 und 12 entsprechen, sondern es dürfte sich um einen Zwischenzustand handeln. Die Verhältnisse kann man für die *Elemente der vierten Gruppe* besonders gut bei *Zinn* beurteilen, weil hier der Übergang des „grauen" Zinns mit Diamantstruktur in das mehr metallische weiße Zinn schon im festen Zustand erfolgt und man daher sichere Aussagen über die bei diesem Übergang entstehende mehr metallische Struktur machen kann.
Das weiße Zinn hat eine ganz besondere Struktur, die sonst nicht vorkommt. Man kann sie formal von der des Diamanten ableiten, wenn man sich die Diamantstruktur sehr stark gestaucht denkt (c/a von 1,41 auf 0,54!). Die Beziehung zur Diamantstruktur zeigt, daß offenbar die sp^3-Bindungen, die für den Diamanten charakteristisch sind, nicht ganz verlorengehen. Auf der anderen Seite wird durch die starke Stauchung erreicht, daß die Zahl der nächsten Nachbarn im weißen Zinn ~ 6 wird; es finden sich 4 Nachbarn im Abstand von 3,02 Å, zwei weitere im Abstand von 3,18 Å. Demnach sind zwei Prinzipien erkennbar, die den Übergang vom weißen in graues Zinn beschreiben:
1. Die sp^3-Bindungen des grauen Zinns werden stark verzerrt.

2. Diese Verzerrung erfolgt, damit die Zahl der nächsten Nachbarn größer werden kann (4 → 6).
Im Gitter des weißen Zinns ist damit das Bestreben erhalten, gerichtete Atombindungen auszubilden, wie es für nichtmetallische Strukturen charakteristisch ist; es besteht aber auch die Tendenz, die Koordinationszahl so stark wie möglich zu vergrößern, um den Metallen nahezukommen.
Untersuchungen über den Zustand der *Schmelzen* von Halbmetallen sind zwar von *Hendus*, *Krebs* und anderen durchgeführt worden, jedoch kann man in den Schmelzen sichere Aussagen vielfach nur über Zahl und Abstände der nächsten Nachbarn machen, während die übernächsten und weiteren Nachbarn nicht mit der gleichen Sicherheit festgelegt werden können; bei den Besonderheiten des flüssigen Zustands dürfte auch die Lage der übernächsten und weiteren Nachbarn nicht mit der gleichen Sicherheit definiert sein wie im festen Zustand. Wir vermuten, daß der Aufbau der *Schmelzen* von Sn, Ge und Si ähnlich ist wie der des weißen Sn. In der Sn-Schmelze dürften die Nachbarschaftsverhältnisse ganz ähnlich sein wie beim weißen Zinn; beim Ge und Si ist vermutlich das von den 4 nächsten Nachbarn gebildete Tetraeder noch nicht ganz so weit gestaucht wie beim Sn.
Interessant ist nun, daß mit dem Übergang von grauem in weißes Zinn noch nicht alles beendet ist. Bei 170 °C findet nämlich noch eine weitere Umwandlung statt. Daß beim weißen Zinn dicht unter 200 °C etwas passiert, ist schon lange bekannt; denn die mechanischen Eigenschaften ändern sich in einer sehr charakteristischen Weise: das Zinn wird spröde. Man hat früher angenommen, daß ein Übergang in eine rhombische Struktur erfolge. Das ist jedoch nicht richtig; weißes Zinn behält seine Struktur im wesentlichen bis zum Schmelzpunkt. Dagegen findet sich bei ~ 170 °C eine *Umwandlung zweiter Art*: die *a*-Achse nimmt bei dieser Temperatur sprunghaft etwas zu, während die *c*-Achse einen gleichmäßigen Verlauf zeigt (Abb. 3). Etwas

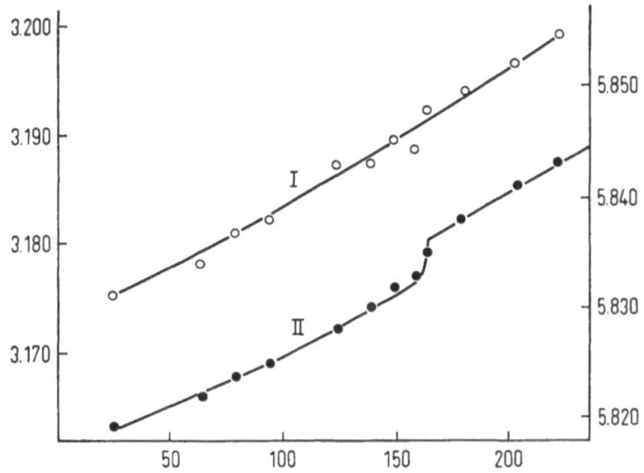

Abb. 3
Temperaturabhängigkeit der Gitterkonstanten von weißem Zinn.
Kurve I: *c*-Achse (linke Ordinate)
Kurve II: *a*-Achse (rechte Ordinate)
Abzisse: Temperatur [°C]

ähnliches findet man in der Enthalpiekurve (Abb. 4). Wie schon *Bertenev* gezeigt hatte, findet sich in ihr bei 175 °C ein kleiner Sprung (etwa 50 cal/g-Atom). Diese Umwandlung zweiter Art beim weißen Zinn bedeutet, daß die bei der Umwandlung grau zu weiß begonnene Strukturänderung noch etwas weitergeführt wird; das Verhältnis *c*/*a* wird noch eine Kleinigkeit kleiner, die Abstände der beiden Arten von Nachbarn werden noch ähnlicher. Es ist erstaunlich, daß mit einer so geringen strukturellen Änderung eine so starke Veränderung in den mechanischen Eigenschaften verbunden ist, und es liegt hier ein interessantes Problem für den Theoretiker vor, die offenbar vorhandene Änderung der Bindungsverhältnisse zu klären. Wichtig für eine theoretische Behandlung dürfte sein, daß sich das magnetische Verhalten bei dieser Temperatur nicht ändert (Abb. 5), sondern daß nur eine Änderung

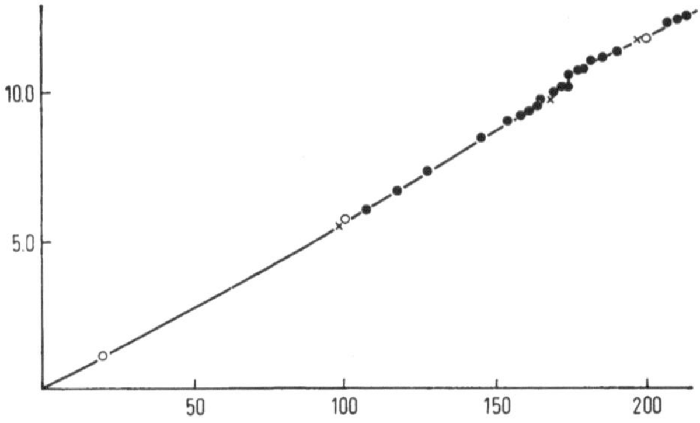

Abb. 4
Enthalpiekurve von weißem Zinn
• eigene Werte ○ × Literaturwerte
Ordinate: Enthalpie [cal/g]
Abzisse: Temperatur [°C]

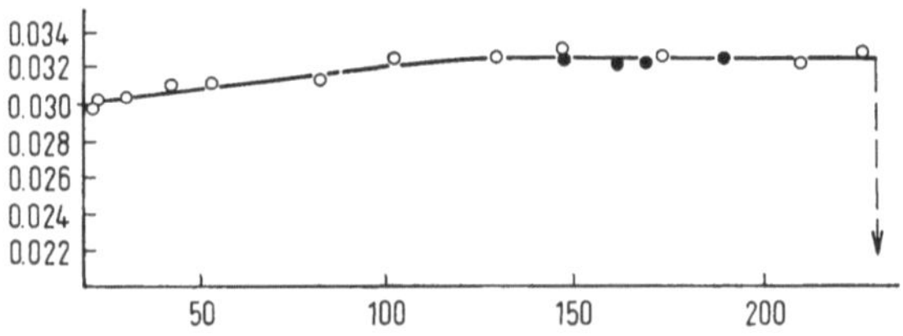

Abb. 5
Magnetismus von weißem Zinn
○ steigende • fallende Temperatur
Ordinate: $\chi_g \cdot 10^6$ [cm³/g]
Abzisse: Temperatur [°C]

im Temperaturverlauf des Magnetismus erfolgt. In der elektrischen Leitfähigkeit finden sich nur ganz geringe Effekte, die bei manchen Versuchen im Sinne einer Zunahme, bei anderen dagegen in Richtung einer geringen Abnahme des Widerstandes gefunden wurden. Es zeigt dies, daß die elektrische Leitfähigkeit offensichtlich stark von der Vorbehandlung abhängt. Man wird nur durch sehr umfangreiche Versuche die wahren Gleichgewichtsverhältnisse erfassen können, weil offenbar — wie oft bei Umwandlungen zweiter Art — Hystereseeffekte vorliegen.

Besonders eingehend haben wir die Verhältnisse in der *fünften Gruppe* untersucht. Eine Sonderstellung nimmt hier der *Phosphor* ein. Dieses Element kommt ja in drei Formen vor: weißer, roter und schwarzer Phosphor. Von diesen ist der schwarze Phosphor bei Zimmertemperatur die stabile Form, während der rote Phosphor nicht sehr gut definiert ist. Da aber der schwarze Phosphor verhältnismäßig schwer darzustellen ist, beziehen sich unsere Betrachtungen nur auf weißen und roten Phosphor. Der rote Phosphor ist wesentlich enger gepackt als der weiße und dürfte im Gegensatz zu diesem, der aus P_4-Molekeln aufgebaut ist, schlecht geordnete Schichten, ähnlich wie der schwarze Phosphor, enthalten. Roter Phosphor schmilzt bei ungefähr 600 °C zu einer farblosen Schmelze, die schon äußerlich der des weißen Phosphors bei tiefen Temperaturen ähnlich ist. Daß in der Tat die Schmelze des roten Phosphors mit der des weißen identisch ist, ergibt sich aus der Dampfdruckkurve (Abb. 6), dem Verlauf des Atomvolumens (Abb. 7) sowie dem magnetischen Verhalten (Abb. 8). Der elektrische Widerstand steigt erwartungsgemäß beim Schmelzen des roten Phosphors um viele Zehnerpotenzen an. Dieses Verhalten des roten Phosphors beim Schmelzen entspricht dem des

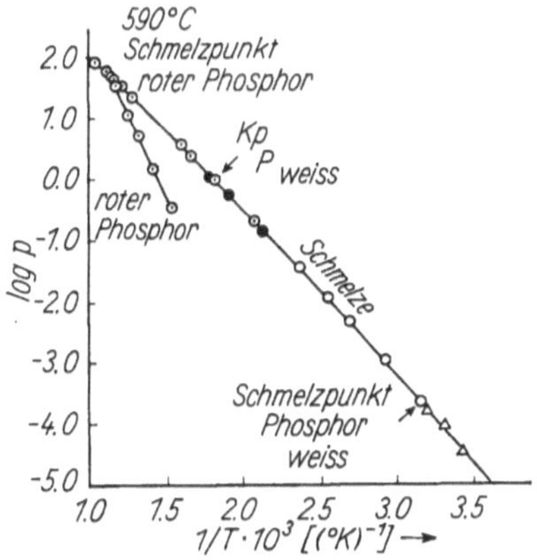

Abb. 6. Dampfdruck von Phosphor (in Atm.) △○⊕⊙ Meßpunkte verschiedener Autoren.

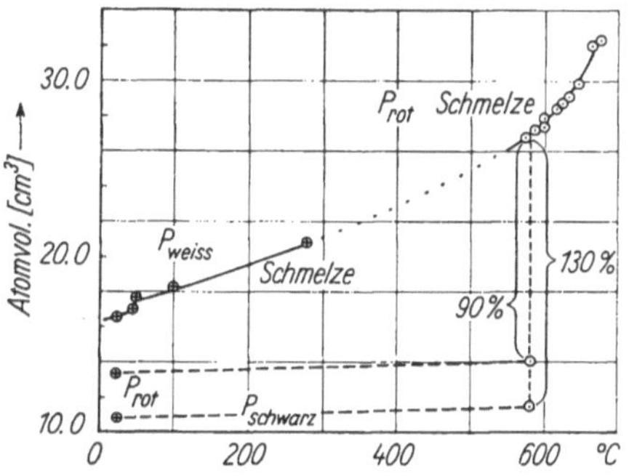

Abb. 7. Atomvolumen von Phosphor.

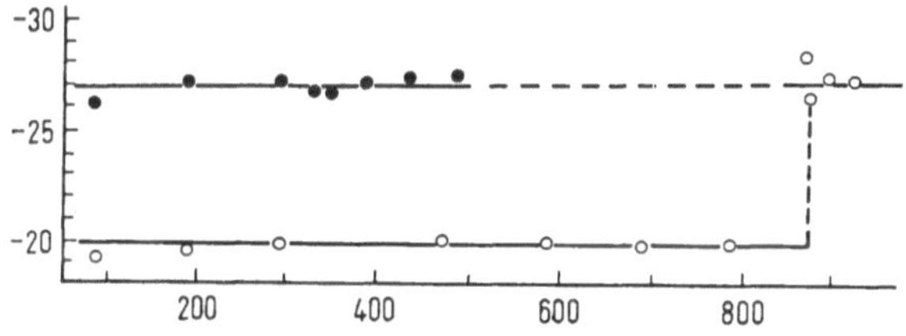

Abb. 8
Magnetismus von weißem und rotem Phosphor
○ weißer Phosphor • roter Phosphor
Ordinate: χAtom·10⁶ [cm³/g]
Abzisse: Temperatur [°C]

Aluminiumchlorids, das im festen Zustand ein Schichtengitter bildet, in der Schmelze aber aus Al_2Cl_6-Molekeln aufgebaut ist und dessen Volumen sich beim Schmelzen ebenfalls nahezu verdoppelt.

Ganz anders liegen die Verhältnisse beim *Arsen*, *Antimon* und *Wismut*. Diese drei Elemente bilden im festen Zustand Gitter aus Doppelschichten, die parallel der *a*-Achse und senkrecht zur *c*-Achse verlaufen, wobei jedes Atom, wie es der Elektronenanordnung der Atome entspricht, drei nächste Nachbarn hat.

Auffällige Erscheinungen beobachtet man beim *Arsen* schon im festen Zustand. Man findet bei diesem Element etwa übers 200 °C eine Umwandlung zweiter Art, die sich sowohl in den Gitterkonstanten (Abb. 9) als auch in der Enthalpie, im Diamagnetismus und in der elektrischen Leitfähigkeit (Abb. 10) bemerkbar macht. Wie der Verlauf der Gitterkonstanten zeigt, nimmt beim Arsen die *c*-Achse mit steigender Temperatur stark zu, während die *a*-Achse etwas kleiner wird. Das bedeutet, daß sich die Doppelschichten mit steigender Temperatur von einander entfernen; gleichzeitig schrumpfen sie etwas, weil die Stauchung durch die benachbarten Schichten geringer wird.

Was passiert nun beim Schmelzen des Arsens? Die Volumenänderung (Abb. 11) ist mit 10% auffällig groß[2]). Dies erinnert an den Übergang vom kristallisierten rhomboedrischen α- in das amorphe β-Arsen. Im letzteren sind nach *Krebs*

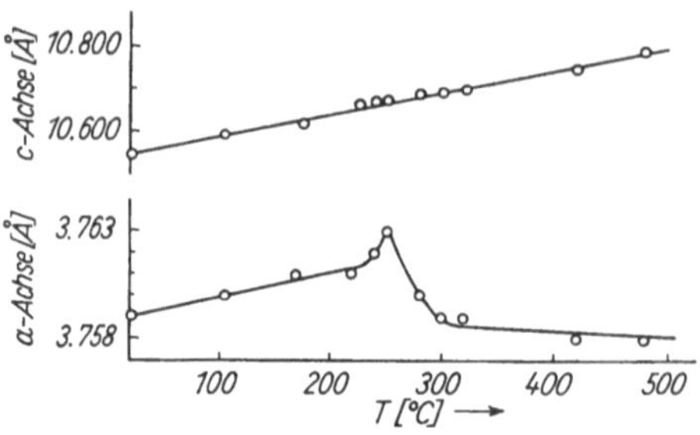

Abb. 9. Temperaturabhängigkeit der Gitterkonstanten von Arsen.

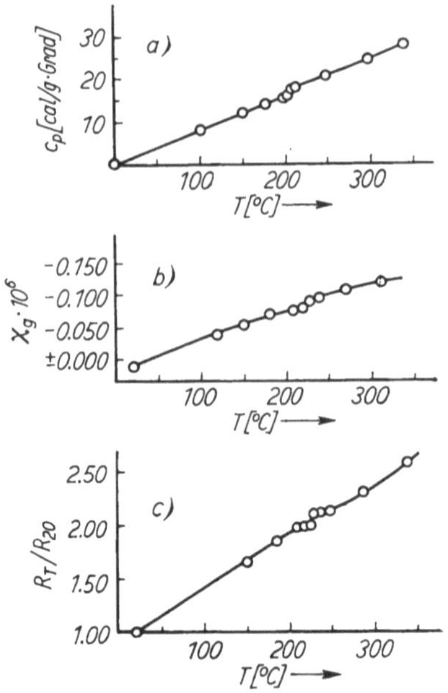

Abb. 10
Arsen, Temperaturabhängigkeit von Enthalpie a), Diamagnetismus b) und elektrischem Widerstand c).

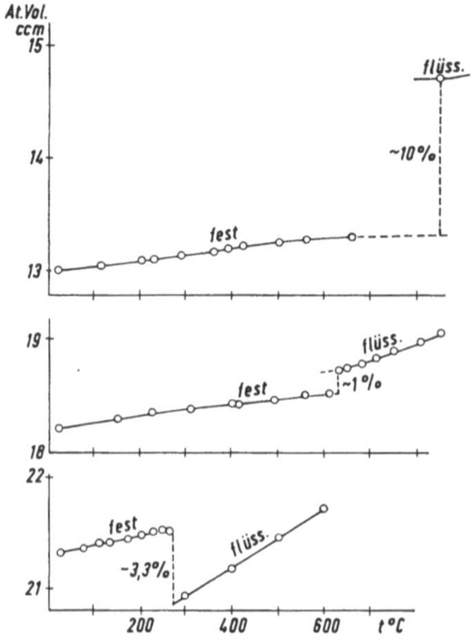

Abb. 11
Volumensprung beim Schmelzpunkt von Arsen, Antimon und Wismut.

[2]) *P. J. Mc Gonigal* und *A. v. Grosse*, Journ. Physical Chemistry **67**, 924 (1963) fanden allerdings etwas größere Dichten (~ 4%) für die As-Schmelze, als unseren Messungen entspricht; der Volumensprung beim Schmelzen wäre demnach etwas kleiner als 10%, er bleibt aber auf jeden Fall größer als beim Sb.

und Mitarbeitern die Doppelschichten noch enthalten, aber sie sind schlecht zueinander geordnet, und die Abstände zwischen den Doppelschichten sind wesentlich größer als beim α-As. Die Vergrößerung des Abstandes zwischen den Doppelschichten wird beim Erhitzen des α-As auf höhere Temperaturen schon angedeutet und dürfte auch ein wesentlicher Vorgang beim Schmelzen sein. Aber damit können noch nicht alle Vorgänge beim Schmelzen erfaßt

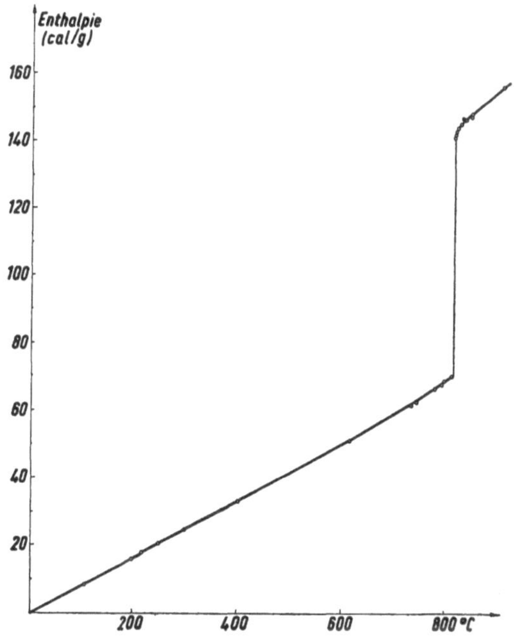

Abb. 12
Enthalpie von Arsen.

werden; denn der Dichteunterschied zwischen kristallisiertem und amorphem Arsen beträgt ~ 20%, ist also wesentlich größer als die Volumenausdehnung beim Schmelzen. Auch würde man so die große Schmelzentropie (4,7 cl) nicht erklären können (Abb. 12). Ferner fällt auf, daß das Volumen in der Schmelze zunächst konstant bleibt und erst bei höheren Temperaturen ansteigt (Abb. 13). Die spezifische Wärme zeigt dicht oberhalb der Schmelze ein Maximum (Abb. 14). Der elektrische Widerstand (Abb. 15) nimmt beim Schmelzen stark zu und fällt dann bei höherer Temperatur wieder ab, was für einen metallischen Leiter ganz merkwürdig ist. Der Diamagnetismus (Abb. 16) nimmt nicht, wie beim Übergang von kristallisiertem zum amorphen Arsen zu, sondern stark ab und geht bei höherer Temperatur in einen schwachen Paramagnetismus über. Man muß demnach annehmen, daß beim Schmelzen und im Temperaturbereich dicht oberhalb der Schmelze noch etwas weiteres passiert. Wir nehmen an, daß schon beim Schmelzen ein Teil der Schichten auseinander bricht und daß sich in der Schmelze teilweise eine den Metallen nahestehende Anordnung ausbildet; im Gebiet dicht oberhalb der Schmelztemperatur würde sich dieser Vorgang fortsetzen. Er dürfte erst bei etwa 1000 °C beendet sein.

Beim *Antimon* liegt der Schmelzpunkt, d.h. die Umwandlungstemperatur, fast 200 ° tiefer als beim Arsen. Hier ist, wie die auffällig kleine Volumenzunahme beim Schmelzen zeigt, der Übergang in einen mehr metallischen Zustand beim Schmelzen schon ziemlich weit fortgeschritten. Es dürfte aber mit dem Schmelzvorgang noch nicht beendet sein, denn dann müßte der Volumen-

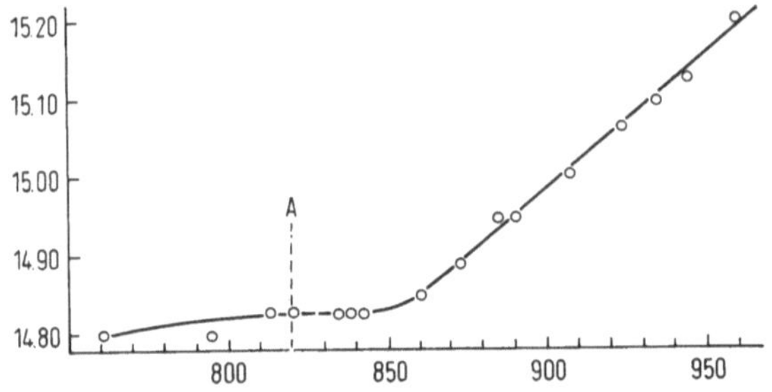

Abb. 13. Atomvolumen von flüssigem Arsen
A = Schmelzpunkt
Ordinate: Atomvolumen [cm³]
Abzisse: Temperatur [°C]

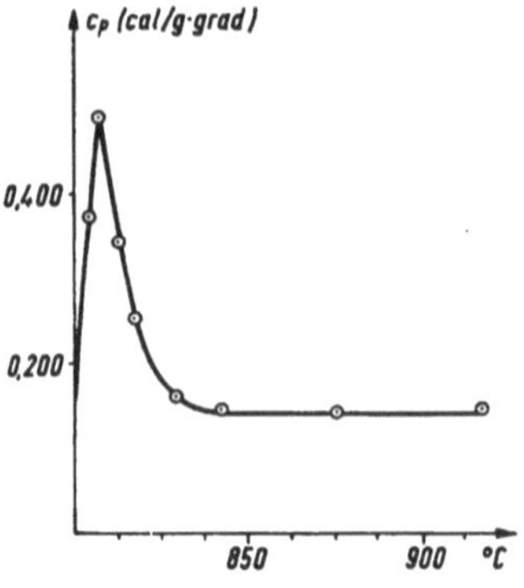

Abb. 14. Wahre spezifische Wärme von geschmolzenem Arsen.

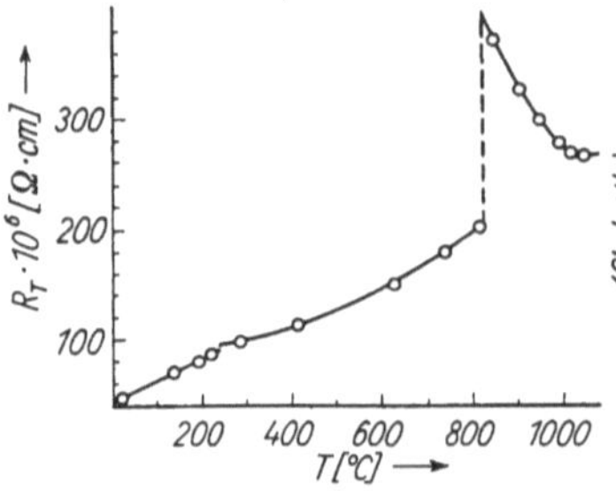

Abb. 15. Elektrischer Widerstand von Arsen.

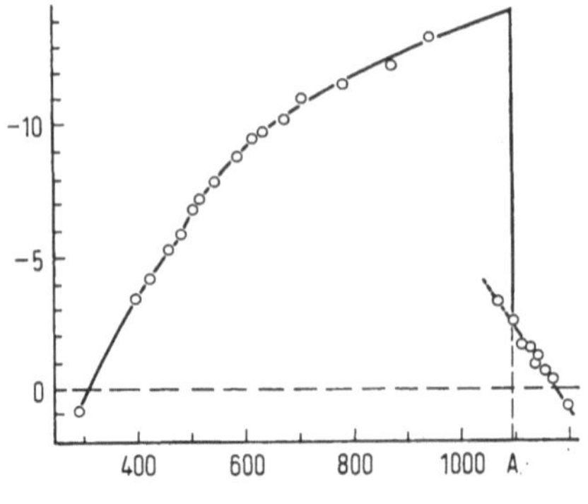

Abb. 16. Magnetismus von Arsen
A = Schmelzpunkt
Ordinate: $\chi_{Atom} \cdot 10^6$ [cm³/g]
Abzisse: Temperatur [°K]

sprung negativ sein wie beim Wismut. Auch müßte dann der elektrische Widerstand in der Schmelze, wie stets bei Metallen, zunehmen; er ist aber nahezu temperaturunabhängig.

Interessant ist nun beim Antimon, daß offenbar der Übergang schon im *festen* Zustand vorbereitet wird. Es ergibt sich das aus dem Verhalten des elektrischen Widerstandes dicht unterhalb der Schmelztemperatur (Abb. 17) und aus der Enthalpiekurve (Abb. 18). Die Enthalpiekurve der unterkühlten Schmelze zeigt, daß beim Abkühlen exotherme Vorgänge vor sich gehen.

In der *sechsten Gruppe* ist beim *Selen* und *Tellur*, die aus gewinkelten Atomketten parallel der *c*-Achse und senkrecht zur *a*-Achse aufgebaut sind, auffällig, daß die Ausdehnung in der *a*-Achse – also senkrecht zu den Ketten – sehr groß ist, während sie in Richtung der Ketten negativ ist (Abb. 19). Die

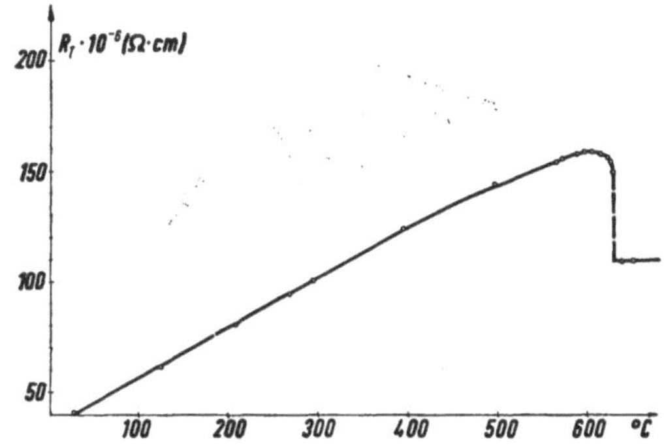

Abb. 17
Elektrischer Widerstand von Antimon

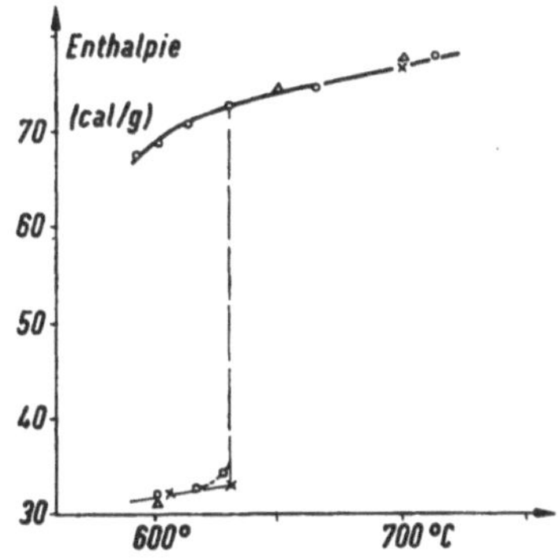

Abb. 18
Enthalpie von Antimon
△× Literaturwerte

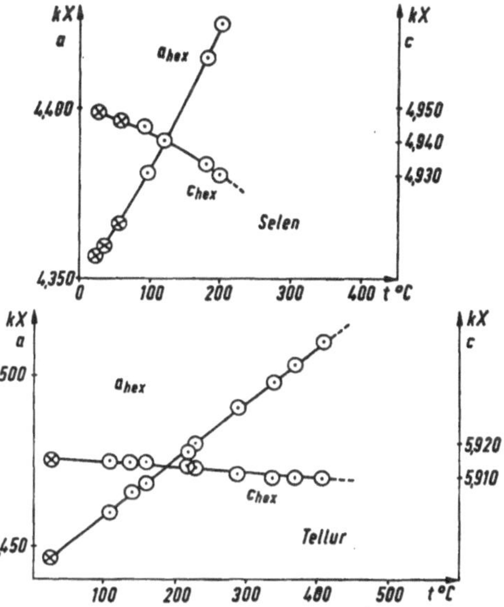

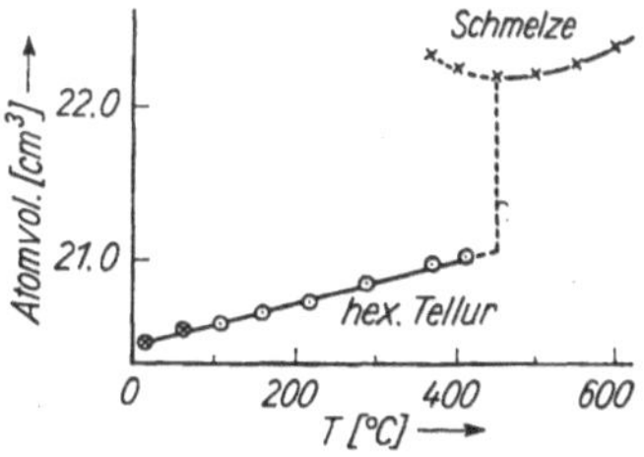

Abb. 20. Minimum des Volumens in der Tellurschmelze.

Abb. 19
Temperaturverlauf der Gitterkonstanten von Selen und Tellur.

Erklärung ergibt sich ohne weiteres aus dem beim Arsen Gesagten: die Ketten entfernen sich von einander und die Winkel in der Kette werden kleiner.

Auffällig ist das Verhalten der *Tellur-Schmelze*. Gemäß Abb. 20 zeigt diese — ähnlich wie Wasser — in der Nähe des Schmelzpunktes ein Minimum des Volumens, d.h. es überlagern sich zwei Vorgänge: einmal die normale thermische Ausdehnung und zum anderen eine Umwandlung, die mit einer Volumenkontraktion verbunden ist. Da der Volumensprung beim Schmelzen fast den normalen Wert hat, bedeutet das, daß wie beim As ein wesentlicher Teil der Umwandlung in eine engere Form in der Schmelze erfolgt. Dies wird auch deutlich aus dem Verhalten der Enthalpie (Abb. 21) der unterkühlten

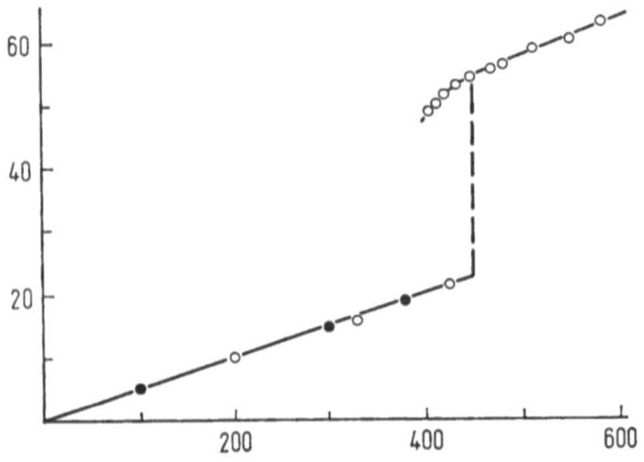

Abb. 21
Enthalpie von Tellur.
• Literaturwerte
Ordinate: Enthalpie [cal/g]
Abzisse: Temperatur [°C]

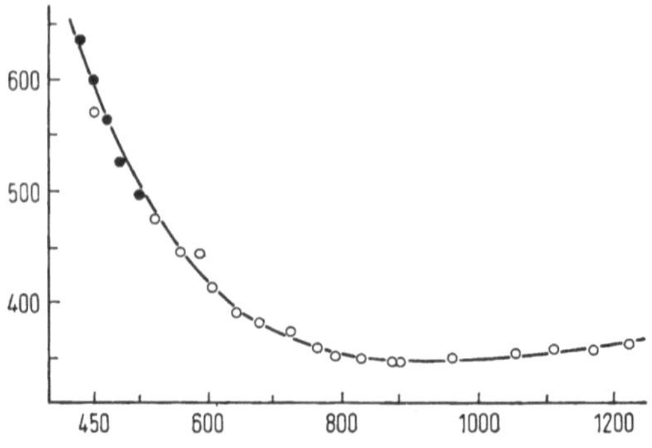

Abb. 22
Elektrischer Widerstand von Tellur.
• Literaturwerte
Ordinate: Spezifischer Widerstand [$10^6\Omega \cdot$cm]
Abzisse: Temperatur [°C]

Schmelze. Wie beim Arsen so nimmt auch hier der elektrische Widerstand in der Schmelze mit steigender Temperatur stark ab (Abb. 22); es ist aber deutlich zu erkennen, daß zwischen 800 °C und 900 °C ein Minimum des Widerstandes vorliegt und daß dieser dann zunimmt, so wie es für metallische Schmelzen charakteristisch ist. Die Umwandlung in der Schmelze, in die „metallische" Struktur ist offenbar erst bei etwa 900 °C zu Ende gegangen.

Die angeführten Versuchsergebnisse zeigen, daß der Übergang der Halbmetalle in engräumigere, den Metallen nahestehende Formen in sehr verschiedener Weise verlaufen kann. Nur beim Zinn findet er schon im festen Zustand statt, sonst ist der Schmelzpunkt gleichzeitig Umwandlungspunkt. Der Schmelzvorgang ist in allen Fällen durch eine hohe Schmelzentropie gekennzeichnet. Die Volumenänderung beim Schmelzen ist meistens negativ oder sehr gering positiv. Die starke Ausdehnung beim Arsen und der normale Wert beim Tellur bedeuten Ausnahmen und hängen damit zusammen, daß der Übergang

beim Schmelzen unvollständig ist. Die Strukturänderung kann im festen Zustand durch eine Umwandlung zweiter Art vorbereitet (As) oder weitergeführt (Sn) werden. Die Umwandlungen beim Schmelzen verlaufen in der Regel nicht vollständig; vielfach erfolgt ein mehr oder weniger großer Teil der Strukturänderungen erst oberhalb des Schmelzpunktes; das ist besonders charakteristisch beim As und Te. Der Übergang kann ferner schon unterhalb des Schmelzpunktes im festen Zustand vorbereitet werden (Sb) bzw. es finden sich in der unterkühlten Schmelze Anzeichen für entsprechende Strukturänderungen (Sb, Te).
Schließlich sei darauf hingewiesen, daß die Schmelzen aller Halbmetalle praktisch die gleiche Leitfähigkeit zeigen (Abb. 23); die Unterschiede liegen inner-

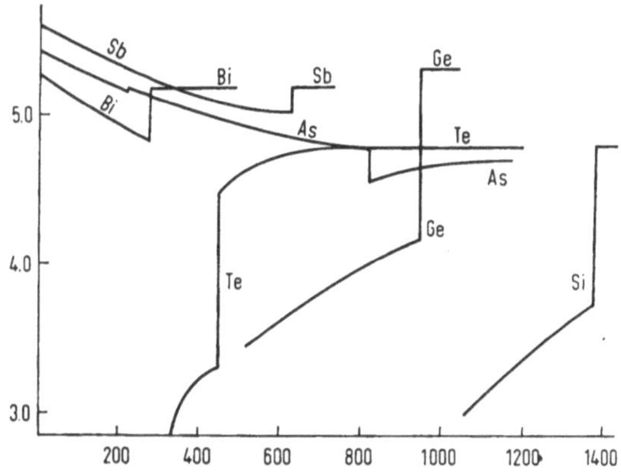

Abb. 23
„Atomare" Leitfähigkeit einiger Halbmetalle im festen und geschmolzenen Zustand. Als „atomare" Leitfähigkeit wird das Produkt aus spezifischer Leitfähigkeit und Atomvolumen bezeichnet.
Ordinate: Logarithmus der atomaren Leitfähigkeit
Abzisse: Temperatur [°C]

halb einer Zehnerpotenz. Im *festen* Zustand dagegen besteht ein wesentlicher Unterschied zwischen Si, Ge und Te, die typische Halbleiter sind, und As, Sb und Bi, die schon im festen Zustand metallisch leiten. Dementsprechend ist der Leitfähigkeitssprung beim Schmelzen bei den drei zuerst genannten Elementen groß und positiv, beim Arsen ist er klein und negativ, beim Sb und Bi klein und positiv.

II. Die Ionenradien einfach negativ geladener Ionen[3])

In dem genannten Zusammenhang sind die Verbindungen der Halbmetalle mit unedlen Metallen, z.B. den Erd- oder Erdalkalimetallen, interessant. Es ist die Frage, ob man auch hier eine scharfe Grenze bezüglich Zusammensetzung und Eigenschaften der Verbindungen ziehen kann. *Zintl* hat vor 30 Jahren geglaubt, diese Frage aufgrund der Kristallstrukturen bejahen zu können, bei denen gemäß (Tab. 1) eine scharfe Grenze vorliegen kann. Das mag in einigen wenigen Fällen zutreffen. Im allgemeinen ist jedoch der Übergang viel verwickelter und durchaus noch nicht ausreichend aufgeklärt. Wir haben uns selbst mit Verbindungen der *Alkalimetalle mit Elementen der 4. und 5. Gruppe* beschäftigt.

Kurz erwähnt sei, daß in der vierten Gruppe Verbindungen wie Cs_8Si, K_6Si, K_4Ge und andere gefunden wurden, die einen Übergang von den Graphitverbindungen wie C_8K, $C_{24}K$ zu den

---

[3]) Vgl. *W. Klemm* und *E. Busmann*, Z. anorg. allg. Chem. **319**, 297 (1963).

intermetallischen Phasen darstellen, die man beim Sn und Pb findet. Auch beim Phosphor existieren Verbindungen, bei denen etwa 10 – 12 Phosphoratome auf 1 Alkaliatom kommen. Die Struktur aller dieser Verbindungen ist leider noch nicht aufgeklärt.
In den Systemen der Alkalimetalle mit As, Sb und Bi treten sehr zahlreiche Verbindungen auf (z.B. 7 Phasen im System Cs/Sb). Von diesen lassen sich einzelne salzartig formulieren wie z.B. K_3Sb; andere besitzen Legierungscharakter wie etwa KBi_2. Dazwischen gibt es aber zahlreiche andere Verbindungen.

Tabelle 1. Zusammensetzung und Konstitution von Magnesiumverbindungen nach *Zintl*

I	II	III	IV	V	VI	VII
Echte Metalle			Anionenbildner			
				Mg_3N_2	MgO	MgF_2
		Mg/Al	Mg_2Si	Mg_3P_2	MgS	$MgCl_2$
		(β, γ, δ)				
Mg_2Cu	MgZn	Mg_5Ga_2	Mg_2Ge	Mg_3As_2	MgSe	$MgBr_2$
$MgCu_2$	$MgZn_2$	Mg_2Ga				
	Mg_2Zn_{11}	MgGa				
		$MgGa_2$				
Mg_3Ag	Mg_3Cd	Mg_5In_2	Mg_2Sn	Mg_3Sb_2	MgTe	MgJ_2
MgAg	$MgCd_3$	Mg_2In				
		MgIn				
		$MgIn_3$				
Mg_3Au	Mg_3Hg	Mg_5Tl_2	Mg_2Pb	Mg_3Bi_2		
Mg_5Au_2	Mg_2Hg	Mg_2Tl	CaF_2-Typ	Me_2O_3-Typ	NaCl- oder ZnO-Typ	TiO_2-Typ oder Schichtengitter
Mg_2Au	MgHg	MgTl				
MgAu	$MgHg_2$					
Legierungsstrukturen			Valenzmäßig zusammengesetzte Verbindungen mit „nichtmetallischen" Strukturen			

Die Untersuchung der Eigenschaften dieser Verbindungen, so z.B. die Aufklärung der Strukturen, ist eine sehr große Aufgabe, die noch weit von ihrer Lösung entfernt ist. Als erster Teilbeitrag konnten die *Verbindungen der Bruttoformel MeX* bearbeitet werden, die, wenn X ein Element der 4. und 5. Gruppe des Periodensystems ist, etwa in der Mitte zwischen den salzartigen Verbindungen mit einzelnen Anionen und den legierungsartigen Systemen stehen. Von diesen Verbindungen konnten sowohl in unserem Institut von *H. Föppl*, *E. Busmann*, *S. Lohmeyer*, *J. Witte* und *F. J. Hewaidy* als auch von anderen Autoren eine größere Anzahl von Strukturen ermittelt werden. Die erhaltenen Ergebnisse legen es nahe, den Aufbau dieser Verbindungen — auch wenn sie z.T. metallische Eigenschaften zeigen! — nach einem zuerst von *E. Zintl* gemachten Vorschlag so zu betrachten, als ob *Salze* vorlägen. Dann enthalten nämlich diese Verbindungen mehr- oder vielatomige Anionen, deren Existenz dadurch zu erklären ist, daß Ionen wie O^{1-}, As^{1-}, Si^{1-} und Tl^{1-} noch Lücken in der äußeren Elektronenhülle besitzen, die zu Atombindungen führen, genauso wie es auch bei den Nichtmetall-Elementen selbst der Fall ist. Abb. 24 dürfte einen ausreichenden Überblick über die Verhältnisse geben.

Durch die zahlreichen neuen Strukturen, die für diese Verbindungen ermittelt worden sind, ist nun die Möglichkeit gegeben, die *Ionenradien der einfach negativ geladenen Ionen* systematisch zu betrachten. Wie aus Abb. 25 am Beispiel eines zweiatomigen Anions zu erkennen ist, müssen hier zwei Radien

Verbindung Typ	Anion nach der Bruttoformel	Entsprechend Element der	Struktur des Anions	Zahl der Bindungen im Anion
NaTl	Tl^-	IV. Gr.	Diamant	4
$NaHC_2$ Na_2C_2 CaC_2	C^-	V. Gr.	Hantel wie N_2	3
NaSi	Si^-	V. Gr.	Tetraeder, ~ weißer P	3
NaGe KGe	Ge^-	V. Gr.		
NaPb	Pb^-	V. Gr.		
$CaSi_2$	Si^-	V. Gr.	gewellte Schicht, ~ As	3
CaSi	Si^{2-}	VI. Gr.	gewellte Ketten	2
LiAs	As^-	VI. Gr.	Schraubenkette, ~ Se	2
Na_2O_2 K_2O_2 Rb_2O_2 CaO_2	O^-	VII. Gr.	Hantel wie Cl_2	1
β-Na_2S_2	S^-	VII. Gr.		

Abb. 24 Form der Anionen

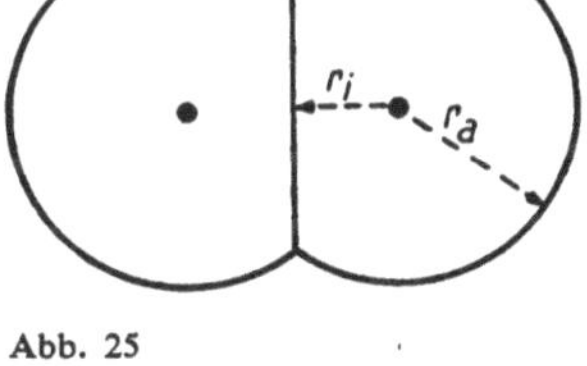

Abb. 25
Zur Definition des äußeren und inneren Radius (r_i und r_a).

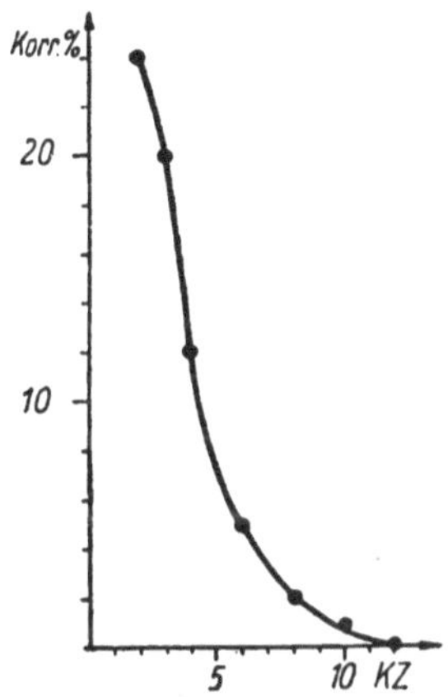

Abb. 26
Abhängigkeit der Radien von der Koordinationszahl.

unterschieden werden, ein innerer und ein äußerer. Die zur Ermittlung dieser Radien notwendigen Abstände sind aus den Gitterstrukturen bekannt. Will man jedoch diese Radien selbst erhalten, so muß man — wie dies von den

Radien der Atomionen lange bekannt ist — den Einfluß der Koordinationszahl berücksichtigen; denn mit zunehmender Zahl der Nachbarn wird — wie (Abb. 26) in Erinnerung bringen möge — der Radius in Kristallen größer. Wie man das bei diesen mehratomigen Gebilden handhaben soll, ist zweifelhaft. Wir sind so vorgegangen, daß wir sowohl die Innen- als auch die Außenradien auf die Koordinationszahl 6 umgerechnet haben und dabei in jedem Fall so viel Nachbarn angenommen haben, wie mit *gleicher* Bindungsart vorhanden sind; so wurde zur Berechnung des inneren Radius für O_2^{1-} die Koordinationszahl 1 zu Grunde gelegt, für eine Kette Se_n die Koordinationszahl 2 usw. Für die äußeren Radien wurden etwa bei der Verbindung Na_2Se_2 die Zahl der Natriumionen, die etwa den gleichen nächsten Abstand von einem Se^--Teilchen haben, zur Bestimmung der Koordinationszahl im Koordinationspolyeder berücksichtigt. Diese Methode ist sicher anfechtbar, aber wir haben sie einmal durchgeführt, um den allgemeinen Verlauf der Radienwerte zu erhalten. Eine andere Art der Berücksichtigung der Koordinationszahlen würde vermutlich an den Ergebnissen nichts Grundsätzliches ändern. Abb. 27 und Abb. 28 zeigen die so ermittelten Radien für die einfach

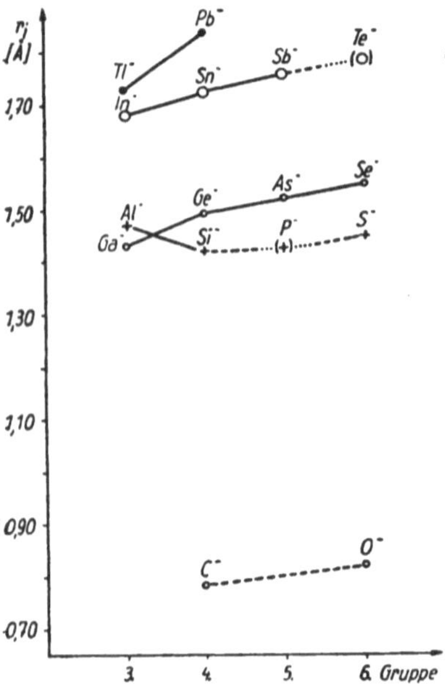

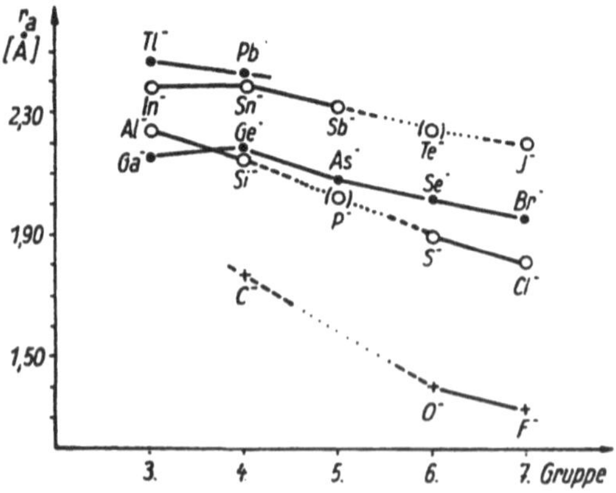

Abb. 28.
„Äußere Radien" der X^--Ionen für KZ=6

Abb. 27
„Innere Radien" der X^--Ionen für KZ=6

negativ geladenen Ionen. Die inneren Radien steigen in jeder Horizontalen des Periodensystems etwas an. Das dürfte darauf zurückzuführen sein, daß die Kernladung und damit die gegenseitige Abstoßung der Kerne zunimmt. Umgekehrt fallen die äußeren Radien ab. Das dürfte eine Kompensation des bei den inneren Radien gefundenen Effekts darstellen. Es ist sehr befriedigend, daß diese so erhaltenen Kurven bei den äußeren Radien sehr gut zu den Radien der Halogenionen passen. Man kann jetzt die Radien von solchen Teilchen, für die noch keine passenden Verbindungen bekannt sind, aus den Kurven ableiten, was für die Ermittlung unbekannter Kristallstrukturen wichtig sein kann.

Die bei den negativen Ionen erhaltenen Ergebnisse haben uns ermutigt, das gleiche bei den *Elementen* selbst durchzuführen. Die Abb. 29 und 30 zeigen die Ergebnisse. Die Kurven sind nicht so glatt wie bei den Anionen; das ist aber auch nicht zu erwarten, weil für die meisten Elemente nur eine einzige Modifikation zur Verfügung steht; man kann also nicht wie bei den Ionenradien aus mehreren Verbindungen mitteln. Außerdem besitzen die meisten Elemente recht komplizierte Strukturen, bei denen die Parameter nicht immer mit der gewünschten Genauigkeit bekannt sind.

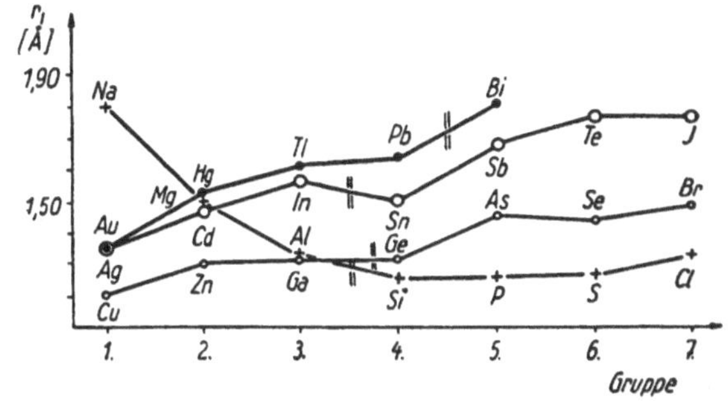

Abb. 29
„Innere" Radien der Atome für KZ=6.

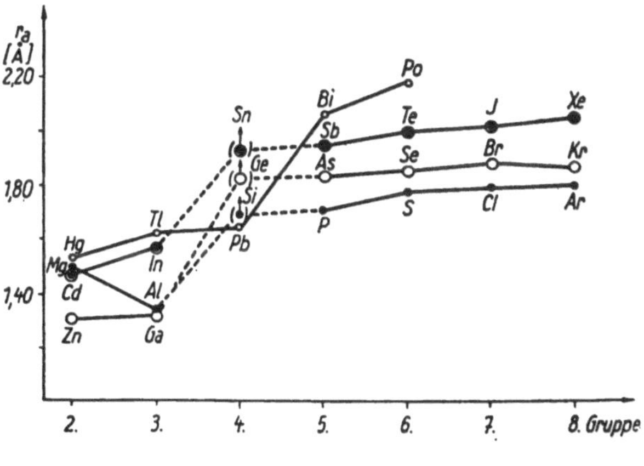

Abb. 30
„Äußere" Radien der Atome für KZ=6.

Bei den *inneren* Radien der Elemente fällt zunächst auf, daß sich der Übergang von den metallischen zu den nichtmetallischen Strukturen überhaupt nicht auswirkt. Das ist plausibel; denn im Grunde genommen sind eine metallische und eine Atombindung ihrem Wesen nach nicht verschieden. Ferner fällt auch hier wieder auf, daß die Werte innerhalb einer Horizontalen des Periodensystems leicht ansteigen; die Erklärung dürfte die gleiche sein wie bei den Ionen. Die *äußeren* Radien steigen ebenfalls von den Elementen der vierten bis zu denen der achten Gruppe. Das steht im Gegensatz zu den Kurven der Ionenradien und dürfte damit zusammenhängen, daß die van-der-Waalsschen Kräfte von der vierten zur achten Gruppe abfallen. Befriedigend ist auch hier wieder, daß die Kurven glatt in die Werte für die Edelgase einmünden. Bei den äußeren Radien findet man nun zwischen den metallischen und nichtmetallischen Strukturen einen Sprung, wie man es auch von vornherein erwarten mußte. Leider sind die für die Kurven wichtigen Werte für die Atome der vierten Gruppe nicht genau anzugeben; denn bei der Diamantstruktur sind der innere und äußere Radius zwangsläufig miteinander verknüpft; es ist daher nicht anzunehmen, daß die aus den Gittern abgeleiteten äußeren Radien wirklich die durch die Größe der Atome bedingten Abstände darstellen; in Abb. 30 sind daher extrapolierte Werte eingesetzt.

Tabelle 2. Differenzen der inneren und äußeren Radien von X^- und X

	Al^-/Al	Si^-/Si	P^-/P	S^-/S	Cl^-/Cl
r_i	0,13	0,17	(0,16)	0,19	–
r_a	–	(0,47)	(0,32)	0,12	0,03
	Ga^-/Ga	Ge^-/Ge	As^-/As	Se^-/Se	Br^-/Br
r_i	0,11	0,18	0,07	0,12	–
r_a	–	(0,38)	0,25	0,17	0,12
	In^-/In	Sn^-/Sn_{gr}	Sb^-/Sb	Te^-/Te	J^-/J
r_i	0,12	0,22	0,08	(0,02)	–
r_a	–	(0,48)	0,37	(0,24)	0,21
	Tl^-/Tl	Pb^-/Pb			
r_i	0,11	0,20			
r_a	–	–			

Tabelle 3. Differenzen der inneren und äußeren Radien von X^- und X_{Z+1}

	Al^-/Si	Si^-/P	P^-/S	S^-/Cl	Cl^-/Ar
r_i	0,22	0,16	(0,16)	0,13	–
r_a	–	0,45	(0,24)	0,12	0,01
	Ga^-/Ge	Ge^-/As	As^-/Se	Si^-/Br	Br^-/Kr
r_i	0,22	0,04	0,09	0,07	—
r_a	–	0,35	0,23	0,18	0,10
	In^-/Sn_{gr}	Sn^-/Sb	Sb^-/Te	Te^-/J	J^-/Xe
r_i	0,18	0,04	−0,01	(0,03)	–
r_a	–	0,45	0,32	(0,25)	0,15
	Tl^-/Pb	Pb^-/Bi			
r_i	0,09	0,04			
r_a	–	0,43			

Nachdem nunmehr die Radien für die negativ geladenen Ionen und für die Atome festliegen, kann man diese miteinander vergleichen. Das negativ geladene Ion unterscheidet sich von den ungeladenen Atomen durch Hinzukommen eines Elektrons. Den Vergleich gibt Tab. 2. Erwartungsgemäß ist das Ion größer als das Atom, die Differenz beträgt 10 bzw. 12 %. Ferner kann man das negative Ion eines Elements und das ungeladene Atom des folgenden Elements vergleichen; diese beiden Gebilde haben die gleiche Elektronenzahl und unterscheiden sich in der Kernladung um 1. Die dementsprechenden Unterschiede zeigt Tab. 3. Erwartungsgemäß ist das Gebilde mit der größeren Kernladung kleiner. Die Unterschiede sind etwa die gleichen wie in Tab. 1. Es ergibt sich also, daß für die Größe der Teilchen kein wesentlicher Unterschied besteht, ob man die Zahl der Elektronen um 1 verkleinert oder die Kernladung um 1 vergrössert. Dies Ergebnis dürfte von einem gewissen allgemeinen Interesse sein.

III. Verbindungen der Alkalimetalle mit Edelmetallen

Schließlich sei noch eine Zusatzbemerkung gemacht. Die Halbmetalle unterscheiden sich in ihrer Elektronegativität (nach *Pauling*) nicht wesentlich von Edelmetallen wie Gold oder Platin. Es wurden daher auch die Systeme, die Kupfer, Silber und Gold einerseits, Alkalimetalle andererseits enthalten, von *G. Kienast* und *J. Verma*[4]) untersucht. Wie man sieht, bildet namentlich Gold sehr viele Verbindungen (Abb. 31). Diese Gold-Alkalimetall-Verbindungen sind in einer Beziehung den Verbindungen aus Alkalimetallen und Halbmetallen ähnlich. In beiden Fällen bilden sich nämlich die Verbindungen unter starker Kontraktion. Abb. 32 zeigt dies für das System K/Sb, Abb. 33 u. 34 für einige Edelmetallverbindungen. Zur Erklärung dieser Effekte kann man ein schon früher von *Biltz* und mir gegebenes, sehr primitives Schema benutzen: Die Metalle sind aufgebaut aus einem Gitter von positiven Ionen, zwischen denen sich das Elektronengas befindet. Sind die Metalle sehr unedel, d.h. ist die Anziehungskraft der positiven Ionen auf Elektronen gering (kleine Ionisierungsenergie!), dann ist das Elektronengas weiträumig. Handelt es sich um Edelmetalle mit großer Ionisierungsenergie, so ist das Volumen des Elektronengases klein. Besetzt man nun bei einem unedlen Metall mit einem weiträumigen Elektronengasvolumen die Metallionenplätze mit Ionen eines edlen Metalls, so wird das Elektronengas um die Atome des Edelmetalls kontrahiert, und das führt zu der Kontraktion des ganzen Gitters. Würde das Elektronengas ganz der einen Atomart zugeordnet werden, dann würden sich salzartige Verbindungen mit positiven und negativen Ionen bilden; so weit wird der Vorgang bei Legierungen allerdings in der Regel nicht gehen, man kann daher vielleicht von „Halb-Ionen" sprechen.

Auf der anderen Seite gibt es einen wesentlichen Unterschied zwischen den Alkalimetallverbindungen der Halbmetalle und denen der Edelmetalle. Soweit man die Strukturen der Edelmetallverbindungen bisher kennt, treten in keinem Fall Gruppen aus mehreren Atomen, die mit Atombindungen verbunden sind, auf. Die aus dem Halbmetallen gebildeten Anionen dagegen bilden im Gitter stets größere zusammenhängende Gebilde — so wie sie auch bei den Elementen selbst vorkommen.

---

[4]) Vgl. *W. Klemm*, *G. Kienast* und *J. Verma*, Z. anorg. allg. Chem. **310**, 143 (1961).

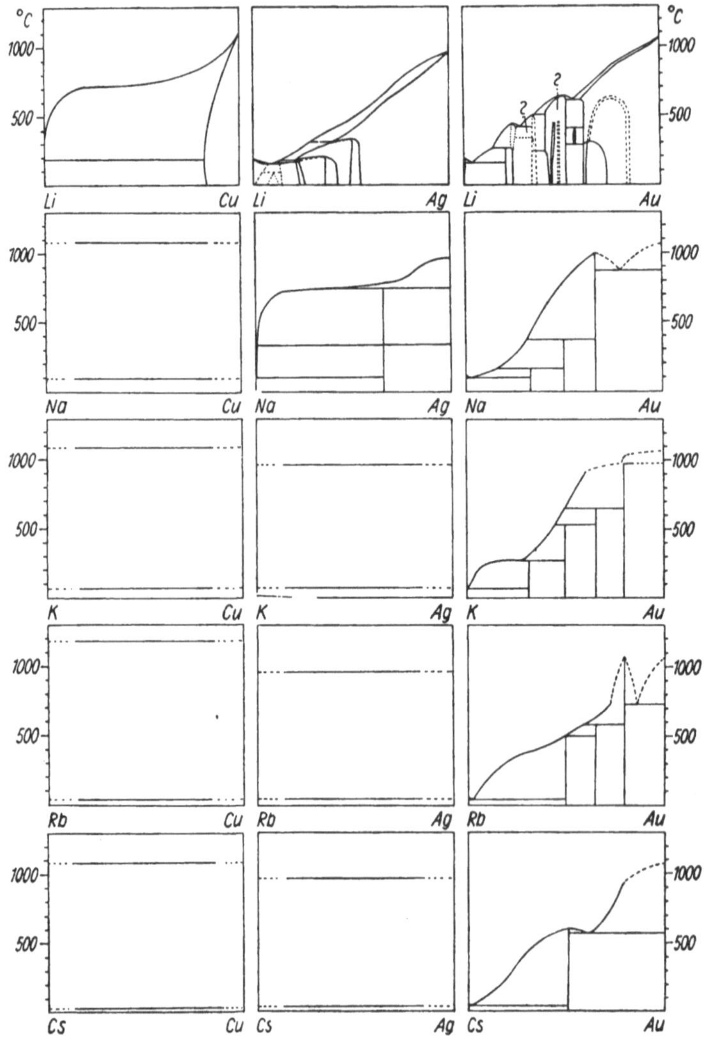

Abb. 31. Das Verhalten der Alkalimetalle zu Kupfer, Silber und Gold.

Herkunft der Abbildungen

Verlag Chemie GmbH., Weinheim:
Angewandte Chemie **72**, 985 (1960)
Abb.: 2, 6, 7, 9, 10, 15, 20.
Angewandte Chemie **75**, 508 (1963)
Abb.: 1, 3, 4, 5, 8, 13, 16, 18, 21, 22, 23.

Verlag J. A. Barth, Leipzig:
Zeitschrift für anorganische und allgemeine Chemie
310, 143 (1961)
Abb. 31, 33, 34.
319, 297 (1963)
Abb.: 25, 26, 27, 28, 29, 30.

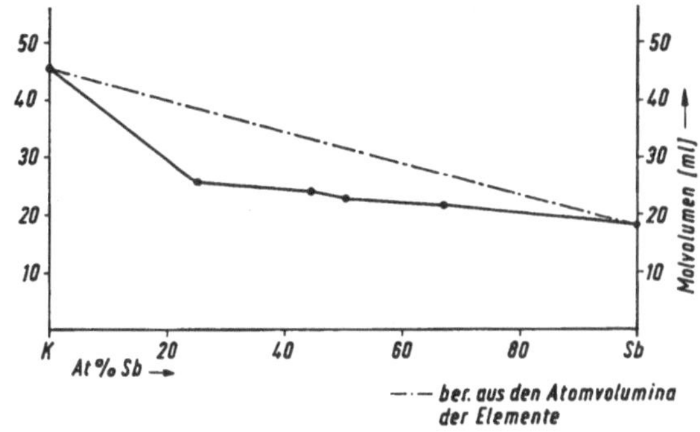

Abb. 32
Reduzierte Molvolumina im System Kalium/Antimon.

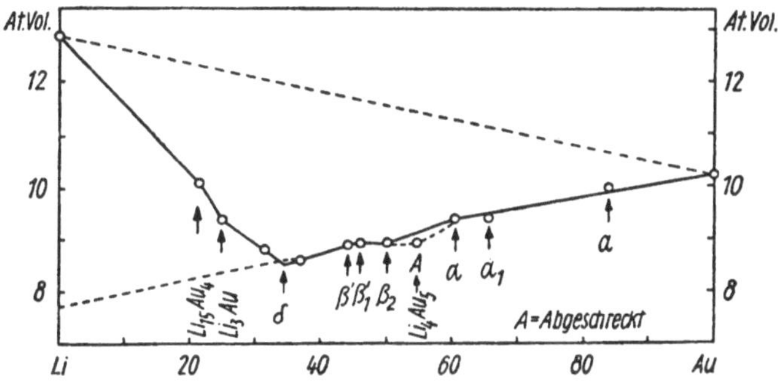

Abb. 33. Reduzierte Molvolumina der Verbindungen aus Lithium und Gold.

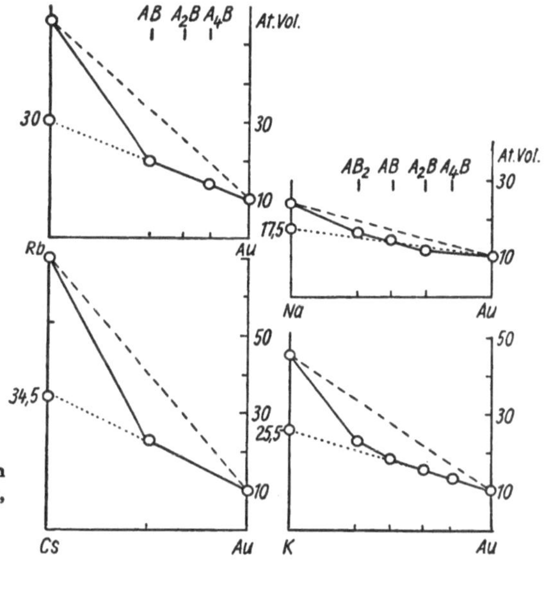

Abb 34
Reduzierte Molvolumina der Verbindungen in den Systemen Na/Au, K/Au, Rb/Au, Cs/Au.

Inhaltsübersicht

Halbleiterprobleme Band I bis VI und Festkörperprobleme Band I bis II

Halbleiterprobleme Band I

Halbleiterprobleme Band II

Halbleiterprobleme Band III

Halbleiterprobleme Band IV

Halbleiterprobleme Band V

Halbleiterprobleme Band VI

Festkörperprobleme Band I

Festkörperprobleme Band II

FSC
www.fsc.org
MIX
Papier | Fördert gute Waldnutzung
FSC® C083411

Kolibri 360 GmbH
Ferdinand-Jühlke-Straße 7
99095 Erfurt, Deutschland
produktsicherheit@kolibri360.de